资助项目：江苏高校优势学科建设工程资助项目（PAPD）"雾霾监测预警与防控"

# 气候变化与公共政策研究报告 2018

戈华清 史 军 等 编著

气象出版社
China Meteorological Press

**图书在版编目(CIP)数据**

气候变化与公共政策研究报告 . 2018/戈华清等编
著 . --北京:气象出版社,2019.8
ISBN 978-7-5029-7023-9

Ⅰ.①气… Ⅱ.①戈… Ⅲ.①气候变化—对策—研究
报告—中国 ②空气污染—污染防治—中国 Ⅳ.①P467
②X51

中国版本图书馆 CIP 数据核字(2019)第 174385 号

气候变化与公共政策研究报告 2018

戈华清 史 军 等 编著

| | | | | |
|---|---|---|---|---|
| 出版发行:气象出版社 | | | | |
| 地 址:北京市海淀区中关村南大街 46 号 | | 邮政编码:100081 | | |
| 电 话:010-68407112(总编室) 010-68408042(发行部) | | | | |
| 网 址:http://www.qxcbs.com | | E-mail: qxcbs@cma.gov.cn | | |
| 责任编辑:蒴学东 | | 终 审:吴晓鹏 | | |
| 责任校对:王丽梅 | | 责任技编:赵相宁 | | |
| 封面设计:楠竹文化 | | | | |
| 印 刷:北京中石油彩色印刷有限责任公司 | | | | |
| 开 本:787 mm×1092 mm 1/16 | | 印 张:17.75 | | |
| 字 数:460 千字 | | 彩 插:2 | | |
| 版 次:2019 年 8 月第 1 版 | | 印 次:2019 年 8 月第 1 次印刷 | | |
| 定 价:68.00 元 | | | | |

本书如存在文字不清、漏印以及缺页、倒页、脱页等,请与本社发行部联系调换。

# 目　　录

# 气候变化背景下我国可再生能源地方立法研究

**摘 要**：气候变化已成为人类面临的共同挑战，是全球共同关注并致力于解决的问题。积极应对气候变化需要以清洁性为特征的可再生能源作手段。基于可再生能源国际与地方层面立法仍处于薄弱环节的现状，推进"自上而下"可再生能源立法具有必要性。我国人口众多、地域广阔，不同省市在经济社会发展水平、产业结构、能源利用、生态环境脆弱性方面的差异性等基本情况，使得在我国推行可再生能源的开发利用必须以地方性立法为切入点，建构中央立法与地方立法双重管制体系。在这一过程中，应当注重平衡地方利益诉求、协调地方利益冲突，并在不抵触原则、特色原则、程序合法原则等的指导下，通过体制建立、制度完善等方面对我国地方性立法进行一个宏观与微观层面的重思和构建。

**关键词**：气候变化 可再生能源 地方立法 构建

## Research on Local Legislation of Renewable Energy in China under the Background of Climate Change

**Abstract**：As a global concern and a global problem that is being addressed, climate change has become the common challenge for mankind. An active response to climate change requires renewable energy. Based on the current international background of renewable energy legislation and the fact that legislation at the local level is still in a weak link, it is necessary to promote "top-down" renewable energy legislation. In view of China's large population and vast territory, the differences in economic and social development level, industrial structure, energy utilization, and ecological environment vulnerability of different provinces and cities make it necessary to adopt local legislation as the entry point for the development and utilization of renewable energy in China. Construct a dual control system between central and local legislation to cater to the interests of different places. In this process, we should pay attention to balancing and coordinating local interests and conflicts of different interests, and constructing a macro-level of local legislation under the guidance of distinction principles, procedural principles, and operating principle.

**Key words**：climate change；renewable energy；local legislation；construction

可再生能源的清洁性与应对气候变化的主旨高度契合。开发和利用可再生能源、提高能源利用效率、增加其在能源生产和消费结构中的比重,已成为世界各国应对气候变化的重要举措。国家的能源结构和碳排放量密切相关,如可再生能源在一国能源结构中的占比合理,则表明该结构处于一个较为合理的状态,碳排放量相对较少。当前各个国家主要还是以化石能源为主,碳排放量大,导致温室气体增多,环境和大气受到严重影响。在此背景下,减少温室气体排放量的措施,如发展太阳能光伏、光热发电,均有助于降低火力发电比重、减少燃煤过程中的碳排放量。

2014 年 6 月 13 日召开的中央财经领导小组第六次会议上,习近平总书记明确指出:面对能源供需格局新变化、国际能源发展新趋势,保障国家能源安全,必须推动能源生产和消费革命。同时,习近平总书记强调:推动能源生产与消费革命是长期战略,必须从当前做起,加快实施重点任务和重大举措。我国在响应国际社会应对气候变化大背景的同时,积极发展可再生能源,特别是在太阳能、风能、水能、生物质能等领域开发利用已经取得了突出的成绩。比如,丰富的风能资源以及近年来我国风电技术的发展,使我国风电产业呈现高速发展的态势。风能具有清洁、可再生总量巨大的优点,风电产业的发展有利于降低燃煤发电的比重,减少碳排放量。小型水电一般被视为可再生能源,技术简单成熟,既可因地制宜地开发利用水资源,又可提高供电效率,有助于逐渐减少火力发电,降低发电过程中的碳排放。生物质能直接或间接来自于绿色植物的光合作用,可转化为常规的固态、气态和液态燃料,是一种重要的可再生能源,其利用有助于减少大气中的二氧化碳含量。为了解决可再生能源发展中的实际问题,可再生能源立法刻不容缓,且在目前的科学技术支持下,可再生能源立法在能源结构变革中也占着举足轻重的地位。

我国是能源消耗大国,也是温室气体排放量大的国家。在我国具有先进的能源科技方法与工业产业的背景下,为确保能源安全和减少碳排放量,能源变革是必经之路。可再生能源立法可以保证我国减缓与适应气候变化进程的稳定性与可预见性,因此我国具有加快应对气候变化工作的现实需求。但在现实需求之下,可再生能源立法在我国仍可能遭遇一些困境。一方面,考虑到立法制度与发展阶段之间的差异,很难直接从域外国家获得可再生能源立法的经验;另一方面,中国人口众多、地域辽阔,各省(区、市)经济社会发展水平、产业结构、能源利用、气候条件和生态环境差异较大。立法者很难在法律中平衡不同地方的利益。在此背景下,地方立法在可再生能源领域内可起到的潜在作用十分显著。

在我国可再生能源生产与消费占总能源生产与消费总量比例低,市场、产业、技术发展不足的背景下,地方立法的制定、出台及其提供的法制保障,既有利于地方政府贯彻实施国家可再生能源发展战略、总量目标和开发利用规划,也有利于推进地方可再生能源开发利用及其市场、产业、技术的发展。目前,国内学者对可再生能源地方立法的系统性研究尚属空白,大部分学者仍然专注于国家应对可再生能源立法不同角度的瓶颈分析(李艳芳 等,2016)、基本原则思考(张梓太,2010)和法律体系构建(赵俊,2015),只有少数学者的研究开始转向对一些地方立法现状的分析(赖力 等,2013),以及地方气候治理影响因素的探索(马丽,2014),这也是本研究进行深入探索的重要理论价值所在。在实践领域,虽然国外和中国的一些地方政府已经在这一领域进行了初步探寻,但地方立法仍然遇到立法权限、模式选择、利益协调、具体制度设计等实际问题,这也使得可再生能源地方立法的主题具有重要的现实意义。

我国地方层面的可再生能源发展的立法供给明显不足,只有浙江有可再生能源促进的综合性地方立法,以及浙江、黑龙江、湖北等少数省份有农村可再生能源的专门性地方立法。可再生能源开发利用具有很强的地域性,可再生能源发展也与区域性的社会、经济状况密切相关,因而,探索具有针对性的可再生能源发展的地方立法,成为贯彻实施《可再生能源法》的关键因素之一。根据各地可再生能源资源禀赋及其开发利用现状、发展潜力和发展趋势,因地制宜地制定适合地方可再生能源发展的地方立法,积极运用法律手段来推进和保障可再生能源发展目标的实现,提高《可再生能源法》在地方实施的针对性、可操作性及其实施效果,是我国可再生能源地方立法的必然选择。

## 1. 气候变化背景下的可再生能源立法发展概述

应对气候变化是当代国际社会面临的最复杂的系统性工程。可再生能源是清洁能源,能够替代化石能源,发展可再生能源是应对气候变化的主要举措之一。气候变化导致各类自然灾害发生,其主因是人类活动,主要表现为温室效应。过度开采和使用传统能源导致能源危机。传统能源成本的迅速增加使各国意识到继续使用传统能源可能导致能源枯竭和不可持续的经济后果。而可再生能源的发展是有效减少传统能源使用的对策之一。可再生能源立法为可再生能源的发展奠定了法律基础,并为各国应对气候变化问题提供了可持续指导。为了实现既定的气候变化目标,随着对可再生能源需求的增加,法律制度需要做出相应改变。国际层面与国内层面在气候变化的大背景下,对可再生能源进行立法,对减排和清洁生产做出明确规定,以此来减缓气候变化。

### 1.1 气候变化背景下的国际可再生能源立法

#### 1.1.1 《可再生能源与减缓气候变化特别报告》

IPCC 在 2008 年组织编写了《可再生能源与减缓气候变化特别报告》,报告指出,发展可再生能源与减缓气候变化息息相关。随着各国的能源转型不断发展,可再生能源的开发成本不断下降,在能源市场中,可再生能源的市场竞争也在上升,这样的稳步发展,使得可再生能源的利用范围持续加大,全球温室气体的减排也在加速(朱蓉 等,2011)。由该报告可以看出,可再生能源和气候变化有着密切的关系。

#### 1.1.2 《联合国气候变化框架公约》

《联合国气候变化框架公约》在 1992 年的联合国环境与发展大会(United Nation Conference on Environment and Development)进行签署。共有 154 个国家与地区签署了这份公约,中国作为联合国的常任理事国自然也是《联合国气候变化框架公约》缔约国之一。《联合国气候变化框架公约》主要由两个部分组成,第一部分是序言;第二部分是正文,共有 26 条,分别规定了机制、缔约方责任等内容。

#### 1.1.3 《京都议定书》

在《联合国气候变化框架公约》的基础上,各国用了 5 年的时间进行谈判和博弈,终于在 1997 年 12 月的日本京都召开了《联合国气候变化框架公约》第三次缔约方大会。共有 149 个国家和地区代表参加,经过商讨和博弈,参与国表决通过《京都议定书》(Kyoto Protocol)。《京都议定书》主要目的是抑制全球变暖,而主要措施是通过对发达国家减排的强制,减少温室气体排放。议定书具有历史性的意义,它是对温室气体排放目标做出强制性规定的第一份国际协议。

### 1.1.4 《巴黎协定》

为了更好地解决全球气候变化问题,联合国于 2015 年 11 月在巴黎北郊召开了第 21 届气候变化大会。这次大会有 184 个国家向大会提交了应对气候变化的国家自主贡献文件,这些文件主要是涵盖了全球的碳排放量。这次气候大会在巴黎时间的 12 月 12 日落下了帷幕。此次大会受到了全球的瞩目,《联合国气候变化框架公约》的缔约方们在这次会议中,通过了《巴黎协定》(United Nations Climate Change Conference Paris 2015;L'accord de Paris),《巴黎协定》的签订,缔约方共同承诺了控制温室气体排放的任务,标志着全球气候治理进入了一个新的里程碑,这次气候会议具有非常重要的历史意义。

为了保障应对气候变化政治意愿的凝聚和行动开展的有效性,《巴黎协定》首先确立了基于"自下而上"路径的"国家自主贡献"模式。推行这个路径的重要意义在于它已经结束了京都第一个承诺期后国际"自上而下"立法的困难时期,并考虑到处于不同经济发展阶段并且对应对气候变化有着不同需求的国家或地区的主体利益提供了一个可行的促进计划,以打破国际气候立法的僵局。《巴黎协定》的缔约方在经过努力协商和长时间的博弈,最终达成了各缔约方加强对气候变化威胁的全球应对措施,即"在全球平均气温较工业化前水平升高幅度控制在 2℃ 之内,且要对把升温幅度控制在 1.5℃ 的目标而努力"(人民网,2018)。巴黎气候大会为全球以后应对气候变化问题起到了一个新的引导作用,"自主贡献"的方式步入应对气候变化的舞台,减排也有新的目标,这对世界各国都给予了减排的压力,相对地,在能源变革方面也有着不小的推动作用。

## 1.2　气候变化背景下的国内可再生能源立法

2005 年 2 月 28 日,全国人大常委会通过了《中华人民共和国可再生能源法》(简称《可再生能源法》)。2009 年 12 月 26 日,全国人大常委会表决通过了关于修改《可再生能源法》的决定,自此,我国建立了以《可再生能源法》为基础的多项基本制度,这些制度成为我国制定可再生能源政策的基础。为保证立法的顺利实施,相关部门已出台了一系列规章、政策、标准,初步形成了推动可再生能源发展的政策体系,为我国可再生能源产业的快速崛起提供了重要支撑(表 1)(任东明,2014)。同时,目前国内部分省份也已经对可再生能源的开发利用做出了地方性专门立法的尝试,且取得了一定的成效(表 2)。

表 1　我国(部分)有关可再生能源开发利用的规章及其他规范性文件一览表

| 颁布部门 | 颁布时间 | 法规名称 | 主要内容 |
|---|---|---|---|
| 国家发改委 | 2006-01-05 | 《可再生能源发电有关管理办法》 | 监督与管理 |
| 国家发改委 | 2006-01-06 | 《可再生能源发电价格和费用分摊管理办法》 | 招标、核准电价 |
| 财政部 | 2006-05-30 | 《可再生能源发展专项资金管理暂行办法》 | 资金来源及监管 |
| 建设部、财政部 | 2006-09-04 | 《可再生能源建筑应用专项资金管理办法》 | 资金来源及监管 |
| 国家发改委 | 2007-01-11 | 《可再生能源电力配额管理办法》 | 配额价格及监督管理 |

| 颁布部门 | 颁布时间 | 法规名称 | 主要内容 |
|---|---|---|---|
| 国家电监委 | 2007-07-25 | 《电网企业全额收购可再生能源电量监管办法》 | 收购价格监督管理 |
| 财政部 | 2008-08-11 | 《风力发电设备产业化专项资金管理办法》 | 设备与资金管理 |
| 财政部 | 2009-03-23 | 《太阳能光电建筑应用财政补助资金管理办法》 | 建筑资金补助监督管理 |
| 住房与城乡建设部 | 2009-03-23 | 《关于加快推进太阳能光电建筑的实施意见》 | 监督管理 |
| 国家发改委 | 2010-07-18 | 《关于完善农林生物质发电价格政策的通知》 | 招标价和核准价 |
| 财政部、国家发改委、国家能源局 | 2011-11-29 | 《可再生能源发展基金征收使用管理办法》 | 基金的使用监督管理 |
| 国家能源局 | 2013-02-22 | 《关于促进地热能开发利用的指导意见》 | 地热能开发利用规划 |
| 国家能源局 | 2013-03-19 | 《关于做好2013年风电并网和消纳相关工作的通知》 | 消除弃风限电和区域消纳 |
| 国家发改委 | 2013-08-27 | 《关于调整可再生能源电价附加标准与环保电价有关事项的通知》 | 环保电价相关事宜 |
| 国家能源局 | 2013-11-18 | 《光伏电站项目管理暂行办法》 | 项目管理相关事宜 |
| 国家能源局 | 2015-09-28 | 《关于实行可再生能源发电项目信息化管理的通知》 | 信息化管理与其监督管理 |
| 国家能源局 | 2017-06-06 | 《关于开展北方地区可再生能源清洁取暖实施方案编制有关工作的通知》 | 再生能源清洁取暖 |
| 国家能源局 | 2018-04-02 | 《关于减轻可再生能源领域企业负担有关事项的通知》 | 减轻企业负担 |

**表2 我国部分省(区、市)地方性可再生能源法规一览表**

| 颁布机构 | 颁布时间 | 名称 | 主要内容 |
|---|---|---|---|
| 山东省人大 | 2005-07-24 | 《山东省农村可再生能源条例》 | 技术研发、推广、监管、保障措施 |
| 湖南省人大 | 2005-11-28 | 《湖南省农村可再生能源条例》 | 技术推广、监管、保障措施 |
| 黑龙江人大 | 2008-01-18 | 《黑龙江省农村可再生能源开发利用条例》 | 技术开发推广、生产经营、扶持保障、监督和管理 |
| 湖北省人大 | 2010-10-01 | 《湖北省农村可再生能源条例》 | 政府扶持和服务、安全生产和监管 |
| 浙江省人大 | 2013-05-30 | 《浙江省可再生能源开发利用促进条例》 | 推进光伏照明、建筑发展,完善并网及管理服务 |

可再生能源开发利用的一个重要前提是依赖可再生能源的资源条件,我国地域辽阔,各省(区、市)自然资源条件差异较大,不同地区有自己的资源特色,有的地区风资源丰富,有的地区生物质能资源丰富,有的地区太阳能资源丰富,有的地区潮汐能资源丰富,有的地区水能资源丰富,还有的地区地热能资源丰富。应当承认每一个地区由于资源条件不同,必然对立法会有不同需求,但是我国出台专门的可再生能源地方立法的省(区、市)仍然凤毛麟角(李艳芳 等,2010)。

《可再生能源法》是国家层面的立法,其立法目的的实现及其政策措施、法律制度目标的达成,不仅需要国务院及其相关行政主管部门颁布的配套性行政法规、规章和政策性文件的支持,而且需要地方立法的支撑。同时,通过国家立法与地方立法的上下衔接、相互沟通,形成我国可再生能源发展的有力法治保障。我国可再生能源资源分布不均衡,可再生能源的自然资源种类与结构等呈现出区域间差异较大的特点。同时,各个省份的社会经济发展水平、科学技术基础、可再生能源消耗水平、可再生能源产业结构、可再生能源市场发育程度等不尽相同。地方立法应当立足于各地可再生能源特色以及各方面的实际情况,分别制定促进本地区可再生能源开发利用的地方立法。目前,我国可再生能源立法主要集中在国家层面,地方层面的立法明显薄弱,只有浙江省制定了适用于本省的促进可再生能源开发利用的综合性地方立法——《浙江省可再生能源开发利用促进条例》。比较而言,农村地区可再生能源立法相对受到重视,如湖南、湖北、山东、黑龙江等多个省份制定了专门性的促进农村地区可再生能源发展的地方性立法。

可再生能源地方立法并不是对国家《可再生能源法》的照搬照抄,也不是简单地表现为国家立法的具体实施办法,而是要结合我国可再生能源发展体制、机制、市场等方面的改革要求和制度创新需要,先行先试,大胆地进行政策措施和法律制度的试验与创新,为国家立法和政策的制定提供有益的实践经验。在此方面,经济发达地区浙江省走到了全国的前列。例如,尽管《可再生能源法》的上位立法中没规定可再生能源配额制度,在其颁布的综合性地方立法《浙江省可再生能源开发利用促进条例》中,浙江省通过地方立法明确地创设了可再生能源发电量配额制度。

## 2. 以地方立法推进可再生能源发展的必要性与可行性

路径选择是我国在气候变化背景下推动可再生能源立法所遇到的现实问题,而"国家自主贡献"模式的确立为我国在气候变化的背景下推进可再生能源工作指明了方向。国际上借以取得成功的"自下而上"的路径显然也可以为我国所借鉴。在国家层面"自上而下"可再生能源立法遭遇瓶颈之际,我们应该转换思路,通过推动可再生能源地方立法,为国家立法积累经验,以实现可再生能源立法"地方自主贡献"的新路径。立法是我国应对气候变化大背景下环境能源法治进程的必然要求。在国家立法遇阻的情形下,凭借"自下而上"路径推动我国地方省(区、市)先行立法,在国家生态文明建设的重大变革期具有现实必要性与可行性。

虽然我国开发利用可再生能源有较长历史,但是一直以来,并没有形成一定的规模,也缺乏相对的地方政策和法律指导与保障,一定程度上制约了可再生能源产业的发展。在新的时代背景下,建立健全地方可再生能源法律制度,对于可再生能源产业的法治化,具有特殊的重要意义。推进"自下而上"可再生能源地方立法有以下几点必要性。

### 2.1　推进可再生能源地方立法的必要性

#### 2.1.1　中国的"国家自主贡献"需要转换为地方政府的实际行动

中国是《联合国气候变化框架公约》和《京都议定书》的缔约成员国,按照"条约必须遵守"的国际法基本原则,我国有义务将自己承担的国际义务转换为国内法律的相关规定加以实施。节约能源提高能效、发展新的可再生能源作为人类应对气候变化的基本措施,成为国际社会的共识,并在《联合国气候变化框架公约》和《京都议定书》得到体现。我国已于1997年颁布了《节约能源法》,并对节约能源的原则、基本制度、主要可再生能源主体和可再生能源义务做出了全面规定。《可再生能源法》等法律与政策的颁布为发展可再生能源提供政策与法律支撑,同时,也是中国履行国际义务的积极表现。在这个基础上,我们应当继续保持现有的积极性,将"国家自主贡献"转换为地方政府的实际行动。

"国家自主贡献(INDCs)"模式是巴黎气候大会订立国际条约、取得气候谈判成功的重要基础。由于每一个国家面临应对气候变化的工作重点有所不同,每一个国家可以根据实际情况自主向公约秘书处提交本国的减缓与适应气候变化或其他相关目标的文件作为《巴黎协定》的重要组成部分。虽然该文件对提交国家并没有法律约束力,但贡献完成与否却需要接受公约盘点机制的审查,并关系到一国的形象和国际信誉。在国内法层面,对于如何实施已提交的"国家自主贡献"文件、该文件中所规定的应对气候变化目标具有怎样的法律效力,各国的情况千差万别。一些研究报告指出,目前瑞士、新西兰、日本、俄罗斯等国提交的"国家自主贡献"在国内法层面具有法律约束力,属于法定目标的类型,欧盟提交的文件有待新指令颁行对其法律效力的认可,而作为伞形集团代表的美国和加拿大等国,其文件仅作为一类行政目标而缺乏法律约束力(王伟光 等,2015)。我国所提到的"国家自主贡献"文件法律属性并不明确,由于缺乏对应的国家气候变化立法,其提出的依据更多源自国家发改委所制定的应对气候变化发展规划与区域战略安排。如何有效实现"国家自主贡献"目标,保障我国顺利履行应对气候变化的国际法律义务,是对我国决策者提出的新的目标要求。

中国在巴黎大会上提交的"国家自主贡献"文件中重点承诺了我国 2030 年可再生能源目标(非化石能源占据能源消费比重达到 15%)。这一减缓气候变化目标的完成需要由中央向地方进行目标的层层分解,地方省市是完成我国承诺目标的真正实施单元。但是,在国家应对气候变化可再生能源立法暂缺的情况下,应对气候变化工作只能依靠中央对地方的行政推动,依靠一系列规划与政策出台以及对地方首长的行政考核机制来督促目标完成(张焕波 等,2009)。从某种意义上讲,地方仍然缺乏开展应对气候变化可再生能源开发利用工作的有效约束机制,而只有地方立法才能保障相关工作的稳定性与持续性。地方可再生能源立法是保障"国家自主贡献"转换为"地方自主贡献"的重要步骤。

以浙江省为例,根据课题组在该省的调研,总体上看,浙江省新能源品种齐、开发早。"十二五"以来,新能源开发利用迅速发展,2012 年全省新能源开发利用量达 1562 万吨标准煤,较上年增长 37.5%,占全省能源消费总量的 8.6%。核电方面,全省已建成装机 440 万千瓦,在建装机 450 万千瓦。水电方面,目前全省水电装机 676 万千瓦,开发率已达 80%。风电方面,全省建成陆上风电装机 45 万千瓦,待建装机容量 135 万千瓦,海上风电前期工作也在迅速推进。光伏发电方面,浙江省建成和即将建成光伏发电项目总容量 50 万千瓦左右。2014 年国家安排光伏发电建设规模指标 120 万千瓦,目前已有近 400 兆瓦开工建设。此外,海洋能、生物质能、太阳能热水器、地热能开发利用也取得较大进展。

浙江省一直按照"科学规划、技术先行、突出重点、政策支持、做大产业"的原则,优先支持发展新能源。计划到 2015 年,全省新能源和可再生能源开发利用量 2170 万吨标准煤,占全省能源消费总量的 9.7%。其中,核电装机容量 640 万千瓦,水电装机容量 682 万千瓦,风电装机容量 100 万千瓦,光伏发电装机容量 250 万千瓦,太阳能热水器总面积 2000 万平方米,生物质发电装机容量 83 万千瓦,沼气年产量 2 亿立方米,地源热泵推广应用建筑面积 500 万平方米。

### 2.1.2 地方层面可再生能源立法短期内仍将处于薄弱环节

我国可再生能源的开发利用虽然取得一定的进展,但仍存在一些问题。其中主要是:研究开发能力不强,制造技术水平较低,尚未形成规模化的产业体系;开发利用成本相对较高,缺乏市场竞争力,企业较难以较快的速度发展;国家与地方缺乏支持可再生能源发展的长期而稳定的政策和制度。这些问题也直接或间接地导致地方层面可再生能源立法处于薄弱环节。因此,为使我国可再生能源和新能源获得较大、较快、较为全面的发展,需要各个地方制定具有权威性的可再生能源发展规划,与国家统一规划形成对应关系,依法明确各类主体在可再生能源开发利用中的权利与义务,稳定有利于可再生能源发展的经济政策,以增强开发利用者的市场信心,有效扩大可再生能源的市场份额。这既是地方可再生能源法律与政策出台的背景,也是目标(汪光焘,2018)。

发展可再生能源既是国家能源战略的重要组成部分,也是我国国家和地方保障能源供给、优化能源供给结构,实现社会、经济可持续发展的重大举措。能源供给是我国很多地方社会、经济发展的瓶颈问题。一方面,我国一次性化石能源相对匮乏,原煤、原油和天然气资源较少。另一方面,我国很多地方目前可再生能源开发利用虽然初具规模,但总体水平依然很低。大力开发利用可再生能源资源,不断提高可再生能源在能源生产和消费中的比例,对于保障国家和地方的能源供给与优化供给结构,促进国家和地方社会、经济的可持续发展具有重要意义。我国很多地方水能、太阳能、风能、生物质能、地热能等可再生能源资源较为丰富,有较大的发展空间和应用前景。以太阳能利用为例,据测算,仅湖北省地表每年接收的太阳辐射能相当于535亿吨标准煤的能量,约为2008年全省年能源消耗的300倍,光伏发电有着巨大的上升空间。按照国家与湖北省当时的相关规划,到2015年湖北省应建成太阳能光伏装机容量60万千瓦,年发电量达到6亿千瓦时。而截至2013年底,湖北省太阳能发电核准(备案)38万千瓦,已并网容量15万千瓦,上网电量0.36亿千瓦时,与规划目标存在着较大的差距。

现行地方可再生能源立法,不仅存在零散、效力低的现状,而且还存在配套政策尚不健全的问题。目前,地方调整可再生能源开发利用主要依靠政府政策。这些政策来自地方政府不同部门,各个部门针对不同问题进行规定,而这些规定从法律效力来看,都处于较低层级,权威性明显不足。我国各个地方目前已制定近百项与可再生能源法相关的政策,从数量上看已经颇为壮观。但是一些十分重要的配套政策至今尚未出台,如电网企业优先调度和全额收购可再生能源发电的具体办法等。在各个地方可再生能源立法本身比较原则、概括的情况下,重要配套政策的缺失使开发可再生能源缺乏明确的法律与政策支持,这种现状往往会造成无序、盲目地开发或者使市场开发可再生能源缺乏动力与方向的情况。地方可再生能源立法不健全的情况具体表现在各个地方至今未能出台具体的办法解决可再生能源电力上网难的问题。国家能源局统计数据显示,2014年上半年,虽然全国平均弃风率有所下降,但是作为主要新能源与可再生能源基地弃风率仍然保持两位数,如河北弃风率达14.59%、内蒙古西部地区为12.88%、吉林为19.75%、黑龙江为15.52%、新疆为17.25%(国家能源局,2018)。尽管《可再生能源法》确定了强制上网制度和全额保障性收购制度,但地方可再生能源立法中却没有具体的规定,这些制度在地方执行中缺乏执行刚性,直接导致制度难以落实,一些长期存在的障碍如自然垄断企业对可再生能源人为设置的阻断问题长期得不到有效解决。这正是造成我国近几年日益严重的所谓"弃风""弃水"和"弃光"的主要原因,为投资企业造成了巨大损失。例如,2013年全年,我国风电场由于"弃风限电"损失的电量高达163亿千瓦时以上,约占风电全部发电量的11%,不仅浪费了大量绿色能源,严重影响了发电企业的经济效益,而且严重挫伤了投资者的积极性。以上这两个方面正是地方立法可以充分发挥作用的领域(任东明,2011)。

可再生能源地方立法既是我国的能源法律与政策体系的组成部分,也是应对气候变化法律与政策体系、低碳经济法律与政策体系、环境保护法律与政策体系的重要组成部分。因此，建立健全地方可再生能源法律与政策制度，无论对于完善能源政策与法律体系，还是对于完善气候变化应对政策与法律体系、低碳经济政策与法律体系、环境保护法律体系都具有重要的意义。

## 2.2 推进可再生能源地方立法可行性

### 2.2.1 地方具备一定先行先试的立法空间

我国有别于由中央垄断立法权的单一制国家，被称作"集权—分权"型(李亚虹,1996)。地方在一定条件下被赋予了一定的立法空间，主要建立在"自上而下"与"自下而上"两个路径之上。地方先行立法彰显其实验性质，正如彭真同志所言，"对新的重大问题、重要改革，要制定法律，必须要有群众性探索和实验，即社会实践检验阶段。在这个阶段上，经过对各种典型、各种经验的比较研究，全面权衡利弊才能制定法律"(彭真,1991)。地方先行立法过程是一个经验与教训的总结过程。

地方具有可再生能源分布与管理的优势。我国国土面积辽阔，不同地区之间的自然资源富集程度存在着较大差异。从可再生能源的规划和利用来看，各地情况存在较大的差异。例如，在中国西北地区，我们正在努力建设"风电三峡"，以发展东南沿海地区的潮汐发电，并同时在西南地区发展水电。因此，地方政府应制定符合当地条件的可再生能源开发利用计划，并通过当地立法实施。这应该是中国未来可再生能源政策和法律体系的重要组成部分。

以湖北省为例，该省在光伏等可再生能源发展方面，存在着以下几个方面的情况。

(1)加快发展可再生能源成为湖北省改善能源结构，减少碳排放、加强能源保障能力建设的必然选择。国家《可再生能源电力配额考核办法》规定湖北省2015年可再生能源(不含水电)电力配额考核指标为4％，而到2013年底该省新能源和可再生能源发电量仅占全省发电量的1.3％，差距较大。湖北省能源"十三五"规划提出，统筹推进水电保护性开发的同时，积极推进非水可再生能源发展。重点开发建设风电、太阳能、生物质能项目，加大地热能资源勘查和技术研发和推广力度，积极推进地热能规模化利用，努力提高非水可再生能源在能源结构中的比重。湖北省能源"十三五"规划明确提出，到2020年，新增风电装机容量365万千瓦，累计达到500万千瓦；新增光伏发电装机容量301万千瓦，累计达到350万千瓦；新增太阳能光热建筑应用面积7440万平方米，累计应用面积达1.5亿平方米。加快太阳能、风能等可再生能源发展已经成为刚性任务。

(2)湖北省完成光伏发电"十三五"规划目标的任务较重。据测算，湖北省地表面每年接收的太阳辐射能相当于535亿吨标准煤的能量。湖北电网光伏发电项目以单体大容量光伏电站为主，截至2016年，湖北省最大单体光伏装机容量达到15万千瓦的有2家；单体光伏装机容量在10万千瓦以上的省公司统调电站共有8家，装机容量合计91万千瓦，约占全部光伏装机容量的60％。但距离2020年新增光伏发电装机容量301万千瓦、累计达到350万千瓦的目标任务还较远。

(3)发展可再生能源还缺乏有力的政策支持。受资源条件限制，风电、光伏发电等可再生能源开发利用成本高于全国平均水平，远高于传统火电等常规能源项目的发电成本，投资回报低，缺少竞争优势。浙江、江苏等省太阳能资源与湖北省相当，而浙江等省份已经制定扶持政策,鼓励企业发展可再生能源。目前湖北省除随州、宜昌等市外,省市县三级都尚未出台补贴政策。省级新能源产业发展专项资金 2000 万元,相比浙江 2 亿元规模还十分有限,只能起到引导作用,对企业投资缺乏吸引力。

(4)推进分布式光伏难度较大。一是屋顶资源问题。湖北省屋顶资源虽多,但满足"荷载充分""电量自发自用 90% 以上""25 年企业经营状况良好"等条件的企业却非常有限。二是对投资者而言,开发分布式光伏发电存在较大的收益风险。在实际操作中,每家每户去谈判,投资企业普遍存在怕麻烦的心态。由于企业的存继问题导致屋顶光伏系统存在一定的不确定性,也在很大程度上影响了投资者信心。

### 2.2.2　地方已有气候变化立法活动的示范效果

目前我国有部分省市制定了有关地方立法,如湖南省、黑龙江省、山东省、湖北省、四川省、浙江省等少数几个省制定了本省的《农村可再生能源条例》或者《可再生能源条例》。一些省(区、市)虽然没有制定专门的可再生能源开发利用地方性法规,但是针对某一具体的可再生能源开发利用做出了专门规定。但大部分可再生能源资源大省并没有制定地方性立法;已经制定了地方性的可再生能源立法的省,也将开发利用可再生能源主要局限在解决农村能源问题,特别是没有将可再生能源的发展与解决大气污染、发展低碳经济相联系。为此,各地应根据《可再生能源法》的精神和原则,制定适用于本地区可再生能源发展的地方政策和立法,以弥补现行《可再生能源法》不足之处。

根据课题组在浙江省的调研,以立法为核心,浙江省促进新能源发展的主要经验包括以下几个方面。

(1)发挥新能源规划引导作用。"十三五"以来,先后编制了《浙江省能源发展"十三五"规划》《浙江省"十三五"节能专项规划》《浙江省公共机构节能"十三五"规划》等规划,并开展了《浙江省海上风电电力接入研究》等课题研究,明确了可再生能源发展条件、目标和建设任务等。

(2)制定可再生能源地方性法规。通过两年多的调查研究和起草论证、审核审改,2012 年省人大通过了全国第一个可再生能源发展地方性法规——《浙江省可再生能源开发利用促进条例》。条例明确了浙江省可再生能源主管部门和相关部门职责,确定设立可再生能源发展专项资金,建立发电企业可再生能源配额制等,提高了全省可再生能源开发利用的地位。

(3)加大政策保障和扶持力度。浙江省先后出台扶持可再生能源发展的相关政策。一是2009 年省发改委、能源局与省物价局、省电力工业局等部门联合印发《关于浙江省太阳能光伏发电示范项目扶持政策的意见》,明确了省内光伏发电项目的扶持范围、标准、渠道和支持办法。二是 2012 年省发改委、能源局与省统计局等部门联合印发《关于开展新增可再生能源开发利用量试算工作的通知》,初步建立了可再生能源统计核算制度。三是 2013 年省政府出台《关于进一步加快光伏应用促进产业健康发展的实施意见》,明确浙江光伏发电电量在国家规定的基础上,省内再补贴 0.1 元/千瓦时。该项补贴来源由省电力公司负担。四是 2013 年起省财政安排 2 亿元省级可再生能源发展专项资金,并制定了专项资金管理暂行办法,支持可再生能源开发利用。

(4)加强政府服务管理职能。在可再生能源项目管理上,实行即报即批,全力帮助项目业主解决项目开发各类难题,并注重加强项目环保、水保等管理,切实使清洁能源发挥最大社会效益。协同电网企业不断加强可再生能源项目电力并网服务工作和技术创新,督促电力部门做好风电、光伏等项目的电力接入工作。

(5)积极推进可再生能源产业创新发展。浙江省通过争取国家支持和省内补助,加快推动新能源装备企业技术创新和转型升级。2011年以来,浙江省风电、光伏、生物质能等5个可再生能源示范项目获得国家战略性新兴产业资金补助6000多万元;4个可再生能源研发成果获得国家能源科技进步奖。

### 2.2.3 地方应对气候变化政策推动奠定了立法的实践基础

"立法滞后,政策先行"是我国长期以来应对气候变化进程的重要特征。2007年以来,我国先后出台了《中国应对气候变化国家方案》、《"十二五"可再生能源减排综合性工作方案》、《"十二五"控制温室气体排放工作方案》、《可再生能源减排"十二五"规划》、《2014—2015年可再生能源减排低碳发展行动方案》、《国家应对气候变化规划(2014—2020年)》等政策性文件,对全国各地方应对气候变化大背景下可再生能源工作进行了初步的规划部署。政策先行保障了地方开展可再生能源立法工作的灵活性,而立法则是可再生能源法开发利用具体措施的法定化,保障了相关工作推动的稳定性与可预见性,同时也有利于矫正地方政府在单一政策推动情形中"重政绩,轻实效,亲收益,疏保护"的不利倾向(马丽,2014)。

尽管我国一些地方已颁布出台了一些推进可再生能源开发利用的规划、激励政策和规范性管理文件,但缺乏必要的法律规范性和法律约束力。由于可再生能源地方立法的缺失,使得我国很多地方可再生能源开发利用缺乏有力的监督管理体制和有效的法律制度支撑。对于深化可再生能源发展而言,亟待解决一些地方在实施国家可再生能源发展政策与法律过程中所暴露出来的一些问题和困难,并通过地方立法的出台有针对性地予以解决。

## 2.3 地方立法的不足之处

### 2.3.1 可操作性依然不足

为了更好地发展可再生能源,我国以《可再生能源法》为基础,制定出台了诸多相关国家与地方法律法规、政策性文件,在具体实施过程中发现存在种种不足之处,也显示出《可再生能源法》可操作性不足这一问题。而解决这一困境的最佳方法便是推动各个地方的可再生能源立法。

可再生能源地方立法的主要动因包括:一是国家可再生能源法对发电配额、并网接入、全额保障性收购、占比考核以及鼓励单位、个人根据实际开发利用可再生能源等做了规定,但在地方如何落到实处,缺乏相应的配套实施办法,政府部门、社会和企业在执行法律中难以实施。二是可再生能源开发利用涉及发改(能源)、建设、国土、财政、经信等多个部门,未能依法建立起高效、协调、有序的地方可再生能源管理体制和机制,仍存在部门职责交叉重复和职责履行不到位等问题,很大程度上制约了可再生能源顺利发展,急需以地方立法的形式予以明确。三是扶持政策的制定也需要以地方性法规的形式予以保障。四是地方希望通过立法获得国家财税金融政策支持和节能政策支持力度。增加地方可再生能源发展专项和建筑节能专项资金规模,对光伏发电项目给予一定的投资补助。各地方政府不得以征收资源使用费等名义向光伏发电企业收取法律法规规定之外的费用。根据分布式光伏发电特点,加大对光伏应用领域企业的信贷支持,采取灵活的信贷政策,创新金融产品和服务,支持企业和家庭建设光伏发电系统。地方通过立法,鼓励专业化能源服务公司与用户合作,投资建设和经营管理为用户供电的光伏发电及相关设施,将合同能源管理模式引入光伏应用推广领域。根据国家法律和有关政策规定,制定地方可再生能源立法,因而成为我国一些地方政府和人大的立法选择。

然而,现有的几部可再生能源地方立法依然存在着相似的可操作性不足的问题,相关规定仍过于原则。面对当今可再生能源开发利用时遇到的瓶颈与困难,现有的可再生能源地方立法需要进一步修订,以加强可操作性,积极应对目前的气候变化问题。

### 2.3.2　公众参与制度的难以落实

我国 2015 年实施的新修订的《环境保护法》中,列入了公众参与制度。《环境保护法》是我国开展环保事业时遵循的基本法,公众参与制度也应反映在受环境保护法律制度约束的其他法律中。但仅仅在中央立法中明确这个制度是不够的。在实践中,尤其在地方立法中,现行的几部可再生能源地方立法中,信息公开与公众参与制度仍属空白。

一方面,我国现行几部可再生能源地方立法中关于信息公开制度处于空白状态。信息公开制度可以记录公众参与可再生能源发展的程度,公众参与制度与信息披露制度密切相关。当政府及相关企业向公众披露有关可再生能源的开发和利用、可再生能源的具体发展情况、有关可再生能源发展专项资金的分配和使用的信息时,我国公民对于可再生能源开发与发展的参与热情会有显著的提高。

另一方面,公众参与制度在可再生能源发展中难以落实的状况主要体现在对部分偏远贫困农村地区。农村地区的可再生能源发展在国家开发利用非化石能源,即可再生能源中占有不容忽视的地位,我国现行几部可再生能源地方立法中,虽然有几部专门规制农村地区的可再生能源的发展,但在交通和网络相对落后的一些偏远和贫困地区,难以通过上网电价管理和财政优惠政策实施并促进可再生能源发展的应用,这种情况也限制了公众参与制度的发展。

### 2.3.3　制度内容上的其他不足

我国的可再生能源法律在制度内容方面还处于一个相对滞后的状态。《可再生能源法》的修订及相对应的地方立法的及时更新也需要国家与地方予以重视。在气候变化的背景条件下,清洁能源生产、低碳发展、供给侧改革的提出等都是新能源的发展机遇,在当下这个对非化石能源发展格外重视的时机,为了积极响应国际应对气候变化的号召,中国发展可再生能源的势头也是势不可挡的。

国内外经验表明,可再生能源发展需要法律的引导、支持和保障。发展我国国家和地方可再生能源,需要通过有力、有效的地方立法,提供坚实的法制保障。制定可再生能源地方立法是顺应可再生能源开发利用法制要求,理顺国家和地方监督管理体制改革,提升可再生能源开发利用规划、监督管理力度及其规范性,推进可再生能源市场、产业和技术发展的根本途径。为了切实解决这些问题和困难,根据国家《可再生能源法》等有关法律与政策规定,结合地方实际,制定地方性的可再生能源立法十分必要。从可再生能源的中长远发展来看,有必要通过地方立法的出台,为可再生能源开发利用营造一个良好的法制环境。

概括地讲,我国地方可再生能源发展面临的困难和问题主要表现在以下十个方面:一是缺乏有针对性的地方可再生能源开发利用规划及其实施保障;二是资金投入不足、扶持措施不到位、鼓励政策与激励措施的实施欠规范;三是监督管理体制不明确,存在着部门职责不清、分工不明的现象;四是市场培育与产业化规模发展不足;五是技术研发与推广滞后;六是可再生能源开发利用企业与电网企业、燃气企业、供热企业的法律义务与彼此之间的法律关系有待明晰;七是政府责任及其监督管理制度不完善;八是可再生能源开发利用的社会服务体系尚未建立;九是可再生能源开发利用相关信息不透明,缺乏必要的公众参与;十是人大与社会的监督督促有待加强。

## 3. 利益博弈:可再生能源地方立法中的利益诉求与利益冲突

地方立法作为国家立法体系的重要组成部分,与改革开放同步发展,与国家立法一起构成了具有中国特色的立法体系。地方立法在可再生能源立法中起着至关重要的作用。地方政府规定被各级地方行政机关视为社会治理的有效途径,对当地的经济、文化和社会生活产生重大影响。

### 3.1 地方立法中的利益诉求

#### 3.1.1 地方立法中的主要利益诉求

地方在能源经济领域的发展利益诉求明显。可再生能源是能源供应体系的重要组成部分。目前,全球可再生能源开发利用规模不断扩大,发展可再生能源已成为许多国家推进能源转型的核心内容和应对气候变化的重要途径,也是我国推进能源生产和消费革命、推动能源转型的重要措施(国家发展改革委,2018)。

虽然地方立法主要关注调整和分配地方利益。但是,毫无疑问,地方立法蓬勃发展的动力在于中国社会改革开放,经济快速增长,各经济部门利益强烈的现状。改革开放以来,地方政府积极发展地方经济,经济建设已成为各级党委和地方政府的重中之重。其中,能源经济发挥着巨大作用。地方立法作为一种有效的社会治理方式也应围绕地方"中央工作"进行,经济领域的立法已成为地方立法工作的重点。

随着改革的深入,市场经济规则逐步建立,地方立法直接规范可再生能源经济领域的法规日趋增多。从这个角度来看,我们也可以深刻感受到地方立法的时代性。但我们仍然必须意识到社会主义市场经济本质上是一种法治经济。经济领域的立法属于重点领域的立法。可以预计,在未来相当长的一段时间内,我们可以看到地方立法在可再生能源经济领域中起到重要作用。

#### 3.1.2 地方立法中利益诉求的特点

(1)利益诉求的本土化强烈

地方可再生能源立法要求对该地区的特殊社会关系、利益进行灵活的法律调整,并自主解决当地立法应解决的各种问题。地方立法是地方对可再生能源利益的本地化。地方立法利益诉求本土化体现为,由于地理、地缘特色,各个地方着重发展的可再生能源种类不同、发展模式也不同,因此应为地方所独有的可再生能源立法。地方可再生能源立法利益诉求本土化还体现在虽不为地方独有的事务领域,但由于地方经济和社会发展的不均衡,需要在上位法的一般指引下,做出富有地方特色执行性可再生能源地方法规。综上,地方对于可再生能源利益诉求具有相对的独立性,地方立法应当重视本土利益诉求,对地方利益格局做调整,解决地方实际问题,不做上位法的翻版和摘抄,体现出地方立法存在的必要性。

(2)利益诉求的创新性突出

按照立法法的规定,中央和地方各有各的立法权限。地方立法权缘起于中央立法的缺位或过于原则性的状况下对地方事务的管理需求。如在可再生能源方面,迫切需要地方立法来个性化处理可再生能源问题,使地方立法成为必要。正因为如此,地方立法是在没有上层法律指导的情况下创立的,必然具有创新特征。与此同时,地方立法也是中央立法的"试验场"。有些问题涉及广泛的问题,就中央立法层面而言,有必要"谋定而后动"。此时,地方政府可以先行立法并总结经验,为未来的中央立法创造条件。可再生能源是地方立法创新的最佳实验领域。毕竟,地方立法适用范围相对较小,即使立法不具有前瞻性,在实施过程中可能会给经济和社会发展带来损失,但损失仍在控制范围之中。

地方立法者本着"符合客观规律、有利于改革创新、有利于社会"的初衷勇敢前行,但也无法避免和上位法冲突的尴尬局面。立法法的修订解决了这一难题。立法法修正案规定,全国人大及其常委会可以根据改革发展的需要,决定就行政管理等领域的特定事项授权在部分地方暂停适用法律的部分规定,为地方可再生能源立法的创新和实验解除了桎梏。

## 3.2　地方立法中的利益冲突

利益多元化将不可避免地加剧各种利益冲突:中央和地方、发达与欠发达地区、集体与个人、地方与国家、整体和地方之间的利益冲突。利益的多样化决定了利益冲突的常态化。在地方立法所呈现的利益冲突中,一些利益可以相互有效地发挥积极作用,进行博弈。就算曾经与经济利益相比稍逊一筹的环境利益,在可持续发展观日益深入人心的今天,都呈现出与经济利益的分庭抗礼之势。但是,一些利益因为利益主体缺乏发言权,在与其他利益对抗的过程中,往往容易处于弱势,成为牺牲的对象。因此,在立法过程中衡量和平衡各种主体之间的利益尤为重要。

### 3.2.1　部门利益与部门利益之间的冲突

可再生能源地方立法中的部门利益需求相差较大,通常呈现出行使公权力的部门在进行与其本部门利益相关的立法时,只追求自身部门的利益,选择忽略公共利益和其他部门的利益。地方立法,不能不涉及政府各职能部门职责的划分。可再生能源立法涉及利益众多,政出多门,降低政策的执行效果。我国可再生能源管理职能分布在发改、财政、科技、农林、水利等多个政府部门,这些部门往往从各自职能的角度制定政策,缺乏沟通和协调。通常出现各类政策的实施存在严重冲突,影响政策的实施情况。各部门之间的利益纠纷不仅是常态,而且非常激烈,严重偏离了公权力的公共性和非营利性。地方立法中每个职能部门均充分利用自己的发言权和权力创造有利于自身的条件,这种冲突在地方立法实践中比比皆是。

### 3.2.2　环境利益与经济利益之间的冲突

环境效益是指环境生态可持续发展提供给人类生存和发展的基本条件,也是满足当代和后代人类需求的基本条件。物质经济利益是指以物质形式表现的人们在生产和生活中需要的利益。

发展可再生能源的成本虽有逐渐下降的趋势,但目前还处于成本较高的状态,在可再生能源带来较好的环境效益的情况下,而地方通常选择以经济利益为主导。有学者认为,"人类对生活质量衍生的紧迫利益需求大致可分为三个阶段:①贫困阶段(人均国民生产总值1000美元以卜),人们对生活质量要求为脱贫要求,强调经济公益优先,发展模式为先污染后治理;②中等发达阶段(人均国民生产总值1000~5000美元),人们以个体消费和家庭消费为主要生活质量要求,强调环境保护与经济增长协调发展;③发达阶段(人均国民生产总值5000美元以上),人们由家庭内部消费转向家庭外部消费,精神消费、环境消费比例极大提高,把改善环境质量作为自己个人消费合理必要内容"。综上,我们可以看出,环境利益与经济利益并不存在哪者优先的问题,两者衡平必须以紧缺利益优先原则为前提。由于近年来环境污染的恶果开始变得愈来愈明显,地方立法应当侧重关注和保护环境利益,即开发、发展可再生能源,制定相关地方可再生能源立法。

## 4. 可再生能源发展机制地方立法的重思

### 4.1 我国可再生能源地方立法原则

#### 4.1.1 有特色原则

可再生能源地方立法坚持有特色的原则就是可再生能源地方立法要符合当地实际。主要是针对地方立法重复上位法、没有地方特色、没有解决实际问题而言,可再生能源地方立法的使命就是通过创制解决应由地方自己解决的问题。推行可再生能源地方立法就是鼓励地方要突出地方特色,能否突出地方特色是可再生能源地方立法的灵魂、质量和价值所在。孟德斯鸠在《论法的精神》中所讲的"地理环境决定论",虽然不够科学,但一个地方的政治、经济、自然环境、文化及可再生能源分布情况等对可再生能源地方立法的确有着至关重要的影响。

#### 4.1.2 程序合法原则

地方立法利益衡量行为是一种庄严神圣的行为,它汇集民意、规制权力、调和利益,是民主意志转换为国家意志的关键路径。所以,必须由符合资格的立法主体做出。2015年3月15日,十二届人大三次会议通过立法法修订草案,全国284个设区市均可行使地方立法权,设区的市人大可以对"城乡建设与管理、环境保护、历史文化保护等方面的事项"制定地方性法规,设区的市人民政府也可以相应制定地方政府规章。地方立法权主体扩大至全国所有设区市。

可再生能源地方立法程序合法的"程序"是指程序性法律规范。有些是在地方立法机关组织法中规定的,有些是在地方立法程序法中规定的。程序先定作为现代民主法治运作的基本程序规则,是形式法治的应有之义。这个原则运用在地方立法利益衡量上,它就要求确立"无程序即无地方立法利益衡量"的原则,即遵从地方立法的各项程序规则已成为实施地方立法利益衡量活动的前提性条件。

通过预设程序性的规范制约机制,可以防止在立法的各个方面进行利益衡量的可能性。需要特别指出的是,立法机关必须依法严格按照三种程序制定法规:审议、表决(决定)和公布。

这三类程序是直接带来法律效力的程序要求,因此我们采用这三种程序来衡量利益的强制性程序要求。如果地方立法机构没有按照强制性程序规范的要求衡量利益,则该行为是非法的,没有程序合法性。审议、表决和公布过程中听证、讨论、论证等程序如果存在任何瑕疵,可予以补救,不影响利益衡量行为的有效性。

### 4.1.3　内容合法原则

"为安排不同层级的法律间的效力关系,人们必须建立法律位阶制度。法律位阶是确定立法效力的制度"(周永坤,2000)。法律的位阶制度提高了法律的稳定性和可预测性。例如,衡量可再生能源的地方立法效益必须符合可再生能源上限法,否则就是无效的地方立法。具体来讲,就是要遵守"不能违背宪法、不能违背法律的基本价值、不能与上位法相抵触"三项合法原则。但是,法律属于社会科学,虽然对法律的基本价值已达成共识,但也存在偏差。甚至可能会出现与上位法条款的表面意思相背离,但却符合法律精神与原则的法规条文。因此,判断一个地方立法利益衡量行为本身是否有效力,不能简单看待,一定要按照科学合理的原则来确定其内容是否违法,以法律条文后承载的法律价值共识为标准。

### 4.1.4　利益衡平原则

（1）局部利益与整体利益衡平

环境利益对于全人类来说属于整体利益,地方经济利益属于短期的局部利益,就二者关系而言,整体利益优先,局部利益退而求其次。在地方开发利用可再生能源过程中,各个地方需要对整体利益与局部利益进行一个平衡。当然,并不是说局部利益面对整体利益完全处于劣势,实际上,局部利益的实现促进整体利益的实现,只有让局部利益优先起步发展,整体利益的实现才有实现可能。现阶段,在衡量可再生能源的地方立法利益的过程中,地方利益和整体利益的统筹协调主要体现在"全球环境保护"的整体利益和"经济发展"的地方局部利益上。从整体利益角度出发,有必要通过衡量地方立法的利益,促进地方全面协调发展,努力实现地方各族人民的共同利益。

（2）眼前利益和长远利益衡平

顾名思义,所谓长远利益,是指在远期才能发生或实现的利益;而所谓眼前利益,是指现阶段就可收获实现的利益。目前可再生能源的困境存在于协调眼前利益和长远利益之间。两者之间的矛盾在于:如果我们只关注可再生能源的长远利益,依靠远方的美丽愿景"画饼充饥",人们奋力拼搏力量被削弱,眼前利益得不到保障,长期利益亦是空谈。但是,如果我们只关注非再生能源的眼前利益,而忽略不可逆转和巨大的长远利益的损害,那么眼前利益的获取也只是"昙花一现",失去了继续发展的可能性。

可再生能源本身便是长远利益的典型代表,可再生能源带来的长远利益和眼前利益相比,更重要、更基础、更根本。此外,这一对冲突还有两个特点需要注意。一是所谓的眼前利益和长远利益是以时间段为标准的,是相对而言的。倘若将时间的维度拉长,我们就会发现,在更大的时间跨度内,我们有时所认为的长远利益会变成眼前利益;将时间的维度缩短,某些眼前利益相对于更近期的利益,又会变成长远利益。二是眼前利益是感性的,是习惯于追逐利益的人们能够迅速感知和把握的,也是人们愿意努力实践和获取的。可再生能源本身就是长远利益的典型代表。可再生能源带来的长远利益比眼前利益更重要、更基础。但我们需要注意的是,所谓的眼前利益和长远利益是基于时间段而且是在相对的情况下而言的。而长远利益却是理性的,对它的认知需要科学理性的眼光,而且它需要一段时间才能转化成现实,失去长远利益,人们在短期内不会感受到"锥心之痛"。因此,"短视而盲目"的人类经常忽略长远利益,只看重眼前利益,导致二者脱节。面对这样一对利益冲突,立法者在利益衡量的过程中要做的是开拓思维、打开眼界,既要充分认识到可再生能源长远利益的重要性,又要统筹兼顾好这两个利益,尽可能让二者的发展方向一致。

(3)统筹各个部门利益

整合各相关政府部门的可再生能源管理职能。顺应当前我国深化国家管理体制改革,建立大部制的有利时机,将分散在发改、科技、财政、农林、水利等部门与可再生能源管理相关的职能统一整合到国务院能源主管部门,改变"九龙治水"的局面,形成合力促进可再生能源规模化发展。同时,在能源主管部门内部强化对可再生能源的监管力度。

### 4.1.5 可操作原则

可再生能源地方立法应当坚持可操作原则,即可再生能源地方立法要具有可行性。由于目前我国的可再生能源地方立法存在立法大而化之、制度原则、程序不严、设定行为和责任过粗、配套细则跟不上等原因,使得可再生能源地方立法缺乏有效的可操作性。必须承认的是,在《可再生能源法》颁布实施至今,其中规定的有关可再生能源开发利用的基本原则和基本制度对我国可再生能源的发展起到了毋庸置疑的作用。但从整体上来看,该法规定的相关内容过于原则化和概括化,如《可再生能源法》第13条规定"国家鼓励和支持可再生能源并网发电",但对相关的实施细则却无任何规定,到2006年,国家发改委颁布实施的《可再生能源发电管理有关规定》才对可再生能源发电并网做出了较为细致的规定。这种立法模式使《可再生能源法》具有很大的灵活性,也因此赋予了相应执法部门过大的裁量空间,同时造成《可再生能源法》过度依赖于其相配套的行政法规和规章,一旦相应的配套法规或者规章不能及时制定并出台,《可再生能源法》所规定的原则和内容就形同虚设。我国可再生能源地方立法过于原则化,其缺乏应有的规范性和可操作性,甚至有些宽泛的规定根本无法执行,这样就严重影响了法律在实际中的效果和权威。在具体的实践中,地方立法可以起到的潜在作用十分显著,可再生能源地方法律法规的可操作性对环保执法来说很重要,如果可再生能源立法过于原则化,那么就会导致相关的可再生能源法律法规的适应性不强,缺乏操作性等问题。除此之外,涉及可再生能源的中央与地方规范性文件的相关条款中原则性规范占了很大比例,而且存在政出多门的现状,相互之间的冲突现象甚是严重。因此,必须在可再生能源地方立法中增强可操作性,以解决这种尴尬的现状。

## 4.2 可再生能源地方立法的模式选择

### 4.2.1 地方应兼顾立法灵活性与稳定性,采取渐进路径提升法律效力

可再生能源地方立法根据法律效力可以分为地方法规与政府规章两个层次,二者在法律稳定性与立法灵活性方面存在此消彼长的关系。在地方立法的初期阶段,由地方行政机关首先制定可再生能源开发利用的政府规章,在法律效力上会略显不足,但其立法程序简单,可快速出台,且行政机关在以往方案制定和政策实施中熟悉相关领域,满足了应对气候变化工作的

需要,在形势快速变化中可以凭借较低成本完成规章修改和完善,突出了立法的灵活性和及时性。由地方权力机关颁行地方性法规,保障法律内容的稳定性、可预见性与权威性,是各省(区、市)可再生能源立法工作的终极目标。由于可再生能源开发利用工作涉及组织机构建立、减缓、适应、资金、技术等多方面内容,地方性法规可以对本辖区对于开发利用可再生能源涉及的重大事项管理和处置做出全面、系统的规定。同时,由地方权力机关主导立法,须经过立法规划、提案、审议、表决和公布等复杂过程,保障了立法程序的公正性,降低了政府部门利益对立法活动的干扰。而且,地方性法规在颁行之后,向上可以作为对国家《可再生能源法》的重要衔接,向下可以作为统领本辖区相关专门细则实施性质行政立法的重要上位法,起到可再生能源法律体系纵向维度承上启下的重要作用。

### 4.2.2 国家应扩大地方立法权限,授权地方更多领域的立法变通

一方面,国家需要赋予地方更多领域内的立法权。应对可再生能源立法涉及能源、财政、金融等广泛领域,而《立法法》第 8 条却将部分领域限制在国家法律制定的专有范围内,地方立法不得涉及相关内容。但某些领域是地方立法在应对气候变化活动所必须涉及的,如在减缓领域设置税费、建立必要的资金机制等,这就需要中央权力机关通过授权将属于中央的权力赋予地方权力机关,以保障地方应对可再生能源立法覆盖范围的全面性。同时地方也需要获得更广泛的立法变通。在与可再生能源紧密相关的工业生产、土地管理、农业、森林、气象等领域已颁行了专门的法律或行政法规,地方立法的内容必须遵循不抵触原则。考虑到部分法律制定时间较为久远(如《电力法》),法律条款无法适应当前应对可再生能源开发利用形势的要求,在地方立法中可能会出现与国家法律某些条款相冲突的情形,这就需要中央立法机构赋予地方一定的立法变通权力,允许地方法规在不突破国家法律基本原则的前提下,采取一定程度有利于应对可再生能源立法工作、只针对具体条款的变通立法。

### 4.2.3 可再生能源地方立法的框架构建与制度设计

(1)地方应建立起以能源综合性立法为核心层,以各专项能源立法作为补充和实施细则的法律体系。在内容体系中,应当涵盖立法目的、适用范围、基本原则、监督管理体制等基本内容,同时吸收减缓、适应和各项保障性制度作为具体章节。考虑到综合性立法在本辖区可再生能源开发利用工作的统领性作用,立法工作推进需要在更高起点、以更高效力的立法模式对可再生能源开发利用的共性问题加以抽象和概括,同时体现出全面性、确定性与规范性。此后,推动政府专项行政立法和对已有政府规章进行修改完善是对地方综合可再生能源立法更具体领域的细致补充。

(2)地方应因地制宜,在具体制度设计中实现共性内容与减适侧重的统一。可再生能源领域涵盖了广泛的制度安排,一些可再生能源的基本制度需要在地方的综合性立法中加以确立,纳入地方立法后可以进一步保障地方制定可再生能源开发利用方案的政策连续性和稳定性;公众参与制度的确立则保证了环境民主原则在地方立法中的真正体现。在中东部制造业大省,地方面临减排的现实压力,体现减缓气候变化需求的能效标识制度等可能更容易被地方立法者青睐。在西部生态脆弱省份,地方立法者会把适应气候变化作为侧重点,立法中会优先纳入可再生能源可行性评估等制度。

## 4.3 可再生能源地方立法中的利益协调

利益诉求相同的地方省份应实现可再生能源的立法联动。具有相同利益诉求的邻近省市采取联合立法行动,是可再生能源地方立法的深入发展阶段。例如,京津冀、长三角、珠三角、川云贵地区可以采取跨省(区、市)协同立法途径,实现可再生能源立法模式与内容的同步性,这样可以减少特征相似省(区、市)立法差异所带来的摩擦成本。地方立法中应加入相应联动立法的工作机制等,推动地方可再生能源的联合立法工作的协调进程。

采用区域可再生能源立法应对省(区、市)内不同地区的利益协调问题。可再生能源地方立法中可能还会遇到地方省(区、市)内部不同利益诉求的地区之间如何进行立法协调的问题。"具体问题具体应对"是立法工作的解决之道,针对某些二级地区可能遇到的可再生能源特殊性问题,省(区、市)的权力机关可以对管辖下的特殊可再生能源发展地区进行区域立法,保障省市内部的利益协调。

## 4.4 我国可再生能源地方立法的宏观与微观构建

### 4.4.1 经济刺激制度与专项资金制度

目前,风电、太阳能发电、生物质能发电等的发电成本相对于传统化石能源仍属于成本偏高,补贴资金缺口较大,仍需要通过促进技术进步和建立良好的激励机制进一步降低发电成本。正刺激主要包括三种。一是政府援助与财政补贴。水能、风能、太阳能、海洋能等可再生能源的开发得到国家的财政支持,使得开发新能源的企业更有动力,促进可再生资源的发展。政府应对使用、生产、开发可再生能源的企业给予必要的财政补贴,对于更新、改造生产设备和可再生能源工艺手段的企业也应给予必要的财政补贴,以补偿生产企业对环境的治理费用和为保护稀缺资源做出的贡献,引导、鼓励更多的企业从事绿色生产。技术困难和高成本制约可再生能源的开发利用,国家鼓励开发新能源,解决这方面的困难属最基本的事项。二是税收优惠。能源税优惠政策主要针对可再生能源等能耗低、污染少的新型能源,对绿色能源及其产品的生产和消费在税收上给予适当的减免,使生产成本下降,市场价格合理,激励企业投资可再生能源产业,引导公众消费绿色产品,形成绿色生产、绿色消费的良性循环。我国《可再生能源法》对发展可再生能源产业的财政支援也给予规定,国家对于可再生能源产业发展予以税收优惠。还可以通过提高传统能源的税率、取消化石能源的优惠政策等方面来促使相关企业积极开发可再生能源。三是贷款优惠与费用减免。贷款支持主要体现在对开发可再生能源工作项目的贷款优惠,且国家财政会对这种发展可再生能源的项目进行贴息,使项目企业得到经济上的激励。政府应给予金融政策的倾斜扶持。对使用、生产、开发可再生能源企业给予低息甚至无息贷款,为该类企业开辟特殊通道,减免发展过程中的非必要费用,从经济上帮助并引导使用、生产、开发可再生能源中小型企业发展壮大,鼓励可再生能源新技术形成产业效应,从而扶持可再生能源产业,培育产品市场。

负刺激主要包括两种。一是强制定价。对高耗能、重污染产品,在可再生能源产业平稳发展的基础上,可以实行强制定价的政策,使其失去价格优势,逐步退出市场;而对可再生能源产品,政府可实施价格补贴,减轻价格劣势对可再生能源产业的打击。当然,强制定价并非长久之策,以行政手段扭曲市场正常运行状态不可能从根本上推动可再生能源产业的发展。根据美国可再生能源法运行过程,应当在适当的时候对能源价格解除管制,促进国家能源结构向多元化格局转变。资源环境价格改革是促进可再生能源减排、转变经济发展方式的一项重要内容,我国为促进科学发展将会加快资源环境价格改革步伐。我国各个地方可再生能源条例与办法也应及时跟进,在地方立法中予以体现。二是公共基金制度。各个地方下一步可设置可再生能源专项基金,用于可再生能源法律规范的制定、宣传教育、奖励引导等专门活动。设置标准应依据 GDP 能耗,地方可再生能源基金可按 GDP 能耗与全国平均水平的差距按比例提取,针对 GDP 能耗重点地区。至于基金来源,可借鉴美国等大多数国家采用的能源附加费,辅之以从能源税等与可再生能源相关的税收收入中提取一定比例留存,既保证了以税收杠杆引导企业积极可再生能源,也避免了国家经济运行状况对税收以至对基金稳定性可能带来的不利影响。必须明确的是,可再生能源专项基金应当纳入政府财政预算实行专款专用。

可再生能源发展专项资金是地方财政预算安排的,专门用于支持可再生能源发展的专项补助资金。可再生能源发展专项资金制度通过竞争性分配方式,能够集中地方财力扶持技术先进、效益优良的可再生能源开发利用项目。上海市、浙江省等地区的实践经验表明,可再生能源发展专项资金制度是政府推动可再生能源开发利用的重要经济调控手段,也是推进可再生能源发展的有效引导办法。确立可再生能源发展专项资金制度,能够有效地促进地方可再生能源快速、持续发展。很多地方尚未建立可再生能源发展专项资金,例如,湖北省的省级新能源产业发展专项资金仅有 2000 万元,其调控作用和引导功能十分有限。为此,地方立法应当规定,地方政府应当根据实现本地可再生能源中长期目标、可再生能源开发利用规划和农村地区可再生能源发展规划的需要和要求,设立可再生能源发展专项资金。同时,规定可再生能源发展专项资金用于鼓励和扶持可再生能源发展的事项。

当然,《可再生能源法》偏重于政府鼓励政策与激励措施的运用,以柔性的引导性法律规定为主,缺乏必要的行政执法与监督管理的规定。事实证明,政府鼓励政策、经济激励措施只有与法律强制性规范相互配合、相互补充,才能有效地推动可再生能源产业发展。为此,地方立法应当规定具体的政府监督管理制度,如可再生能源并网发电建设项目的市场准入、可再生能源开发利用企业的信息报告与公开、现场检查、可再生能源信息共享等方面的制度与措施。

#### 4.4.2　建立可再生能源的监督管理体制

可再生能源的发展,从初始到一步一步地壮大,离不开国家的支持,这里的支持不仅需要经济上、政策上的支持,还需要监督管理。促进可再生能源的进一步发展,监督管理制度是不可缺少的。我国《可再生能源法》中并没有明确地制定监督管理制度,仅仅是在经济激励政策方面规定了相关主体的监督管理职责、监督可再生能源专项基金的使用状况等。根据可再生能源本身的特征,各个地方的可再生能源分布不同,地方需要建立可再生能源监督管理制度,不止是对可再生能源专项基金的监督管理,还要对强制上网、电量的收购、可再生能源项目的实行、开发的技术标准等进行监督,这样才能更有利于可再生能源的发展,使电力企业提高对可再生能源法的重视和敬畏。监督可再生能源发展,需要一个具体的程序,才能更好地在可再生能源监督中实际地运用。地方能源局和电力监管机构要做到履行自己的监督义务,开展对发展可再生能源项目执行的监督管理,同时与中央能源与电力相关机构进行协调工作。地方政府应当设立能源监管部门,来对当地可再生能源发展进行监督管理,对相关企业、单位、相关的机构进行监管,使其在发展可再生能源项目时遵法守法,认真完成各自的项目任务,促进可再生能源的兴盛发展。若需要开展调研时,应该及时开展相关工作,解决在监管可再生能源发展项目过程中出现的种种阻碍。电力监督管理机构应当加强对政府权力滥用的监管,对政府公务人员滥用职权的情况应当给予惩罚,这也是对新《环境保护法》的响应。

可再生能源开发利用涉及领域广泛,涉及多个政府部门的监督管理,而《可再生能源法》对其监督管理体制并未做出明确的规定。能源主管部门、相关主管部门职责不清,指导与监管乏力等问题的存在,很大程度上制约了我国可再生能源发展。为此,地方立法应当在确立统一监督管理与分部门监督管理相结合原则的基础上,梳理并明确地方人民政府、能源主管部门、相关主管部门的可再生能源开发利用的指导与监督管理职责。具体做法包括两个方面。一是依据《可再生能源法》确立人民政府的统一领导,以及能源主管部门的组织协调、统一指导、统一监督管理的职责。县级以上人民政府应当加强对可再生能源开发利用工作的领导,落实国家可再生能源发展战略、规划和总量目标,因地制宜地采取有效措施,推动、扶持、引导和规范可再生能源开发利用。省人民政府能源主管部门和市(州)、县(市)人民政府确定的主管能源工作的部门负责本行政区域内可再生能源开发利用的组织协调、统一指导、统一监督管理工作。二是结合相关主管部门的行政法律职责,梳理并明确其推动可再生能源开发利用的指导与监督管理职责。在县级以上人民政府科学技术、水利、国土资源、城乡规划、环境保护、安全监督、农业、气象、住房和城乡建设、经济和信息化、统计、财政、价格、质量技术监督、标准化、商务、公安等在各自职责范围内负责可再生能源开发利用的相关监督管理工作。具体地,包括价格主管部门的价格指导和监督管理职责,城乡规划、国土资源等主管部门的用地保障职责,水行政主管部门对水能资源开发利用的指导和监督管理职责,国土资源主管部门依法履行地热能开发利用的指导和监督管理职责,住房和城乡建设主管部门履行可再生能源建筑利用的指导和监督管理职责,经济和信息化主管部门负责可再生能源设备制造产业发展和相关技术改造项目的指导和监督管理工作,质量技术监督主管部门负责对可再生能源设备制造质量的指导和监督管理职责,商务主管部门负责对石油销售企业生物液体燃料销售的指导与监督管理职责,环境保护主管部门负责对可再生能源开发利用企业环境保护的监督管理职责,安全监督主管部门负责对可再生能源开发利用企业生产安全的监督管理职责,公安行政主管部门负责对可再生能源开发利用基础设施保护的职责,统计主管部门负责对可再生能源的统计职责,财政、审计主管部门负责对可再生能源开发利用资金支出与使用的监督管理职责,等等。另外,涉及农村可再生能源的监督管理问题时,农业主管部门履行农村可再生能源开发利用职责,并按照本省可再生能源开发利用规划,履行沼气利用、农村户用太阳能利用、小型风能开发利用等方面的指导和监督管理职责。

### 4.4.3 建立可再生能源开发利用并网发电项目全额保障性收购制度

国内外可再生能源开发利用的起步和成长阶段的实践经验证明,可再生能源开发利用并网发电项目全额保障性收购制度是调动企业投入可再生能源开发利用积极性、促进可再生能源发展的重要法律制度基础。《可再生能源法》确立了我国的可再生能源开发利用并网发电项目全额保障性收购制度。然而,在地方可再生能源发展的实践过程中,存在着人为因素或者电网技术障碍而没有完全执行全额保障性收购任务的突出问题。

　　针对可再生能源开发利用并网发电项目全额保障性收购制度在实施过程中出现的一些问题,地方立法应当通过一系列补充性的法律义务与监督管理规范,保障并网发电项目全额保障性收购制度的落实。具体地,对于电网企业而言,电网企业应当执行国家可再生能源发电并网标准,不得擅自提高并网标准,并按照国家规定,与可再生能源发电企业签订并网协议,优先调度可再生能源发电,全额收购其电网覆盖范围内符合并网技术标准的可再生能源发电项目的上网电量。同时,电网企业应当加强电网建设,提高电网智能和储能水平,增强吸纳可再生能源电力的能力,为可再生能源发电企业提供送电线路保障和上网服务,并按照国家和本省核定的可再生能源发电上网电价及时、足额结算款项。对于可再生能源并网发电企业而言,承担可再生能源并网发电项目的企业应当执行有关技术标准,保障电网安全,并依据国家和行业标准规范电能计量装置的安装和使用。

### 4.4.4　信息公开制度与公众参与制度

　　促进可再生能源发展有赖于政府权力的行使和政府行政行为的运作。为了避免由此滋生的行政不作为、乱作为,政府权力寻租等不良现象,必须将政府权力与政府行为置于阳光之下。鉴于《可再生能源法》尚未规定此方面的内容,地方立法应当通过信息公开、公众参与的法律规定,人大与社会公众监督督促等制度性规范,在强化与推进政府可再生能源发展责任的同时,监督督促政府权力的行使与政府行政行为的运作,促进其规范化、制度化建设。

　　新《环境保护法》首度将公众参与制度纳入法律之中,相应的《可再生能源法》也应当实行公众参与制度,鉴于该制度尚未在可再生能源法中明确规定,地方立法应当加入公众参与制度的相关规定,可以使公众在参与可再生能源发展中具有较高的积极性。国外的一些现行公众参与制度较为完善,公众在可再生能源发展方面参与度较高,这也成为发达国家可再生能源发展迅速的原因之一。完善我国可再生能源公众参与制度,首先需要明确可再生能源发展的信息公开制度。公众参与制度和信息公开制度是相辅相成的,当可再生能源发展的相关信息更具体地公开时,公众参与的积极性就会提高,就会主动参与到可再生能源发展事业当中。其中,我国应该建立可再生能源的听证机制,公众参与应当包括立法听证的权利内容。以地方性法律规范为例,当制定可再生能源法律规范时,应当举办听证会,在信息公开的前提下,以听证会的方式能够确保公众参与制度的落实。

　　可再生能源地方立法中的公众参与机制主要可以从以下几个方面入手:一是扩大参与主体,囊括非政府环保团体等在内的最大程度上的社会公众;二是拓展参与深度,使可再生能源成为一种社会意识,引导主动自发地节约能源、保护环境,通过可再生能源先进人物评选、讲座、研讨会、培训班、文艺演出、展览、科普读物、新闻媒介等进行宣传教育;三是参与模式的制度化,公众应当充分行使宪法赋予的知情权、参与权、异议权、监督权,能耗审计状况、能源规划、计划等应定期向社会公开,由公众对可再生能源管理行为和执行决策行为进行监督,在能源限价、能源税制定过程中举行听证会、论证会,使公众真正介入行政决策制定的过程中。2006年年初,我国第一部环保公众参与的规范性文件《环境影响评价公众参与暂行办法》出台,其他有关环境的信息公开条例也陆续出台,地方可再生能源立法应与这些公众参与法律规范相衔接,为公众在可再生能源中发挥更大作用提供制度保障。

　　公众参与立法,首先能够使法律法规的运行拥有广泛的群众基础,减少公众的抵触心理,增强法律运行中的权威和公信力。而地方立法更能有效地反映基层人民大众的直接利益、社会利益、群体利益(汤唯 等,2002)。"良法善治"有两个必然要求,除了要求法律内容和形式上的科学性,也需要考虑运行的实际效果,广泛的民主参与带来的效应在于使社会公众对于法律法规的运行产生信任和自觉遵守的心理效力,从而充分实现规则的工具性价值。其次,公众参与立法有利于增强立法的地方适应性。地方法规、规章的适应性,是指地方性法规、规章与当地政治、经济、文化和社会环境的契合程度。公众参与是多渠道信息传输机制的表现,它拓宽了地方立法的信息通道,能弥补单通道信息传输机制的不足(黎晓武 等,2004)。地方立法不仅应该是对于上位法的细化和补充,在一定条件下更需要发挥立法的主观能动性,在法律许可的范围内对地方社会关系进行积极的引导。中国目前很多区域内的地方性法规、规章存在内容上的同质化趋向,"立法复制"的现象明显,缺乏地方特色,导致法规、规章的运行与当地实际脱节。群众是立法的基础,当地群众的意见与看法应该成为地方立法的导向性因素,实行广泛的民主参与立法,能够使立法做到更接地气,使立法适应当地的人文环境与社会发展水平。最后,公众参与地方立法,能够给立法者带来新的观察角度和思维方式。立法者对于当地的实际情况是"俯瞰"的,不能体会到法规运行所带来的实际影响,而群众对于关乎自身实际权利和义务的法律规定是"平视"的,其不会将法律变为与生活脱节的神秘而抽象的东西。观察视野的转变可能会给立法者带来不同的策略选择,为可再生能源地方立法博弈过程中的利益衡量与判断提供重要的参考依据。

信息公开制度是与公众参与制度相辅相成的,信息公开可以提高公众的参与度,公众参与可再生能源发展,信息公开是一条间接的途径。信息公开制度响应着公民知情权的基本权利,有效的信息公开能够激励公众参与的积极性,能够促进地方可再生能源法律的完善效率,进而带动可再生能源的整体发展。我国《可再生能源法》中并没有涉及信息公开制度,这是需要在地方立法中进行完善的方面。只有做好相关信息的公开,比如将发展过程中遇到的问题、发展某项可再生能源项目的进程、政府拨付的补贴资金的流向等进行公开,使可再生能源发展具有一定的透明度。公众会对当前某个项目发展的进程进行了解,会有一个对该项目的信息反馈,并且随着深入的追随,这种过程也是在对该项目的监督,将反映信息和监督到的内容及时通过网站等通道反映给政府或者相关的管理部门,也是一种集中信息解决问题的方式,政府也能够尽早地解决公民的诉求。在这个过程中,政府提高了公信力,公民也能够享受行使权利的过程,一举两得。当公民积极参与其中时,就能促进我国可再生能源的发展。

在可再生能源地方立法中制定信息公开制度,需要进一步完善我国各个地方可再生能源项目的许可标准、评估标准、审批程序、监管制度等,这样才能做到合法和透明,以便相关部门有效地落实信息公开和公众对公开内容的理解和参与。在这之中还要明确相关部门的职责,例如,确定地方政府各个部门的职责和应承担的法律责任,可以有效地解决出现的违法违规情况,进而维护可再生能源法律体系的制度环境。

## 5. 结语

可再生能源在中国依旧是一个新兴产业,具有很强的发展潜力。在气候变化问题突出的世界环境格局下,为了达到减少碳排放的目标,我国可再生能源国家和地方立法既面临着机遇,又面临着挑战。应对气候变化是我国在新世纪面临的重要机遇和挑战,在国家立法暂时遭遇瓶颈之际,地方应当发挥主动性和创造性,采用"自下而上"的路径。可再生能源地方立法具有现实必要性与可行性。在这一路径的开拓过程中,地方立法者仍然需要在立法模式选择、立法内容体系建设、地方利益协调等关键性问题上进行更多的思考和探索。可以预见,在我国生态文明建设的重大变革期,可再生能源地方立法必将发挥更大的作用,成为国家应对气候变化背景下可再生能源法制建设的重要助力。

(本报告撰写人:柯坚,琪若娜)

**作者简介:**柯坚,武汉大学环境法研究所教授/博导;琪若娜,武汉大学环境法研究所博士研究生。

　　本报告受南京信息工程大学气候变化与公共政策研究院开放课题(课题名称:气候变化背景下我国可再生能源地方立法研究;课题编号:17QHA001)资助。

## 参考文献

陈洪波,陆宜峰,姚婷,2009. 经济危机背景下的节约能源立法研究——以地方立法调整机制的完善为视角[J]. 湖北民族学院学报:哲学社会科学版,27(4):130-133.

冯之浚,2005. 加快可再生能源立法[J]. 中国经济周刊(7):24-24.

国家能源局,2014.2014 年上半年风电并网运行情况[R]. 北京:国家能源局.

柯坚,2015. 全球气候变化背景下我国可再生能源发展的法律推进——以《可再生能源法》为中心的立法检视[J]. 政法论丛(4):75-83.

赖力,徐建荣,顾芗,2013. 地方应对气候变化立法现状和关键问题初探[J]. 江苏大学学报(社会科学版)(5):28.

黎晓武,杨海坤,2004. 论地方立法中公众参与制度的完善[J]. 江西社会科学(7):149.

李艳芳,岳小花,2010. 论我国可再生能源法律体系的构建[J]. 甘肃社会科学(2):7-11.

李艳芳,张忠利,等,2016.我国应对气候变化立法的若干思考[J].上海大学学报(社会科学版)(1):2.

马丽,2014.地方政府与全球气候治理—对中国地方政府低碳发展的考察[M].北京:中国社会科学出版社.

潘晓滨,2017. 中国地方应对气候变化先行立法研究[J]. 法学杂志,38(3):132-140.

彭真,1991. 关于立法工作,彭真文选(1941—1990)[M]. 北京:人民出版社:507.

人民网,2018. 气候变化巴黎大会,全球气候治理迈出历史性步伐[OL]. 2018-04-06. http://world. people. com. cn/n1/2015/1214/c100227923140. html.

任东明,2011. 中国新能源产业的发展和制度创新[J]. 中外能源(16):31-36.

任东明,2014. 论中国可再生能源政策体系形成与完善[J]. 电器与能效管理技术(10):1-4.

汤唯,毕可志,2002. 方立法的民主化与科学化构想[M]. 北京:北京大学出版社:343.

唐学军,陈晓霞,2017. 我国可再生能源法律法规与政策研究[J]. 西南石油大学学报(社会科学版),19(19):17.

汪光焘,2018. 关于《中华人民共和国可再生能源法修正案(草案)》的说明[EB/OL]. 2018-05-04. http://www. npc. gov. cn/wxzl/gongbao/2010-03/02/content_1580413. htm.

王丽,2015. 地方立法利益衡量问题研究[D]. 长春:吉林大学.

工伟光,郑国光,2015. 应对气候变化报告(2015):巴黎的新起点和新希望[M]. 北京:社会科学文献出版社.

于兆波,2001. 从《立法法》看地方先行立法权[J]. 法学论坛(3):20-24.

张德淼,刘琦,2009. 中国环境立法的地方经验——以武汉和深圳为例[J]. 长江论坛(3):54-58.

张焕波,马丽,李惠民,2009. 中国地方政府应对气候变化的行为及机制分析[J]. 公共管理评论(增刊):10.

张梓太,2010. 中国气候变化应对法框架体系初探[J]. 南京大学学报(哲学・人文科学・社会科学版)(5):37.

赵俊,2015. 我国应对气候变化立法的基本原则研究[J]. 政治与法律(7):86.

中华人民共和国国家发展与改革委员会,2018. 国家发展改革委关于印发可再生能源发展十三五规划的通知[EB/OL]. 2018-04-24. http://www. ndrc. gov. cn/zcfb/zcfbtz/201612/t20161216_830264. html.

中华人民共和国国家发展与改革委员会,2018. 我国提交应对气候变化国家自主贡献文件[EB/OL]. 2018-04-23. http://www. ndrc. gov. cn/xwzx/xwfb/201506/t20150630_710204. html.

周永坤,2000. 法理学—全球视野[M]. 北京:法律出版社:108.

朱蓉,巢清尘,张军岩,2011. IPCC《可再生能源与减缓气候变化特别报告》及其对应对气候变化前景的影响分析[J]. 气候变化研究进展(7):378-380.

# 气候变化背景下中国可再生能源政策变迁机制研究

**摘　要**：在全球气候变化治理中，中国参与气候谈判过程可以诠释为一个制度融入和规范内化的过程，以"碳倒逼"机制为代表的外部压力和内部利益认知改变共同推动了中国能源安全的绿色转向和国内经济的低碳转型。清洁能源作为低碳经济发展的关键支持性能源，其发展对于国际体系的变化和权力更迭起着至关重要的作用，日益发展成为中国的绿色战略性产业。中国可再生能源的快速崛起离不开有利的政策支持环境，与中国参与气候立场的嬗变和延续相对应的是中国可再生能源政策的阶段性变迁。进入 21 世纪之后，中国通过进化式的三个阶段快速地学习，通过仿效英国的特许招标制度、德国的固定电价上网制度和美国的配额制快速吸纳了西方国家推进可再生能源发展的创新政策，并根据自身的国情设定了固定电价和配额制相结合的体系性绿色产业政策推进可再生能源的进一步发展。随着能源安全和环境安全之间日益紧密地相互结合，能源发展以及能源外交同气候外交更为密切地联系在一起，尤其是中国可再生能源的快速发展对中国能源气候外交的展开产生了不可低估的影响。

**关键词**：气候变化　清洁能源　政策变迁　低碳转型　能源气候外交

# Research on the Change Mechanism of China's Renewable Energy Policy under the Background of Climate Change

**Abstract**：In the global climate governance, China's participation in the climate negotiation process can be interpreted as a process of institutional integration and internalization of standardization. The external pressure and internal interest cognition changes represented by the "carbon forcing mechanism" jointly help promote China's development of green energy and the transformation of domestic economy to a low-carbon model. As a key supporting energy for the development of low-carbon economy, clean energy plays a vital role in the changes of powers in the international system, and has increasingly become China's strategic green industry. The rapid development of China's renewable energy is inseparable from favorable policies. Corresponding to the transformation and continuation of China's climate stance is the phased changes of China's renewable energy policy. After entering the 21st century, China has quickly promoted itself through three evolutionary stages, emulating the British licensing system, Germany's fixed electricity price system and the US quota system. Meanwhile, in order to promote further development of renewable energy, China absorbed the innovative policies of Western countries in a short time, and has also set systemic green industry policies according to its own national conditions combining fixed electricity price and quota system. With the increasingly close integration of energy security and environmental security, energy development and energy diplomacy are more closely linked to climate diplomacy, especially given the fact that the rising China's renewable energy has exerted tremendous impact on China's energy climate diplomacy.

**Key words**: climate change; renewable energy; policy change; low carbon transition; energy and climate diplomacy

# 1. 中国参与气候变化谈判的立场变迁

目前中国的快速发展要归功于过去 30 年来的和平国际环境(Hu et al, 2010)。中外诸多学者均指出,中国作为一个正在崛起的大国,在融入国际体系的过程中越来越遵守国际经济、安全、文化及环境等领域的国际制度安排(Chan, 2006; Johnston, 2008)。苏长和认为,中国对国际制度的态度已经逐渐改变,从"体系革命者"过渡到"体系改革者",并且逐渐成为"体系参与者和维护者"(Su, 2007)。中国政府提出的"和平崛起"及"和谐世界"等理念均表明中国愿意维护当前的国际秩序而不是破坏它。并且在参与国际制度和遵守其规制过程中,中国也更加重视其国家形象和国际声誉的建设。自 20 世纪 90 年代以来,气候变化议题在国际层面日益凸显,已经成为一个主要的绿色政治议题。气候变化谈判中每个阶段取得的成就无疑是不同国家政治和经济利益权衡后的妥协结果。由于温室气体排放量急剧增长,中国面临着来自国际社会日益增长的压力。可以说,气候变化谈判已经远远超出了一国的外交政策领域,它对中国国内能源环境政策创新以及低碳转型有着深刻的政治、经济和规范性影响。因此在全球气候变化治理中,中国参与气候谈判过程可以诠释为一个制度融入和规范内化的过程。

## 1.1 中国气候变化立场的延续与嬗变

中国的气候变化和能源政策不仅是一个国内政策问题,而且对世界其他国家也有重大影响。如何理解中国在气候变化机制中的立场和利益日益受到国内外学界的广泛关注,讨论的核心问题是中国的气候变化政策是保持不变还是逐渐变化的。有些西方学者曾强调"经济发展仍然是中国领导层的主流话语,是政治议程中的最高目标,虽然对气候变化议题的关注有所增加,但它仍没有超过经济发展成为最重要的国家战略考量,因为经济增长对于社会稳定至关重要,因此中国在气候变化中的立场具有惯性的一面"(Lewis, 2008; Harris, 2011)。

然而,目前更多的学者开始强调中国在气候变化谈判中的立场已经逐渐改变:虽然中国对绝对量化减排仍然持谨慎态度,但并不意味着中国对气候变化的原有立场保持不变。目前,气候变化议题已经逐渐成为"十二五"和"十三五"规划中的绿色转型战略目标。基于对中国参与国际气候谈判的阶段性梳理,可以看出,自 20 世纪 90 年代初以来,中国气候变化立场一直处于不断变迁的过程中,其中既有连续性也有变化(张海滨, 2006)。有一个明显的趋势是,随着中国对气候变化机制越来越多地参与,中国对气候变化的立场已从保守和疑虑转变为主动、更灵活和开放。本文下一节将基于中国参与气候变化机制的阶段性分析,通过中国在气候变化中对不同议题的时序阶段性发展来比较说明中国在气候变化中立场的延续和嬗变。

中国对气候变化的态度处于不断变化过程中,从保守、疑虑,到主动、自信,反映了国家向好的转变。20世纪90年代初,中国参与气候变化机制主要是出于外交政策的需求,为了在打破西方外交孤立的同时与发展中国家联合处理国际问题。中国从《蒙特利尔议定书》签署时的观察者,到《联合国气候变化框架公约》的参与者,再到《京都议定书》时77国集团的积极领导者,进而演变成巴厘岛会议的关键角色、哥本哈根会议的重要参与者,最后成为巴黎会议的引领者。随着气候变化在政策议程上的地位日益上升,相关的国内环境问题,如环境污染和水污染治理也受到更多的关注。特别是近年来极端环境事件频频发生,如中国北方地区的大规模雾霾污染,进一步促进了国内环境问题与国际气候治理的融合。中国政府已经认识到,将气候变化纳入国家可持续发展战略和社会经济发展总体规划,有利于资源节约型和环境友好型社会的建设。比如2009年左右,中国也改变了对国内碳交易体系模棱两可的态度,从2011年开始启动了七处国内碳交易试点。这种气候谈判立场的变迁可以具体分为六个阶段。

## 1.2　中国参与国际气候谈判的阶段性发展

自从20世纪90年代初加入国际气候变化机制以来,中国始终面临着巨大的挑战和机遇。特别是自2007年成为温室气体排放量最大的国家以来,中国已被认为是全球气候对话的关键参与者(Liang,2010)。因此,中国承受着越来越大的国际压力,国际社会要求中国对温室气体减排做出具有法律约束力的承诺。随着气候变化议题在各类国际制度和双边/多边合作中的扩散,气候变化机制复合体对国家行为的约束力日渐增强。前所未有的信誉压力使中国领导人更加认真地对待自愿气候减排承诺。与此同时,不能忽视的是气候变化机制也为发展中国家提供了一些物质激励措施,促使其将减缓和适应气候变化同国内绿色经济发展相结合,如国际可再生能源合作项目基金、技术转让支持、低碳最佳实践推广等。在中国参与全球气候治理过程中,几个里程碑事件值得铭记,即于1991年加入了《联合国气候变化框架公约》(UNFC-CC)的谈判,于1997年签署了《京都议定书》并于2002年批准了《京都议定书》,同时在2009年哥本哈根气候大会前做出了减低碳强度的承诺。依据上述关键性事件,本节将中国参与气候变化机制的历程分为如下六个阶段。

### 1.2.1　第一阶段(1972—1991年):从开始关注环境议题到加入《蒙特利尔议定书》

1972年中国派出代表团参加在斯德哥尔摩召开的联合国人类环境大会,这标志着中国参与国际环境治理的起点。1978年邓小平提出中国改革开放的重大决策,加速了中国融入世界的步伐。中国已经从"孤立的、自给自足的国家"逐渐转变为更深入地参与国际机制,从而获得更多的国际合法性,提高国际社会接受程度的国家(Lampton et al,2001)。

1987年,《蒙特利尔议定书》围绕消耗臭氧层的物质的问题进行谈判,这开启了国际社会对大气问题的关注。虽然中国参加了《蒙特利尔议定书》的谈判,但在谈判过程中只是作为观察员,对条约的达成没有发挥重要作用(Hodgson,2011),同时对大气问题也没有给予足够的重视,这导致中国在大气问题方面的科研投入不足,技术支持薄弱,监测数据供应不足。中国最初没有签署这一议定书,因为一些发展中国家提出《蒙特利尔议定书》没有反映出发达国家对排放过多氯氟烃造成臭氧消耗起到主要责任这一点。因此,在巴黎召开的缔约方第二次会议上对该议定书进行了修正,中国在1991年巴黎召开的缔约方第三次会议上正式加入了《蒙特利尔议定书修正案》。在这一阶段,中国虽比此前进一步融入国际社会,但仍然保持着较低的参与度并对相关国际规范存在迟疑(Special Section,2012)。然而,批准《蒙特利尔议定书》为其参与气候变化谈判铺平了道路。

1.2.2 第二阶段(1991—1997年):加入气候变化机制但缺乏足够准备

1990年,IPCC发布了第一份评估报告,指出人为温室气体排放可能导致气候变化。在这一科学评估背景下,联合国多边国际气候谈判于1991年开始,旨在就《联合国气候变化框架公约》(UNFCCC,以下简称《公约》)达成共识。不同于在《蒙特利尔议定书》谈判中的边缘角色,中国对气候变化机制表现出更积极的态度。同时需要注意的是,为了打破20世纪90年代初期西方对中国的外交孤立和经济制裁,在缓和同西方国家关系的同时进一步加强同77国集团的合作,中国参与了了气候变化机制,将其视为重新获得国际地位的理想渠道(Chen,2009)。

由于缺乏对气候变化机制的全面和深入了解,中国将该《公约》视为一项基本的国际环境协定,最初并没有对温室气体减排的成本估算、对现有技术的可行性和对国家能源结构和经济发展的确切影响进行系统性科学研究。这种对气候变化的有限认识反映在气候谈判代表团的机制结构中。1990年9月,国家气候变化协调小组成立,以协调外交谈判。该代表团成员来自中国气象局(CMA)、外交部(MOF)、国家科学技术委员会(SSTC)和国家环境保护总局(SEPA)。其中,中国气象局作为主要领导机构。然而,这个协调小组没有包括来自经济发展部门的官员(Yan et al,2010)。中国是1992年最早批准UNFCCC的十个国家之一,并于1994年制定了国内《21世纪议程》。其后根据《公约》的规定,中国于1996年通过了《空气污染法》。然而也有学者指出"气候政策在政府决策议程中不是很受重视,当时也没有明确的气候减缓或适应政策"(Lv et al,2004)。当时的《21世纪议程》只是一个没有具体支持性条例的抽象框架。然而它象征着中国开始在今后的缔约方会议上对于国际环境保护准则的进一步履行,这为1998年通过《京都议定书》铺平了道路。

尽管中国在参与气候变化机制的早期阶段没有意识到气候变化对其能源监管和经济发展的真正影响,但已将气候变化机制视为一个可以加强与其他发展中国家外交关系的重要论坛。作为世界上最大的发展中国家和联合国安理会常任理事国,中国更加重视在协调和代表发展中国家的利益和立场方面发挥关键作用。这些努力促进了"G77+中国"集团的形成。自1991年6月以来,中国与印度密切合作,强烈反对要求发展中国家完成具有法律约束力的减排目标的提议,并坚持发达国家为发展中国家提供技术和财政援助(Chen,2009)。特别是在1992年联合国环境与发展会议(里约地球峰会)上,中国和印度代表其他发展中国家坚持认为,基于历史公平的理由,发达国家应承担更多的责任。他们认为,发展中国家有发展的权利。"G77+中国"集团的一致立场最终使得"共同但有区别的责任"的基本原则纳入《公约》的框架中,这反映在三个涉及国家的分类中:即附件一(Annex I)、附件二(Annex II)和非附件一(non-Annex I)。尽管中国和其他77国集团发展中国家坚持其不承担减缓气候变化的义务的立场,但最终接受了《公约》下的一些规定:建立国家排放清单,提交国家计划报告,促进可持续发展和相关信息的交流(Chen,2009)。

1.2.3 第三阶段(1997年—2002年):更加谨慎地参与气候变化机制阶段

当《联合国气候变化框架公约》于1994年生效时,相关国家要求缔结一项对发达国家减排具有法律约束力的议定书,于是展开了第一届缔约方会议(COP 1)和第二届缔约方会议(COP 2)的谈判,最终于 1997 年在第三届缔约方会议上(COP 3)达成了《京都议定书》。《京都议定书》是第一个对发达国家减少温室气体排放设定了有法律约束力的具体义务的国际条约;中国在 1998 年 5 月签署了《京都议定书》。可以看出,中国越来越多地参与到国际环境政策谈判中,"与《蒙特利尔议定书》谈判期间的被动观察员地位相比,有了明显提升,当时中国基本上是被动的"(Hodgson,2011)。

　　然而,与参与《公约》谈判以及批准《公约》的过程相比,中国此时的态度比当时变得更加保守和谨慎。这是因为中国的领导人已经开始认识到气候变化对中国能源消费结构和经济发展潜在的影响。例如,中国批准《公约》花费的时间只有一年(1991—1992 年),而《京都议定书》的批准则耗费了五年时间(1997—2002 年)。中国作为 77 国集团的引领者,重申应对气候变化时应该遵循《公约》框架下"共同但有区别性责任"的原则。这一基本原则为双轨谈判机制奠定了基础,即发达国家(附件一国家)对气候变化负主要责任,在具有法律约束力的目标下减少温室气体排放,并通过技术转让和资金支持帮助发展中国家减缓和适应气候变化;而发展中国家(非附件一国家),不会被法律要求以任何方式限制其温室气体排放。此外,气候变化对其他问题领域有溢出效应。美国克林顿政府明确提出将气候谈判与中国加入世贸组织联系起来。毫无疑问,这样的外交压力增加了中国在气候变化问题上的敏感和警惕。这也诠释了为何此时中国对气候变化谈判展示了更谨慎和更强硬的立场。

　　与此同时,中国已经逐渐认识到《京都议定书》中所承载的灵活机制特别是清洁发展机制(CDM),国力建设预期和技术转让等不仅关系到环境问题,而且对经济增长、国家战略发展和能源系统转型有很大影响。在批准《京都议定书》的过程中,中国开始对气候变化合作项目表现出积极主动的态度。这一趋势在 2000 年波恩会议(COP 6)中进一步得到加强。此次会议中,发达国家承诺增加全球环境基金的投入以帮助发展中国家减少温室气体排放。在 2002 年约翰内斯堡联合国可持续发展世界首脑会议(WSSD)上,中国宣布批准《京都议定书》以应对全球气候变化的挑战,并呼吁其他各方尽快批准该议定书(Chen,2009)。在此背景下,气候变化议题开始在国内层面受到更多的关注。特别是当《京都议定书》于 1997 年得以通过时,中国对气候变化议题的政治意识和经济敏感性日益增强,这集中体现在气候变化谈判的主要负责部门从中国气象局转向在经济规划和能源监管方面具有最大权力的机构——国家发展计划委员会(SDPC,国家发改委的前身,简称国家计委)。1998 年,原国家气候变化协调组重新命名为国家气候变化政策协调小组,由当时的国家计委主任曾培炎领导。国家发展计划委员会的官员代表中国签署了《京都议定书》,这种新的官员安排象征着气候变化议题已经进入中国政策议程的主流。

　　由于国家计委是总体经济规划和能源行业监管的权威机构,其对气候变化议题的日益关注将对中国经济发展和能源消费模式产生更为深刻的影响。这种制度变迁促使中国对《京都议定书》所承载的三种灵活机制的态度逐渐产生变化,因为国家计委更重视灵活机制中的技术转让等议题,而不像外交部那样仅仅着眼于主权问题。具体而言,中国曾对这三种灵活机制持有高度警惕和怀疑态度,并强调严格限定灵活机制的使用范围及具体操作规则,以防止其偏离《联合国气候变化框架公约》的基本原则,特别是防止发达国家将减排责任转移到发展中国家身上(Yan et al,2010)。但是,中国大约在 2001 年之后逐渐改变了对清洁发展机制的态度;中国签署了世界上最多的清洁发展机制项目,近一半的清洁发展机制项目在中国运营,从而推动了大规模的可再生能源项目的发展并减少了大量的温室气体排放(Hatch,2007)。因此,人们认为《京都议定书》显示出中国在气候谈判领域参与水平的明显提高以及自信心的显著增长。

1.2.4 第四阶段(2002—2009 年):更加深入务实地参与气候变化机制阶段

2002 年以后,中国更加积极地参与到国际气候谈判中,在推动批准《京都议定书》过程中发挥了积极作用。值得注意的是,中国开始将遵守国际机制与解决国内环境问题结合起来。中国领导人开始将气候变化问题纳入国家可持续发展战略框架以及社会经济发展规划中。在2002 年 4 月中国第一次气候变化大会上,当时的中国人民政治协商会议全国委员会副主席胡启立承认,"中国的发展进步现在受到三个问题的阻碍:人口迅速增长,资源短缺,以及环境恶化——解决这些问题都取决于气候问题的解决"(Kent,2007)。此外,中国开始关注颁布、实施和完善有关气候问题的法律文件,如颁布和修改《节约能源法》《可再生能源法》《循环经济促进法》《清洁生产促进法》等相关法律法规,从而促进经济和产业结构调整并优化产业能源结构,特别是促进可再生能源发展和提高能源效率。

2005 年,《京都议定书》生效,这表明国际社会已朝着减缓全球变暖迈出了坚实的一步,它为"后京都议定书"谈判奠定了基础。虽然作为一个发展中国家,中国没有限制其温室气体排放的法律义务,但是自从 2007 年中国超过美国成为最大的温室气体排放国伊始,中国面临着越来越大的国际压力。美国表示,将其拉回后京都机制的关键性前提是中国对减缓气候变化做出具有法律约束力的承诺。2007 年 12 月的巴厘岛会议标志着国际社会正式开始制定后京都机制框架;特别是"巴厘岛路线图"的出现为后京都谈判铺平了道路。巴厘岛会议之所以成为气候谈判进程的重要分水岭也是得益于发展中国家来到谈判桌前第一次表示愿意讨论它们的减排量(自愿减排承诺)。中国进一步软化了其自 1997 年以来的强硬立场,在联合国巴厘岛气候谈判中转而采取更主动、积极和灵活的方式。中国和其他发展中国家首次同意"讨论在可持续发展的前提下适合本国的自愿减缓行动,并由技术、资金和能力建设协助达成,采取可衡量、可报告和可核查的方式"(Liang,2010)。例如,虽然中国仍然坚持"共同但有区别的责任"原则,并且反对就可量化减排任务承担任何法律责任,但是中国已经考虑使用自愿目标(而不是绝对减排义务)来展示自身在一定程度上对于气候变化机制的遵守,与此同时也减轻了来自国际社会的外部压力。同时值得注意的是,国家发改委作为中国参与气候变化谈判的主要领导部门,于 2007 年 6 月发布了应对气候变化的《中国应对气候变化国家方案》。该国家计划是中国第一个全球变暖政策倡议,包括应对气候变化的指导方针、原则和目标,并阐述了中国在国际气候合作方面的立场。

1.2.5 第五阶段(2009—2014 年):做出减少碳强度承诺且日益灵活地参与到气候变化机制中

2009 年哥本哈根会议与之前的气候变化谈判相比,所出现的最大变化是质疑双轨谈判模式以及对新兴发展中大国施加更大压力。中国在哥本哈根会议上的参与受到格外的关注。正如霍奇森所说,"如果中国在《蒙特利尔议定书》谈判中是旁观者,《京都议定书》谈判中是参与者,那么在《哥本哈根协议》谈判中它是主要起作用者(Hodgson,2011)"。在会议上,中国首次宣布了自愿性国家气候减缓行动定量目标,即承诺到 2020 年将单位国内生产总值耗费的二氧化碳排放量与 2005 年相比削减 40%～45%（碳强度降低），并到 2020 年实现非化石燃料占能源总量的 15%。然而，这一自愿性气候减缓行动目标却被认为仍然没有达到哥本哈根会议的预期高度。奥博海特曼和斯坦菲尔德指出，虽然中国政府采取了降低能源强度的政策，但其高经济增长率意味着中国的绝对性排放量将持续增长。这种增长将"抵消在《京都议定书》下实现的 1.16 亿吨的碳减排量"（Oberheitmann et al, 2011）。

从 2009 年开始，讨论中国在气候政治中的作用日益成为学界关注的焦点议题。经济学家 C. 弗雷德·伯格斯滕于 2005 年提出的 G-2 模型强调美国和中国在全球事务中的影响力[①]。虽然中国对 G-2 模式持谨慎态度，但中国与美国被认为是气候谈判的"两个关键参与者"之一。与此同时，中国仍然坚持自己是发展中国家集团的领导者，强调发展中国家的经济发展权利和有区别的减排责任。中国主动与印度、巴西和南非合作组成基础四国集团（BASIC Four），以便在双轨谈判框架上取得主导权。然而，中国的努力没能阻止 77 国集团在气候变化谈判中的分裂。比如在 2009 年哥本哈根会议上，巴西提出将在此前基础上自愿性实现减排 36.1%～38.9% 的量化目标[②]。巴西的量化减排承诺使中国和印度陷入相对被动的境地。

在 2009 年哥本哈根会议遭遇挫折后，2010 年坎昆会议开始努力挽救多边气候谈判机制，而 2011 年德班会议的召开成为一个重要的转折点，"德班加强行动平台"的构建，为后京都时代的规划铺平了道路（IISD, 2015）。由于国际压力越来越大，中国在何时碳排放达峰和碳强度目标等方面逐渐做出了让步，但仍坚持"共同但有区别的责任"原则，即到 2030 年成为中等水平的发达国家前，坚持不考虑承担具有法律约束力的削减责任。然而，在德班会议上，时任国家发展和改革委员会副主席、联合国气候变化大会中国代表团团长的解振华宣布，中国会有条件地接受具有法律约束力的安排[③]（Chinafaqs, 2011）。这是中国第一次表示愿意承担与中国经济发展和能力相符的具有法律约束力的减排责任。该声明被解读为"中国以积极主动的姿态参与全球谈判，承诺制定具有法律约束力的碳减排计划"（IISD, 2011）。值得关注的是，2011 年德班会议上"德班加强行动平台"的建立使得将气候谈判由两轨制合并为一轨制的压力大大增加。在 2012 年多哈会议上，《京都议定书》第二个承诺期的主要任务之一是在 2015 年前制定一个具有法律约束力的能覆盖所有缔约方的框架协议。中国和美国的共同参与是实现国际气候变化谈判重大突破的根本保障，也为 2015 年巴黎会议谈判取得成功结果奠定了基础。

2014 年 9 月，在第二次联合国气候变化领导人峰会上，中国国务院副总理张高丽指出，作为一个负责任的大国，今后中国将以更大力度和更好效果应对气候变化，主动承担与自身国情、发展阶段和实际能力相符的国际义务。习近平主席和奥巴马总统在 2014 年北京亚太经合组织峰会上签署了《中美气候变化联合声明》，重申加强气候变化双边合作的重要性，并将携手

---

①　中国和美国作为世界上最有影响力和最强大的两个国家，美国政界出现了越来越强烈地建议美国和中国建立 G-2 关系，一起解决全球问题。

②　如果巴西能够实现这一目标，那么 2020 年它的温室气体排放将接近 1994 年的水平，相当于在 2005 年的水平上减少 20%。巴西的主要温室气体排放来自热带雨林的砍伐，所以如果认真履行此承诺，减排成本不会很高。此外，巴西一直致力于减缓气候变化，以提高其国际形象、建立良好声誉。

③　条件包括：发达国家在《京都议定书》第二个承诺期做出新的碳减排承诺；在监督机制下尽快启动落实坎昆会议通过的绿色气候基金；落实关于适应达成的共识、技术转让、透明度、能力建设和前几次会议商定的其他要点，以及评估发达国家对《京都议定书》第一期承诺的履行情况。

与其他国家一道努力,以便在 2015 年联合国巴黎气候大会上达成在公约下适用于所有缔约方的一项议定书、其他法律文书或具有法律效力的议定成果。特别在 2014 年利马气候变化会议上,外媒均称中国正变得"放下过重的防御,更加灵活务实,试图展现一种大国引领作用"(Soutar,2015)。

### 1.2.6 第六阶段(2014 年至今):在气候变化机制中日益发挥引领者角色

作为最大的发展中国家,近年来中国不断加大气候外交的力度,在多次国际场合中表明推动全球气候变化的积极态度,也向世界宣示中国走以增长转型、能源转型和消费转型为特征的绿色、低碳、循环发展道路的决心和态度。2015 年李克强总理在巴黎与法国政府官员会晤时说,世界上最大的温室气体排放国将努力在 2030 年之前使二氧化碳排放达到峰值。同年 6 月,中国政府向《联合国气候变化框架公约》秘书处提交了应对气候变化国家自主贡献(INDC)文件,文件表明中国计划到 2030 年将每单位国内生产总值的碳强度值与 2005 年的水平相比降低 60%~65%,并重申了此前公布的目标,即到 2030 年可再生能源应占其主要能源供应的20%。2015 年 9 月,习近平主席对华盛顿进行国事访问期间,两国元首提出了关于巴黎会议成果的共同愿景,并宣布了应对气候变化的主要国内政策措施和合作倡议以及在气候资金方面的重要进展,为 2015 年巴黎会议的成功召开奠定了大国协调基础。2015 年年底《巴黎协定》的成功签署标志着应对气候变化的全球性承诺,也发出了需要迅速向低碳和气候适应型经济转型的强有力的信号。

2016 年 3 月中美两国进一步签署了《中美元首气候变化联合声明》,承诺推进包括《蒙特利尔议定书》下符合"迪拜路径规划"的氢氟碳化物修正案和国际民航组织大会应对国际航空温室气体排放的全球市场措施。为加快清洁能源创新和应用,双方将共同努力落实巴黎会议上宣布的"创新使命"倡议各项目标。2016 年 9 月 G20 领导人第十一次峰会在中国杭州举办。此次峰会正值联合国可持续发展目标与《巴黎协定》达成后的落实元年,作为首次举办 G20 峰会的轮值主席国,中国释放了应对气候变化、推动全球可持续发展的诸多积极信号。中美两国共同宣布完成《巴黎协定》国内批准程序,并将《巴黎协定》批准文书递交给见证这一历史时刻的联合国秘书长潘基文。这意味着,中美两国正式加入《巴黎协定》,展示了两国在推动全球应对气候变化进程中的领导力,也为《巴黎协定》的早日生效注入强大的推动力。2016 年 11 月 4日,《巴黎协定》正式生效。

在 2016 年 12 月的联合国气候变化马拉喀什会议上,解振华特别代表强调,尽管近期国际形势的新变化(如美国总统特朗普的上台)给气候变化多边进程带来一些不确定性,但马拉喀什会议的成功表明全球绿色低碳循环发展的大趋势不会改变,国际合作应对气候变化的潮流不会逆转。中国会进一步积极建设性参与并引领气候变化谈判多边进程,推进相关国际合作,强化国内应对气候变化政策行动,巩固好我负责任发展中大国形象,发挥更大影响力和主导力。2017 年波恩会议上,中国气候变化事务特别代表解振华在波恩气候大会开幕前夕表示,中国将在这次会议上提出中国方案。他指出,现在谈判当中有很多分歧,在处理这些分歧过程中,中国提出"搭桥方案",是希望各种比较对立的立场能够相向而行,最后找到解决问题的方案,中国提出"搭桥方案",也是为了促成尽快达成《巴黎协定》实施细则。会议开幕前后,德国媒体对中国近年来在应对气候变化方面采取的行动以及中国为推动全球气候治理进程所提出的"中国方案"予以赞赏。《德国之声》认为,在波恩举行的气候会议上中国将是一个"关键因素",将扮演重要的领导者角色。同时,中国在波恩会议上发布了《中国可再生能源展望报告》,报告重点关注了中国可再生能源发展状况并对未来提出规划。并且,中国亦在不断建设完善全国统一的碳排放权交易市场。未来,中国会从五个方面入手推动碳交易市场的建立。一是持续推进碳排放权交易试点。二是积极研究国外碳市场的经验,也吸取它的教训。三是持续推动、完善全国碳市场的相关制度设计。比如组织起草了《全国碳排放权交易市场建设方案》《市场监督管理办法》《企业碳排放报告管理办法》,包括《碳排放领域失信联合惩戒备忘录》等相关的配套措施、配套制度。四是开展碳市场相关的支撑系统建设。五是深入开展碳市场相关能力建设。更为重要的是,中国进一步强调在"南南合作框架下"积极支持发展中国家应对气候变化,为小岛屿国家、最不发达国家、非洲国家及其他发展中国家提供实物及设备援助,对其参与气候变化国际谈判、政策规划、人员培训等方面提供大力支持,并启动在发展中国家开展 10 个低碳示范区、100 个减缓和适应气候变化项目及 1000 个应对气候变化培训名额的合作项目。

## 2. 碳倒逼机制下国内低碳转型与能源安全绿色转向

虽然中国是温室气体排放大国,但中国通常使用两个事实来维护"共同但有区别性责任原则"(CBDR)。第一是与发达国家相比,其历史温室气体排放量较低;其次是人均排放量低,强调其巨大的排放量和庞大的人口之间的联系。然而,这两个基本事实在后京都谈判中遇到了国际社会越来越多的质疑。首先,尽管中国的历史排放量较低,但中国需要对 1997—2007 年世界所排放的近 50% 的二氧化碳量负责。根据荷兰环境评估局(PBL)的数据,2011 年中国的二氧化碳排放占世界总量的 29%,远高于美国(16%)和欧盟(11%)(Olivier et al,2012)。据国际能源署估计,到 2030 年同全球能源消耗相关的二氧化碳排放量中大约一半将来自中国。此外,考虑到上述预测是基于中国"高"增长模式的可能性,那么如果中国经济采取相对低碳的增长路径,则到 2050 年这一比例仅为 45%(Oberheitmann et al,2011)。其次,虽然中国的人均排放量相对较低,但其碳排放量预计将以每年 2.5%~5% 的速度增长。特别是在北京、上海、广州等大城市,其人均排放水平已接近甚至超过发达国家城市的水平。根据世界银行的报告,自 2010 年以来,中国大城市的人均碳排放量高于许多世界大城市。北京、天津和上海等中国大城市的碳强度和能源强度是纽约、伦敦及东京的六倍(网易财经,2012)①。根据 PBL 报告,中国的平均人均二氧化碳排放量在 2011 年增加了 9%,达到 7.2 吨。这个数字已经落在主要工业化国家人均 6~19 吨的范围内了;它与 2011 年欧盟 7.5 吨的人均排放量相似(Olivier et al,2012)。由于这些统计数据,中国在未来的气候变化谈判中将面临来自国际社会更大的压力。基于此,日益增大的国际减排压力形成一种不可忽视的碳倒逼机制,不仅塑造了中国对于低碳利益的认知,同时还进一步推动国内层面的能源安全绿色转向和低碳转型,为可再生能源的发展提供了重要的战略机遇期。

---

① 根据 2010 年世界银行报告的统计,北京、天津和上海的人均二氧化碳排放量分别为 10.1,11.1 和 11.7 吨,达到甚至超过纽约 10.5 吨的人均水平、伦敦 9.6 吨的人均水平、新加坡 7.9 吨的人均水平、东京 4.9 吨的人均水平。另外,中国大城市二氧化碳强度和能源强度较高。例如,北京、天津和上海 2010 年的二氧化碳强度分别为 1063,2316 和 1107 吨/百万美元,是纽约、伦敦和东京的六倍。

## 2.1　国际气候谈判碳倒逼机制的形成

作为一个发展中国家,中国在工业化、城市化和现代化建设方面还有很长的路要走。其煤炭为主的能源组合(大约 70%能源来自于煤炭)在不久的将来不可能有实质性改变,这使得控制温室气体排放相当困难。然而,气候变化机制所带来的减排压力,可以促进中国加快绿色转型步伐。碳倒逼机制意味着参与国际气候变化机制过程中,国内政策不可避免地会受到来自国际层面的影响,特别是当中国已经做出了相应的气候变化减缓和适应的承诺,那么国家的行为则会受到某种程度的约束,由外而内地推动国内层面的低碳转型和绿色发展。这种外部动力有利于打破中国能源行业中的碳锁定路径依赖并且有助于对既得利益集团的获益份额进行利益再分配。即使中国没有为国内气候减缓制定温室气体排放量的绝对上限,但是国家遵守国际制度的总趋势和国家领导人所提出的自愿气候行动承诺将给国内层面带来不可小觑的碳减排压力。这种碳倒逼机制将国际压力转移到国内层次,并将国家气候目标落实到省级层次,从而会导致国内能源政策发生深刻变化。绿色和平(中国)气候与能源项目专家李硕总结了在中国国内政策变化中气候变化机制的作用,有以下几点。

联合国自上而下的基于规则的气候谈判结构是推动中国在减少碳排放方面取得进展的至关重要的因素。虽然中国一直有自己的能源强度目标,但如果没有 2009 年哥本哈根协议,中国可能会经过更长时间才能对能源强度、碳强度和非化石燃料的使用比率做出承诺,并且这些承诺可能比 2005—2020 年能源和排放目标更小、更不具有法律约束力(Li,2013;China Dialogue,2013)。

根据世界银行的报告,如果中国引入碳定价机制,"无论通过碳交易或碳税实现,都会影响减排成本和经济结构转型等变量"。如图 2.1 所示的三个情景所描绘的:如果中国遵循"一切照常(BAU)"方案,到 2030 年二氧化碳排放量将继续强劲增长,并且很难引入二氧化碳排放上限;而实施碳定价政策将有助于推动中国在 2020—2025 年达到碳排放峰值(World Bank,2011)。

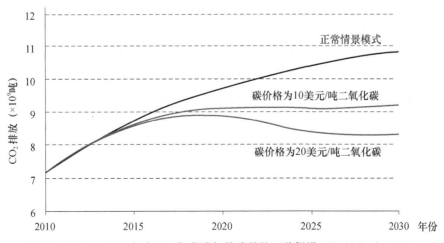

图 2.1　2010—2030 年中国二氧化碳年排放量的三种假设(World Bank,2011)

　　然而,由于来自煤炭行业和高耗能行业的巨大阻力,碳税或碳交易提案通常很难进入主流的政治议程。比较中国在气候变化机制中不同阶段的立场,可以看出,即使在 2007 年,中国仍然对碳税和碳交易持坚决否定的立场。然而,随着来自国际气候变化谈判中的日益增长的压力,特别是自 2009 年哥本哈根气候变化大会后,中国开始改变对碳定价的强硬态度,甚至开始将碳定价政策纳入主流政治议程。现在,降低碳强度的定量目标是"十二五"规划中的国家战略目标。在碳倒逼机制推动下,国家发改委最终于 2011 年发布了《关于开展碳排放权交易试点工作的通知》,启动了一批市级和省级碳交易试点。这是一个里程碑,标志着中国已经改变了对碳定价机制的立场,并表明了其促进绿色转型的决心。

　　由于气候变化机制为中国提供了重要的外部社会环境,因此碳倒逼机制在中国能源环境政策制定过程中发挥了日益重要的作用。以清洁能源发展为例。到 2009 年哥本哈根会议之前,中国将国务院发布的碳强度目标(到 2020 年减少 40%~45%)和非化石燃料发展目标(到 2020 年达到 15%)联系起来,这种联系反映在"十二五"规划中提到的能源消耗总量控制机制。由于国家发改委拥有强大的地方分支机构,因此减排的总目标将分为各省级目标,从而促进目标的落实。中央政府在地方政府绩效评估体系中也逐步引入了更"绿色的指标",从而为低碳发展政策的实施提供了更多动力,如不断提高地方一级的可再生能源发展和能源效率的目标。

## 2.2　气候变化背景下中国低碳利益认知的塑造

### 2.2.1　第一维度:更多绿色因素出现在经济发展的核心利益区域

　　保护中国的经济利益和促进经济发展是中国决策者在气候变化谈判中首要考虑的问题。比如西方学者摩尔提到,中国必须权衡气候政策"与过去三十年的改革开放所制定的稳定、安全和繁荣的宏伟战略目标"之间的关系(Moore,2011)。任何危害经济或阻碍经济增长的气候变化倡议都可能受到强烈抵制。但即使是根深蒂固的"发展第一"心态很难改变,并对塑造中国在气候变化谈判中的立场具有重要作用,中国也渐渐意识到气候变化限制了经济总体增长以及气候变化可能带来的危害,这逐渐推动中国国内政策的绿色整合,以及政府决策过程的绿色转型。这也使得"官方发言中流露出对绿色发展更为坚定的支持"(Boyd,2012)。中国虽然强调其"发展中国家"的属性,坚持其拥有经济发展的权利从而实现消除贫困的可持续发展目标。但同时也要看到中国的利益偏好和对经济发展的理解也经历了一个逐渐的转变过程。经济增长模式向低碳经济转型中的利益认知转变也是气候变化政策制定的主要动力(Kang,2010)。博德指出,中国"'十二五'发展规划中第一次出现专门针对碳减排的目标和政策,这表明,减缓气候变化本身正在成为决策的根本动机,而不仅仅是同时为达到其他目的而制定的权宜性政策"(Boyd,2012)。

　　中国在 2009 年哥本哈根会议之后改变了对碳税和碳交易体系的保守态度。受全球性发展碳市场大趋势的影响,特别是受欧盟排放交易体系(ETS)和 CDM 项目的激励,国家发改委于 2011 年 10 月发布了《关于开展碳排放权交易试点工作的通知》,启动了一批市级和省级碳交易试点。"十二五"期间,即到 2015 年,全国范围内将引入"限制排放和交易许可"机制。中国倾向于依靠市场导向的措施,将绿色增长与减缓气候变化结合起来,利用气候变化促进经济结构转型。全球低碳技术竞争也是气候变化谈判背后的因素。博德指出,"低碳领导力理念重构了中国的全球角色,促使中国进入低碳市场的前沿"(Boyd,2012)。中国政府"很乐意看到中国在全球低碳能源市场拥有卓越的竞争力和领导力。"在2015年的中共十八届五中全会上,绿色发展已成为中国未来五年规划的主要战略之一。在同年11月公布的《中共中央关于制定国民经济和社会发展第十三个五年规划的建议》中明确指出,积极承担国际责任和义务,坚持共同但有区别的责任原则、公平原则、各自能力原则,积极参与应对全球气候变化谈判,落实减排承诺。

2.2.2 第二维度:充分利用气候变化机制中所获取的物质激励,成为低碳转型中更加务实的推进者

中国初期参与气候变化的外部动力机制是由联合国框架内外部资金和技术援助、国际项目投资和最优管理实践推动的。中国积极参与国际气候变化合作也促进了中国向低碳强度经济转型。由于能源密集型发展模式以及清洁能源技术创新不足,过去三十年经济的快速发展已造成中国严重的环境污染问题。而通过参与双边和多边气候项目,中国可以为其可持续发展获得更多的资金和技术支持,学习西方先进国家的低碳发展经验。这有助于中国改变国内经济发展模式。通过参与国际气候变化合作,中国也可以提高其对环境负责任国家的形象,并通过参与气候变化机制来推进外交政策目标的实现。比如中国初期的大规模清洁能源项目的开发很大程度上受到了联合国气候谈判框架中CDM的外推力影响。中国起初对《京都议定书》的三个灵活机制持怀疑和保留的态度,以防发达国家推卸历史责任并诱导发展中国家参与减排(Yan et al,2010)。随着1999年波恩会议对灵活机制性质的进一步澄清,中国于2001年起逐渐改变其态度(Hatch,2003),认识到CDM可为发展中国家进行减排项目投资和技术合作,从而为清洁能源开发提供了契机①。中国于2002年批准《京都议定书》并设立了第一个CDM项目,自此CDM项目发展迅猛,中国于2006年取代印度、巴西成为第一大项目国且主要集中在可再生能源领域。截至2014年6月末,中国CDM项目累计的核证减排量(CER)总共为8.8亿吨,占总量的60%以上,位居全球第一(智研咨,2015)。与此同时,由联合国开发计划署(UNDP)和联合国基金(UNF)资助的中国CDM能力建设项目通过政策研究、能力培训及项目示范等手段来推动中国CDM项目的规范有序化。除此之外,联合国框架下的中国可再生能源发展项目(REDP)以及中国可再生能源规模化发展项目(CRESP)②等外生性激励机制均在初期推动了中国清洁能源的规模化发展并提升了中国在清洁能源领域的治理能力。

当然,随着中国清洁能源的快速发展及生产技术的创新,中国逐步从主要关注"南北合作"到同时强调自身在"南南合作"中的重要贡献。中国的技术创新降低了可再生能源的成本,同时在国际贸易技术合作、绿色项目建设以及人员培训中起到了领头羊作用,为其他"南方"国家带来了能源绿色转型的良好契机③。如国务院2014年发表的《中国的对外援助》白皮书指出,

① 清洁发展机制(CDM)允许西方发达国家的政府和企业通过在发展中国家进行减排项目的投资和技术合作的方式(大部分是清洁能源项目)来提升发展中国家应对气候变化的减排与适应能力,同时发展中国家可以出售"经证实的减排量"(CERs)来抵消发达国家的一部分减排指标,并获得高额收益来提升自身应对气候变化的可持续发展能力。

② REDP项目(2001—2008年)旨在运用全球环境基金(GEF)的赠款和世界银行的贷款,支持中国建设具有商业化前景的并网大型风力发电场和促进太阳能光伏系统的市场开发。CRESP项目(2006—2018年)的独特之处在于从项目援建转向政策体系优化,通过借鉴发达国家发展可再生能源的经验帮助政府逐步建立和完善《可再生能源法》的配套法规和政策体系。

③ 正是由于中国可再生能源发展迅速,从而带动全球可再生能源的成本降低了50%。中国与其他发展中国家合作潜力巨大,如同非洲大概有1.5万亿元的市场空间。东方财富网:《可再生能源南南合作市场广阔,中国成领头羊》,来源|http://finance.eastmoney.com/news/1355,20140712400858523.html,2016年8月27日。

2010—2012 年中国已为 58 个发展中国家援建了太阳能路灯、太阳能发电等可再生能源项目 64 个。此外还向柬埔寨、缅甸、埃塞俄比亚等 13 个发展中国家援助了 16 批包括风能和太阳能发电、沼气设备在内的清洁能源设备和物资。期间中国为 120 多个发展中国家举办了 150 期包括应对气候变化、低碳产业发展与清洁能源利用等议题的培训班,培训官员和技术人员 4000 多名(新华网,2016)。

2.2.3　第三维度:在国际社会巨大压力下,中国在维护国家形象方面态度日益灵活

提高中国的国际形象及其在国际社会中的威望是中国外交政策的重要目标之一。江忆恩 (Alastair I. Johnson)指出,中国为避免别国对其在国际机制中的政策和行为的批评,会尽所能采取行动避免外交孤立和国际谴责(Johnston,1998)。他认为,国际形象是中国决定参与军备控制谈判和环境合作的重要因素,因为中国领导人"想要展现中国是一个负责任大国的形象"。国家形象的作用可以导致更多的合作行为。中国早期加入气候变化机制的重要原因之一是为了打破 20 世纪 90 年代初的外交孤立。通过参与气候变化机制,中国获得了提高威望、获得发展中国家支持的机会。例如,中国在促成"77 国集团+中国"中发挥了积极作用,并与印度密切合作,反对让发展中国家履行具有法律约束力的减排目标,并且是让《联合国气候变化框架公约》的框架中具体体现"共同但有区别的责任"基本原则的主要推动者。通过参与气候变化机制,中国试图通过环境保护和减缓气候变化等议题来提升自身的国际影响力并争取更多的国际话语权,如在 1994 年颁布《中国 21 世纪议程》和 2007 年颁布《国家气候变化计划》。

根据江忆恩的观点,中国对维护良好的负责任大国的国际形象非常重视,这是对其国际合作进行成本效益分析的一个关键变量:对于关注国家信誉的大国而言,来自外部的国际压力越大,就越有可能逐步通过实质性合作来兑现承诺,而且违背承诺的国际观众成本也越高,国内相关政策变迁的可能性也越大(Johnston,2008)。当中国在 2007 年超过美国成为最大的温室气体排放国时,中国面临着来自国际社会的压力越来越大。中国的温室气体排放量的迅速增长引发了人们的激烈争论,争论的焦点便是中国应该在后京都时代承担更多的国际责任,特别是在哥本哈根会议上做出更大的减排承诺。为了挽救国家声誉并减少外部压力,中国在气候变化立场上做了三个主要改变:在 2009 年哥本哈根会议之前,中国首次同意为降低碳强度和实现非化石燃料比重的目标设定量化指标;在 2011 年德班会议上,中国表示愿意从 2020 年开始考虑制定具有法律约束力的温室气体减排承诺,而不是坚持在 2030 年之后才讨论这一问题;在 2012 年的多哈会议上,中国软化了对于从双轨谈判机制向单轨谈判机制转变的抵制态度,这意味着到 2015 年可以设计出一个具有法律约束力的覆盖所有发达国家和发展中国家的框架。2014 年北京亚太经合组织峰会上,中国向联合国气候小组提交了为 2015 年巴黎会议准备的国家自主贡献 (INDC)文件。此次的 INDC 提出了比哥本哈根会议时提交的更高远的目标,到 2030 年,单位国内生产总值二氧化碳排放下降 60%～65%。同时,这也是中国第一次承诺二氧化碳排放将在 2030 年左右达到峰值并争取尽早达峰。气候经济学家尼古拉斯·斯特恩(Nicolas Stern)和弗格斯·格林(Fergus Green)撰写的 2015 年伦敦政治经济学院格兰瑟姆研究所报告(LSE's Grantham Institute Report)指出,"根据目前旨在缩减国家碳足迹和减少煤炭使用的政策和新措施,中国二氧化碳排放可以在 2025 年达到峰值,比它承诺的提前五年,这意味着世界上最大的排放国可能能够加快未来几十年的减排速度"(McGarrity,2015)。

## 2.3 中国能源安全的绿色转向及可再生能源的战略性框定

### 2.3.1 低碳发展背景下中国能源安全的绿色转向

中国能源体系有着内外两大结构性制约:从外部看,中国对石油的依赖度越来越大,2010年中国对外石油依存度已经超过55%,并很可能在"十二五"期间超过60%,据国际能源署估计,这一比例于2020年可达68%,2030年将达到74%。这种高依赖性对能源的供应和运输提出更高的要求。但在供应上,中国目前能够增加海外投资的地区往往是欧美等国进入较少的地区。这些地区的政治局势往往更加动荡,为了保证中国国外资产的安全,国际能源合作的同时还要强化地区政治稳定;在运输上,中国目前80%以上的原油进口要经过危机四伏、海盗频出的马六甲海峡,即使开通缅甸至云南的输油线或者开通自瓜达尔港经中巴经济走廊的输油管线,还是有60%的石油进口依赖于航线,传统意义上的地缘政治仍然是石油运输安全的桎梏。从内部看,由于中国拥有世界储量第三的煤炭资源,在其能源消费结构中,煤炭使用占据绝对的主导地位,所占份额超过了68%。除了燃烧过程有大量二氧化硫和氮化物的生成,煤的碳排放还是石油的1.3倍,是天然气的1.7倍。2007年中国就超过美国成为最大的温室气体排放国,自2000—2010年二氧化碳排放在全球比重由12.9%提高到约23%。这些都是同煤炭为主的能源结构分不开的,致使中国在国际气候谈判中面临更大的压力。为了化解能源体系的内外结构性困境,实行能源多元化和可持续发展战略是确保中国能源安全的必由之路。清洁能源,特别以风能、太阳能和生物质能为代表的可再生能源日益成为世界能源产业链中的后起之秀,集中代表了一种能源安全与环境考虑的并流趋势。

自2002年中国批准《京都议定书》以来,中国从仅仅关注"供应安全"开始向同时关注同可持续发展紧密相关的"使用安全",主要表现在两个方面:一是能源多元化,突破传统的以煤炭和石油等化石能源为主的格局,提升可再生能源在能源结构中的比例;二是强调能效,中国能源安全不仅要考虑"数量",还必须注重"质量",通过提高能源开采和使用效率来降低化石能源对环境的污染。2003年10月,中共第十六届中央委员会第三次全体会议明确提出了坚持以人为本,树立全面、协调、可持续的发展观,促进经济社会和人的全面发展。2004年6月,国务院常务会议通过了《中国能源中长期发展规划纲要(2004—2020)》,确定了2003—2020年每年平均节能3%的长期目标。在2006年开始实施的"十一五"计划中将2010年单位国内生产总值能源消耗比2005年降低20%确定为节能的中期目标。降低能源强度成为中国特色新型能源发展道路的核心指导思想之一,即坚持节约高效、多元发展、清洁环保、科技先行、国际合作。中国从强调降低能源强度到明确纳入降低碳强度,显示了对低碳经济在能源安全中位置的重视。从可持续发展的角度来看,化石能源是全球温室气体排放的罪魁祸首。减少对煤炭和石油等化石能源的依赖不仅成为能源供应安全的需要,而且也成为环境保护的需要,环境安全目标与能源安全目标因而结合起来。在2009年年底哥本哈根气候会议上,中国承诺到2020年单位GDP的碳排放(碳强度)比2005年下降40%~45%,非化石能源占一次能源消费的比重提高到15%。2010年2月召开的十一届全国人大常委会第十三次会议上,国家发改委的报告指出,中国将大力发展低碳经济,将单位GDP二氧化碳排放作为约束性指标纳入"十二五"规划,这标志着碳强度正式被纳入能源安全的概念中。"十二五"发展规划中提出到2015年,中国将建立有竞争性的可再生能源产业体系,使2015年比2010年能源强度降低16%,碳排放强度降低17%,并在2011年12月1日的国务院41号文件中正式分解到了各省(区、市)。2010年8月国家发改委还在北京启动国家低碳省和低碳城市试点工作。承担低碳试点工作的广东、辽宁、湖北、陕西、云南五省和天津、重庆、深圳、厦门、杭州、南昌、贵阳、保定八市政府有关负责人承诺将研究编制低碳发展规划,加快建立以低碳排放为特征的产业体系,从实践层面来践行低碳能源安全观。自此,低碳话语成为中国能源安全中的重要组成部分,标志着中国能源安全概念的绿化程度不断深入。

### 2.3.2　大国绿色能源博弈及中国对其可再生能源发展的战略框定

发达国家对于下一代能源的国际激烈角逐进一步促使中国对自身长期发展战略有了更为深刻的认识。如美国能源部早在2003年8月就发表《2025年前能源部战略计划》,将能源安全目标锁定在国防、能源、科学和环境四大问题上。时任美国总统布什于2006年2月的国情咨文中提出《先进能源计划》,以加强洁净能源的研究与开发,减少对动荡地区的石油进口,保障美国的能源安全。奥巴马自上任以来就积极倡导《美国清洁能源安全法案》并且明确断言哪个国家在清洁能源技术中领先,哪个国家就将引领21世纪的全球经济(四川新闻网,2012)。2006年初,俄罗斯与乌克兰爆发"天然气之争",严重影响了欧洲的天然气供应①,这一突发性能源危机加速了欧盟能源的绿化进程,欧盟委员会于同年3月发表《能源政策绿皮书》,确定了欧洲能源政策的三大目标:追求能源的可持续发展、保持竞争力和保证能源安全,并强调团结、一体化、互助、可持续性、有效性和创新是欧洲能源政策的首要任务(陈凤英,2006)。日本也于2006年2月出台了《国家能源新战略》,提出争取在2030年前实现六大战略目标:发展节能技术提高能效,大力发展新能源以降低对石油的依赖,培育自己的核心石油开发企业,建立和完善有利于推动企业研发节能技术和新能源技术的制度,开发新一代核能(环球时报,2006)。

面对世界范围内对新能源的战略重视以及能源安全的绿化转向,中国意识到只有尽早实现能源结构的跨越式发展,争取主导全球清洁能源的能源链(于宏源,2008),才能从战略高度真正保证长期的能源安全和可持续发展。如中国积极与一些国家联手强力打造可再生能源产业基地和出口基地,并将其列入国家优先发展项目,同时将节能减排指标、能源效率标准、可再生能源配额等指标纳入对地方官员的考核体系之中,确保对清洁能源发展的考核有据可依。清洁能源投资研究机构美国皮尤慈善信托基金会在其2010年报告《谁在赢得清洁能源竞赛——世界最大经济的增长、竞争和机遇》中指出,中国已超越美国,成为全球清洁能源投资最多的国家,2009年中国在清洁能源上总共投资了346亿美元,投资规模增长了50%,第一次超过了G20的所有国家,成为清洁能源领域的"投资冠军"(The Pew Charitable Trusts,2010)。在2012年的皮尤报告中,该基金会指出受到欧元危机的影响,2012年全球清洁能源投资额下降了11%②。而中国则继续鼓励发展清洁能源,在全球清洁能源竞赛中,中国所吸引的太阳能投资(312亿美元)、风能投资(272亿美元)以及其他可再生能源投资(63亿美元)均处于全球领先位置(The Pew Charitable Trusts,2012)。

与此同时,2011年3月的日本福岛核危机给正在蓬勃兴起的亚洲核电工业造成了很大的

---

①　目前欧盟各国超过70%的石油消费和40%的天然气消费依靠进口。到2020年,这一数字将分别提高到90%和70%,供应中断和价格风险明显上升。

②　部分原因是很多国家均削减了清洁能源发展优惠政策,其中包括西班牙、意大利及德国。

打击,这一突发性外部事件进一步强化了中国对核能安全性的再认知,对国家的战略学习过程具有不可忽视的推进作用。国务院发布了《核安全与放射性污染防治"十二五"规划及 2020 年远景目标》,旨在强调核能的安全性考虑,新核电站建设的审批被暂停(安东尼·弗罗加,2012)[①]。核电发展的放缓一定程度上会造成全球对化石能源需求的上扬以及价格上升,但是同时也会继续强化国家对可再生能源发展的战略性倾向(林伯强,2011)。党的十八大提出把生态文明建设放在突出地位,着力推进绿色发展、循环发展、低碳发展,努力建设美丽中国。在这一绿色指导方针之下,国家领导人更加重视可再生能源在整个能源体系中的战略地位,大力推进中国的低碳转型,确保中国在全球绿色竞争中的核心利益。如李克强总理在 2013 年中欧光伏反倾销贸易摩擦中的积极作为推动了中欧双方谈判的良性互动。可以说国家领导人对绿色产业发展的高度重视在中欧谈判成功上起到了决定性的作用(人民网,2013)。最终欧盟没有步美国后尘对中国的光伏产品施加高额反倾销税,保住了中国太阳能光板产业在欧盟的市场份额。与此同时,中国更加重视发展自身的光伏发电产业(网易财经,2013)[②],通过推进分布式光伏度电补贴政策和光伏固定电价上网政策来保障光伏行业的健康发展,并提升自身的低碳创新能力。

## 3. 中国可再生能源政策的阶段性变迁

从历史上看,新兴大国的崛起往往伴随着相应的新一代能源链的崛起,美国的霸权是与其对石油资源的长期垄断密不可分的(于宏源,2008)。从国家的长期战略角度来看,低碳经济集中体现了国家创新力和立足于国际体系中的知识权力,其核心是能源技术和减排技术创新、产业结构和制度创新以及人类生存发展观念的根本性转变。这意味着,原本高碳排放、高耗能和高污染的"高碳经济"发展模式将被符合低碳要求的经济发展理念和生产模式取代(车智怡,2011)。清洁能源作为低碳经济发展的关键支持性能源,其发展对于国际体系的变化和权力更迭起着至关重要的作用。面对世界范围内对新能源的战略重视以及能源安全的绿化转向,中国意识到只有尽早实现能源结构的跨越式发展,争取主导全球清洁能源的能源链(于宏源,2008),才能从战略高度真正保证长期的能源安全和可持续发展。

### 3.1 中国可再生能源的快速崛起及发展特点

目前中国已成为全球可再生能源大国:在水电方面,2010 年年底中国水电装机达 2.13 亿千瓦,居世界第一;在风电方面,根据 21 世纪可再生能源网络的报告,中国是世界上风能产业增长最快的国家,2010 年超越美国成为全球风电总装机容量第一,同时还是全球最大的风电市场和最大的风力发电机组生产基地(Global Wind Energy Council,2010);在全球太阳能热水器的总使用量上,中国也位居世界首位,占全球总使用量的 60% 以上,并在太阳能光伏发电

---

① 20 世纪 90 年代以来,亚洲各国如中国、日本、韩国等国的核工业发展迅猛,中国进入民用核能领域相对较晚:其第一个商用反应堆 1985 年才建成,但是建设速度令人惊叹。目前中国在建的核电站有 26 座,占世界新建电站总数的 39%。
② 由于中国的光伏发电产业起步较晚,发展较慢,大部分的太阳能光板产品主要输往国际市场。相比于美国,欧盟光伏市场对中国而言至关重要,中国九成左右的太阳能光板出口地都在欧洲。欧盟从 2013 年 6 月至 8 月对中国光伏产品征收 11.8% 的临时反倾销税,如果中欧双方未能在 8 月 6 日前达成解决方案,反倾销税率随后将升至 47.6%,这对中国的光伏产业将是致命性打击。最终中欧光伏谈判的成功为中国光伏产业进一步的良性发展奠定基础。

方面奋起直追欧美国家。同时生物质能、地热能等其他可再生能源领域也取得了不同程度的发展。近年来,中国的可再生能源投资能力一直保持全球首位。不可否认,近十年来中国可再生能源的飞速发展集中反映了中国能源安全观念的绿色转变。

**表 1   截至 2014 年年底可再生能源各领域累计装机量/发电量前五位的国家**

(REN21 Renewables,2015)

| | 可再生能源电力容量(含水电) | 可再生能源电力容量(不含水电) | 风电装机容量 | 太阳能热力装机量 | 太阳能光伏发电(PV) | 生物质能容量 | 水电装机容量 | 可再生能源新的投资能力 |
|---|---|---|---|---|---|---|---|---|
| 1 | 中国 | 中国 | 中国 | 中国 | 德国 | 美国 | 中国 | 中国 |
| 2 | 美国 | 美国 | 美国 | 美国 | 中国 | 巴西 | 巴西 | 美国 |
| 3 | 巴西 | 德国 | 德国 | 德国 | 日本 | 中国 | 美国 | 德国 |
| 4 | 德国 | 西班牙 | 西班牙 | 土耳其 | 意大利 | 德国 | 加拿大 | 日本 |
| 5 | 加拿大 | 意大利 | 印度 | 巴西 | 美国 | 瑞典 | 俄罗斯 | 意大利 |

由于可再生能源发展的初期生产成本较高,无法同相对低廉的石化能源相竞争,因此相关扶植性政策显得尤为重要。欧盟国家在绿色能源政策创新上走在了前面,如早在 1989 年,英国就颁布了一个要求电力公司购买一定量的可再生能源资源电力的法令。从 1990 年开始实行“非化石燃料公约”(NFFO),通过招标制(Tendering System)来推动大规模可再生能源项目的发展。德国于 1991 年颁布《电力入网法》,通过固定电价上网制(Feed-in Tariff)要求电力公司全额收购可再生能源电力,并且于 2000 年颁布《可再生能源法》进一步完善固定电价制,同时 1998—2003 年推行“10 万太阳能屋顶计划”,为个人和企业在屋顶安装太阳能设施提供长达十年的低息贷款和无息贷款(杨光,2007)。1997 年 11 月,欧盟发布了白皮书法令,提出基于配额制(Quota System)的绿色证书制度,配额制比固定电价制更加强调市场的调配作用,1998 年荷兰首先践行了该制度,通过可交易性的绿色能源证书系统来推动可再生能源的发展[①]。

中国的可再生能源发展虽然起步比欧洲国家晚了将近十年,但是进入 21 世纪之后,中国通过进化式的三个阶段快速地学习并吸纳了欧盟国家的创新政策。第一阶段,自 2000 年起为了摸清可再生能源的生产成本,中国学习英国模式推出竞争性风电特许权招标,首先在广东和江苏开始招标试点,确定广东省惠来 10 万千瓦风电项目和江苏省如东 10 万千瓦风电项目作为第一批特许权试点。2002 年,国家发改委能源局正式启动了招标程序,并于 2004 年在全国推广,开展得比较大的项目有内蒙古辉腾锡勒风电场一期 100 兆瓦风电特许权项目和吉林省通榆团结风电场工程 100 兆瓦级特许权项目。第二阶段,2005 年中国政府制定了《国家中长期科学和技术发展规划纲要》,把能源技术放在优先发展位置,努力为能源的可持续发展提供技术支撑,形成先进技术的研发推广体系。同时吸收德国模式的经验,于 2006 年开始施行《可再生能源法》,主要强调通过固定电价来全额收购可再生能源政策。随后又通过一些政策细则对风能、生物质能和太阳能电力等进行定价。2007 年 9 月国家发改委发布《可再生能源中长期发展规划》,标志着正式将可再生能源发展纳入国家的中长期战略发展规划之中。第三阶段

---

①  欧盟认为基于价格的固定电价上网制不如配额制更利于电力市场的统一进程,所以 1997 时就强调在 2012 年前建议所有的欧盟国家都采用绿色证书制来推动可再生能源的发展,但是德国、西班牙等国还是坚持固定电价制政策。

始于 2009 年,虽然固定电价制极大地促进了可再生能源电力的增长(特别是风电),但是电力的输出成为新的问题,有三成的风电因为不能入电网而白白浪费掉①。由于可再生能源电力的不稳定性(间歇性、随机性、可调度性低),对电网传输技术提出更高的要求,特别是电网公司考虑到自身利益不愿过多收购风电等②。2009 年 12 月,《可再生能源法》的修订案提出"国家实行可再生能源发电全额保障性收购制度",标志着引入"配额制":即在固定电价的基础上进一步吸纳美国模式的绿色配额制来强制电网企业收购可再生能源电力,通过一种政策创新和融合开拓真正适合中国国情的可再生能源发展之路(财经网,2011)。2012 年 5 月,国家发改委出台《可再生能源电力配额管理办法(讨论稿)》,首次明确提出电网覆盖区域内电网企业须承担的可再生能源发电配额指标,到 2015 年,国家电网、南方电网、内蒙古电力公司以及陕西地方电力公司承担的保障性收购指标分别为 5%、3.2%、15% 及 10%(人民网,2012)。从长期来看,配额制有利于可再生能源的后期规模化应用,配额指标的下达有利于刺激风电、光伏发电等可再生能源电力的发电及上网电量。

与此同时,这种政策创新还通过相应的组织机构创新方式加以固化下来,如早在 2001 年就成立了国家发改委能源研究所下属可再生能源发展中心(CRED)。该中心基于对国际可再生能源立法的研究开始探讨在中国制定可再生能源法的可行性,同时研究国内外新能源与可再生能源产业化的途径和措施,为政府部门制定中长期发展规划及相应的产业政策提供决策依据。与此同时,中国政府与世界银行(WB)及全球环境基金(GEF)合作开展建立了中国可再生能源规模化发展项目(CRESP),在借鉴发达国家可再生能源发展经验的基础上,支持可再生能源技术进步,建立可再生能源产业体系,逐步实现可再生能源的规模化发展(CRESP,2012)。2012 年 2 月,国家发改委提升了 CRED 的级别,进一步成立了国家可再生能源中心(CNREC),直接协助国务院能源主管部门进行可再生能源政策研究及统筹协调行业管理的业务,协助国家可再生能源产业体系建设并开展国家示范项目管理和可再生能源国际合作项目管理等任务(CNREC,2012)。

## 3.2 中国可再生能源政策的阶段性变迁

全球气候能源格局的变迁推动了国际秩序转型过程中的低碳经济发展趋势,同时也强化了国家发展过程中的低碳刚性约束力。在低碳经济发展过程中占据先机的国家必然在国际秩序转型过程中占据更为优势的地位。一般而言,低碳国际秩序转型的根基在于能源结构的绿化,特别是清洁能源的发展。国际体系重大结构性变迁的前提往往是世界能源权力结构的变化,可再生能源作为下一代能源体系的主导因素在未来能源和气候战略格局主导权的争夺中发挥着日益重要的作用(于宏源,2008)。而国内的可再生能源支持性政策是推进绿色产业快速发展的根本性保障,中国的可再生能源政策从几乎处于空缺的状态到发展为系统性的产业政策体系,经历了如下几个阶段。

---

① 目前我国对可再生能源开发的激励政策侧重于发电环节,对输电环节、常规电源辅助服务激励不足,对其他电源为风电等可再生能源发电提供的辅助服务(调峰、调频等)还没有建立完善的定价和补偿机制等。

② 对于电网企业来说,配额制并无明显好处,反而需要其改善电网对可再生能源发电的承受能力。随着配额制的逐步推进,电网企业不得不投入大量资金用于电网改造。

3.2.1　第一阶段(1978—1993 年):可再生能源政策几乎处于空缺状态

自 1978 年改革开放以来,发展可再生能源(特别是小型沼气、太阳能灶和太阳能热水)主要被视为推进农村能源建设的补充性措施。中国农业部在推进农村地区可再生能源的示范性利用方面发挥了关键作用。例如,1979 年中国共产党第十一届中央委员会第四次全体会议发布了《中共中央关于加快农业发展问题的决定》,强调大力推广农村可再生能源沼气,以解决能源问题。1986 年,前国家经济委员会颁布了《关于加强农村能源建设的意见》:各省(区、市)可再生能源都要制定自身农村能源发展的长期计划,其中包括"促进用新型节能灶具、沼气、林业能源、小规模水电、小规模火电、秸秆利用、太阳能炊具、风能、农村地热能等在农村地区的利用"(Li et al,2012)。在这一早期阶段,在可再生能源发展领域的资金投入主要用于推广农村地区传统小规模可再生能源的发展。例如,在第七个五年计划中,财政部提供了 300 万元人民币贷款用于支持农村能源发展,其中重点包括推广农村地区小型沼气和太阳能炉使用的发展基金。然而,这一阶段几乎没有关于可再生能源发展的专项政策和法规。发展可再生能源主要被视为农村能源的补充,而不是传统能源的重要替代品。

尽管如此,在这个早期阶段,可再生能源协会和社区等民间行动者逐渐出现。1980 年 10 月,中国沼气协会成立并在北京召开首届全国农村能源研讨会。1983 年,该协会颁布了家用沼气灶的国家标准。1992 年 6 月,中国农村能源工业协会成立,为促进沼气使用在农村地区的示范和推广发挥了积极作用。同时,20 世纪 80 年代,中国为了实现偏远地区的电力供应和能源供给,大量小规模风力发电项目(其中绝大多数都是离网电力)被推出(IPCC,2012)。1984 年,中国电机学会成立了风能专业委员会。1989 年,他们颁布实施了小型风力发电机组的国家标准。

从 1978 年到 1992 年,太阳能热水器产业取得了较快发展(REN21,2009)。1979 年,中国太阳能学会成立,太阳能热水器的研发获得了比之前更多的关注。在第六个五年计划时(1981—1985 年),可再生能源技术首次纳入国家研发计划,尽管该计划只分配到 300 万元。第七个五年计划中,国家科学技术委员会和农业部共同大力推进了太阳能在农村地区的技术商业化和推广应用。1987 年,北京太阳能研究所从加拿大引进了铜铝复合板生产线,并成功开发了多功能节能太阳能加热板,从而促进大规模的太阳能热水器的推广(REN21,2009)。

综上所述,这一时期的可再生能源发展仍处于较为分散和小规模化水平。其主要目的是在农业部监督下促进农村能源建设。因此,该阶段没有同可再生能源发展相关的特殊政策或法规颁布,更缺乏对大规模可再生能源项目的推广。这一阶段的亮点是民间行动者推动了太阳能热水器的快速发展和扩散。在这一过程中,支持可再生能源的行为体(如可再生能源工业协会、可再生能源研究机构和大学等)在促进太阳热水器商业化方面起到了积极性作用(即使没有得到国家资金或贷款支持)。对于大规模的可再生能源发展项目而言,由于缺少相关有利政策环境和政府的大力支持,该阶段还一直处于缺位状态。

3.2.2　第二阶段(1993—1998 年):可再生能源政策发展初期阶段

在这一阶段,国内和国际因素的影响逐渐趋同于支持可再生能源的发展。在国内,中国已从 1993 年的石油净出口国转变为净进口国,这标志着能源自给自足时代的终结。从那以后,石油进口的依赖性急剧增长。大规模的可再生能源发展已经开始得到更多的关注,尽管片面侧重传统化石能源"供应安全"的话语仍处于主导地位。1993 年,中国颁布了《科学技术进步法》,有关可再生能源的技术研发在这一立法框架下得到更多支持。

在国际层面上,随着 20 世纪 90 年代初中国与国际环境制度的互动日益增多(特别是中国加入《蒙特利尔议定书》和《联合国气候变化框架公约》以来),人们对可持续发展和节能问题的关注也为可再生能源的发展提供了一个良性的国际社会环境。在 1992 年联合国环境与发展峰会之后,中国于 1994 年发布了《中国 21 世纪行动议程》,以促进可持续发展和资源的合理利用。同年,国务院通过了《人口、环境与发展白皮书》,指出"中国应因地制宜地发展新能源和可再生能源"(Li et al,2012)。

1995 年 1 月,原国家计划委员会、原国家科学委员会、原经济贸易委员会发布了《中国新能源和可再生能源发展指导方针》(1996—2010 年),作为指导可再生能源发展的重要文件。《电力法》于 1995 年颁布,这是中国首个开始讨论能源政策的法律。该法规定,"中国政府将鼓励开发和利用新能源和可再生能源"。这一原则在 1998 年的《中国节能法》中得到了重申。

因此,自 20 世纪 90 年代初以来,可再生能源的发展经历了一个渐进性的过渡阶段,从分散的小规模可再生能源利用作为农村能源的补充,到逐步引入了中、大规模的现代可再生能源项目。此时中国已开始注意充分利用国际资源进行双边或多边的可再生能源合作(如大规模风电项目的试验),并推动太阳能热水器等产品走向国际市场。在这一阶段,中、大型风力发电和太阳能发电项目都取得了一定的进展,特别是国际可再生能源合作项目的推动。例如,1993 年 12 月,中国和德国签署了一项共同生产 250 千瓦大型并网风力涡轮机的协议。同年,新疆电力局利用了丹麦贷款和国内投资,在柴沟堡风电场安装了 4 套 450 千瓦大型风力发电机。从 1990 年到 1998 年,风力发电厂的年平均增长率超过 60%,1998 年的总发电量达到 22.4 万千瓦。在太阳能发电领域,1993 年 10 月在西藏革吉县安装了 10 千瓦光伏电站。这是西藏第一个大型光伏发电厂。此外,太阳能热产业也取得了长足的进步,进入了大规模的工业化阶段。1998 年太阳能热水器企业数量超过 2000 家,太阳能热水器总装配容量达 1500 万立方米,居世界第一位(Li et al,2012)。

然而,与西方发达国家相比,可再生能源产业在 20 世纪 90 年代仍然没有得到足够的政治关注和政策支持。该阶段缺乏系统性的可再生能源政策(具体的可再生能源政策工具和相关的行政法规),以促进大规模的可再生能源项目发展。例如,大规模风力发电的发展仍处于零星分散的阶段。太阳能开发只专注于低技术含量的太阳能热水器,而非太阳能光伏发电技术的研发。此外,侧重供应侧的传统能源安全取向仍然占主导地位。中国将以合理价格保障长期性石油进口视为能源安全的核心任务。第九个五年规划(1995—2000 年)和第十个五年规划(2001—2005 年)期间,"加强海洋勘探,开拓海外能源,建立海外石油天然气供应基地,多样化石油供应"成为优先考虑。

### 3.2.3 第三阶段(1998—2005 年):发展可再生能源的特许招标制度阶段

之所以把 1998 年视为推进可再生能源发展极为关键的一年,是因为负责国家宏观经济规划和能源监管领域的最有力的部门——国家发展计划委员会(国家发改委的前身)正式负责1998 年的气候变化谈判并代表中国签署了《京都议定书》。这一制度变迁反映了中国已经认识到气候变化对于国内经济发展和能源使用结构的重要影响。此外,为了支持气候变化谈判和进一步审议《京都议定书》的灵活机制,国家发展计划委员会在其能源研究所下设了气候变化中心和可再生能源研究中心。2002 年,中国批准了《京都议定书》,发出了中国将要更为深入地参与气候变化制度的信号。这一时期最引人注目的是中国改变了对《京都议定书》中的"灵活机制"的怀疑态度,特别是在 2002 年左右开始对清洁发展机制(CDM)项目产生兴趣。清洁发展机制在推动大规模可再生能源发展(特别是大型风电工程)和加快可再生能源产业现代化进程中发挥了重要作用。在国内层面上,前国家主席胡锦涛已经显示出通过低碳发展优化国家发展路径的政治承诺,特别是"科学发展观"的提出强调了社会平衡性可持续发展、能源和资源的节约性发展。

在此背景下,国家出台了更多的环境和清洁能源法律和政策,如 2002 年颁布的《环境影响评价法》、2003 年颁布的《清洁生产促进法》。在这一时期,中国开始制定自己的全国性可再生能源政策,并更加重视大规模的可再生能源现代化进程。这一聚焦转向的首要表现是,风力发电厂的电力产生增值税(VAT)从 17% 降低到 2002 年 8% 以下(Lema et al,2007)。减少增值税主要是鼓励开发商从事风力发电。然而,发改委已经认识到,短期内消减增值税远不如通过政策创造可再生能源市场更加有效。因此,通过对英国模式的政策学习后,国家发改委于2002 年通过了针对可再生能源的特许招标政策,并于 2003 年起开始实施这一政策。可再生能源特许招标政策是"通过竞标性竞标过程来选择出价最优惠的项目"(Wiser et al,2002)。在这个过程中,"不同的可再生能源开发商提交其预建可再生能源设施的标书,并提出其可以接受的建设成本价格,最低价格的可再生能源项目将被选中"(Wiser et al,2002)。特许招标政策的主要目标是通过特许招标项目促进大型可再生能源的发展,同时摸清可再生能源生产的市场成本。

2003 年,国家发改委发布《风电特许经营方案》,旨在进一步推动国际和国内投资者通过特许招标项目程序加大对大型风力发电场的开发建设力度,并鼓励政府监管下各投资者通过技术提升来降低风力发电价格,从而对风力发电的生产成本进行了核算(Xia et al,2009)。所有国内外公司都被邀请来参加大规模的可再生能源特许权招标项目(100~200 兆瓦)。根据风力发电每千瓦时的价格和风力发电厂所使用的国内组件的份额来选择成功的投标人(IPCC,2012)。2003—2008 年,国家发改委连续组织了五轮风电特许项目,项目竞选标准把风力发电机组国产化比率放在了更高的位置(Xia et al,2009)。

虽然特许竞价项目旨在为后来的固定电价上网政策(FIT)寻找合理的价格基础,但这一政策的缺陷是导致恶性价格竞争的加剧。例如,一些竞价格远低于合理的价格范围(甚至低到同燃煤发电的价格趋同至 0.382 元/千瓦时)。此外,财政实力较强的国有能源企业,即使利润空间不足,也能以很低的价格赢得竞标。而中小民营企业正逐渐在这个绿色市场中被边缘化。由于招标政策不能保证可再生能源发展的合理价格,因此在 2005 年出台的《可再生能源法》颁布后,特许招标政策逐渐被固定电价上网政策(FIT)取代。从 2009 年起,特许招标政策只适用于离岸风电场建设和大规模光伏发电项目,其发电价格相对较高。例如,在 2009 年 3月,国家能源局在甘肃省敦煌组织了大规模的太阳能光伏特许权招标项目,招标后设定的电价为 1.09 元/千瓦时。太阳能光伏发电相关基础数据的积累,也为光伏并网发电的上网电价设计提供了科学依据。

特许招标权政策阶段为引入特定的可再生能源政策奠定了基础。清洁发展项目的启动和特许招标项目的实施,对促进大规模的可再生能源发展起到了重要作用,尤其是对大规模风电开发项目的激励作用明显。通过特许招标程序,政府有机会对可再生能源发电的合理性政策支持性价格进行调查,从而为今后的固定电价上网政策设计提供基础。总之,特许招标政策的成功经验为将固定电价政策纳入《可再生能源法》铺平了道路。

### 3.2.4　第四阶段(2005—2009 年):通过《可再生能源法》引入固定电价上网政策

2005 年,国家总理温家宝提出了创建"两型社会",即资源节约型社会和环境友好型社会。为实现这一目标,国家发改委于 2005 年 5 月启动了十项全国性重点节能项目(Cheng,2008)。在国际层面上,《京都议定书》在同一年生效,中国政府开始注重通过清洁发展机制(CDM)项目来提升自身的能力建设。例如,2006 年 8 月,国务院批准设立清洁发展机制基金及其管理中心。2007 年 11 月,财政部和国家发改委联合启动了清洁发展机制基金的运作。

在这一背景下,可再生能源政策变迁受到国内和国际两个层面的极大推动。经过两年的努力,《可再生能源法》于 2005 年 2 月得到全国人民代表大会常务委员会的批准,并于 2006 年 1 月 1 日正式实施。《可再生能源法》的颁布标志着中国相对完整的可再生能源政策体系的形成,即从分散的支持性政策措施到一体化的可再生能源政策体系。通过规定国家可再生能源发展目标,设计中央和地方的可再生能源利用规划,为促进可再生能源发展提供了一个基本性的立法框架(NPC 2/2005;Schuman et al,2012)。

在这一阶段,可再生能源政策体系的主要焦点是引入德国模式的固定电价上网制(FIT)。固定电价上网政策是一种以价格为基础的政策,又称为上网电价补贴政策,这是全球可再生能源发展早期便被大量采用的政策,它为可再生能源开发商提供一个长期性的保证利润空间的可再生能源电力销售价格,而且规定电力公司在相对较长的时间内(如 20 年)的对可再生能源电力的购买义务(Mendonca et al,2010;Wiser et al,2002)。此外,固定上网电价政策经常包括"补贴递减"机制,即随着可再生能源技术的发展,可再生能源上网电价必然随着时间的推移而下降,从而刺激可再生能源生产成本的降低(Mendonca et al,2009;Mendonca et al,2010;Wiser et al,2002)。补贴下降的主要目的是跟踪和鼓励技术创新,提高可再生能源竞争力(Couture et al,2010)。2005 年颁布的《可再生能源法》规定了促进固定电价上网政策实施的三个关键原则。

(1)保证性并网和全额收购政策。根据这一政策,电网公司需要与同在其管辖范围内的可再生能源发电企业签署协议,购买发电产生的所有可再生能源电力,并提供电网连接服务。《可再生能源法》第 13 条和第 14 条规定:国家鼓励和支持可再生能源并网发电。电网企业应当与依法取得行政许可或者报送备案的可再生能源发电企业签订并网协议,全额收购其电网覆盖范围内可再生能源并网发电项目的上网电量,并为可再生能源发电提供上网服务。其中第 29 条强调电网企业未全额收购可再生能源电量,造成可再生能源发电企业经济损失的,应当承担赔偿责任。

(2)制定不同类型可再生能源电力上网电价制。该政策为高于燃煤电力的可再生能源销售电价提供额外的补贴。《可再生能源法》第 19 条规定:可再生能源发电项目的上网电价,由国务院价格主管部门根据不同类型可再生能源发电的特点和不同地区的情况,按照有利于促进可再生能源开发利用和经济合理的原则确定,并根据可再生能源开发利用技术的发展适时调整(Wiser et al,2002)。

(3)费用分摊和经济激励机制。电网企业依照本法上网电价收购可再生能源电量所发生的费用,高于按照常规能源发电平均上网电价计算所发生费用之间的差额,附加在销售电价中分摊。电网企业为收购可再生能源电量而支付的合理的接网费用以及其他合理的相关费用,可以计入电网企业输电成本,并从销售电价中回收。《可再生能源法》第 24 条规定:国家财政设立可再生能源发展专项资金,用于支持可再生能源开发利用的科学技术研究、标准制定和示范工程;农村、牧区生活用能的可再生能源利用项目;偏远地区和海岛可再生能源独立电力系统建设;可再生能源的资源勘查、评价和相关信息系统建设;促进可再生能源开发利用设备的本地化生产。第 25 条规定:对列入国家可再生能源产业发展指导目录、符合信贷条件的可再生能源开发利用项目,金融机构可以提供有财政贴息的优惠贷款(Schuman et al,2012)。

然而,《可再生能源法》基本上仅仅是一个一般性立法框架,不足以提供详细的具有可操作性的规则和程序,从而促进上述三项关键原则的有效实施。例如,未能规定风电、太阳能和生物质能的具体上网电价,对电网公司不能全额收购可再生能源电力行为,未能明确对电网企业的具体处罚措施。为此,中国后续又颁布了若干行政法规,以补充《可再生能源法》中框架性的规定:如 2006 年国家发改委发布的《可再生能源电费和成本分摊暂行管理办法》、2007 年度由国家电力监管委员会发布的《电网企业全额收购可再生能源电力的管理办法》、2007 年度国家发改委发布的《可再生能源电力收购费用分摊暂行办法》。2007 年 9 月,国务院发布了《可再生能源中长期发展规划》。它设定了可再生能源的中长期目标,以满足中国实现到 2010 年非化石能源占一次能源消费的比重达到 10% 以及到 2020 年非化石能源占一次能源消费的比重达到 15% 的清洁目标,特别是推进水电、风能、太阳能和生物质能的发展。中国在第十一个五年规划中纳入了可再生能源发展规划,从而引导和推动各级政府和社会各部门大力发展可再生能源(Wang et al,2010)。虽然这些行政法规为可再生能源的快速发展铺平了道路,但对于不同可再生能源的最终固定上网电价尚未做出明确规定。

《可再生能源法》中所承载的三个关键原则(固定价格、上网电价和成本分摊)具有内在的相互关联:固定上网电价首先为可再生能源发电商提供了盈利空间,然而,实现可再生能源电力购买的前提条件是国家电网对可再生能源入网的保障。成本分摊机制将确保购买与传统能源产生的平均电价所产生的费用在整个社会的销售价格中共享。在这一阶段,可再生能源发展仍面临两个问题。

首先是不同地区可再生能源定价不明确。例如,从 2006 年 1 月到 2010 年 6 月,生物质发电的固定上网电价仅仅比燃煤电厂的上网价高出 0.25 元/千瓦时,不足以推进生物质能的发展。2005 年至 2009 年大规模的风电项目主要由特许招标政策支持,风电的全国固定上网价格没有明确规定(尽管一些风资源丰富的省份有自己的配套政策)。直到 2011 年,太阳能光伏发电才有固定电价,这是太阳能光伏发电发展缓慢的主要原因。

其次,电网接入问题已成为严重制约可再生能源电力发展的主要因素。到 2009 年,风电装机容量已占电力总装机容量的 1.85%,而网内风电仅占总用电量的 0.75%。电网接入问题导致可再生能源的整体性不平衡发展。以风力发电为例,由于风电补贴的刺激,风机制造、风电场建设等风力发展"上游"产业迅速发展。相比之下,可再生能源输电的"下游"支撑仍然不足,尤其是国有电网企业不愿购买"不稳定、低质量"的可再生能源电力。

综上所述,2005 年《可再生能源法》的颁布标志着相对完整的可再生能源政策体系的形成。在这一框架下,固定上网电价政策已成为促进可再生能源发展的官方定位,重点在于三个机制:固定电价机制、全额收购机制和成本分担机制。这一立法框架为可再生能源的快速发展提供了巨大的动力,这使得中国在风电装机容量、太阳能电池板制造和可再生能源投资方面成为世界领先者。然而,在可再生能源发展的巨大成就背后,也存在着一些问题,如电网接入问题开始引起社会越来越多的关注。《可再生能源法》的政策疏漏有待于进一步的政策完善,以促进固定上网电价政策的有效实施,保证可再生能源的健康有序发展。因此,修订《可再生能源法》的呼声越来越高。

### 3.2.5 第五阶段(2009—2015 年):配额制和固定电价上网制相结合阶段

当年,国际社会对于 2009 年底的哥本哈根会议怀有很高的期待,希望达成一项后京都时代包括所有缔约方在内的解决气候变化问题的新的法律协议框架(Li et al,2012)。面对前所未有的国际压力,中国在哥本哈根会议之前就提出了自愿性碳减排承诺和非化石能源发展承诺:在 2005 年的基础上,到 2020 年实现单位 GDP 的二氧化碳排放减少 40%~45%,2020 年在能源总消费结构中的非化石能源占比达到 15%。有学者(Carraro et al,2010)通过深入研究提出,40%~45% 的碳强度降低承诺绝非能够轻易实现。如果没有中国额外的努力,或者说缺少中国领导阶层的支持,那么《哥本哈根协定》的签署则会显得更为空虚无力(Carraro et al,2010)。这一承诺已向国内层面发出了强有力的信号,并"由外而内"推动了国内的低碳转型进程和可再生能源的快速发展措施。

此外,由于中国在 2010 年超过美国成为世界上最大的能源消费国,面临着逐步升高的能源依赖水平以及日益攀升的碳排放双重压力。在传统能源发展的内外困局之下,中国更加重视碳减排目标,特别是通过可再生能源发展来刺激国内经济结构的低碳转型。在 2010 年召开的第十一届全国人大常委会第十三次会议上,国家发改委发布报告,正式将碳减排和可再生能源发展作为第十二个五年计划的重要强制性实施指标。在第十二个五年计划中明确指出,中国将努力建立一个有竞争力的可再生能源产业体系,并在 2010 年的水平上,到 2015 年实现能源强度降低 16% 和碳强度降低 17% 的目标。此外,国家发改委还颁布了《可再生能源发展第十二个五年规划》:规定到 2015 年可再生能源的年消耗量将达到 4 亿 7800 万吨标准煤当量(TCE),其中包括来自商业化可再生能源的 4 亿吨标准煤当量(TCE),在总能源消费结构中占比 9.5%。

中国所做出的碳强度减排承诺以及对于低碳转型战略的重点强调都为可再生能源政策的变迁提供了更多的动力,特别是在完善《可再生能源法》的基本三原则方面取得了重要进步。此阶段,风能、太阳能和生物质能等的固定上网电价最终由关键性行政法规予以明确落实下来。国家发改委于 2009 年通过颁布《关于提高风电并网上网电价的通知》正式制定了风电上网电价(四个不同风力资源区分别为 0.51 元/千瓦时、0.54 元/千瓦时、0.58 元/千瓦时、0.61 元/千瓦时)。通过于 2010 年颁布《全国统一农业和林业生物质能上网电价政策》,对生物质能电力定价为 0.75 元/千瓦时。2011 年颁布了《太阳能光伏发电上网电价政策》,从而最终确立了太阳能光伏发电的固定上网电价(根据不同地区的光电资源分为 1 元/千瓦时和 1.15 元/千瓦时)。

尽管不同可再生能源的固定上网电价逐渐固定,但固定电价上网政策的执行仍然受到来自传统能源部门和电网部门的强大阻力。为了给可再生能源法带来更多的"牙齿",全国人大于 2009 年 12 月通过了《可再生能源法修正案》,该修正案于 2010 年 4 月生效。《可再生能源法修正案》的三个主要成就如下。

第一,引入可再生能源配额制度,以完善强制性推行可再生能源的全额收购和入网连接政策。强制性可再生能源配额被列入《可再生能源法修正案》,修正案第 14 条规定,国务院能源主管部门会同国家电力监管机构和国务院财政部门,按照全国可再生能源开发利用规划,确定在规划期内应当达到的可再生能源发电量占全部发电量的比重,制定电网企业优先调度和全额收购可再生能源发电的具体办法,并由国务院能源主管部门会同国家电力监管机构在年度中督促落实。发电企业也有义务配合电网企业的接入技术标准,从而保障电网安全。修订《可再生能源上网采购》,建立有利于可再生能源输电的优先调度系统,制定电网连接技术标准。它还规定配额系统将设计基于可再生能源发电而不是安装容量的可再生能源目标(Schuman et al,2012)。它标志着可再生能源发展的主要焦点已经从安装可再生能源的容量数量统计转向可再生能源发电的质量统计。然而,这项修正案未能澄清不同利益相关者的具体可再生能源配额,如关于国家电网企业的具体配额任务。

第二,国家财政设立可再生能源发展基金,资金来源包括国家财政年度安排的专项资金和依法征收的可再生能源电价附加收入等,以改善在省级和地方各级对于成本分担制度的实施。电网企业不能通过销售电价回收的电网连接费用,可以申请可再生能源发展基金补助。

第三,修正案强调了改进规划程序和加强国家和地方规划整体性的重要性。在《可再生能源法》颁布后的几年中,可再生能源开发利用中的整体规划问题开始显现,如国家和区域规划不一致,以及发电企业建设和电网建设规划不匹配问题。因此,加强各级间的规划协调显得尤为重要。另外国务院能源主管部门和县级以上地方人民政府管理能源工作的部门和其他有关部门在可再生能源开发利用监督管理工作中,对违反本法规定,负有责任的主管人员和其他直接责任人员依法给予行政处分;构成犯罪的,依法追究刑事责任。

在本次修正案中,影响最为深远的成就是引入配额制度,与既有的基于固定电价上网制的可再生能源立法框架相结合。可再生能源投资组合标准(RPS)/配额制度被定义为一种基于市场的机制的可再生能源政策,"通常通过规定可再生能源在电力生产或消费中的固定比例,来强制性为电力企业和电网企业施加配额"(Jaccard,2004;Wiser et al,2002)。引入配额制的主要目的是为了解决"弃风弃光"的难题,为国有电网企业和国有电力企业制定强制性可再生能源配额,协调中央政府与省级政府之间的可再生能源规划。整体上而言,配额制能够为新能源发展"兜底":解决"三弃"问题,使可再生能源消纳具有强制性,提高风电、光伏等可再生能源发电在终端的消费比重;配额制的实施不仅有利于本省内新能源电力的最大化消纳,还将促进跨区域的调度,对可再生能源电力溢出省份的电力消纳同样帮助较大;限电的降低可持续改善发电企业的现金流压力。

2010 年,《可再生能源法修正案》生效后,国务院发布了《关于加快战略性新兴产业培育和发展的决定》。该决定规定,可再生能源发展是一个重要的国家战略产业,并强调通过实施配额制来推进可再生能源的电网接入和传输。政府试图通过制定更具体的可再生能源配额来解决电网连接问题(Schuman et al,2012)。2012年5月,国家能源局发布了《可再生能源配额管理条例(讨论稿)》,对大型电力企业、国有电网企业和省级相关能源部门设立了具体的配额标准。这标志着全国强制性可再生能源配额分配制度已经开始萌芽和发展。中国的配额制实际上是对固定电价上网制度的一个补充,鉴于FIT只能对可再生能源电力生产企业进行补贴鼓励,但对电网企业的约束有限,配额制的推出旨在为之前的《可再生能源法》装上"牙齿"。另一方面,配额制也旨在鼓励一种可再生能源政策的市场化转向。可再生能源发电能够创造两部分收益:电力供应和通过替代化石能源所产生的环保收益。从理论上看,可再生能源的发电量尚低于社会最优水平,原因在于只有电力供应这部分社会收益能够得到社会的认可和支付,而环保收益因为难以度量,无法在市场上得到报酬。补贴的思路就是通过公共财政的手段,补充环保收益的部分不足,从而让资本有动力投入到可再生能源的发展上来。可再生能源电力配额,实质上是认可环保收益的另一种手段。通过配额制度,可再生能源电力的生产方创造出两种商品:电力供应和可再生能源电力证书。这个证书实质上解决了环保收益的度量问题。当政府有配额的要求时,市场上就会在可再生能源电力证书方面产生需求,市场由此形成。从理论上讲,最后市场上形成的可再生能源电力证书的价格,应当反映社会所承认的环保收益的价值(通过配额表现)。而绿色电力证书的出台也将是配额制的一个重要发展方面。

尽管2012年国家能源局就颁布了《可再生能源配额管理条例(讨论稿)》,但是直到2015年,该管理条例都未能落地并受到真正重视。配额制"难产"最本质的原因是对既有利益格局的强制介入,"五大发电集团虽然是可再生能源的主力军,但同时又是火电的最大持有者,要革常规能源的命,它们是不认可的,并且火电话语权很大,博弈面临巨大阻力"。此外,把地方配额完成情况与省级政府政绩考核挂钩,对地方政府,尤其是东部发达省份政府是"致命的",也受到某些地方政府的极力排斥和阻挠。

### 3.2.6 第六阶段(2015年至今):绿证制和配额制的结合推行阶段

就国际层面而言,2015年《巴黎协定》的签署标志着全球气候治理迈进了新时代。同年6月,中国政府向联合国气候变化框架公约秘书处提交了应对气候变化国家自主贡献(INDC)文件,其中包括到2030年可再生能源应占其主要能源供应的20%,这为可再生能源的发展释放了国际层面的积极信号。2016年杭州峰会上,中国与其他国家达成共识要积极推动《巴黎协定》尽快生效,并且大力推动绿色金融和碳交易市场的发展,为可再生能源配额制的推行奠定市场化机制基础。即使2016年特朗普宣布美国退出《巴黎协定》,中国仍宣称自身对于《巴黎协定》的承诺,为全球气候治理打入强心剂。特别是党的十九大报告提出,中国要"积极参与全球环境治理,在全球气候治理中发挥引领性作用,落实减排承诺""为全球生态安全做出贡献"。

就国内层面而言,自2012年11月党的十八大召开以来,生态文明建设被纳入中国特色社会主义事业"五位一体"总体布局,"美丽中国"成为生态文明建设的宏伟目标。十八大审议通过《中国共产党章程(修正案)》,将"中国共产党领导人民建设社会主义生态文明"写入党章,作为行动纲领;十八届三中全会提出加快建立系统完整的生态文明制度体系;十八届四中全会要求用严格的法律制度保护生态环境。特别是2015年10月十八届五中全会,提出"五大发展理念",将绿色发展作为"十三五"乃至更长时期经济社会发展的一个重要理念,成为党关于生态文明建设、社会主义现代化建设规律性认识的最新成果。政绩考核,去除"GDP 紧箍咒";发展取向,从追求"数量"变成注重"质量"。政绩考核的"指挥棒"越来越清晰地指向绿色低碳。2015 年 8 月出台的《党政领导干部生态环境损害责任追究办法(试行)》,强调显性责任即时惩戒,隐性责任终身追究。党的十九大报告不仅提出了解决生态文明问题的总体指导思想,而且还提出了切实可行的具体措施。就总体指导思想而言,报告明确提出了"要创造更多物质财富和精神财富以满足人民日益增长的美好生活需要,也要提供更多优质生态产品以满足人民日益增长的优美生态环境需要"。报告提出了详尽的生态文明建设举措,如加快建立绿色生产和消费的法律制度和政策导向;提高污染排放标准,强化排污者责任,健全环保信用评价、信息强制性披露、严惩重罚等制度;完成生态保护红线、永久基本农田、城镇开发边界三条控制线划定工作;改革生态环境监管体制等。

在此背景下,国家能源局于 2016 年发布《关于建立可再生能源开发利用目标引导制度的指导意见》,但并未立刻执行。2018 年 3 月,国家能源局再次发布可再生能源配额制的征求意见稿,彰显管理层对发展可再生能源的决心。2017 年 2 月 3 日,国家发改委、财政部、国家能源局发布《关于试行可再生能源绿色电力证书核发及自愿认购交易制度的通知》,要求绿色电力证书自 7 月 1 日起开展认购工作,认购价格按照不高于证书对应电量的可再生能源电价附加资金补贴金额,由买卖双方自行协商或者通过竞价确定认购价格。"绿色电力证书"(简称绿证)是指国家可再生能源信息管理中心按照国家能源局相关管理规定,依据可再生能源上网电量通过国家能源局可再生能源发电项目信息管理平台向符合资格的可再生能源发电企业颁发的具有唯一代码标识的电子凭证。可以获得证书的项目包括陆上风电、光伏发电企业,而分布式光伏发电、生物质、海上风电不在此列。根据市场认购情况,自 2018 年起适时启动可再生能源电力配额考核和绿色电力证书强制约束交易。从根本上而言,可再生能源绿色电力证书是一种可交易的、能兑现为货币的凭证,是对可再生能源发电方式予以确认的一种指标[①]。绿证可以作为独立的可再生能源发电计量工具,也可以作为一种转让可再生能源的环境效益等正外部性所有权的交易工具,是鼓励可再生能源发展、补偿可再生能源环境效益的一种政策机制(秦海岩,2016)。

绿证制度的出台主要是针对可再生能源补贴资金缺口日益增大的现实设定的。发电、上网和市场消纳是可再生能源发电产业面临的三大难题,而这三大难题的消除,单纯依靠成本优势和技术进步难以实现。巨量财政补贴虽是政府扶植某一产业快速发展的强心剂,但补贴绝非长久之计。从 2006 年至今,我国可再生能源电价附加标准从最初的每千瓦时 0.1 分钱提高至 1.9 分钱,但电价附加标准的提高始终滞后于可再生能源发展的需求。到 2015 年年底,可再生能源补贴资金累计缺口 400 多亿元。这一方面的原因是作为可再生能源补贴重要来源的电价附加,目前征收额度标准不够,即使从每千瓦时 1.5 分钱提高到 1.9 分钱,仍无法满足补贴需求。征收标准的每次调整手续繁复,周期很长,还存在很大争议。另一方面是因为电价附

---

[①]　当前,美国、日本、德国、英国、法国、荷兰、瑞典、丹麦、芬兰、加拿大、澳大利亚等 20 多个国家实行了绿色电力证书交易制度。国际成功经验表明,推行绿色电力证书交易,通过市场化的方式,给予生产清洁能源的发电企业必要的经济补偿,是可再生能源产业实现可持续健康发展的有效措施,是一种市场化的补贴机制。

加并不能按时足额征收上来,很多自备电厂用电,还有一些省市都不按要求上缴,导致该收的收不上来。这些问题的长期存在导致了补贴拖欠,尤其是对于光伏电站,因为补贴资金占总电价的70%左右,补贴拖欠已经导致收入不能覆盖本息,近年建设的一些光伏项目均面临资金链断裂的风险。其次,现在的补贴方式,随着电力体制改革进展,也需要做改变。按照电改的方向,电价会逐步取消政府定价,形成以市场为基础的价格形成机制,现在政府制定的火电标杆电价会逐步取消。所以目前在火电标杆电价基础上的补贴方式,需要做出相应调整。补贴问题如果不能有效解决,会严重影响投资的积极性,最终影响我国应对气候变化自主承诺减排目标的实现,贻误光伏风电产业发展的大好时机。建立绿色电力证书交易制度,要求燃煤发电企业按照实际燃煤发电量购买一定比例的绿色电力证书。这样使可再生能源电力项目通过获得市场电价、中央财政固定补贴加绿色证书交易收入等三部分,来获得合理水平的利润。将来随着技术进步,成本下降,固定补贴可以逐步退出。

在绿证实行一年之后,特别是党的十九大召开后,国家政策层面开始强调重视生态环境,能源转型成为实现生态环境友好的重要抓手。我国可再生能源产业获得突飞猛进的发展。中电联数据显示,截至 2017 年年底,中国可再生能源装机 6.5 亿千瓦,占全部发电装机的36.6%,水电、风电和光伏装机量最都稳居世界第一,其中光伏发电装机 1.3 亿千瓦,新增装机量连续 5 年保持全球第一,累计装机量连续 3 年全球第一。优异表现背后,光伏补贴缺口巨大和消纳难仍旧是不可回避的困境。在我国光伏补贴不断退坡之际,缺口亦在不断增加。根据财政部数据,截至 2017 年年底,我国可再生能源补贴缺口达 1000 亿元,其中光伏占据近一半的比例。与此同时,弃风、弃光趋势有所减缓。2017 年,全国光伏发电量 1182 亿千瓦时,同比增长 78.6%。全国弃光电量 73 亿千瓦时,弃光率为 6%,同比下降 4.3 个百分点。虽然弃光首次出现下降,但由于光伏电站布局以西部为主,电网外送能力不足以及发电并网系统调节能力不高等原因,弃光限电问题依然严峻。

2018 年 3 月 23 日,国家能源局发布了《可再生能源电力配额及考核办法(征求意见稿)》(以下简称《办法》)。这标志着从 2009 年《可再生能源法修正案》颁布以来,呼吁了将近 10 年的配额制终于有了落地的希望。与 2016 年版本相比,此次配额考核主体从发电侧变化到电网和用电侧;考察方式从发电量变化到用电量;多数省份的配额比例得到提升,中东部省份配额目标较 2016 年年底占比提高近 2~3 倍。该办法要求将可再生能源电力消纳作为一项约束性指标,按年度对各省级政府的可再生能源配额进行监测、评估和考核(图 1,表 2)。指标设定结合了各省的可再生能源资源、电力消费总量、国家能源规划和年度建设计划、全国重大可再生能源基地建设等情况。在已公布的 2018 年可再生能源电力配额指标中,各地存在较大差异:山东为 8.5%,四川最高为 91%;非水电可再生能源电力配额指标中,广东、广西、重庆最低为3%,宁夏、青海最高为 21%。这份政策体现了两个重要的原则:一是政策的发力点应放在需求侧,如《办法》明确提出,"承担配额义务的市场主体包括省级电网企业、其他各类配售电企业(含社会资本投资的增量配电网企业)、拥有自备电厂的工业企业、参与电力市场交易的直购电用户等",这改变了以往抓住发电企业(电力市场的供给方)不放的思路,开始在电力市场的需求侧发力;二是可再生能源电力证书要实现真正的自由交易。如《办法》提出,"各省级电网公司制定经营区域完成配额的实施方案,指导市场主体优先开展可再生能源电力交易",这也向市场引领的原则大大前进了一步(尹海涛,2018)。

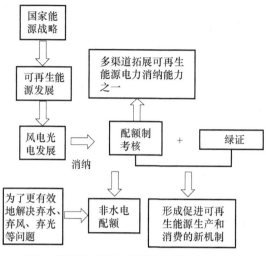

图1　配额制考核和新能源发展之间的关系

**表2　配额制考核实施内容**

| 考核对象 | 分工1 | 分工2 | 分工3 |
|---|---|---|---|
| 各省级人民政府 | 制定保障完成本行政区域内可再生能源电力配额指标的政策和措施 | 日常监督管理、相应规划建立约束性指标、按照配额制要求进行电力建设运行管理 | 明确跨区送电其中可再生能源最低送受电量,并纳入本省电力电量平衡 |
| 省级电网企业 | 制定经营区域完成配额的实施方案,指导市场主体优先开展可再生能源电力交易 | 在市场机制无法保障可再生能源电力充分利用时,按照各省级人民政府批准的配额实施方案进行强制推销 | 销售替代证书 |
| 拥有自备电厂的工业企业 | 消纳可再生能源电量最低指标(高于所在区域指标) | 接入公共电网的自备电厂应接受统一调度 | 优先消纳可再生能源 |
| 参与电力市场交易机构 | 保障可再生能源电量和其他种类的电量享有公平交易的权利,指导市场主体优先开展可再生能源电力交易 | 组织开展可再生能源消纳专项交易 | 负责监测并提供跨省跨区送电可再生能源电量信息,存在争议时由国家能源主管部门派出机构裁决认定 |
| 电力生产企业 | 按照规划、计划、生产管理的要求积极开展可再生能源电力建设和生产 | 有义务配合电力调度机构保障可再生能源电力优先上网 | —— |

就政策所取得的实际效果而言,考验的不仅仅是其原则和理念,还有政策细节的科学性及其与其他政策的协调、匹配程度,从这个角度看,此次《办法》中仍然蕴含了两个重要的问题。第一是重复"补贴"问题。此次《办法》明确规定,"向其他各类市场主体售出的可再生能源电量计入购入企业,不再计入售出企业"。这是在小心地规避双重计量(Double Acing)的问题。但是《办法》同时规定,"可再生能源电力证书的转移和交易不影响可再生能源发电企业的相应电量继续享受国家可再生能源电价附加资金补贴"。这表明至少在未来一段时间内会出现可再生能源补贴和电力证书同时并行的状态。可再生能源电力证书和补贴,都是奖励环保收益的一种手段。如果补贴和证书交易同时并存,可能会产生事与愿违的后果。最直接的市场后果是:可再生能源电力生产方的成本,因为补贴的存在,人为地被降低,所以会形成投资冲动,形成更多的可再生能源发

电容量。同时,因为每一单位可再生能源发电会带来一单位的电力证书。这样电力证书的供给会扩大,从而压低电力证书的市场价格。补贴越多,可再生能源电力证书的市场价格越低,直到毫无意义。所以,这两种"奖金"非常可能会产生替代的效果,而不是叠加强化的效果。这种替代效应的实质是多政策协调的问题,应在改革的过程中受到关注。2017 年年底,我国在电力行业启动了碳排放交易体系,碳减排也因此产生了市场价值,如果可再生能源电力的生产因为减少了碳排放而得到市场奖励,我们也应当关注这两个市场如何互动的问题,从而使得它们能够互相支持,而不是互相弱化。第二,需要关注细节,保障政策效果。是没有有效的惩罚机制,企业会逃避责任,不会真正满足配额要求。该《办法》规定:"未完成配额的市场主体,须通过向所在区域电网企业购买替代证书完成配额。"这实质上是设置了一个惩罚机制,保证负有配额要求的市场主体满足法规的要求。但是目前,这个惩罚机制还很模糊①。二是现有的可再生能源发电是否能够得到"电力证书"。我们应当奖励过去的可再生能源投资,但是更重要的政策目标是鼓励更多的资本在未来致力于开发可再生能源。所以,如何判定现有可再生能源发电的"证书资格",需要更多的研究。三是政府在配额分配中,如何体现在不同可再生能源之间的偏好。目前的可再生能源主要是风力和太阳能发电,而我国太阳能行业的产能过剩问题尤为突出。如果我们从产业发展和环保的角度来看,想给予太阳能发电更多的鼓励,可行的做法是给太阳能发电一个乘数,也就是发放更多的证书。因此,整体性而言,配额制的真正落实还任重而道远。

## 4. 中国可再生能源崛起对能源气候外交的影响

环保低碳逐渐成为能源决策的关键因素之一,特别是可再生能源市场的迅速发展孕育着世界能源领域的重要革新。与此同时,能源问题,特别是清洁能源的发展和对传统石化能源碳强度的控制,也成为气候谈判中的首要议题。能源的生产和利用方式对当地、区域和全球大气环境均会产生重要的影响。发达国家对发展中国家进行清洁能源技术的转让和低碳发展援助成为减缓气候变化的重要途径之一。随着能源安全和环境安全之间日益紧密地相互结合,能源发展以及能源外交同气候外交更为密切地联系在一起,尤其是中国可再生能源的快速发展对中国能源气候外交的开展产生了不可低估的影响。

### 4.1 可再生能源发展促进能源外交的低碳制度性转向

传统意义上的能源外交主要同能源的供给性安全相关,强调石化能源的稳定持续供应和运输安全,即由国家主导、能源企业及其他行为体共同参与,为维护国家能源利益或者以能源关系为手段谋求国家其他利益(许勤华,2008)。20 世纪 90 年代中期以来,政府鼓励三大国有石油公司(中石油、中石化和中海油)"走出去"获得更多的海外油气份额。与此同时,通过政治或经济方式,在世界范围内积极发展与能源资源丰富国之间的双边和多边关系,达成各种不同形式的能源供应协议,为国有石油公司在这些能源国家的投资开发活动创造有利环境(伍福

---

① 在美国的可再生能源配额市场中,通常的做法是,按照可再生能源电力证书 2 倍或者 3 倍的价格出售替代证书,这样的话,实质上没有企业愿意去购买替代证书,除非企业"临时抱佛脚",市场在短期之内没有企业出售可再生能源电力证书。这样的规定使惩罚有灵活性,能够保证制度实施。

佐,2010)。随着能源安全观的绿化和中国清洁能源的快速发展,一种关注能源的使用性安全,强调节能、清洁及可持续性话语的低碳能源外交逐步兴起。这种低碳能源外交可以理解为为了促进低碳经济和清洁能源的发展,并且提升国家在可再生能源产业链中的竞争力,政府积极推动多边或双边的绿色能源合作机制的构建,促进清洁能源技术的交流和转让,同时鼓励国内企业在清洁能源的研发和生产上更加具有国际视野,汲取国际经验的同时扩大海外的绿色投资。

### 4.1.1 低碳能源外交的兴起促进了传统能源外交低碳向度的制度化,有助于中国在国际能源合作制度框架内发挥更大的作用

当今的能源安全问题已经超越了单纯的经济和科技问题,并日益呈现出全球化和政治化的趋势,这必然要求各国在全球性或者地区性的多边制度框架中加以共同应对。中国作为一个能源消费大国,逐步认识到只有在多边框架内协调自身的能源政策并通过机制化合作来制约世界石油投机行为,稳定国际能源市场,保证能源运输安全,促进能源技术的革新等,才能为自己赢得一个更好的发展环境。管清友等(2007)指出,在传统全球层面的能源合作中,中国基本被排斥于主要能源组织之外。中国拥有广阔的能源市场,在地区层面的能源合作中较为活跃,在亚太经合组织、东盟和上海合作组织中扮演重要的角色,但是在具体能源合作领域还缺乏政治上的合作框架,更没有组建本地区的国际能源组织,合作程度还有待进一步加深。而且从全球层面的能源组织建制而言,中国还只是个小伙伴,缺乏足够的发言权(管清友 等,2007)。虽然中国目前在传统化石能源(特别是石油)的国际能源合作上声音不高,但在可再生能源方面所取得的巨大成就使中国在低碳能源外交上有了更大的发言权。中国在清洁能源方面学习能力和创新能力的增强以及中国能源安全观的转变提升了中国在新的能源产业链中的竞争力。目前,中国参与的全球和地区多边能源合作机制一共有十多个(许勤华,2008)。除了专门性的清洁发展组织之外,其他的能源合作机制也开始强调清洁能源的重要性,这为中国低碳能源外交的展开提供了更为广阔的舞台。

另外,在当前的国际能源体系框架内,这种绿色能源安全观的提出也可以避免和美国在石油和天然气等传统能源方面发生太多的正面冲突。进而从能源发展的角度诠释中国的"和平崛起"是绿色的且不会挑战现存的能源机制,这也是中国外交话语中"和谐世界观"的一个体现。和谐世界观要求建立一个可持续发展的国际社会,使人类与地球和睦相处,通过国际合作来保护全球的自然生态环境,合理开发和使用全球资源(俞可平,2007;于宏源,2011)。大力发展可再生能源,争取在清洁能源技术上取得主导权,拓展中国在低碳能源外交中的制度建构能力,是中国提高自身在国际能源合作中的地位、崛起于国际能源体系的必经之路(于宏源,2008)。如 2007 年国家主席胡锦涛在八国峰会上就开始倡导树立和落实互利合作、多元发展、协同保障的新能源安全观,特别是国际社会应该加强节能技术的研发与推广,支持和促进各国提高能效,节约能源,加强可再生能源和核能等合作,建立清洁、安全、经济、可靠的世界未来能源供应体系(中国政府网,2007;于宏源,2011)。2012 年 1 月国家总理温家宝在出席第五届世界未来能源峰会时,表示中国不是被动等待国际社会制定发展框架,而是应该主动采取切实行动,推进能源政策创新并大力发展可再生能源(中国日报网,2012)。国家主席习近平在 2013 年 6 月访问南美各国(苏里南和巴巴多斯)(新华网,2013)以及 9 月访问中亚四国(土库曼斯坦、哈萨克斯坦、乌兹别克斯坦和吉尔吉斯斯坦)时(新华网,2013),均将拓展可再生能源合作

潜力作为地区多边合作的重要议题,通过低碳外交增强中国在国际能源合作中的话语权。在出席 2013 年 9 月的 G20 峰会时,习近平发表重要讲话指出,发展创新是世界经济可持续增长的要求,这种创新体现在经济、政治、文化、社会、生态文明领域体制改革,如能源体系的绿化(人民网,2013)。

除了推进多边低碳能源外交在现有的能源体系中的地位,中国同时重视双边清洁能源的合作。中美在清洁能源领域已经建立起了比较成熟、高级别、战略性的双边合作机制,如中美能源政策对话(EPD)、中美战略与经济对话(S&ED)等,签署了一系列具体的合作协议,两国在风能、太阳能、清洁煤、智能电网、电动汽车等领域开展了广泛而深入的合作。从历次中美能源政策对话的主要议题和内容来看,与清洁能源相关的内容较多,并呈现出攀升态势,尤其在第四次中美能源政策对话中,两国讨论的核心问题就是发展清洁能源(李扬,2011)。同时可再生能源也成为中欧合作的重要领域,如 2010 年欧盟启动了中欧清洁能源中心,该中心旨在支持中国建立一个更加持续、环保和高效的绿色能源产业,更好地获取国际上,尤其是欧洲的创新政策、技术经验等最优实践,从而优化其清洁能源的使用。2012 年 5 月李克强副总理在中欧高层能源会议上也指出,中国将继续推动清洁能源生产和能源利用方式的转变,中欧能源合作的巨大潜力在于城镇化与新能源和节能环保的结合。中国城镇化进程中建筑节能等市场广阔,欧洲在能源科技上具有突出优势,应在对华高技术转让方面采取更加灵活开放的措施(人民日报,2012)。

4.1.2　低碳能源外交的兴起有利于中国主动式外交的展开,在能源外交上获得更多的主动性,体现大国能源观中利益与责任的结合

自从中国跨入能源大国的行列起,就积极展开多维度的对外能源合作,除了签订双边石油供应或石油加工协议之外,还积极促进境外的能源投资和油田开采,旨在完善整个能源供应链。与此同时,西方国家及其媒体开始别有用心地称中国"境外寻能源无原则",是"不负责任的纯利益石油攫取政策",还将中国在非洲的能源投资合作称为"新殖民主义",以"人权"和"环保"为幌子污蔑中国的投资行为,不断恶化中国的国际形象以及中国的对外投资环境。早在2006 年国家总理温家宝出访非洲七国的时候,就指出中非石油贸易是公开透明的,也是正常的和互利的。中国在非洲的投资既有资源类投资,又有基础设施建设投资。中国对非投资一直以互利合作和不干涉别国内政为原则。2007 年,中国国务院新闻办公室发表了长达 1.6 万字的《中国的能源状况与政策》白皮书,强调"中国过去不曾、现在没有、将来也不会对世界能源安全构成威胁",旨在消除外界对中国能源需求迅猛增长的疑虑和担忧,重点表明中国坚持能源可持续发展,将给世界各国带来更多发展机遇,为世界能源安全与稳定作出积极的贡献。

随着中国日益积极地融入国际社会,其整体的外交思维也发生了重大转变,即从"反应式外交"逐渐转变为"主动式外交"。这种思想转变促使中国越来越强调以"大国心态"和"积极的国际主义"来应对目前的各类国际合作,并开始公开讨论需要"与包括中国在内的主要大国分担全球责任"(伍福佐,2010)。"负责任大国"一词最早出现在佐利克提出的"负责任的利益攸关方"理念中,体现了西方的一种霸权话语。但是中国的主动式外交如今化被动为主动,强调在不危害国家核心发展的前提下主动而务实地承担有限的国际责任。如中国在清洁能源上所取得的巨大成就强化了自身在国际社会的低碳能源外交话语权,这种强调人类发展的可持续性的绿色能源观同中国的"和谐世界"的外交理念具有某种契合。在联合国成立 60 周年首脑

会议上,时任国家主席胡锦涛发表题为《努力建设持久和平、共同繁荣的和谐世界》的讲话,提倡世界各国领导"支持通过和平方式和增强合作来解决国际争端或冲突的努力",重申了中国致力于和平、发展与合作,中国的发展"不仅不会损害或威胁任何人,反而只会服务于世界的和平、稳定和共同繁荣"(伍福佐,2010)。这种"和谐世界"外交观体现了一种"国家利益"和"国际责任"的结合。

具体到低碳能源外交领域,一方面作为能源大国和碳排放大国,中国通过大力发展可再生能源来应对过度碳依赖对国家战略发展的桎梏,并提升自身在国际体系中的知识权力和安全权力,实现能源产业链的快速升级;另一方面,这种能源绿色革命以及低碳经济的发展更体现了中国积极承担国际碳减排的责任,同时推动了国际能源安全体系的绿色制度化进程。中国除了加快构建同其他能源大国在清洁能源上的合作机制,同时还对最不发达国家和气候脆弱国家提供力所能及的实质性帮助。比如中国不仅对 31 个非洲的最不发达国家减免 156 笔债务(共计 105 亿元人民币),还对非洲进行绿色投资并且帮助其培训在清洁能源上的技术人员(新浪网,2006)。鉴于中国在为农村人口提供清洁能源以及可再生能源设备制造方面取得的成功经验,中国有能力对非洲的可持续发展和非洲发展清洁能源等方面作出贡献,这对于非洲工业和经济的发展都将是至关重要的。2009 年中非合作论坛将可持续性发展原则纳入宣言,中国承诺在非洲开展 100 个供水和清洁能源项目并提供配套资金和技术支持。2013 年 4 月,中国工商银行与南非标准银行签署 200 亿兰特(1 美元约合 9 兰特)协议,联合支持南非开发可再生能源项目。这是中国投资非洲可再生能源项目之一,中国正成为非洲可再生能源投资的领军者(人民日报,2013)。2013 年 9 月,外交部部长王毅在联合国可持续发展高级别政治论坛对话会上承诺中国专门安排 2 亿元人民币支持小岛国、最不发达国家和非洲国家应对气候变化,并拉动其绿色生产力,推进清洁能源发展(新华网,2013)。世界自然基金会(WWF)的前主席艾米科·安尤库(Anyaoku Emeka)也指出,"来自中国的绿色投资可以使中国和非洲共同发展,是一种智慧的增长方式,增加就业和收入,同时确保长期繁荣所需要的自然资本"(和讯新闻,2012)。

## 4.2 可再生能源发展推进气候外交中的绿色话语权提升

低碳能源外交的兴起将能源安全同气候变化更为紧密地联系在了一起。这表现在地区性和全球性的能源论坛及能源会议上,气候变化开始成为必不可少的讨论主题之一。环保低碳逐渐成为能源决策的关键因素之一,特别是可再生能源市场的迅速发展孕育着世界能源领域的重要革新。与此同时,能源问题,特别是清洁能源的发展和对传统石化能源碳强度的控制,也成为气候谈判中的首要议题。能源的生产和利用方式对当地、区域和全球大气环境均会产生重要的影响。发达国家对发展中国家进行清洁能源技术的转让和低碳发展援助成为减缓气候变化的重要途径之一。随着能源安全和环境安全之间日益紧密地相互结合,能源发展以及能源外交同气候外交更为密切地联系在一起,尤其是中国可再生能源的快速发展对中国气候外交的展开产生了不可低估的影响。

4.2.1 中国清洁能源和低碳项目的快速发展强化了中国在气候外交中的话语权

国际气候话语权主要指各国立足于自身国家利益,对气候治理领域的相关议题设定、国际标准、规范模式、运作程序等方面的制定权、解释权、主导权或控制权(王伟男,2010)。比如目前围绕减排基准年、减排承诺方式、气温警戒线、二氧化碳浓度警戒线等指标的争论,都隐含着相关国家主体对国际气候话语权的争夺,谁掌握了国际气候话语权,就可能使国际气候谈判的过程与结果朝着有利于自身利益的方向发展。在温室气体的减排中,能源体系的低碳转型成为降低碳强度的关键路径。随着能源安全与气候安全的联系日益紧密,一个国家的能源安全观的演变与其在气候外交中的表现有着千丝万缕的关系。

观念和文化的输出需要同时具备物质和观念两方面的优势才会卓有成效,因为在认同形成的过程中,政治权力或社会权力是在物质优势和价值感召力的共同作用下转化成为话语权力的。这种被合法化了的说服性权力,在实现政策目标的同时也会加强其"原初权力"(李菁华,2008)。因此国际气候话语权的取得,也主要取决于一国在与气候相关领域的科技、经济、政治、外交等方面的实力,以及对这种实力的灵活运用。温室气体的排放总量、节能减排的实际成效、低碳转型的路径选择、对外援助的力度大小、国际公关的灵活运用等因素,都将影响到一个国家或谈判主体的国际气候话语权构建(王伟男,2010)。中国清洁能源的飞速发展以及中国对于低碳能源外交的推进都为中国气候外交的顺利开展奠定了坚实的基础,并增强了中国在气候领域的基本话语权。

在2012年国家发改委颁布的《可再生能源发展"十二五"规划》中,中国制定了雄心勃勃的发展目标,确定可再生能源在未来能源中的战略地位:到2015年,风电将达到1亿千瓦,其中海上风电500万千瓦;太阳能发电将达到1500万千瓦;加上生物质能、太阳能热利用以及核电等,2015年非化石能源开发总量将达到4.8亿吨标准煤。届时建设100个新能源示范城市和200个绿色能源示范县。2020年前可再生能源发电要满足20%电力需求的目标(能源观察网,2012)。这些都体现了中国在能源安全上的认知学习的进展,为提升中国在国际谈判中的话语权增添了权重。另外,"十二五"规划前所未有地强调了低碳环保的重要性,提出了包括碳交易在内的多项试验性政策工具。2008年下半年,中国的三大碳排放权交易市场——北京环境交易所、上海环境能源交易所和天津排放权交易所首先成立。到2011年下半年中国已经挂牌运营和在筹建的碳交易所已经多达100多家。2011年10月29日,国家发改委办公厅2601号文件确定七省市(北京市、天津市、上海市、重庆市、广东省、湖北省、深圳市)开展碳排放权交易试点,从而拉开了中国碳交易的序幕(王韬,2012)。这种大胆的创新尝试是在欧盟引以为荣的碳交易市场遭遇"寒冬"的情况下进行的。2007年由于发放的碳排放许可超出了实际需求,导致了欧盟碳交易价格快速下降。不久之后欧洲主权债务危机再一次重创了欧洲经济和碳排放权价格,并且打击了对于减排技术的长期投资(罗伯·埃尔斯沃,2012)。然而欧盟的经验教训也同时给中国的"碳交易"设计提供了参考,促进中国的国家学习进程以及激发了国家创新力,从而摸索出更适合自己国情的低碳道路,同时为可再生能源的配额制的有效施行提供更多动力。时任国家发改委副主任解振华在2013年关注气候变化中国峰会开幕式致辞中表示,虽然欧盟的碳交易市场受到经济危机的打击,但中国仍然会迎难而上,于2015年逐步扩大碳交易试点范围,探索建立全国性的碳市场(人民网,2013)。中国在碳交易上的大胆尝试和积极性学习提升了自身在低碳实践上的知识性权力,增强了在气候谈判上的灵活性和话语权。

### 4.2.2 中国的清洁能源的发展战略更好诠释了"共同但有区别的责任"

在国际气候谈判中,"共同但有区别的责任"这一原则集中体现了《联合国气候变化框架公约》《京都议定书》所强调的双轨制进程,其核心内涵有三点:明确发达国家在第二承诺期进行大幅度绝对量化减排的安排；细化并落实适应、资金、技术转让、能力建设方面的机制安排等；发展中国家在得到资金技术的前提下做出自主减排的承诺。在气候谈判的过程中，发达国家往往单方面强调在温室气体减排上的"共同责任"，力图将双轨制变为实质性的单轨制。特别是在 2011 年德班气候大会上，"增强行动平台特设工作组"开始启动；在 2012 年多哈气候谈判中，欧盟极力主张在"德班平台"框架下所有发展中大国如中国、印度、巴西等均参与减排承诺，于 2015 年形成对所有气候谈判成员国具有法律约束力的减排文书（海芹，2012）。这预示着全球减排路径"单轨化"的压力不断迫近。发展中国家在气候谈判中一开始多采用被动性战略，强调"区别性对待"对于发展权的重要性，指出发达国家要为自己的历史性排放负责，并且要考虑到发展中国家的经济现状和人均排放低的现实，不能忽视"贫困才是最大的污染"。然而事实证明，一味被动地强调"区别性"和"双轨制"无法在气候谈判中取得话语的优先权，只有通过更加灵活、开放的态度参与国际气候谈判，才能真正从一个新的高度来诠释对"共同但有区别的责任"的理解。

随着中国在 2010 年超过日本成为世界第二大经济体之后，世界银行也发布报告称 2010 年京津沪人均碳排放已经进入全球最高行列，并且碳强度和能源强度均在纽约、伦敦、东京 6 倍以上（网易财经，2012）①。特别是 2011 年中国超过美国成为世界最大的能源消费国之后，西方国家在气候谈判中对中国的态度越发强硬，施加更大的压力。在日益严峻的谈判环境中，中国基于自身在清洁能源发展和碳减排上所取得的巨大成就，由被动转为主动，进一步重新诠释了共同但有区别的责任的内涵。

首先，中国从过去被动性坚持"区别"到主动地强调"共同责任"这一话语，显示出一个负责任的大国在气候变化上的能动性。中国大力推行低碳能源外交，并在话语权上取得更多的主动权。"共同责任"的第一层内涵是在平等的基础上，由各个国家在一起共同界定"责任"和制定规则并体现公平的原则，而不能是一部分国家总给别人设定"责任"或者一味地谴责。这体现了中国"和谐世界"的外交观。第二层内涵是"责任"最终要落实在实质性的行动上，真正为温室气体减排和人类的可持续性发展作出贡献，而不是空喊口号。第三层内涵是"共同"意味着发达国家和发展中国家一起来应对气候变化，特别是发达国家是否兑现其在资金援助和技术转让上的承诺。只有将这三层内涵都加以贯彻落实，才是真正意义上的共同责任。自《京都议定书》获得通过后，中国就开始承担起自己的责任和承诺，为实现"GDP 能耗下降 20％的目标"，中国在"十一五"期间关停了 5000 万千瓦的小火电，同时大力发展清洁能源，将国际合作同自主创新相结合，通过国家的认知学习来完善有利于可再生能源发展的政策系统，在短短的十年之内成为可再生能源大国，通过实际行动来诠释共同责任的内涵。在 2009 年的哥本哈根气候会议上，中国采取更为灵活的外交方式，主动提出在 2020 年前，中国的碳强度将比 2005 年下降 40％～45％，并作为约束性指标纳入中长期规划，同时非化石能源占一次能源消费的比重达到 15％，特别是提高可再生能源的比例。在 2011 年的德班气候会议上，中国首次表达了同意在 2020 年前承担有约束力的国际减排责任的意愿。继而中国发布《"十二五"控制温室气体排放工作方案》，进一步强化可再生能源、清洁煤等技术的发展，在"十二五"规划中强调要

---

① 2010 年京津沪人均碳排放已经进入全球最高行列。2010 年，北京、天津、上海人均二氧化碳排放量分别达到 10.1、11.1、11.7 吨，接近或超过纽约人均 10.5 吨的水平，超过伦敦人均 9.6 吨的水平，新加坡 7.9 吨的水平，东京 4.9 吨的水平。从二氧化碳强度和能源强度看，京津沪比发达国家的城市更高。如 2010 年北京、天津、上海二氧化碳强度分别为 1063、2316、1107 吨/百万美元，均在纽约、伦敦、东京 6 倍以上。

全力"转方式","调结构",坚持绿色、可持续和包容性增长,逐步提高应对气候变化能力。中国开始集中力量攻关 2020 年后全球温室气体减排分配方案,积极备战 2020 年后中国碳减排新任务。与此同时,如上文所述,中国在免除非洲债务的同时还启动了对非洲的绿色投资,帮助非洲国家发展清洁能源,展现中国的国际责任。

其次,从更为务实的角度来坚持"有区别的责任",反被动为主动,敦促发达国家践行《京都议定书》的第二承诺期,监督发达国家中期减排指标的提出和对绿色气候基金(Green Climate Fund)的承诺。强调"共同的责任"并不意味着放弃对"有区别的责任"的坚持,维护"共同但有区别的责任"的完整性对于发展中国家而言有两重重要的意义。第一,"区别性责任"概念本身是对发达国家的一种话语制约和合法性约束。这意味着从国际法律和道义的层面,发达国家都不能否认自身的国际责任,特别是落实自己所做出的减排承诺和对发展中国家的资金技术援助。从 2013 年 1 月 1 日起发达国家要实施《京都议定书》的二期减排,解决二期承诺是发展中国家关心的核心问题。同时在对发展中国家提供资金和技术援助方面,包括欧盟在内的所有发达国家谈判方至今都没有提出一个切实可行的框架,虽然表示启动绿色气候基金,但是援助数额和援助方式都有待明确①。第二,"区别性责任"的坚持有助于为发展中国家争取更多的发展空间,同时督促发达国家尽早履行对发展中国家的援助义务。兑现技术转让和资金承诺有助于发展中国家碳减排创新能力的提升,尽快为两轨制转一轨制的强制减排做好准备。从现在到 2020 年是中国进入中等收入国家行列的关键时期,因此决不能轻谈经济结构调整和确立不切实际的节能减排目标(于宏源,2011)。虽然中国在可再生能源上取得了巨大的发展,但是在清洁煤技术、CCS 碳捕获技术、光伏电力低成本化等领域的核心技术还是掌握在欧美国家的手中。同时,鉴于中国在新能源上的飞跃式发展,欧美等国开始担心和提防中国在全球范围内展开绿色能源的竞争,这种防范心理强化了技术转移的困难性。对"区别性责任"的坚持,一方面可以为中国清洁能源技术的发展和创新赢得更多的机会,通过气候变化谈判为能源绿色转型争取更多的时间;另一方面可以促进西方国家加大对中国技术转移的力度。总之,中国应该凭借在"区别性责任"上的话语压制权,监督发达国家的履约情况,同时大力宣传中国在适应和减缓气候变化方面所做出的各种努力和所取得的各项成效。通过游说国际媒体与公众,减轻中国在气候谈判中的压力,树立中国负责任的环保大国形象。

## 4.3　可再生能源发展提升中国在气候能源国际治理新秩序建构中的影响

能源供应一般被视为国家发展过程中必不可少的"血液",要实现能源的可持续发展,就要求大力发展以风能、太阳能、水能、生物质能以及核能为代表的清洁能源,开辟一条清洁、安全、高效的可持续性能源发展路径。可再生能源以及相应的绿色保障性政策发展所推动的能源绿色转型对于国际体系的变化和权力更迭起着至关重要的作用。新能源技术是未来推进经济可

---

① 在 2011 年德班召开的《联合国气候变化框架公约》第 17 次缔约方会议上,绿色气候基金是核心议题之一。该基金应考虑各项同气候融资有关的承诺,这其中就包括发达国家承诺提供的新的和额外的资金资源,在气候融资方面,2010—2012 年期间 300 亿美元的资金规模,这一新的且额外的、可预见的且充足的资金,应提供给发展中国家缔约方;同时发达国家缔约方应承诺到 2020 年每年提供 1000 亿美元的资金募集目标,以满足发展中国家的需要。

持续发展、创造新的经济繁荣的重要引擎,也是应对能源安全多元化需求和气候变化的钥匙[①]。气候治理领导权变迁同能源绿色转型的协同性不断提升,只有提升绿色实力及强化政策创新才能保持一国在能源气候治理中的方向型引领力。同时,发展可再生能源外交是维护国家清洁能源竞争力的重要途径,也是影响国家力量对比和国际战略竞争的重要因素和制高点。就长期趋势而言,随着世界各国对于清洁能源开发以及国际合作的重视,清洁能源外交的发展前景十分广阔。可以说,随着能源外交和气候外交进一步聚合与转向,各个国家均开始通过多种多样的可再生能源外交来保持自身在新型外交格局中的优势地位。

### 4.3.1　气候治理领导权变迁同能源绿色转型的协同性不断提升

气候谈判的本质是通过控制各国的温室气体的排放,最终倒逼化石能源为主的能源结构的转变。清洁能源以及相应的绿色保障性政策发展所推动的能源绿色转型对于国际体系的变化和权力更迭起着至关重要的作用。一国若要在气候治理中发挥领导作用,关键性决定因素便是提升自身的低碳领导力,其实现的根本条件便是气候和能源政策的协同创新能力。

欧盟在气候治理中的领导权式微同制约气候和能源政策协同发展的各种因素密不可分。第一,受内部政策结构的约束,欧盟在制定和实施共同的能源政策方面依然受成员国的普遍抵制,欧盟的气候和能源政策协调变得日益困难,气候与能源政策的目标相互脱节。共同能源政策的推动不力将会掣肘能源市场一体化以及电网基础设施扩建,从而影响欧盟范围内可再生能源电力的生产和运输(马库斯·雷德勒,2013)。第二,欧盟碳交易市场崩溃和航空碳税推行不力显示了欧盟低碳影响力的局限性,从而导致欧盟在气候外交领导权上屡屡失利。欧洲气候与能源政策最重要的工具是碳排放交易体系,但受欧债危机的冲击,自 2011 年以来排放许可证的价格迅猛大幅跌落,碳交易市场濒临崩溃,且打击了对于减排技术的长期投资[②]。另外,欧盟于 2011 年强势推出的国际航空碳税政策受到美国、中国、印度和俄罗斯等国的抵制,表明其气候与能源外交政策工具也遭遇了失败。美国气候政策实现重要转向得益于气候同能源政策的紧密结合。奥巴马上台后侧重于把应对经济危机与气候变化联系起来,2009 年签署的《美国复苏与再投资法案》中将新能源定为重点发展产业(Daniel,2010)[③]。奥巴马第二任期推出"能源型气候政策",确定了以可持续的能源体系为核心的气候政策,即借助页岩油气革命所带来的经济复苏和低碳转向契机,提高能效并持续加强能源创新和减排力度,推动能源结构变革和减排的协同效应,这些都为美国重拾气候治理方面的领导权奠定了基础(于宏源 等,2013)[④]。中国逐步在气候治理中展现引领者的角色也离不开在低碳治理上的快速崛起:近年来中国已采取一系列强有力的措施,支持节能技术开发和清洁能源发展,特别是 2009 年以来,中国一跃成为世界清洁能源装机容量和绿色投资总量第一大国,为中国奋发有为的气候外交

---

① 清洁能源的技术将使全球创新发展获得能力保障;清洁能源设施的制造能力将使一个国家更有竞争力;清洁能源的市场将使一个国家拥有不断升级和转型的良机。

② 主要原因是经济危机会使温室气体排放量减少,但当时负责制定配额的各国政府对一些大企业甚至发放了其实际消耗量两倍的额度,造成配额过剩;另外国际碳补偿交易比预期要成功,这导致欧洲企业大量进口新兴国家和发展中国家节省下的排放配额。

③ 按照计划,到 2025 年,美国新能源技术和能源效率技术的投资规模将达到 1900 亿美元。

④ 奥巴马政府重视清洁能源,采取诸如加速发放清洁能源许可证、激活清洁能源创新的长期投资、扩大和升级电网等新措施,设定了要在 2020 年前将可再生能源发电量翻番的目标,并要求 2035 年 80% 的电力供应要来源于清洁能源。

注入不竭动力[①]。特别是 2011 年国家发改委确定北京市、天津市、上海市、重庆市、广东省、湖北省、深圳市七省市为碳排放权交易试点以来,中国成为探索碳交易市场的第一个新兴发展中国家(罗伯·埃尔斯沃,2012)。

### 4.3.2　提升绿色实力及强化政策创新才能保持气候能源治理中的方向型领导力

方向型领导力源于国家的经济技术实力以及政策创新能力,在气候治理领域体现为一国低碳实力的不断提升。具体而言,"十三五"期间,通过配额制克服可再生能源入网问题,推进"互联网＋清洁能源"模式以及发展绿色金融和绿色债权等创新政策的推进可以加速中国的能源绿色转型以及低碳实力提升,从而为其在国际碳博弈中施展奋发有为的气候外交提供了绿色保障和自信之源。首先,电力市场缺乏改革将成为风能等可再生能源取代煤炭消费的主要障碍,只有对电力市场和国有电网进行彻底改革才能解决各省"弃风限电"的情况发生(John McGarrity,2015)。2009 年的《清洁能源法修正案》中提出通过配额制的举措,对电网公司、电力企业以及各省分配可再生能源输送配额从而解决其优先入网问题,但由于牵扯到众多利益相关方,政策迟迟难以出台。只有尽早推行配额制并辅以出台的《气候变化法》和《环境保护税法》等法律保障才能使中国成为真正的清洁能源强国。其次,在"十三五"时期要强调"互联网＋清洁能源"的概念,以重点项目的形式得到实质性的设计和体验。2016 年制定的《"互联网＋"绿色生态三年行动实施方案》中提到形成覆盖主要生态要素的资源环境承载能力动态监测网络,实现生态环境数据的互联互通和开放共享,特别推动以清洁能源电力为基础的能源互联网建设(刘振亚,2015)[②]。最后,绿色金融将成为金融业发展的新亮点,比如绿色产业基金、绿色债券、绿色信贷等。通过提高绿色项目的投资回报率和融资的可获得性来支持绿色清洁生产,推进传统制造业绿色改造,推动建立绿色低碳循环发展产业体系(马俊,2016)[③]。

### 4.3.3　在"一带一路"框架下推进特色可再生能源外交的发展

可再生能源外交是为保障国家绿色能源安全和推进能源转型,实现区域清洁能源善治以及构建国际能源治理新秩序所采取的外交协作战略。当前正在推进的"一带一路"建设为加快可再生能源产业"走出去"政策注入了内部动力,沿线国家的绿色能源发展需求为可再生能源外交提供外部推力,同时还提供了资源互补、产能优化及绿色融资平台,这些都为中国清洁能源外交的开展提供了新契机。于 2015 年发布的《推动共建丝绸之路经济带和 21 世纪海上丝绸之路的愿景与行动》指出,中国应抓住在清洁能源领域的发展优势,大力推进与"一带一路"沿线国家的各类绿色能源合作。因此,可再生能源产业将成为推动国际能源合作迈向绿色低碳新里程的重要支点,也将为全球能源治理新秩序的构建提供不竭动力。"一带一路"清洁能源产业"走出去"的过程为中国清洁能源外交的全方位开展创造了有利条件,并成为中国开展负责任大国外交战略中不可缺少的一环。清洁能源外交的有序推进不仅有利于促进我国清洁能源产业链的优化升级以及推进地区层面能源供给侧的系统性革新,同时还提升了中国在区域能源治理新秩序构建中的话语权和国际影响力,也为推进"一带一路"区域能源绿色转型以

---

① 2014 年,中国风电新增装机容量 2300 万千瓦,装机总容量达到 1.146 亿千瓦,比 2013 年提高了 25%,这使得中国成为世界上第一个风电装机容量超过 1 亿千瓦的国家。
② 全球能源互联网将是以特高压电网为骨干网架(通道),以输送清洁能源为主导,全球互联泛在的坚强智能电网。
③ 2015 年 9 月,国务院发布了《生态文明体制改革总体方案》,第四十五条首次明确提出要"建立我国绿色金融体系"。

及绿色能源共同体建设铺平了道路。

首先,可再生能源外交可以在推进绿色能源利益共享的同时加强与周边国家的友好关系,特别是增进国家间亲和度和信任感。能源是一个国家经济发展和人民安居乐业必不可缺少的"血液"。虽然"一带一路"沿线国家具有丰富的清洁能源,各国也急需利用这些资源发展国内经济,但由于缺乏技术、投资以及相关从业人员,所以在发展利用清洁能源方面存在各种瓶颈。中国可以通过卓有成效的清洁能源外交来推进沿线国家的清洁能源发展和能源转型,比如通过发展沼气、分布式风能和光伏等项目来彻底解决某些国家贫困地区的电力缺乏以及能源接入等问题,将清洁能源发展同当地的减贫、就业、环保和可持续发展联系在一起,直接造福于当地人民的基本生活。基于此来赢取周边国家的认同和支持,并增强其对中国的亲近度与向心力。同时,可再生能源外交可以在突破气候能源外交困境的同时彰显中国负责任大国形象并体现道义性引领力。作为占全球温室气体排放四分之一强的发展中大国,中国在国际气候谈判中所需承担的大国责任日益上升;与此同时,作为世界首位能源消耗国家,中国在全球传统能源治理格局中却仍处于较为边缘化的位置,话语权有待提升。而清洁能源外交的开展不仅增强中国在世界能源和气候治理格局中的灵活主动性,还有助于提升中国的国家形象,特别是为"南南合作"的开展提供新的路径。

(本报告撰写人:李昕蕾)

**作者简介:**李昕蕾,山东大学政治学与公共管理学院副教授,山东大学环境整治研究所副所长。

本报告受 2017 年度南京信息工程大学气候变化与公共政策研究院开放课题(气候变化背景下中国可再生能源政策变迁机制研究;17QHB001)资助。

## 参考文献

安东尼·弗罗加(Antony Froggatt),2012. 中国核电走向全球[N]. 中外对话,2012-6-6,http:// www.chinadialogue.net/article/show/single/ch/4957,2012-6-22.

财经网,2011. 电网企业将强制收购可再生能源发电[N]. 2011-12-16,http://industry.caijing.com.cn/2011-12-16/111527400.html,2012-3-18.

车智怡,2011. 低碳时代下美国霸权面临的挑战:基于结构性权力视角的解析[J]. 福建论坛(6):21-22.

陈凤英,2006. 国际能源安全的新变局[J]. 现代国际关系(6):41-46.

东方财富网,2014. 可再生能源南南合作市场广阔,中国成领头羊[N].2014-7-12,http:// finance.eastmoney.com/news/1355,20140712400858523.html,2016-8-27.

管清友,何帆,2007. 中国的能源安全与国际能源合作[J]. 世界经济与政治(11):45-53.

国际在线,2006. 温家宝总理全面阐述中非关系及中非合作[N]. 2006-6-19,http://news.sina.com.cn/w/2006-06-19/00019235566s.shtml,2012-3-19.

国家能源局,2012. 可再生能源发展"十二五"规划全文[R]. 2012-8-13,http://www.chinaero.com.cn/zcfg/nyflfg/08/124832.shtml.

海芹,2012. 德班气候大会后中国的应对之策[N]. 国际视点,2012-2-6,http://www.cssn.cn/news/498215.html,2012-3-19.

环球时报,2006. 日本出台新国家能源战略:加大自主开发力度[N]. 2006-6-2,http://news. sina. com. cn/w/2006-06-02/01569093751s. shtml,2011-9-6.

李菁华,2008. 方法与应用:话语分析与美国公众外交[J]. 世界经济与政治(5):37-43.

李扬,2011. 中美清洁能源合作:基础、机制与问题[J]. 现代国际关系(1):14-21.

林伯强,2011. 日本大地震对全球能源发展产生的影响[J]. 电网与清洁能源,27(4):1-3.

刘振亚,2015. 全球能源互联网[M]. 北京:中国电力出版社.

罗伯·埃尔斯沃,2012. 碳排放交易:中国超越欧洲[N]? 中外对话,2012-5-17,http://www. chinadialogue. net/article/show/single/ch/4933,2012-6-23.

马俊,2016. "十三五"时期绿色金融发展十大领域[J]. 中国银行业(1):22-24.

马库斯·雷德勒,2013. 欧盟在国际气候与能源政策中的领导角色和德国的能源转向政策[J]. 夏晓文,译. 德国研究(2):15-34.

秦海岩,2016. 为什么要建立绿色电力证书交易机制[N]? 中国能源报,2016-4-27.

人民日报,2012. 李克强在中欧高层能源会议上发表讲话[N]. 2012-5-5. http://cpc. people. cn/GB/64093/64094/17814787. html,2012-6-11.

人民日报,2013. 中国加大对非可再生能源投资[N]. 2013-4-4,http://paper. people. com. cn/rmrb/html/2013-04/04/nw. D110000renmrb_20130404_2-03. html,2013-5-17.

人民网,2012. 可再生能源配额制框架初现,电网配额最高达15%[N]. 2012-5-4,http://energy. people. com. cn/GB/17805632. html,2012-6-17.

人民网,2013. 习近平出席二十国集团领导人第八次峰会并发表重要讲话[N]. 2013-9-6,http://politics. people. com. cn/n/2013/0906/c1024-22824398. html,2013-9-17.

人民网,2013. 解振华:2015年将扩大碳交易试点范围[N]. 2013-7-30,http://env. people. com. cn/n/2013/0730/c1010-22381753. html,2013-8-1.

人民网,2013. 外媒:李克强促使中欧光伏谈判取得成功[N]. 2013-8-5,http://politics. people. com. cn/n/2013/0805/c1001-22450108. html,2013-8-26.

四川新闻,2009. 奥巴马推"清洁能源"法案,领跑新能源经济[N]. 2009-8-24,http://world. newssc. org/system/2009/08/24/012284870. shtml,2012-5-21.

王韬,2012. 中国碳市场的困扰[N]. 中外对话,2012-5-21,http://www. chinadialogue. net/article/show/single/ch/4936,2012-6-17.

王伟男,2010. 国际气候话语权之争初探[J]. 国际问题研究(4):19-25.

网易财经,2012. 世行报告称京津沪人均碳排放全球最高[N]. 2012-3-21. http://money. 163. com/12/0504/01/80KHNDE800253B0H. html.

网易财经,2013. 欧美对华光伏双反:欧盟初裁征高额税[N]. 2013-8-6,http://money. 163. com/special/guangfufanqingxiao/,2013-8-26.

伍福佐,2010. 中国能源外交与国际责任:以达尔富尔问题为例[J]. 阿拉伯世界研究(5):59-66.

新华网,2013. 习近平出访中亚四国并出席G20峰会、上合组织峰会[N]. http://www. xinhuanet. com/world/2013xjpcf/09/,2013-9-17.

新华网,2013. 王毅:中国安排2亿元支持非洲等应对气候变化[N]. 2013-9-25,http://news. sina. com. cn/c/2013-09-25/135828297670. shtml,2013-9-26.

新华网,2013. 习近平会见苏里南和巴巴多斯领导人[N]. 2013-6-3,http://news. xinhuanet. com/world/2013-06/03/c_116002704. htm,2013-6-7.

新华网,2016. 中国的对外援助(2014)白皮书[R]. http://www. hydropower. org. cn/showNewsDetail. asp?nsId=13609,2016-1-12.

许勤华,2008. 中国能源外交战略分析与思考[J]. 教学与研究(12):59-64.

杨光,2007. 欧盟能源安全战略及其启示[J]. 欧洲研究(5):56-77.

尹海涛,2018. 如何走向完善的可再生能源配额制[N]? 北极星风力发电网(能源评论),2018-6-1.

于宏源,2008. 清洁能源和中国环境外交:中国崛起于国际能源体系的路径[J]. 绿叶(科学发展观与环境外交特集),(4):53-60.

于宏源,2008. 权力转移中的能源链及其挑战[J]. 世界经济研究(2):29-34.

于宏源,2011. 以绿色共赢为核心的中国能源环境外交[J]. 国际展望(4):73-81.

于宏源,李志青,2013. 浅析奥巴马政府的气候政策调整及其前景[J]. 现代国际关系(11):23-28.

俞可平,2007. 和谐世界与全球治理[J]. 中共天津市委党校学报(2):3.

张海滨,2006. 中国在国际气候变化谈判中的立场:连续性与变化及其原因探析[J]. 世界经济与政治(10):36-43.

智研咨,2015. 2014 年 中 国 碳 交 易 发 展 历 程 [R]. 2015-12-27. http://www. ibaogao. com/free/091G509422014. html.

中国日报网,2012. 温家宝总理在世界未来能源峰会演讲引起强烈反响[N]. 2012-1-17, http://www. chinadaily. com. cn/hqzx/2012-01/17/content_14458199. html,2012-3-12.

中华人民共和国国务院新闻办公室,2017. 中国的能源状况与政策[R]. 中国政府网,2007-12-26,http://www. gov. cn/zwgk/2007-12/26/content_844159. html.

Boyd O,2012. China's Energy Reform and Climate Policy:The Ideas Motivating Change[R]. CCEP Working Paper,Centre for Climate Economics & Policy,Crawford School of Public Policy,the Australian National University,Ibid.

Boyd O,2012. The Motivations for China's New Energy and Climate Policies[R]. http://www. eastasiaforum. org/2012/08/14/the-motivations-for-chinas-new-energy-and-climate-policies/,2012-9-16.

Chan G,2006. China's Compliance in Global Affairs:Trade, Arm Control, Environmental Protection, Human Rights[M]. New Jersey,London and Singapore:World Scientific Publishing Co.

Chen G,2009. Politics of China's Environmental Protection:Problems and Progress[M]. World Scientific Publishing Co. Pte. Ltd,pp. 104-107.

Chinafaqs,2011. Propelling the Durban Climate Talks-China Announces Willingness to Consider Legally Binding Commitments Post-2020[N]. 2015-7-17. http://www. chinafaqs. org/blog-posts/propelling-durban-climate-talks-china-announces-willingness-consider-legally-binding-comm.

Daniel J Wilson,2010. Fiscal Spending Jobs Multipliers:Evidence from the 2009 American Recovery and Reinvestment Act[R]. Federal Reserve Bank of San Francisco Working Paper.

Economy E,2001. The Impact of International Regimes on Chinese Foreign Policy-Making:Broadening Prospective and Policies...But Only to a Point[C]. In D. M. Lampton,(ed. ),The Making of Chinese Foreign and Security Policy in the Era of Reform,1978-2000[M]. Stanford and California:Stanford University Press:230-256.

Global Wind Energy Council,2010. Global Wind Energy Outlook[R]. pp. 23-25.

Harris P G,et al,2011. Diplomacy,Responsibility and China's Climate Change Policy[C]. China's Responsibility for Climate Change:Ethics,Fairness and Environmental Policy[M]. Bristol The Policy Press:1-25.

Hatch M T,2003. Chinese Politics,Energy Policy,and the International Climate Change Negotiation[C]. In P G Harris,(ed. ),Global Warming and East Asia:The Domestic and International Politics of Climate Change[M]. London and New York:Taylor & Francis Group,pp. 43-67.

Heggelund G,2007. China's climate change policy:Domestic and international developments[J]. Asian Perspective,31(2):155-191.

Hodgson A,2011. Climate of Change:A Foreign Policy Analysis of China's Participation in International Environmental Agreements[D]. Master Thesis of the University of Kansas:32-35.

Hu A,Hilton I,2010. Deng would back Green Growth:Interview with Hu Angang [R]. China Dialogue,2011-4-16. http://www. chinadialogue. net/article/show/single/en/3744--Deng-would-back-green-growth-.

IISD,2011. Summary of the Durban Climate Change Conference[R]. 2015-3-23. http://www. iisd. ca/vol12/enb12534e. html.

Johnston A I,1998. China and International Environmental Institutions:A Decision Rule Analysis[C]. In M B McElroy (ed. ),Energizing China:Reconciling Environmental Protection and Economic Growth[M]. Cambridge:Harvard University Press.

Johnston A I, 2008. Social States:China in International Institutions,1980-2000[M]. Princeton and Oxford:Princeton University Press.

Kang X,2010. Perception of interests and internalization of international norms:A case study on China's internalization of norms in international climate cooperation[J]. World Economics and Politics(1):66-83.

Kent A,2007. Beyond Compliance:China,International Organizations,and Global Security[M]. Stanford:Stanford University Press.

Lewis J I,2008. China's strategic priorities in international climate change negotiations[J]. Washington Quarterly,31(1):155-174.

Li S, 2013. UN Climate Talks Can Spur Emission Cuts in China [R]. China Dialogue, 2013-6-20. http://www. chinadialogue. net/blog/6117-UN-climate-talks-can-spur-emission-cuts-in-China/en.

Li Y,Cao W,2012. Framework of laws and policies on renewable energy and relevant systems in China under the background of climate change[J]. Vermont Journal of Environmental Law(13):823-863.

Liang W, 2010. Changing Climate:China's New Interest in Global Climate Change Negotiations [C]. In J. J. Kassiola and S. Guo,(eds. ),China's Environmental Crisis:Domestic and Global Political Impacts and Responses[M]. Basing stoke and New York:Pal grave Macmillan:61-84.

Lv X,Liu D,et al,2004. Clean Development Mechanism in China:Taking a Proactive and Sustainable Approach [M]. Beijing:Tsinghua University Pressing House:10.

McGarrity J,2015. China Wind Boom to Continue in 2015,but Grid Reform Needed[R]. China Dialogue,2015-4-1. http://www. chinadialogue. org. cn/article/show/single/en/7827-China-wind-boom-to-continue-in-2-15-but-grid-reform-needed-report-.

McGarrity J,2015. China's GHG Emissions Likely to Reach"Early" Peak by 2025[R]. 2015-10-16. https://www. chinadialogue. net/blog/7965-China-s-GHG-emissions-likely-to-reach-early-peak-by-2-25-says-new-report/en.

Moore S,2011. Strategicimperative:Reading China's climate policy in terms of core interests[J]. Global Change, Peace & Security,23(2):147-157.

Oberheitmann A, Sternfield E, 2011. Global Governance, Responsibility and A New Climate Regime[C]. In P. G. Harris (eds. ),China's Responsibility for Climate Change:Ethics, Fairness and Environmental Policy [M]. Bristol The Policy Press:195-222.

Olivier J G J,Janssens-Maenhout G,Peters J A H W,2012. Trends in Global CO2 Emissions:2012 Report[R]. PBL Netherlands Environmental Assessment Agency.

REN21,2009. Background Paper:Chinese Renewables Status Report 2009,Report of Renewable Energy Network for the 21st Century[R]. 2012-1-6. http://www. ren21. net/Portals/97/documents/Publications/Background_Paper_Chinese_Renewables_Status_Report_2009. pdf.

Soutar R, 2015. A "Less Defensive" China Can Help Spur Global Climate Deal [R]. 2015-10-6. https://www. chinadialogue. net/article/show/single/en/8248-A-less-defensive-China-can-help-spur-global-climate-deal.

Special Section, 2012. China in the World - A Foreign Policy Overview[R]. 2012-7-12. http://worldsavvy. org/monitor/index. php? option＝com_content&view＝article&id＝126&Itemid＝184.

Su C, 2007. Thepolitical economy of the mutual transformation of the domestic and international systems: Implications for China and the international system (1978 - 2007)[J]. World Economics and Politics(11):6-13.

The Pew Charitable Trusts, 2010. Who is Winning the Clean Energy Race? Growth, Competition and Opportunity in the World's Largest Economies[R]. 2012-3-16. http://www. pewenvironment. org/uploadedFiles/PEG/Publications/Report/G-20Report-LOWRes-FINAL. pdf.

World Bank, 2011. Seizing the Opportunity of Green Development in China[R]. In Supporting Report 3 of World Bank, China 2030: Building a Modern, Harmonious, and Creative High-Income Society. Washington DC, The World Bank:280.

Yan S, Xiao L, 2010. Evolution of China'sposition in international climate talks[J]. Journal of Contemporary Asia-Pacific Studies(1):80-90.

# 气候变化背景下可再生能源公私协作法律机制研究报告

**摘　要**：能源既是确保国家安全与经济可持续发展的重要保障，又是维系人类日常生产及生活的基本前提。随着人类社会的生产与生活方式的变革及自然资源的规模化开发，全球性的气候变化及传统资源枯竭已成为当前制约人类发展的不可忽视的问题，发展可再生能源成为人类改善能源供给与消费结构、实现绿色发展的主要举措。在全球气候变化背景下，可再生能源的价值越发受到重视，可再生能源开发推进及技术研究成果的应用成为各国推动经济发展的战略重点。正如有学者指出，能源转型是应对气候变化的主要举措，气候变化本质上可认定为能源转型的问题（吕江，2013）。可再生能源的开发利用在极大地促进经济社会发展的同时，也相应地带来了诸多问题。这些问题大致可以分为两大类。第一类是可再生能源开发利用过程中相关产业发展的引导和规范问题。亦即，在我国可再生能源的基础研究与技术开发等环节中，除了宏观政策之外，如何构建科学、合理且可操作的法律规范来引导和规范可再生能源产业的发展。第二类是可再生能源开发利用过程中潜在风险和不利影响的防范及应对问题。比如，可再生能源发展往往因成本高昂、高技术需求而引发生态损害事件和社会矛盾问题，如水电建设的移民搬迁和生态环境矛盾、风电规模化开发的并网和运行调度问题、太阳能发电的高成本制约和管理问题、生物质能利用的资源保障问题等（史立山，2010）。法律作为一项社会管理工具，在对可再生能源的宏观性引导及规范与风险及危害防范过程中，发挥着举足轻重的作用。目前，我国可再生能源法律体系仍然处于不断发展和完善的状态，而针对可再生能源开发利用过程中存在的技术与资金限制、利益博弈和风险分担等问题，有必要引入公私协作制度对相关开发者、利用者及利益关联者之间的"利、权、责"予以有效的协调和引导，从而解决可再生能源发展中存在的利益冲突和风险防范问题。公私协作法律制度的风险分担和责任共担功能可有效解决资金与技术问题，社会监督与行政监督的双重保障亦有助于消减可再生能源开发利用过程中产生的生态环境问题和生态环境矛盾。

**关键词**：可再生能源发展　公私协作　气候变化　监督

# Research on the Environmental Public Private Partnership(EPPP) Legal System of Renewable Energy in the Background of Climate Change

**Abstract**：Energy is not only an important guarantee to ensure national security and sustainable economic development, but also a basic premise to maintain human daily production and life. With the variation of production and life style of human society and the large-scale exploitation of natural resources, the global climate change and the depletion of traditional resources have become the serious problem that can not be ignored in the current human development. The development of renewable energy has become the main measure to improve energy supply and consumption structure and realize green development. In the context of global climate change, the value of renewable energy has been paid more and more attention to. The promotion of renewable energy development and the application of technological research results have become the strategies of countries to promote economic development. As has been pointed out by some scholars, energy transformation is a major response to climate change, which can be identified essentially as an issue of energy transformation.

The development and utilization of renewable energy not only greatly promote economic and social development, but also bring many problems. These problems can be divided into two categories: the first is the guidance and standardization of the development of related industries in the process of renewable energy development and utilization. In other words, in the links of basic research and technology development of renewable energy in China, how to construct scientific, reasonable and operational legal norms to guide and standardize the development of renewable energy industry in addition to macro policies. The second is the prevention and countermeasures of potential risks and adverse effects in the process of renewable energy development and utilization. For example, renewable energy development often results from high cost, high technology demand, causing ecological damage events and social contradictions, such as migration of hydropower construction and ecological environment conflicts, large-scale wind power grid connection and operational scheduling problems, the high cost restriction and management of solar power generation, the resource guarantee of biomass energy utilization and so on. As a social management tool, law plays an important role in the process of macro guidance, regulation, risk and hazard prevention of renewable energy. At present, the legal system of renewable energy in our country is still in the state of continuous development and perfection. However, in view of the technical and financial limitation, benefit game and risk sharing existing in the process of renewable energy development and utilization, and so on, the legal system of renewable energy in China is still in a state of continuous development and perfection. It is necessary to introduce the public-private collaboration system to coordinate and guide the interests, rights and responsibilities of the developers, users and stakeholders, so as to solve the problems of conflict of interest and risk prevention in the development of renewable energy. Public-private collaboration law of risk sharing and responsibility sharing function of the system can effectively solve the problem of capital and technology, and the double guarantee of social supervision and administrative supervision can also help to reduce the ecological environmental problems and ecological environmental contradictions in the process of renewable energy development and utilization.

**Key words:** EPPP legal system; renewable energy development; climate change; supervision

# 1. 气候变化与可再生能源发展概述

## 1.1　气候变化及国际立法

### 1.1.1　气候变化的概述

气候变化是当今世界关注的主要问题,对于气候变化的讨论,主要焦点集中于气候变化对于国际安全、和平与发展的消极影响。早在二十世纪七八十年代,气候变化问题的严重性已经得到了国际社会的普遍关注,据《联合国气候变化框架公约》对气候变化的界定,气候变化特指由人类活动所引起的气候变化。关于气候变化的理解,主要存在气候变冷和气候变暖两种"变化",虽然气候变冷亦可能导致人类生存环境恶化,但主流观点认为当今气候变化问题以气候变暖及其恶劣影响为主要问题。自政府间气候变化专门委员会(Intergovernmental Panel on Climate Change,IPCC)成立以来,有关全球气候变化趋势的预测已越来越充分地被科学研究所证实,尤其是气候变暖且不断接近危险临界点的趋势十分明晰(桑东莉,2013)。气候变暖的主要表现是温室效应。温室效应主要是化石能源的利用,使温室气体的排放过多,导致气候变暖。自工业革命以来,化石燃料燃烧、毁林造田和过度垦耕等土地利用变化,使得人类活动所直接和间接排放大气温室气体浓度大幅增加。引起气候变化的要素有很多,包括太阳辐射、火山爆发等自然要素与人类活动等社会要素,但气候变化的主因是人类活动。气候变暖对地球生态和人类社会发展造成复杂而深远的影响,如种种自然灾害发生、水资源枯竭、物种灭绝等严重阻碍农业和工业的发展及生态平衡状况。

IPCC 针对气候变化问题先后发布五次全球气候评估报告(王娟,2015),分别就气候变化的科学基础、对生态系统的影响、气候变化应对方案及计划进行了明确,2007 年 IPCC 所发布的预测报告表明,若全球每年排放的温室气体排放水平保持不变,至 2050 年大气的温室气体浓度将达到工业化前温室气体浓度的两倍,全球平均气温升高将超过 2℃的危险临界点。为此,削减全球温室气体排放已成为人类社会遏制灾难性后果所必须采取的紧急行动。

### 1.1.2 气候变化的相关国际立法

从法学研究视角来看,气候变化不仅仅是科学问题或技术问题,亦是与经济、社会、政治、外交密切关联的法制问题,气候变化应对及其法制研究,是处理气候保护与社会经济发展之间关系的重要手段。2005 年《〈联合国气候变化框架公约〉京都议定书》使得气候变化成为国际政府和各国立法的重点内容;2009 年于哥本哈根召开的《联合国气候变化框架公约》缔约方第 15 次会议上,世界 192 个国家的环境部长及官员就《京都议定书》一期承诺到期后续方案形成新的协议,此后陆续通过的《联合国气候变化框架公约》《京都议定书》等国际文件,使得气候变化应对的国际法律制度体系逐渐形成。

目前,应对气候变化的法律文件中,诸多就能源开发、效率和消费问题予以协商和合作。如《21 世纪议程》中,就气候变化应对和大气层保护提出了"改善决策之科学依据"和"促进可持续发展(谭惠卓,2013),包括能源开发、效率与消费,运输和工业发展"的方案,建议政府针对能源开发、效率和消费问题,采取"开发经济上可行的、无害环境的能源,包括新能源和可再生能源;促进能源效率技术和方法的研究、发展、转让和使用,特别注意发电系统的重建和现代化;审查当前的能源混合体,以决定如何能以符合经济效率的方式增加整个对无害环境的能源系统,特别是新的和可再生能源系统的贡献;建立产品标识制度,以向决策人员和消费者提供有关能源效率的机会"。《联合国气候变化框架公约》与《京都议定书》就发达国家与发展中国家的温室气体减排量及保护和增强温室气体库和汇,发达国家帮助特别易受气候变化不利影响的发展中国家缔约方支付适应不利影响的费用,资助和便利向发展中国家得到无害环境的技术和专有技术进行专门规定。2015 年《巴黎协定》确立了基于"自下而上"路径的"国家自主贡献"模式,明确了在 21 世纪末之前,人类要向脆弱的地球环境兑现温室气体零排放的诺言,并最终达成了各缔约方加强对气候变化威胁的全球应对措施,即"在全球平均气温较工业化前水平升高幅度控制在 2 ℃之内,且要对把升温幅度控制在 1.5 ℃的目标而努力"(高云,2017)。当然,就气候变化的国际立法来看,缓解气候问题的具体目标、政策措施的落实效果仍然以各国的气候变化国家方案和国内立法为主要保障。

## 1.2　可再生能源及其发展

### 1.2.1　可再生能源的界定

可再生能源的概念最早在国际上出现是 1981 年 8 月联合国在内罗毕召开的"新能源和可再生能源研讨会"上,会议通过的《促进新能源与可再生能源发展与利用的内罗毕行动纲领》中,将"可再生能源"界定为"新的可更新的能源资源,采用新技术和新材料加以开发利用,几乎是用之不竭的,在消耗后可得到恢复和补充,不产生或少产生污染物,对环境无多大损害,有利于生态良性循环"(王革华,2005)。依据我国 2017 年新修《可再生能源法》规定,可再生能源是指"风能、太阳能、水能、生物质能、地热能、海洋能等非化石能源。水力发电对本法适用……通过低效率炉灶直接燃烧方式利用秸秆、薪柴、粪便等,不适用本法"。

虽然可再生能源的范围和内涵并未明确,但本质上可以总结,可再生能源有几个明显的特点:可再生能源具有不断再生、取之不尽、用之不竭的特点,这是与传统能源最为明显的区别;可再生能源的获取、利用的程度和广度具有较大的弹性,由于可再生能源具有较强的可替代性,无论是太阳能资源、生物质资源、海洋资源、风资源还是水资源,每个国家都存在某种充沛的可再生能源;可再生能源的开发利用不再是传统的物理方式,可以通过现代技术加以转换和获取。相比于化石能源,可再生能源资源的利用和获取更为高效便捷。

相比于传统能源,可再生能源具有以下优势。其一,可持续利用性,即为丰富的太阳光资源、风力资源、水力资源、海洋资源,使得能源开发利用的潜力巨大,可以源源不断满足人类对能源的刚性需求;其二,清洁,环境友好性,即可再生能源的开发利用过程处于环境污染物零排放或低排放状态;其三,低碳,气候友好性,即可再生能源的开发利用过程中,不会产生诸如二氧化碳、一氧化碳等的高碳排放;其四,分散性,可再生能源相比于传统集中开发方式,更多处于分散、独立利用的状态,适应因地制宜地开发利用,满足偏远地区、人口稀少地区的用能需求。当然,可再生能源的开发利用亦存在着间歇性、不稳定性、技术难度大、成本高等局限性。

### 1.2.2　可再生能源的发展

可再生能源的发展以化石能源领域危机和全球气候变暖问题为契机背景。随着化石能源的过度开采和使用,能源的使用危机、和传统能源成本的飞速上涨,使得各国意识到继续使用传统能源会导致能源枯竭和经济难以负担的后果。一方面,气候变化引起的极端天气对全球化石燃料的能源系统带来了危害和影响增大,许多能源生产基地应对气候变化调整方面的脆弱性不断显现,如气候变暖带来的海洋及河水变暖,热带风暴、飓风和河水泛滥给海岸带和流域附近的能源基础设施及能源生产活动带来不同程度的破坏和风险,如 2008 年"古斯塔夫""艾克"飓风对美国能源供应安全及能源市场的影响、2008 年年初中国南方低温雨雪冰冻天气对中国能源供应的影响(桑东莉,2013)。另一方面,气候变化对能源需求方式和能源结构调整带来了极大的影响和压力,诸如因气候变暖产生的供暖与降温需求变化,产生了 2003 年欧洲热浪、2006 年重庆高温干旱等极端天气事件(联合国开发计划署,2007),全球各区域的能源供应不足和结构调整受到极大影响。传统化石能源开发及利用,在加剧气候变化问题的同时亦存在应对气候变化事件困难,传统的能源市场和能源结构无力应对气候变化给能源生产消费结构带来的挑战。

基于对于气候变化的严重影响所达成的共识,国际上和各国国内开始采取积极的措施来应对气候变化。在国内外应对气候变化的大背景下,可再生能源具有清洁、无污染、可再生等符合可持续发展需求的优点,成为缓解日趋严重的能源紧张局势、改善气候变化的重要选择。发展太阳能、风能、地热能等可再生能源,不仅有助于消减煤炭、石油、天然气资源等化石能源"枯竭"的潜在隐患,降低碳排放以应对气候变化等环境问题的需要,同时可再生能源技术的大规模商业发展,亦有助于提升国家产业规模和经济竞争力,世界诸多国家都把发展可再生能源、转变能源生产消费方式作为实现可持续发展的重要选择加以重视,并纷纷出台相关政策和法规,促进可再生能源技术开发及商业化运用(黄为一,2010)。

由于可再生能源的开发在技术及资金方面有着较大的需求,需要政府通过政策和措施促进可再生能源的发展。诸如政府通过明确可再生能源产业化发展战略,明确发展目标、制定发展规划,加强立法,从政策法规上保障可再生能源的发展;制定并完善促进可再生能源发展的经济激励政策制度,如税收减免、财政补贴、低息贷款等。目前全球已有超过 35 个发达国家和100 多个发展中国家制定了全球性的可再生能源的发展目标,出台了促进可再生能源产业发展的相关政策、法律法规或行动计划,支持扶持可再生能源的发展。

我国政府亦高度重视可再生能源的开发和利用,"十二五"期间,我国可再生能源产业开始全面规模化发展,进入了大范围增量替代性和区域性存量替代的发展阶段。2016 年《中华人民共和国国民经济和社会发展第十三个五年(2016—2020)规划纲要》提出"深入推进能源革命,着力推动能源生产利用方式变革,优化能源供给结构,提高能源利用效率,建设清洁低碳、安全高效的现代能源体系,维护国家能源安全";在《可再生能源发展中长期规划》提出"2010年使可再生能源消费量达到能源消费总量的 10%,到 2020 年达到 15%"的目标。在《可再生能源发展"十三五"规划》提出,"到 2020 年全部可再生能源的年利用量达到 7.3 亿吨标准煤,其中商品化可再生能源年利用量 5.8 亿吨标准煤,全部可再生能源发电装机 6.8 亿千瓦,发电量 1.9 万亿千瓦时,占全部发电量的 27%。各类可再生能源供热和民用燃料总计约替代化石能源 1.5 亿吨标准煤"(岳小花,2015)。在《可再生能源法》以及有关政策支持下,我国可再生能源产业快速发展,技术水平显著提高,制造产业能力快速提升,市场应用规模不断扩大,为推动能源结构调整、保护生态环境和培育经济发展新动能发挥了重要作用,为深入贯彻能源生产和消费革命战略,有效解决可再生能源发展中出现的弃水弃风弃光和补贴资金不足等问题,实现可再生能源产业持续健康有序发展,国家能源局印发了《关于可再生能源发展"十三五"规划实施的指导意见》:明确,到 2020 年、2030 年,非化石能源占一次能源消费总量的比重分别达到 15%、20% 的能源发展战略目标,进一步促进可再生能源开发利用,加快对化石能源的替代过程,改善可再生能源经济性(JcVDB,2013)。

## 2. 可再生能源发展的法制现状与法治需求

### 2.1　气候变化背景下我国可再生能源发展的法制现状

可再生能源的立法是各国在能源立法方面应对气候变化问题的解决方式之一,为发展可再生能源奠定了法律基础,也给各国在应对气候变化问题方面给予了可持续性的引导。为了实现既定的气候变化目标,可再生能源用量需求加大,相应法律制度也需要变化。我国在气候变化的大背景下,对可再生能源发展予以相应的法律和政策支持,指导和规范减排和清洁生产,来减缓气候变化。

### 2.1.1 可再生能源发展的相关立法与政策现状

我国当前可再生能源的开发利用,以国家制定的有关开发利用可再生能源的各种规范性与非规范性文件为依据,包括法律、行政法规、部门规章、地方性法规与地方政府规章。其中,可再生能源的立法包括国家层面的立法和地方层面的立法,国家层面的立法即是全国人大及其常委会 2005 年颁布施行、2017 年修订的《中华人民共和国可再生能源法》(简称《可再生能源法》),国务院出台的有关可再生能源开发利用的行政法规,部分地方亦出台的促进本地可再生能源开发利用的条例,如浙江省于 2012 年制定的《浙江省可再生能源开发利用促进条例》、黑龙江省于 2018 年制定的《黑龙江省农村可再生能源开发利用条例》等。此外,2006—2014年,为实施《可再生能源法》,我国制定了一系列有关可再生能源的专门规章和其他规范性文件。

除法律、行政法规、部门规章在可再生能源发展的保障中起重要作用外,一些作为顶层设计的政策纲要对可再生能源领域的发展和法律保障也发挥着重要的引领和规范、指导作用。涉及的相关政策纲领即国务院及各部委出台的各种办法、通知、决定、指令等(前瞻产业研究院,2017),如 2013 年《可再生能源电价附加有关会计处理规定》《十揽做好风电清洁供暖工作的通知》《关于发挥价格杠杆作用促进光伏产业健康发展的通知》对于光伏发电及风电清洁供暖技术予以政策扶持,2014 年《新建电源接入电网监管暂行办法》《关于大型水电企业增值税政策的通知》对新建电源接入电网系统工作及水利电力产品予以监管和税收减免政策扶持;2015 年《关于可再生能源就近消纳试点的意见》、2016 年《关于做好“三北”地区可再生能源消纳工作的通知》,对可再生能源就近消纳及华北、东北、西北地区的风电、光伏发电等可再生能源消纳问题予以政策引导和扶持;2016 年出台《可再生能源发电全额保障性收购管理条例》《关于同意甘肃省、内蒙古自治区、吉林省开展可再生能源就近消纳试点方案的复函》《关于做好风电、光伏发电全额保障性收购管理工作的通知》、2017 年出台的《关于实施可再生能源绿色电力证书核发及自愿认购交易机制的通知》和《国家能源局关于可再生能源发展的“十三五”规划实施的指导意见》,为保障可再生能源目标引导和监测考核、推荐可再生能源技术研发和成本降低提供了政策保障。

### 2.1.2 促进可再生能源发展的主要法律制度

(1)可再生能源总量目标制度

为了推动可再生能源市场的建立和发展,各国往往通过制定可再生能源的未来发展目标,促使本国的可再生能源利用量在能源消费中的比例稳步提升。可再生能源总量目标制度(Renewable Energy Target Policy,RETP),是指国家在一定的时间段内的可再生能源发展的总的计划,一般来说,所制定的可再生能源发展的总量目标是总长期目标,该目标的执行和实现往往通过配额的方式落实,属于国家战略性目标或宏观目标,总量目标不仅针对可再生能源的利用形式,亦包括可再生能源利用量和其他能量产品。我国《可再生能源法》第 4 条明确提出,要求制定可再生能源发展的总量目标。通过制定可再生能源发展的总量目标,以保障可再生能源在能源市场中的规模。可再生能源总量目标制度通过对可再生能源发展目标的明确性、法定性和确定性，维持和推动可再生能源市场份额和产业发展。可再生能源总量目标是实现可再生能源配额制的前提。

（2）可再生能源配额制度

可再生能源配额制度，亦称可再生能源强制性份额制度（Mandatory Market Share，MMS），是通过数量或额度的分配来调整和干预可再生能源发展领域的制度，主要是政府通过法律、产业政策或行业发展规划的形式对可再生能源在供给总量中的份额予以强制性规定，来平衡多种利益与资源的分配。可再生能源配额制度的内容往往与国家的政策目标、能源或电力产业结构、管理体制密切相关，一般包括：可再生能源发展的总量目标，如一定时期可再生能源发电总量或可再生能源发电量在国家或地区的总电力供应量中所占的比例；可再生能源配额制度的义务主体及其客体，即开发利用可再生能源的指标配给主体，具体可再生能源技术种类及实施范围；履行可再生能源配额的手段或交易方式，可再生能源配额过程的原则与标准；可再生能源配额行为的监管及法律责任（于文轩，2016）。我国《可再生能源法》第 14 条明确规定，"国家实现可再生能源发电全额保障性收购制度"，"国务院能源主管部门会同国家电力监管机构和国务院财政部门，按照全国可再生能源开发利用规划，确定在规划期内应达到的可再生能源发电量占全部发电量的比重，制定电网企业优先调度和全额收购可再生能源发电的具体办法，并由国务院能源主管部门会同国家电力监管机构在年度中督促落实"。

（3）可再生能源分类电价制度

可再生能源分类电价制度主要是促进可再生能源以电力形式存储及商业化开发利用的制度。鉴于可再生能源开发的间歇性与持续性，包括水能、风能、太阳能、地热能、海洋能等在内的可再生能源，均可以通过电力、热力、气体等产品形式把存在于自然界的能源以机械装备或制造业生产开发出来并存储。可再生能源电力以能源种类不同以划分为水电、风电、太阳能发电、生物质能发电、地热能发电、海洋能发电等（李艳芳，2015）。可再生能源分类电价制度是根据可再生能源电力产品的形成成本和资源效益而形成的。由于可再生能源电力的形成成本随着开发技术的成熟度而波动变化，即便水电、生物质能发电已几乎形成较为完备的产业体系、价格机制与产业规模较为稳定，但初始投资成本仍然很高；太阳能发电和风能发电虽然技术和产业已十分成熟，但光伏组建与风能发电仍然存在较高的隐形成本；此外，地热能发电和海洋能发电受地理分布限制，电力资源及其开发量的地域差异明显。为此政府在充分考虑不同可再生能源电力产品的潜在预期效益和外部环境成本基础之上，通过经济激励政策对可再生能源发电予以电价补贴，以促进可再生能源的成本降低和技术进步，维持可再生能源电力发展目标。我国当前形成了以两部制定价、竞价上网、丰枯电价、峰谷电价、需求侧管理为表现的定价机制，在明确上网定价、输电价格、配电价格和终端销售电价的同时，发电与售电价格由市场形成，输配电价实行监管下的政府定价。

（4）可再生能源费用补贴制度

可再生能源费用补贴制度，即政府通过价格管理与费用补偿方式对于可再生能源相关领域的技术与产品予以资助，包括减免型补贴（如税收优惠和直接提供服务）和给付型补贴（包括直接财政资助和价格支持）。我国可再生能源补贴不仅针对可再生能源的一次能源开发利用，还针对可再生能源二次能源的开发利用及可再生能源科技研发和设备生产。与全额保障性收购、强制上网和分类电价等强制性手段相比,可再生能源补贴更多体现为给付型补贴。依据我国《可再生能源法》第24条规定"国家财政设立可再生能源发展基金,资金来源包括国家财政年度安排的专项资金和依法征收的可再生能源电价附加收入等",可再生能源发展基金用于补偿上网电价收购可再生能源电量超出常规能源费用和公共可再生能源独立电力系统的销售电价投资建设费用。广义的可再生能源补贴不仅包括投资补贴和生产补贴,还包括消费补贴,即针对可再生能源产业的经济运行环节予以相应补贴。此外,根据可再生能源补贴的形式,可将可再生能源补贴分为价格补贴和非价格补贴。其中,价格补贴即为弥补因价格体制或政策原因造成的价格过低及其他可再生能源生产经营受到损失的补贴,我国《可再生能源法》中的可再生能源补贴主要属于价格补贴。除此之外,国家财政亦对可再生能源实行直接补贴、贴息贷款、税收优惠等非价格补贴。

## 2.2　可再生能源发展法律保障的主要问题与法治需求

### 2.2.1　可再生能源发展引导和规范的主要法律问题

可再生能源的开发利用为缓解化石能源枯竭和应对气候变化困境提供了解决途径,但可再生能源领域的持续发展和规模效益不仅有赖于技术研发和设备更新,还需要经济上的合理性和社会的适应性。为了降低因相关产业与技术的不成熟、资金及设备高需求所带来的高投入、高成本和高风险,我国当前可再生能源产业发展主要由政策主导和调整,通过财政、税收及利率等政策的引导、鼓励和扶持,通过法律对可再生能源开发利用行为及行为者权利义务的约束,促进可再生能源的开发利用与国家的产业发展战略相符合。

由于大多可再生能源产业是在国家政策支持下建立起来的,与传统能源产业相比其竞争力仍然不足,尤其是在投入成本和节能效果未见明确成效时,前期技术研发的高成本会阻绊可再生能源产品及产业的投资(Gromet et al,2013)。同时高新技术的投资风险、短期利益的对比关注、技术锁定效应(Edenhofer et al,2013)等潜在要素都影响着能源系统的转型。受技术投入影响的价格差异和成本波动,致使可再生能源消纳情况仍然体现为供应—消费不匹配。推进和实现可再生能源发展战略、稳定和扩大可再生能源的市场及规模仍然面临诸多障碍。

其一,可再生能源的供需维持受到资金、技术等因素制约。由于可再生能源的高昂成本和技术性要求,可再生能源在能源结构中比例及市场需求难以维持均衡,往往需要政府通过强制性购买或能源消费等配额性手段来保障稳定的可再生能源市场需求。鉴于电力和交通是生产与消费能源方式的主要项目,政府主要通过明确电力产业和交通运输业实施可再生能源配额、制定可再生能源未来发展目标或可再生能源补贴,来保障可再生能源的供需状况。然而,即便如此,可再生能源发展仍然存在着供应断续问题、数量与质量问题(桑东莉,2013)。一方面,可再生能源的生产量、交易量和消费量扩张明显不足,投资融资困难、生产及交易成本过高、价格可比性差等都严重制约了可再生能源的生产发展与市场开拓。另一方面,可再生能源产品尚未形成统一健全的质量标准与认证标准,诸如核准批复过程复杂不统一、技术人员、资金、许可均存在困难。

其二,可再生能源的市场竞争力受限。排除可再生能源生产技术、资金等开发利用成本较高,资源需求分散等局限,无论是强制性的可再生能源燃料购买及发电配额,可再生能源开发利用中长期规划及总量目标,还是可再生能源发电并网与收购备案及行政许可,均以预设可再生能源发展的目标和市场配额为前提。这在促进和保障可再生能源产业的市场份额同时,亦束缚和限制了可再生能源产业的进一步发展，当可再生能源开发商或供应商达到预设规划目标或法定要求后，缺失进一步收购及投资的动力。同时，可再生能源市场本身存在较大投资风险和融资困难，不同区域和规模的可再生能源企业间亦存在非公平竞争问题，政策及法律制度的推动作用并不能促进可再生能源产业形成自发动力。

### 2.2.2　可再生能源发展风险预防与应对的主要法律问题

自近代以来的社会经济的快速发展，人类对社会生活和自然环境的干预范围和深度不断扩大，决策和行为成为风险的主要来源，人为风险超过自然风险成为风险结构的主导内容，人类社会已进入风险社会。正如德国社会学家乌尔里希·贝克在其著作《风险社会》中指出，"今天的现代化正在消解工业社会，而另一种现代性则正在形成之中"（乌尔里希·贝克，2004）。在这一背景下，人类通过技术和制度干预社会和自然的范围与深度不断加剧，与此同时，人类应对风险的能力不断提高，但在借助现代治理机制和各种治理手段的同时，也面临着治理带来的新类型风险，即制度化风险（包括市场风险）和技术性风险。

我国当前正处于全面现代化的过程中，所面临的现代风险亦呈现出复杂多样。其中，由能源开发利用活动所引发的风险，如化工项目、水电站的建设和使用，海洋能、生物质能的开发和利用等，对生态系统的潜在影响和安全隐患，威胁着公众的生命、健康、安全以及社会秩序，政府已逐渐意识到并开始理性思考如何预防和应对可再生能源产业发展所潜伏的风险及威胁。相较而言，可再生能源开发相比传统化石能源利用所带来的环境污染和生态破坏程度要降低很多，但由于可再生能源开发所需的高新技术及自然能源利用状态，其所具有的制度化风险与技术性风险仍然不可轻视，以水能资源开发利用为例，随着水能资源的稀缺性和价值性不断显现，加之结构性缺水、水质性缺水等地理区域因素影响，水能资源开发过程逐渐出现了资源无偿使用及严重浪费问题、开发利用权属管理混乱问题、经济发展与环境保护冲突问题等，水能资源开发利用不当行为致使水能资源的闲置浪费、利益纠纷，甚至因追求利润未妥善处理生态环境保护和移民安置，进而带来了水能资源开发与灌溉、供水、养殖、旅游无法协调的负面影响（侯京民，2008）。再如以农林水产资源、有机废物、生活垃圾等形式存在的生物质能的开发利用，在资源、技术、管理、市场等产业发展环节均存在着影响其规模化发展的技术性风险和政策性风险（侯刚，2009）。

可再生能源所面临的政策性风险与技术风险，可划分为资源供给风险、市场风险和政策法规风险和技术体系风险，与可再生能源的时空分布、能源结构状态和区域经济社会发展水平关联紧密。具体来看，根据能源开发利用的不同环节划分为可再生能源生产风险、可再生能源输送风险、可再生能源交易风险；根据能源开发利用的市场需求划分为可再生能源需求风险和可再生能源消费风险。

政策性风险与技术性风险的特殊性对社会秩序所产生的冲击是可再生能源产业发展及规模化的重大阻碍，而法律作为调控社会的重要手段之一，目前就可再生能源项目风险的回避、控制、分摊和转移方面无法满足风险规制之需求，从而致使在可再生能源产业发展中风险防控问题无法通过法律途径得到有效解决。但需要强调的是，"法律缺陷"仅是风险决策存在困境的重要原因之一，因为法律并非是解决风险决策困境的唯一途径。可再生能源的公共决策问题需要多层次、多角度的手段并行不悖。采用法律来规制风险的可行的解决思路应当是，首先分析风险属性及其对现有法律的冲击，然后才能对症下药寻求解决之路径。

### 2.2.3　可再生能源发展的法治需求

可再生能源的开发利用在带来巨大环境利益和社会效益的同时,也潜伏着深深的隐患。可再生能源发展已不是一个简单的行业问题,而是涉及社会稳定、经济有序发展和国家能源安全等重大社会事项的重要问题。对可再生能源领域发展而言,政府的政策引导和战略扶持并不意味着可再生能源产业的发展依赖国家调控和行业自律即可持续进行,可再生能源产业的可持续发展需要完备的法律规范予以控制。现有的可再生能源法律与政策,对于可再生能源的发展、环境质量的改善及经济的发展具有重要意义,但仍然存在诸多不足且潜伏着困境和风险。通过现有立法行政及存在问题着手,对可再生能源产业发展的法治需求予以分析和明晰,减少无效和高耗能的可再生能源供给,促进可再生能源开发与环境保护结合,促进可再生能源产业的工序平衡,以符合可再生能源发展的客观需要。

其一,可再生能源发展激励的结构性制度保障需求。我国现行法律及政策对于未来能源生产消费结构调整已经起到了一定的作用,现有立法已通过配额制、财政补贴等方式对可再生能源的高额投资成本予以财力支持和制度倾斜,但在现有技术水平和政策环境下,受到资源分散、开发成本、规模技术等要素制约,我国可再生能源发展近年来在供需关系上仍然存在着数量和质量的问题(国家发展和改革委员会,2007)。

需要完善相关法制建设,促进可再生能源产业通过市场机制提升生产量、交易量和消费量,同时通过法律制度的激励性和引导性功能解决可再生能源领域的融资困难、生产与交易成本高、价格可比性差等问题,降低可再生能源领域对政府的财政补贴和政策扶持的依赖性,促使可再生能源领域实现可持续的生产发展和市场开拓。另一方面,针对可再生能源产品的质量参差不齐,相关质量标准和认证体系尚不健全,总体水平和规模仍然不足,需要完善可再生能源监管制度,对于可再生能源开发利用的核准审批管辖不科学问题、单位生产成本高于传统技术问题、新技术投入研发规划许可问题等制约因素予以重视,强化高成本技术的可再生能源产业领域的法制保障。

其二,可再生能源领域竞争环境的保障需求。国家通过可再生能源配额预先设定可再生能源发展的目标和市场配额,在初期保障了可再生能源产业的市场份额,但在一定程度上也打破了可再生能源领域的自由竞争和市场调控机制。在正常市场竞争环境中,企业往往因自身的规模、技术、实例不同而进行自主竞争,规模不同的可再生能源企业通常通过技术革新和成本降低实现公平竞争,但国家电力入网制度和可再生资源配额制度,一定意义上限制和排斥了新的和独立的小规模公司进入可再生能源发电市场进行交易,电价分类制度的粗放标准使得处于同一区域、时间段以及同一种类的可再生能源电力产品竞争缺失公平性,需要通过法治途径消除电力市场的竞争环境恶化问题。

## 3. 可再生能源实行公私协作法律机制的必要性与可行性

### 3.1　环境资源领域内公私协作的缘起与发展

#### 3.1.1　环境资源领域内公私协作的缘起

伴随着福利国家的形成、发展和演变,公私协作(Public Private Partnership,PPP)成为摆脱政府单一供给不足困境的一种新型的社会公共服务和公共产品供给模式。近些年来,在环境资源领域,公私协作在一些发达国家和地区得到了大力推广,并取得了较为显著的成效。党中央、国务院提出了"政府主导、多元共治、公众参与"的环境治理方略,引导多元主体共同参与环境治理、推进环境资源领域公私协作已成为我国新时期环境保护战略及其实施的必然选择。《十三五规划纲要》明确提出了"要紧紧抓住供给侧结构性改革发展主线,围绕补短板、促均衡、上水平,落实好重大政策、重大工程及重大项目"等战略性决策。国务院以及财务部、发改委等有关部门先后出台的《关于开展政府和社会资本合作的指导意见》《关于印发政府和社会资本合作模式操作指南(试行)的通知》《关于在公共服务领域推广政府和社会资本合作模式的指导意见》《基础设施和公用事业特许经营管理办法》等政策性文件,也为我国环境资源领域内公私协作的开展提供了政策指引和运作环境。

公私协作,又被称为公私协力或公私伙伴关系,是指为实现特定公共目标,在公共部门(政府)和私人部门(企业、社会组织、社会公众及个体公民)之间通过责任共担、风险分担以及互惠互利,所形成的一种合作关系。近年来,公私协作在环境资源保护领域得以广泛运作和推广。本质上,环境资源领域的公私协作,是以保障环境公共产品供给和提高环境公共服务质量为目的,通过在环境治理、生态修复、能源开发等环境保护公共事项及环境资源供给等环境公共服务中引入市场机制并吸引社会资本的进入,在公共部门和私人部门之间确立环境保护及绿色发展合作关系的一种创新性制度安排。可以说,在"公共行政扩张而国家行政收缩"时代背景下,环境公私协作既契合了环境公共治理理念及其实践需要,又体现了环境资源领域从国家行政管制到社会公共治理转型发展的客观需要和现实要求。

环境资源管制实效性的不足以及政府所掌控的环境保护公共资源有限性的难题,催生了环境资源领域内公私协作的形成和发展。在我国,长期以来,政府履行环境资源保护职能主要依赖于环境管制的方法以及自上而下的"命令—控制"手段。尽管这种强力环境管制能够一定程度上弥补环境保护市场失灵的缺陷并具有一定的实效性,但是,由于环境问题的多样性、复杂性和广泛性,加之政府失灵现象的普遍存在,政府环境管制陷入实效性不足的困局。同时,相对于日益增长的环境保护公共需求以及政府环境执法所需要耗费的巨额成本而言,国家所掌控的环境保护公共资源始终存在着有限性的难题,各级、各地政府也时常面临着解决环境问题公共资源不足的窘境。由此,甚至引发了社会公众对于中央和地方政府履行环境保护职能的信任危机。

我国环境保护的经验教训表明,环境保护不是政府的"独角戏"。在生态文明的宏观战略引导下,国家提出了"政府主导、多元共治、公众参与"的环境治理新方略。适时引入环境公私协作的理念和机制,无疑有利于国家更好地履行环境保护公共职责、执行环境行政任务,转变传统"单向度"的强权施令,聚集更多的社会资源、社会资本投入到环境保护的公共治理活动。进而,在环境公共事务中逐渐导入了"私人参与、公私协商、公私协作以至公私共治"的新型治理思路、治理方法。环境公私协作意味着政府必须加强同私人部门的合作、协调与互动,通过分离并让渡部分环境公共领域的职权给私人部门,将部分公共服务市场化,即引入市场竞争机制刺激环境公共服务的优化,以充分利用社会资源、社会资本的优势来补强环境保护公共事务的履行以及环境公共服务、环境公共产品的供给。

### 3.1.2 环境资源领域内公私协作的发展

环境保护专业技术的现实需求以及绿色产业、环保服务的兴起,推动了环境公私协作的发展。在我国环境保护实践的早期阶段,基于危险防范与安全确保的国家基本任务,政府在经济、自然生存基础、社会安全等领域肩负着主导性的维护责任与职能。环境问题的外部性、环境利益的长远性与环境风险的不确定性,要求政府对经济活动及资源利用行为进行调控,并相应地形成了具体的环境行政任务(李挚萍,2006)。这种单纯由政府基于环境保护职责进行环境资源管制模式,很容易导致高成本、低效率、难监管等实践难题,进而使得社会总体的环境保护效率及效果大打折扣。

随着社会利益结构和社会组织方式的深刻变迁,政府在社会治理方面的职能定位逐渐从自由竞争时代"有限政府"的社会治理模式、福利国家建设时代的"责任政府"社会治理模式过渡到了全球化时代的政府社会治理模式(何显明,2012),20世纪90年代初,随着市场经济的逐渐建立和私营经济的法律地位改善,以及政府相应的导向性政策支持,民间资本与外资逐渐被引入公用事业领域的投资、建设及营运。市政公用事业的市场化改革,促使"公私协作"活动在公共行政的各大领域推行。这种通过政府与社会资本合作方式促进环境资源开发利用、提升环境治理效率的同时,也降低了政府的监管压力和企业的生产成本,并提高了社会整体的经济效益和社会效益。

近些年来,在国家政策引导与市场需求刺激的双重影响下,拥有专业人才及专业技术优势的环保产业、环保服务在我国迅速崛起,这种变化也在一定程度上为环境公私协作的发展提供了专业化的技术基础和技术支撑。不同于属地管辖的环境行政管制,基于市场的环保产业、环保服务具有跨地域性,其专业化服务及其汇集的资本、人力资源及技术优势可有效地应对复杂、多样的可再生能源开发利用问题,相对于财力、人力资源有限的公共部门,能够有效地增加可再生能源需求与供给,化解政府提供的环境公共产品不足、环境公共服务不够的矛盾。

## 3.2 可再生能源实行公私协作法律机制的必要性

### 3.2.1 可再生能源实行公私协作的现实需求

政府管制与市场调节,是现代国家社会经济运行、资源配置的两种基本方式,前者强调政府的主导作用,主张通过政府自上而下的计划方式进行资源的配置,着力于解决公共性问题、追求公共利益;后者则倡导以自由市场为基础,强调运用市场机制进行资源的配置,充分激发市场主体的创造性、竞争性以及实现经济效率的最大化。在传统市场经济观念及体制下,政府与市场之间形成了一种相互分离、甚至相互对立的二元结构关系,它们在各自领域依据不同的原理和法则独自运行、并行不悖。于环境资源公共领域,基于市场失灵导致的环境问题(负)外部性的存在,以及环境公共供给的市场刺激缺失,国家行政干预、政府公共供给成为国家解决环境问题的要诀。政府作为环境资源保护之公共权力的拥有者和公共职责的履行者,被赋予了限制环境问题的外部不经济性、保障环境公共供给的持续性,进而推动环境公共利益实现的行政使命。具体地,一方面,能源枯竭、气候变化等问题的存在,要求国家对于市场经济活动的干预,政府通过环境行政监管克服市场失灵所造成的环境外部不经济性缺陷;另一方面,环境公共品的非竞争性、非排他性,决定了政府在环境供给方面的基本职责和行政任务,政府通过政策、计划、规划等宏观调控手段确立环境供给目标,通过公共财政投入以维持和保护生态环境的平衡。

然而,面对日益复杂的环境公共性问题,单一地依靠政府提供公共供给以及简单地依靠政府行政监督管理来解决能源供给不足和气候变化问题,很难避免日益严重的政府失灵问题。随着财政赤字、行政效率低下、政府公信力下降等政府失灵问题在环境保护公共领域的显现,强调"政府威权与社会资本合作"的公私协作,成为扩大可再生能源领域资本投入、增强可再生能源产品公共供给的质量和水平的重要途径。公私协作,是在"治理理念""公共选择理念"及"合作国家理念"的共同引导下,政府追寻公共产品及公共服务供给模式改革的新产物(陈军,2014),即在政策与法律扶持、鼓励、引导和规范的基础上,运用市场化机制配置资源、吸引社会资本投入到环境公共领域,通过环境公共供给的市场化,改变以往完全依赖政府的做法,把过去政府承担的部分环境公共供给职责和职能转移给私人部门、非政府组织。其所追寻的"多元化治理主体(市场、政府、社会三者)之间的互动和合作",打破了传统"以政府为唯一主体、依靠国家强制力统治社会"的威权管理模型,强调"依靠多种进行统治的以及相互发生影响的行为者的互动"(俞可平,2000)。

### 3.2.2 可再生能源公私协作的优越性

推进可再生能源开发利用从某种程度上是属于政府环境公共服务领域的具体组成部分,可再生能源开发及供给不均衡、不协调问题的解除需要我们应当将其置于政府环境公共服务"治道"变革的宏观视阈下予以考量。从根本上看,可再生能源的开发与利用,仍然是对生态系统的利用和改变,可再生能源供给仍然具有公共物品属性,对其开发利用行为势必产生负外部性,相应地产生环境效益和经济效益(崔宇明 等,2007),可再生能源利用效率不高的主要成因仍是社会经济行为的负外部性。虽然国家通过财政补贴、配额强制等措施推动可再生能源产业在市场调节中自我进步,但可再生能源的高成本和高风险,使得可再生能源产业发展面临着政府管制、市场调节的分离与脱节,可再生能源产业发展的引导及风险防控仍然在于强化可再生能源发展中政府、市场及社会关系的互动和协调,并以促进社会资源的优化配置、可再生能源产品供需平衡、消除可再生能源开发利用行为的负外部性、实现个体利益与社会公益的平衡为主要目标。而公私协作作为一种新型的环境治理模式,具有主体多元性、选择合意性、运作灵活性等特点(贾康 等,2014),在协调和重组可再生能源开发利用过程中政府管制、市场调节及基层自治等治理手段方面具有明显的优越性,集中体现为以下几点。

其一,强化政府引导,提升政府宏观调控在可再生能源产业发展中的积极作用。面对可再生能源开发及供给不均衡的实然环境,强调政府引导的公私协作打破了可再生能源发展的区域性限制和封闭性供需失衡,在倚力合意契约展开可再生能源开发的同时,有效落实和贯彻了政府的环境治理政策,解决了政府对可再生能源发展的"末端控制弱化"问题。而在政府主导的前提下,引入私人部门对公共部门的可再生能源开发及利用管控予以协助,提高节能减排及能源产业转型的绩效,也是协议规范的政府主导性的抽象表现,是保障公私部门"避免劣势叠加、实现优势互补"的"有效整合机制和制度设计"。其二,多元主体汇集,提升环境决策的科学性。由于公私部门对于可再生能源发展问题的把握具有信息不对称性和不完全性,公私部门对于可再生能源开发利用的失败风险的识别能力和防范能力在主观和客观均存在局限性。公私协作的主体多元性,为可再生能源开发制定科学合理的治理目标、治理计划、治理方案提供了多元视角,减少因公共部门的"公共垄断"或私人部门"自由竞争"所可能产生的重复性和浪费性活动,降低清洁能源开发利用的失败风险和低效风险;不同利益诉求主体的汇集,也促使相关决策充分考虑利益冲突问题及协调对策,有利于驱动可再生能源开发利用过程中的多元利益关系者之间形成协调合作关系。其三,选择合意性,充分实现多元优势互补。公私协作以契约合意为基础在公共部门及私人部门间分配任务及相应的权责,这为充分引入私人部门的充沛资金、先进技术、管理经验、专业人员等优势,有效弥补公共部门资金缺乏、专业局限、管理落后等劣势提供了"资源整合"平台(陈军,2014)。其四,运作灵活性,提升能源供给公共服务绩效。公私协作以政策、契约等手段引导可再生能源开发利用过程中的资源分配和经济调控,实现了多元主体的优势资源重新整合、高度利用及可再生能源供给的多元化和均衡化,提升了可再生能源的综合效益。

可再生能源公私协作,实质上是对于具有较大环境及社会效益的可再生能源领域,将可再生能源开发活动细化并将任务合理分配给公共部门和私人部门,就多元主体间的权利、义务、责任予以明确规定,一方面,扭转能源产业转型及能源管控过程中公共部门(政府)与私人部门(企业、社会公众)的消极关系,打破了政府管制、市场调节、社会监督等治理手段间的割裂分离状态;另一方面,可再生能源开发过程中多元主体的互动协作关系的形成,在共同完成行政任务、实现公共利益的过程中,也实现了政府、市场、社会的优势资源及功能配置重组,充分促进了多元主体的多元利益的衡平及多元优势的结合,一定程度上有利于破解传统管制模式下可再生能源开发的低效困境。

## 3.3 可再生能源实行公私协作的可行性

从前文对公私协作制度的介绍可以看出,我国可再生能源领域引入公私协作,对于弥补当下可再生能源领域政府的行政局限性和产权效能不足具有重要意义。故有必要将公私协作引入我国可再生能源领域。然而,将公私协作引入我国可再生能源领域是否具有可行性,仍需进一步探讨。

### 3.3.1 可再生能源领域实行公私协作的现实基础

在可再生能源领域实行公私协作并不是首例。自 20 世纪 90 年代,我国公用事业领域通过引入社会资本提升环境资源开发利用效率,可再生能源领域实行公私协作已存在一定的政策基础和实践基础。随着市场经济的逐渐建立和私营经济的法律地位改善,以及政府相应的导向性政策支持下,民间资本与外资逐渐被引入公用事业领域的投资、建设及营运。市政公用事业的市场化改革,促使"公私协作"活动在公共行政的各大领域推行。环境领域的公私协作项目出现于 1995 年,以"广西来宾 B 电厂项目"与"成都第六水厂项目"等环境基础设施项目为典型。2002 年 6 月,民间资本占 85% 的上海友联联合体,通过缔结合同的方式与上海市水务局下属的水务资产经营发展公司合作,获得上海市竹园污水处理厂 20 年特许经营权,日处理能力达到 170 万吨,总投资额为 8.7 亿元人民币,以 BOT 形式投资建设和运营,标志着民营资产正式进入我国水务市场(何春丽,2015)。

随后,中央政府出台了大量鼓励公私协作作为投融资体制改革方式的政策文件,促使供水、燃气、供暖等环境基础设施及环境服务公私协作项目的开展和建营。如 2004 年出台的《市政公用事业特许经营管理办法》明确了"可以实施特许经营的行业,包括城市能源供给、城市公共交通等市政公用事业"。2007 年党的十七大报告对社会管理创新提出的基本要求,强调"建立健全党委领导、政府负责、社会协同、公众参与的社会管理格局",为环境公私协作提供了"行政任务社会化"的时代语境。相应的,各地方政府也根据当地情况,相继出台了促进涉及环境领域内公私协作及特许经营的法规或规章。如 2005 年 6 月青岛市政府出台的《关于放宽民营资本投资领域的实施意见》,"鼓励民营资本投资公用事业和基础设施领域,包括诸如城市能源供给、水利工程等环境领域"。从中央到地方,非公有制经济投资公用事业政策的相继出台,促成了环境公私协作在我国的推广。

2004 年 3 月住房和城乡建设部出台的《市政公用事业特许经营管理办法》,对市政公用事业的特许经营的范围、期限及其他相关问题做了概括性的规定。2004 年 7 月国务院颁发的《国务院关于投资体制改革的决定》(国发〔2004〕20 号,以下简称《决定》),对鼓励和引导社会资本以独资、合资、合作、联营、项目融资等方式参与有合理回报和一定投资回收能力的经营性公益事业和公共基础设施建设予以明确,并要求逐步理顺公共产品价格、通过注入资本金、贷款贴息、税收优惠等措施。2014 年年底,财政部确定了涵盖污水处理、供水等基础领域的 30 个政府与社会资本合作示范项目,其中大部分示范项目得以顺利推行。2015 年 5 月,国家发展改革委在其门户网站上专门开辟了 PPP 项目库专栏,集中向社会公开推介 PPP 项目,发布的 PPP 项目共达 1043 个并纳入发改委项目库,项目范围涵盖公共服务、市政设施、资源环境等多个领域,涉及项目投资总额高达 1.97 万亿元。之后国家发改委又陆续推出更多推介项目。据财政部初步统计,截至 2015 年年底,国家发改委项目库共推出 2125 个 PPP 项目,投资总额高达约 3.5 万亿;包括财政部的 PPP 示范项目、国家发改委的 PPP 项目库、地方政府自行推出的 PPP 项目在内,全国各地公布推行的 PPP 项目共有 6650 个,涉及环境保护、城市公共事业、道路建设多个领域,总投资额高达 8.7 万亿元(财政部,2018)。

### 3.3.2 可再生能源领域实行公私协作的障碍及其破解

从公私协作在环境资源领域的实践经验来看,其所特有的融资集资、资源配置等优势功能在环境保护和资源管理中发挥了重要作用,尤其对我国当下可再生能源的能源效率及其开发利用的可持续性具有重要意义。公私协作有利于解决可再生能源领域发展的资金及技术人员缺位、开发利用目标蜕变、协调机制欠缺等问题,确保可再生能源的开发及利用得到多主体的参与及监督。故我们可以借鉴环境公私协作的成功经验,将公私协作法律机制引入我国可再生能源领域,结合我国国情,在立法中建立我国可再生能源公私协作法律机制,并设定配套法律制度,促进我国当下可再生能源的开发及利用受阻现状。

(1)可再生能源领域实行公私协作的障碍

在可再生能源领域实行公私协作,需要考虑公共部门、私人部门的具体状况,以及公私协作的风险防控能力,从我国当前可再生能源领域发展现状来看,随着政府与社会资本合作相关政策的出台,以及可再生能源技术进步和产业化步伐的加快,我国可再生能源领域已具备公私合作开发利用的产业基础,展现出良好的发展前景,但也面临着体制机制方面的明显制约,主要表现在民间资本受阻、政府投资低效等问题。

首先,从民间资本进入的状况来看,尽管我国 20 世纪 80 年代就已经向民间资本开放了能源市场,并鼓励"各种所有制经济主体参与可再生能源的开发与利用",但可再生能源领域内民间资本的规模和发展仍然十分有限,大多数民间资本集中于可再生能源产业上游的原材料和设备生产领域。由于可再生能源产品以电力为主要表现形式,而电力行业属于我国《反垄断法》所规定的"国有经济占控制地位的关系国民经济命脉和国家安全的行业",国家对电力行业中经营者的经营行为"依法实施监管和调控",这在很大程度上区别对待了国有资本和民间资本准入状态,大型国有企业与相关政府机构通过电力竞价标准、企业及业务规模等方面限制了民间资本在发电领域、输电服务购买领域、输电及配电领域的发展,如通过不合理压低发电投标价格、限制上网电价或入网歧视等方式排挤规模小或业务单一的民间资本。

其次,从政府投资来看,财政支持主要表现之一即可再生能源发展基金。当前我国存在着基金的征收、拨付、监管不力的问题,阻碍了国家财政对于可再生能源领域的产业扶持及产业发展的积极作用。依据《可再生能源法》,国家财政设立可再生能源发展专项基金,以中央财政预算安排可再生能源发展专项资金的分配、使用和监管,并针对不同领域的可再生能源,分别和细化可再生能源发展专项资金,通过可再生能源电价附加收入征收增值税和所得税,用于基金拨付和补助的资金来源,但实践中相关资金收入比例偏低,同时补助标准、预算管理和资金拨付按照属地原则向所在地省级财政、价格、能源主管部门申请,打破了可再生能源电价附加及可再生能源发展专项资金的基金方式征收和统一调配状态,政府在可再生能源领域发展中发挥的作用并不统一协调(董溯战,2013)。此外,政府对于可再生能源领域产业的扶持缺失竞争激励效果,更多的是行政财力物力的"先到先得"机制,不利于鼓励企业通过降低成本和高新技术完成产业更新,可再生能源发展基金的利用效率极低。

民间资本的进入受限和政府的低效财政,在很大程度上影响了电力市场及电力价格状况,电力系统的灵活性很难充分发挥,可再生能源电力的全额保障性收购政策难以有效落实。不利于降低可再生能源的发电成本,加上可再生能源领域对于政府的政策扶持依赖性较高,可再生能源相对于传统化石能源仍偏高,度电补贴强度较高,补贴资金缺口较大,可再生能源产业很难实现政府与民间资本的良性合作。同时,由于可再生能源产业对政策的依赖度较高,可再生能源与其他电源协调发展的技术管理体系尚未建立,可再生能源发电大规模并网存在技术障碍,具有技术优势的企业因市场竞争机制不健全而难以进入可再生能源领域,加剧了可再生能源产业的恶性发展状态,此外,各市场主体在可再生能源利用方面的责任和义务不明确,利用效率不高,"重建设、轻利用"的情况较为突出,供给与需求不平衡、不协调,不利于在可再生能源领域内形成良性市场竞争状态,可再生能源领域监管不力,市场竞争机制难以充分发挥。

(2)可再生能源领域实行公私协作的障碍破解

可再生能源领域实行公私协作的可行性问题的解决,首先,需要我们对可再生能源领域的产权形式进行理性认识。毋庸置疑,可再生能源领域作为我国能源供应体系的重要组成部分,与我国能源转型、消费革命及国家安全紧密关联。因能源供给涉及国家安全与经济命脉,会对可再生能源领域的产权主体予以严格限制。但我们不能将"能源管控"视为民间资本进入乃至公私协作的阻碍,相反我们应当正确认识"能源管控"及公私协作与能源安全的关系,并将公私协作的引入作为能源安全保障的创新(林卫斌 等,2016)。在坚持国家监管基础上,有区分地、灵活地将可再生能源体制改革和公私协作制度的灵活性相结合,以充分促进我国各类企业团体、公民团体乃至公众积极参与可再生能源产业的发展,弥补政府宏观调控的局限性,实现政府对可再生能源领域管控的可持续性和科学性。

其次,我们应当准确界定可再生能源体制改革,确保在国家有效监管的状态下实现能源市场化进程。国家的宏观调控虽也具有强权性、优先性等公权力色彩,但并不意味着等同于在可再生能源领域实行国企垄断经营、政府主导价格、计划排产等行政干预(景春梅,2016)。通过竞争提效的改革培育多元竞争主体,构建有效竞争的市场结构和市场体系,才是提升可再生能源产业效率、推动能源产业竞争提效和转型升级的有效手段。应当尽快打破可再生能源行业的自然垄断或国家公权垄断状态,促进多种主体进入勘探、开发、生产、销售等竞争性环境,形成多种资本自由进入、多种主体公平竞争的市场格局,在确保对能源宏观调控的前提下实现国有和社会资本合作。

最后,我们要正确分析公私合作的适用条件,确保其与行政管理模式有效并行。毋庸置疑,引入公私合作制度的根本目的是为了确保可再生能源领域得以可持续的开发和利用,引入公私协作的直接目的是为了弥补资金、技术、人员等短板及政府行政监管的局限性。而公私协作与现有政府宏观调控的共同有效运作,关键在于如何充分发挥公私协作对于政府行政管理的局限性的弥补作用,故有必要科学地设置公私协作的运行条件。

## 4. 可再生能源公私协作法律机制的建构

### 4.1 可再生能源公私协作法律机制的建构原则

鉴于可再生能源发展问题所呈现复杂特征及潜在的风险因素,使得公私部门合作过程中多元主体间利的实现、权的分配、责的分担也面临着较为复杂的制度困境和法律需求,充分激发和整合不同多元主体的个体优势及社会资源,是推进可再生能源产业持续发展及风险防范的首要前提。故应以引导多元主体的积极参与和通力合作为目的、强化多元主体间的信任度和紧密联系为手段,建构以"政府引导、平等协商、协议规范"为法律手段和核心内容的可再生能源公私协作法律机制。

#### 4.1.1 政府引导:充分发挥政府威权管控的政策优势

鉴于公私协作的根本目的在于完善可再生能源市场主体结构、改善可再生能源领域的市场体系和竞争状态,政府作为肩负环境资源公共管理职责的中心主体,应当充分发挥对可再生能源公私协作的引导作用。于可再生能源领域而言,政府基于福利行政和给付行政的新要求,应当对能源行业中公私协作的发展予以引导和规范,打破电力、油气等垄断行业的监管真空状态,确保能源监管及可再生能源产业市场化改革得以有效发挥和完成。无论是涉及新能源的清洁能源开发项目,还是涉及节能减排的基础设施建设项目,政府都应当提供以市场化、专业化为导向的有效政策指引,为可再生能源领域公私协作营造和维护良好的市场环境与政策环境,如引导可再生能源的合同能源管理(Energy Performance Contracting,EPC),通过资产租赁、转让产权、资产证券化等方式吸引私人部门参与,实行可再生能源开发基建设施"投资、建设、运营、监管分离"的市场化运行(赵爽,2015)。

同时,政府应当充分发挥财政支持等激励政策的积极作用。如中央财政整合可再生能源发展专项资金等,构建规范的投融资交易平台,鼓励进入机构、风险投资机构、专项基金进入可再生能源领域,针对性地为可再生能源产业的能源合同管理提供流动资金,结合不同投融资规模和风险要求给予相应的金融服务。各地应统筹相关财政资金,通过现有政策和资金渠道加大支持,将风能综合开发、大型水电基地建设、抽水蓄能基础设施建设、海上风电开发、太阳能多元化利用等涉能资金,对积极促进可再生能源开发的地方政府予以适当奖励。统筹安排专项建设基金,支持企业对促进节能减排生产工艺和设备进行技术改造。

### 4.1.2　平等协商:明确公共部门与私人部门的法律地位

公共部门与私人部门之间伙伴关系的有效维系是实现可再生能源公私协作有效运作的基础和保障,而公私部门伙伴关系的核心表征便是平等协商。主体间的平等地位及有效沟通是维系可再生能源公私协作过程中双方主体目标一致、利益共享、风险分担的根本前提。由于可再生能源的开发与利用具有分散性和复杂性,可再生能源公私协作面临较大的运行风险和融资困境,有必要通过预设协商原则对公私部门的主体地位及纠纷解决予以指引。具体而言,公共部门与私人部门在可再生能源开发利用过程中位于平等地位,公私协作主体就协作契约所达成的合意分配能源开发利用任务,并分别承担和履行各自的责任和义务,一方面,双方主体所达成的"自律性规范"或"志愿规则",对公共部门的行政行为的"优益性"进行约束和规范、实现对公共部门的公权力的限制;另一方面,对私人部门赋予"私权力"并约束其逐利行为,以"契约规范"取代"强权管制"实现环境公益的优位保护,确保可再生能源开发利用公私协作过程中公私主体的优势得以自由、充分的发挥。同时,公私部门就可再生能源公私协作过程涉及的活动开展、任务设定、风险防控、纠纷解决等事项,应尽量以协商的方式进行沟通和交流。公私部门的协商应以公益性与私益性冲突的协调和维护为基点:由于私人部门具有盈利需求,可再生能源的高成本性及其环境保护目标很容易影响私人部门参与公私协作的积极性,可再生能源开发利用所需的基础设施建设、运营的高成本、低收益,更是加大了公私协作的资金筹集和投资回报的风险性、波动性,因而,确保公共部门和私人部门在公私协作活动中位于平等的主体地位,是最终确保社会资本在可再生能源领域实现最大化效益的前提和基础。

### 4.1.3　协议规范:实现公私主体间风险及利益的合理分配

由于可再生能源开发前期投资成本具有波动性、公私协作中多元利益诉求的根本冲突性,以可再生能源开发利用为最终目标的公私协作活动难免存在诸多的践行风险,除了需要政府以政策引导的手段尽量降低公私协作的政策风险与运营风险,还需倚赖公共部门与私人部门间的协议规范对公私协作过程中的风险分担、责任共担及利益共赢予以充分规范和保障。一方面,政府在制定可再生能源开发利用项目方案时,应当充分考虑协作项目的公共需求、政府能力、项目成本、建设期限及后期盈利,充分降低潜在的政策变更风险和预期收益风险,并自觉设计政府保障政策变更风险补偿措施等条款,降低私人部门的风险承担压力。同时,政府应当努力确保协作契约的科学合理性并细化风险分担条款,自觉遵守契约协议条款,并根据私人部门的管理特点及人力资源赋予其相符的私权力。另一方面,私人部门应当充分结合自身管理强项及技术优势,充分把控公私协作项目的多种潜在风险,提高风险识别能力和风险应对能力,并据此与公共部门协商制定科学合理的风险分担条款。针对现实中较多的私人部门风险分担过重问题,应对公共部门的风险识别责任及风险分担义务予以强制性规定。

## 4.2　可再生能源公私协作法律机制的建构路径

公私主体间的优势互补既是公私协作有别于现有可再生能源法律制度的功能优越性所

在,亦是影响可再生能源可持续发展的重要因素,公私主体的通力合作是最终解决可再生能源公共服务均等化的重要前提,而公私协作过程中主体间的主体局限性与利益冲突,亦给可再生能源公私协作的公益性目标实现带来风险与阻碍。这便需要通过法律规范对公私主体予以限权和课责,对于公共部门及私人部门的合作行为予以有效地监督和管控,对相关权益予以保障和救济。基于公(法)私(法)的共治视野,可再生能源公私协作法律关系的规范调整,可以根据规范指向的权利义务范围不同,区分监督与监管规范、合同规范和救济规范三种路径选择。其中,可再生能源公私协作法律关系的监督和监督规范路径,便是对可再生能源公私协作行为的合目的性的外部保障;可再生能源公私协作法律关系的合同规范路径,则是指对可再生能源公私协作主体的平等互惠的内部调控;可再生能源公私协作法律关系的救济规范路径,是对可再生能源公私协作冲突与矛盾的程序救济。

### 4.2.1　绿色发展目标:监管与监督法律制度的公法规范

可再生能源公私协作法律关系的公法规范,主要包括监管法律制度和监督法律制度两个方面。可再生能源公私协作作为环境行政任务扩张及契约化、环境管制向环境善治演变的产物,本质上仍然是政治国家权力活动,需要通过行政权力的权威性对合作目的的环境公益性予以维护和保障;同时,社会资本的引入所带来的经济社会活动,还需要民主社会监督对可再生能源公私协作行为的合目的性予以监督和制约,故而需要通过行政监管和社会监督两种类型的制度规范对可再生能源公私协作主体及行为予以制约和限权。这既是国家强权存在和作用的体现,也是防止公益性目标异化,健全政治权力相互制衡、完善社会制约权力的规范体系的需求导向。

具体来看,监管法律制度与监督法律制度贯穿于整个可再生能源公私协作活动的全过程,监管和监督范围不仅仅包括公私协作合同,也包括社会资本方的准入条件、公私协作项目建营过程等;监管与监督对象包括公共部门与私人部门;监管职责与权限可源自法定监管职责如环境行政监管与经济行政监管,亦允许部分以协议条款约定的社会监管主体及相关权限,如第三方评估或第三方监测。

其一,以行政监管为内容的监管法律制度建构。行政监管是通过政府干预对于市场失灵与政府失灵风险并存的市场经济活动予以管理、控制和监督检查行为的统称,在性质上部分属于防止权力异化或滥用的权力(利)制约(石佑启 等,2016),既是政府采取行动的授权依据,亦是限制经济资源的权限依据(罗尔夫·施托贝尔,2008)。在能源管理合同关系下,对于可再生能源公私协作主体及行为的行政监管不再是传统意义上的绝对刚性管控,还需要统筹公权与私利,确保市场调控的有效运作状态和效率的同时,配置相关政府部门的监管权责,提升监管动力和监管能力,确保效率与公平的同时兼顾(李亢,2016)。总体而言,需要明确行政主管部门与环保部门的协同监管机制,并分别对政府与社会资本方合作项目的主体准入、建营过程等设立相应的监督机制,如信用记录制度、黑名单制度、国家赔偿制度和政府责任担保机制等,细化来看,主要包括监管主体与监管对象的范围、监管方式和程序、监管职责和权限等部分(萨瓦斯,2002)。

其二,以社会监督为内容的监督法律制度建构。社会监督是社会公众在环境管理等相关事务中参与、决策等行为或资格的统称,是环境民主在环境保护领域强化和稳固所形成的权利制度(朱谦,2008)。社会监督的实质是公众环境保护权,即公众参与保护环境权利的一种,是公众出于保障环境利益的目的、所具有的为社会或法律所承认和支持的自主行为或对环境决策进行介入或干涉的能力。对于可再生能源公私协作主体及行为的社会监督，即社会公众依据环境保护权，对滥用环境行政权力的政府部门，或损害环境公共利益的私人部门进行监督和制约的行为，具体包括诸如可再生能源规划决策参与权、申请公开相关信息权乃至环境公益诉权等权利制度的建构。

### 4.2.2　环境协作共赢：公私双方合同权利义务的私法规范

可再生能源公私协作合同权利义务的私法规范，即以调整可再生能源公私协作主体间合同法律关系的法律制度。由于可再生能源公私协作具有目标的环境公益性、主体的合意性和社会关系的复杂性，可再生能源公私协作合同的私法规范构造面临着合目的性和主体合意性的双重任务，不仅要确保公私协作活动的公益目标，还要确保合作主体双方尤其是私人部门获得合理的收益，以激励社会资本参与能源公共服务之中。这便需要对私人部门在公私协作中的法律地位及权利义务予以明确界定和保障。

由于合作合同强调以合作主体间的"合作共识与权责意识"作为合同法律关系成立与合同生效的前提，合作合同即双方意思表示一致，以及共同衡量、认同和约束双方主体的"利、权、责"的具体表现形式。对于可再生能源公私协作合同的私法规范，应着重于公共部门与私人部门的平等法律地位和基于双方合意所形成的对等性权利与义务。具体而言，对于可再生能源公私协作合同权利义务关系的私法规范，首先，明确合作合同的契约性，即对于公私部门基于合意所形成的合同形式要件及合同法律关系予以调整，明确可再生能源公私协作合同的类别、属性；其次，在厘清合作合同性质的基础上，着重对于合同的构成要件、合同的履行与变更所涉及的主体资格与法律地位予以明确规范；最后，针对公共部门的特殊权力保留，以及私人部门的逐利性需求，对公共部门和私人部门的合同权利与合同义务予以明确规范。

### 4.2.3　冲突争议解决：保障与救济的程序法规范

纠纷的程序性规范，在一般情况下并不对可再生能源公私协作法律关系予以积极调整，而是在发生了利益冲突或者权益损害或相关威胁时，由涉及权益的相关法律关系主体依据规范，寻求利益衡平和权益救济。在可再生能源公私协作过程中，产生的法律关系并不仅仅局限于合作主体之间，亦因能源开发及供给服务的环境公益性，还涉及社会公众（包括广泛意义上的社会公众和特定区域的社会公众）和特定行政部门，并往往因可再生能源公私协作主体间的原生法律关系的形成、变更和消灭所引发的纠纷，而产生事后救济或保障性法律关系。这种法律关系往往具有派生性，以解决纠纷和冲突、恢复社会秩序为目标，故而主要通过程序法中的司法程序和非诉程序予以解决。

由于可再生能源公私协作社会关系具有复合性，涉及的主体与利益具有多元性，可再生能源公私协作所涉及的纠纷也具有复杂性和社会性，既可能是由于公私协作主体间的权益冲突所引发的合作内部纠纷，也可能是由于公私协作行为对第三方主体利益致损而引发的合同外部纠纷；既可能是与能源开发及供给公共服务标的密切关联的环境纠纷，亦可能是多元利益冲突或优位保护公益所产生的民事纠纷与行政纠纷。纠纷的复杂性和社会性，使得相关的程序性规范的法律性质亦具有多样性，不仅包括平等民事主体间的私法性程序规范（主要以民事诉讼为主），亦包括公法性程序规范（如行政诉讼和刑事诉讼）。

## 5. 结语

社会资本的引入对于提升可再生能源领域的产权效率提供了制约与激励力量。社会资本的引入和国家政策的扶持,提升了可再生能源行业的运作动力和执行能力,公私协作对于行业规模和资金供给的保障,不仅有利于缓解政府的财政压力,亦激发了可再生能源领域的市场活力和资源配置,政府在可再生能源领域的有限的财政激励作用过渡转变为可持续的产业激励作用。值得注意的是,可再生能源开发,因独特的技术需求、地理区位及消费状态,而具有有别于一般公私协作模式的独特性,集中表现为产权主体的多元化。可再生能源领域的可持续发展依赖于可再生能源领域的产权效率保障,而可再生能源领域的产权效率,具体受制于可再生能源领域的外部竞争和内部治理(董溯战,2012)。

在我国现有可再生能源领域,除去已具有一定市场成熟度和技术成熟度的能源领域,可再生能源的能源绩效均因政府的行政有限性而受到制约,无论是行政监管还是内部治理都缺乏竞争性和效率。社会资本的引入有效地降低可再生能源开发利用成本,从而实现生态效益和经济效益的双赢。不可否认,可再生能源发展公私合作在降低可再生能源成本的同时,也存在着市场性风险,因此,将可再生能源产业发展的可再生能源产品生产、可再生能源产品消费等多个环节通过市场秩序与政府手段相结合的方式综合调控,不仅需要在可再生能源研发企业与政府之间通过平等主体之间的民事合同达成受到法律保护的可再生能源研发合意,还依赖于政府能够提供良好的市场基础、政策扶持和法律保障。

（报告撰写人:吴隽雅）

作者简介:吴隽雅,法学博士,河海大学法学院讲师。

本报告受南京信息工程大学气候变化与公共政策研究院开放课题(课题名称:气候变化背景下我国可再生能源公私协作法律机制研究;课题编号:17QHB02)资助。

## 参考文献

财政部 PPP 中心综合信息平台,2015. 全国 PPP 项目 6650 个计划投资额 8.7 万亿[EB/OL]. http://finance. people. com. cn/n1/2015/1219/c1004-27949326. html.

陈军,2014. 变化与回应:公私协作的行政法研究[M]. 北京:中国政法大学出版社.

崔宇明,常云昆,2007. 环境经济外部性的内部化路径比较分析[J]. 开发研究(3):40-43.

董溯战,2012. 中国可再生能源领域的民间资本准入法律问题研究[M]. 上海:立信会计出版社:360-361.

董溯战,2013. 中国可再生能源领域的民间资本准入法律问题研究[J]. 经济体制改革(3):128.

[美]E. S. 萨瓦斯,2002. 民营化与公私部门的合作伙伴关系[M]. 北京:中国人民大学出版社:263-264.

高云,2017. 巴黎气候变化大会后中国的契合变化应对形势[J]. 气候变化研究进展(1):89.

何春丽,2015. 基础设施公私协作(含跨国 PPP)的法律保障[M]. 北京:法律出版社:9.

何显明,2012. 大转型:开放社会秩序的生成逻辑[M]. 上海:学林出版社:152-156.

侯刚,2009. 中国生物质能风险评估与管理研究[D]. 杨凌:西北农林科技大学.

侯京民,2008. 水能资源管理存在的问题和政策建议[J]. 水利经济(2):40-42.

黄为一,2010. 可再生能源的开发利用及投融资[M]. 北京:中国石化出版社:4-5.

贾康,孙洁,2014. 公私协作伙伴关系理论与实践[M]. 北京:经济科学出版社.

景春梅,2016."十三五"能源体制改革建议[J]. 经济研究参考(60):5-10,21.

李亢,2016. PPP 的法律规制:以基础设施特许经营为中心[M]. 北京:法律出版社:199.

李艳芳,2015. 新能源与可再生能源法律与政策研究[M]. 北京:经济科学出版社:260-261.

李挚萍,2006. 环境法的新发展——管制与民主之互动[M]. 北京:人民法院出版社:3-6.

联合国开发计划署,2008. 2007/2008 年人类发展报告——应对气候变化:分化世界中的人类团结[R]. ht-
    tp://hdr. undp. org/en/media/HDR_20072008_CH_Complete. pdf.

林卫斌,方敏,2016. 能源体制革命:概念与框架[J]. 学习与探索(3):71-78.

[德]罗尔夫·施托贝尔(Rolf Stober),2008. 经济宪法与经济行政法[M]. 北京:商务印书馆:420.

吕江,2013. 气候变化与能源转型:一种法律的语境范式[M]. 北京:法律出版社:5-6.

前瞻产业研究院,2017. 2017 年全国及各省市可再生能源政策汇总及解读[R]. https://www. qianzhan. com/
    analyst/detail/220/171221-bb377ae9. html.

桑东莉,2013. 气候变化与能源政策法律制度比较研究[M]. 北京:法律出版社.

石佑启,陈咏梅,2016. 法治视野下行政权力合理配置研究[M]. 北京:人民出版社:116.

史立山,2010. 我国可再生能源发展对策[N]. 中外能源(3):29-32.

谭惠卓,2013. 绿色民航:环境保护与节能减排[M]. 北京:中国民航出版社:96-97.

王革华,2005. 能源与可持续发展[M]. 北京:化学工业出版社:25.

王娟,2015. 气候变化背景下可再生能源法律制度研究[D]. 兰州:甘肃政法学院.

于文轩,2016. 中国能源法制导论:以应对气候变化为背景[M]. 北京:中国政法大学出版社:96.

俞可平,2000. 治理与善治[M]. 北京:社会科学文献出版社:36.

岳小花,2015. 可再生能源配额与相关法律制度研究[M]. 北京:中国政法大学出版社:2.

赵爽,2015. 能源生态安全的法治构建研究[M]. 重庆:西南师范大学出版社:161-162.

中国国家发展和改革委员会,2007. 可再生能源中长期发展规划[R]. http://www. ndrc. gov. cn/zcfb/zcfbtz/
    2007tongzhi/W020072008_CH_Complete. pdf.

朱谦,2008. 公众环境保护的权利构造[M]. 北京:知识产权出版社:50.

Edenhofer O,Seyboth K,Creutzig F,2013. On the sustainability of renewable energy sources[J]. Social Science
    Electronic Publishing,38(38):169-200.

Gromet D M,Kunreuther H,Larrick R P,2013. Political ideology affects energy-efficiency attitudes and choices
    [J]. Proceedings of the National Academy of Sciences,110(23):9314-9319.

Jc V D B,2013. Policies to enhance economic feasibility of a sustainable energy transition[J]. Proceedings of the
    National Academy of Sciences,110(7):2436.

# 代际能源正义与能源开发的永续原则

**摘　要**：能源是 21 世纪最重要的议题之一。如果未来世代要想在当今已取得成就的基础上继续发展，那么当代人必须做到能够在环境破坏最小、成本合理的情况下大规模发电。每代人都希望下一代能够生活得更好——更好的生活水平、更好的卫生保健系统、更好的科学、更加和平的国际关系、更好的环境，等等，但所有这一切的实现有个前提条件，那就是当今一些和能源生产相关的问题得到解决。而这点能否实现，仍有待观察。能源开发是指以能源资源为对象进行劳动，以达到利用目的的活动。然而，是否所有的能源资源都可以被无限度地开发？是否需要为后代留下一定比例的能源资源？从当代人的视角看，能源开发应当有利于发挥能源资源的优势，充分合理地利用能源资源。从未来世代的视角看，能源开发则应当以科学的长期规划为依据，保持能源的永续利用和社会的可持续发展。

**关键词**：代际能源正义　能源开发　永续利用

# Intergenerational Energy Justice and Sustainable Principle of Energy Usage Development

**Abstract**：Energy is one of the most important topics in twenty-first Century. If future generations are to build on what has been achieved today, they must be able to generate electricity on a large scale with minimal environmental damage and reasonable costs. Every generation wants the next generation to live a better life-a better standard of living, a better health care system, a better science, a more peaceful international relationship, a better environment, etc. -but all this is achieved on the premise that some of the problems associated with energy production are solved today. Whether this can be achieved remains to be seen. Energy development refers to the activity of using energy resources as the object of labor to achieve the purpose of utilization. However, can all energy resources be exploited indefinitely? Is it necessary to leave a certain proportion of energy resources for future generations? From the perspective of contemporary people, energy development should be conductive to give full play to the advantages of energy resources, the full and rational use of energy resources. From the perspective of future generations, energy development should be based on scientific long-term planning to maintain the sustainable use of energy and sustainable social development.

**Key words**：intergenerational energy justice；energy development；sustainable utilization

## 1. 代际能源正义

在能源开发上最重要的问题不是我们是否有能力开发出所有的能源资源，而是我们是否有必要开发出所有的能源资源。能源资源不仅仅是我们这一代的财富，而是属于整个人类（包括未来世代）的共同财富。我们不是从祖先那里继承地球的，而是从子孙那里借来的。如果我们的过度开发使未来世代因缺乏能源而受到伤害，那么，我们的行为就是不正义的。

### 1.1 能源的代际问题

当代人对能源的开发与利用会对未来世代产生影响，其中最显著的影响就是由能源使用所造成的气候变化会直接威胁未来世代的生存以及基本权利。在历史上，中断人类文明进程的气候变化大部分起源于自然原因。然而我们今天面临的气候变化，大部分是由于人为原因造成的，是我们化石燃料密集型的工业经济所带来的后果。"我们对未来能源的选择不可避免地将与全球的气候系统密切相关，因此也就不可避免地将与整个人类的未来密切相关"（麦克尔罗伊，2011）。可能会严重威胁未来世代的生存与权利的气候变化影响至少有以下 6 种：海洋酸化、更为频繁和严重的灾难、大量的气候难民、食物生产、传染病及淡水短缺。

（1）海洋酸化

由于二氧化碳排放，海洋酸度自工业革命以来上升了约 30%，是过去 5500 万年来上升幅度最大的，对亚非地区严重依赖鱼肉为食的国家造成了严重威胁。作为海洋食物链的基础，酸化快速消耗着水藻和浮游生物。海水酸度上升会漂白和损害珊瑚礁。例如，小丑鱼对海水酸化特别敏感，它们会失去嗅觉能力。酸化会打乱海蛇尾的繁殖过程，从而减少鲱鱼储量。还会使霰石和碳酸钙减少，这对大多数海洋骨壳类生物是至关重要的。

海洋酸化的威胁是全球性的，大西洋、北太平洋和北极海域的酸化会危及大量有机物的食物链。科学研究警告：气候变化可能导致大量地方生物的灭绝，以及巨大的生物变迁，会影响 60% 以上的海洋生物多样性，降低珊瑚活力——因漂白、疾病和热带风暴，近三分之一的珊瑚礁濒临消失（Gosling et al,2011）。

（2）自然与人为灾难

气候变化增加了自然与人为灾难的频率和严重程度。全球经济因自然灾害——大部分与气候变化有关——造成的经济损失每 10 年翻一翻，达到了 1 万亿美元。2012 年 10 月的飓风"桑迪"淹没了新泽西和纽约的部分地区，使纽约损失 500 亿美元（不包括对美国其他地区、巴拿马、古巴、多米尼加、海地、波多黎各造成的损失）（Walsh et al,2012）。20 世纪 90 年代，与天气相关的灾害每年增加 100 亿美元（Reddy et al,2009）。降雨模式的改变使极端天气事件、飓风、洪水、厄尔尼诺和拉尼娜现象更多，使海平面上升，威胁了海岸，也挑战了低海拔城市安全。风暴造成的洪水会引发山体滑坡，导致死亡和疾病传播。在马尔代夫，近一半（44%）的住宅和 70% 的主要基础设施离海不足 100 米。这些住宅都面临着海平面上升、风暴和洪水的威胁。2000—2006 年的极端天气事件至少淹没过马尔代夫 90 个有人居住的岛屿，其中 37 个岛屿被淹没过多次。2007 年，海浪淹没了 68 个岛，摧毁了 500 个家庭，疏散了 1600 人（Sovacool,2011）。在非洲，海平面上升会摧毁 30% 的海岸基础设施。

从欧洲的阿尔卑斯山到亚洲的喜马拉雅山的山区也面临冰湖暴发洪水的严重风险——当冰川比预期消融更快,会快速产生大量的水,足以杀死数千人并摧毁整个城市。联合国环境规划署在不丹和尼泊尔附近就发现了至少 24 个高风险冰川湖(Meenawat et al,2011)。冰川消融会使克什米尔和尼泊尔的河谷泛滥,预计有 1820 万人会死于疾病和饥荒。

美国国防部模拟了气候变化的可能影响,并开始准备应对美国西南部和墨西哥的干旱和极度高温。美国海岸和加勒比盆地的飓风强度会增加;新英格兰和加拿大东部的冰雹将更难应对;中美洲会发生大规模泥石流和洪水;加州、华盛顿州以及加拿大、阿根廷、巴西会发生大规模野火;台风与气旋会严重破坏菲律宾、印度、孟加拉国、越南和中国的沿海城市。

(3)粮食安全

气候变化会严重影响食物的生产、加工与分配,尤其是会对非洲和亚洲产生严重影响。据发表在《柳叶刀》(Lancet)上的一篇研究,到 2080 年,有至少 40 个最不发达国家——总人口达 30 亿——将损失 20% 的谷物产量。暖冬带来的农业害虫与疾病会使蝗虫、粉虱、蚜虫泛滥,使谷物产量大幅下降。过去 30 年,非洲萨赫勒地区的降雨减少了 25%,造成尼日尔三角洲、索马里和苏丹发生饥荒与营养不良。一些专家预测,气候变化导致的严重食物短缺,会使安哥拉、布基纳法索、乍得、埃塞俄比亚、马里、莫桑比克、塞内加尔、塞拉利昂和津巴布韦饿死 8700 万人(Haines et al,2007)。另一项研究警告,非洲有 7500 万人至 2.5 亿人到 2020 年前将遭受日益增加的饮水压力,雨水浇灌的农田将减少 50%(Prouty,2009)。

亚太地区的国家也会遭受严重打击。一些国家,如印度西部的马哈拉施特拉邦(Maharashtra)将遭受严重干旱,可能减少 30% 的粮食产量,使 1500 万小农户损失 70 亿美元。整个印度的农民和渔民会因海平面上升而从沿海地区迁移,会因热浪而减少粮食产量,会因海水入侵使地下水位下降。在中国,高温与蒸发率的增加会使农业用水需求增加 10%,农田更易遭受病虫害,从而使产量下降。在老挝,政府预测,几乎一半(46%)的农村人口会面临食物不安全的风险——因洪水、干旱和价格上涨导致的农田与自然资源损失。在不丹,已经发现了粮食产量不稳定,产量下降,质量下降,农业与灌溉用水减少。而且,还有土壤肥力下降、土壤流失,持续冰冻而推迟播种,爆发新型病虫害。在有 1.6 亿人的孟加拉国,高温与降雨模式的改变,日益增加的海水倒灌与沿海地带的盐化上升,可能减少粮食产量,造成粮食安全问题。一些研究计算,该国今后几十年的大米产量可能会减少 17%,小麦产量会下降 61%;并且潮湿的压力会抵消任何可能的产量增加(Rawlani et al,2011)。

(4)人体健康与疾病

世界卫生组织指出,气候变化已经在 2000 年杀死了 15 万人,并使 550 万人因身体虚弱而减少寿命;且大多数发生在发展中国家。更令人担忧的是,到 2030 年,与炎热相关的疾病,因洪水、干旱、火灾、生物多样性损失等引发的疾病导致的死亡会加倍。在中国,气候变化很可能产生流行病条件——随着气温升高和饮水减少,使疟疾、登革热、脑炎发生范围和频率增加。在马尔代夫,水生疾病如志贺氏杆菌与腹泻,通过洪水的增加传播会在 5 岁以下儿童中发病更为普遍。气候变化间接造成营养不良与医疗服务的匮乏和质量不高,风暴与洪水又使食物发放或运输病患更加困难。在全世界的低海拔三角洲,洪水与飓风会直接影响健康与营养——通过造成身体伤害以及扰乱食物和基本服务供应,通过水生疾病与延长营养不良周期而间接影响健康与营养。例如,在 2004 年孟加拉国的季风季节,洪水使该国 60% 的国土被工业和家庭垃圾所覆盖。超过 2000 万人缺水、皮肤感染和患上传染病(Rawlani et al,2011)。

(5)水质与可获得性

气候变化造成的与水相关的影响可能是减少淡水获取、灌溉水减少、饮用水减少、卫生状况变差。降雨、降雪、融雪、融冰的变化会使全世界 40% 的人口处于用水风险之中——因为他们依赖高山冰川获得水源。许多世界上最大的河流,包括印度河、恒河、湄公河、长江与黄河,都发源于冰川。风暴潮也会使咸水污染淡水。到 2080 年,增加的洪水、干旱与风浪会减少淡水的获得与质量,将影响 15 亿人(Biermann et al,2008)。

(6)气候难民

全球气候变化的威胁会使许多家庭离开故土。这些气候难民必须重新安置。气候变化每年造成 30 万以上的人死亡,严重影响 3.25 亿人,造成 1250 亿美元的经济损失。到 2050 年,有超过 2 亿人会因气候变化而丧失家园(Biermann et al,2008)。

虽然历史上的环境灾难也很常见,但气候变化使气候难民问题加剧。如《纽约时报》所说,"随着今后几十年气候条件恶化的可能性,移民专家认为,发展中国家会有数千万人因灾害而移民"(Kakissis J,2010)。同样,小岛国发展中国家如马尔代夫与塞舌尔可能会在 60 年内完全被淹没。太平洋小岛国基里巴斯共和国已经将海岸与珊瑚礁的 94000 名居民迁移到了高地。马尔代夫会因海平面上升而损失 80% 的土地,其已经开始在斯里兰卡为其气候难民购买土地(Smith,2008)。

## 1.2　代际能源正义何以可能?

各种经济学理论都对"资源不会枯竭或可被替代"的前提毫不怀疑。因此,在任何一种理论框架下,作为个体基于其个人利益的最理性选择,都等同于忽略了子孙后代的利益:经济学的各个分支体系都盲目地将人类推上耗尽有限的资源的道路,而把账单算在子孙后代的头上。

能源的开发利用要有助于维护未来世代的利益,要在采取合理措施尽量避免严重影响后代自由权的前提下,努力扩大当代人们的实质性自由。人类当前对自然的需求需要用 1.5 个地球来满足,这意味着我们正大量消耗自然资源,大大增加了子孙后代满足自身发展需求的难度。不可再生能源具有稀缺性,能源的枯竭及其带来的环境问题有损后代人的发展权和环境权,产生代际不正义。

我们的全球能源系统是不正义的,因为它向大气中排放温室气体,它们对以农业经济为主的社群与国家造成了伤害,而这些国家的排放量又最少(Sovacool et al,2012)。能源开发与使用所排放的温室气体会带来一些严重的后果,如食品安全问题增加、气候难民扩散、自然灾害与人道主义灾难发生的频率与严重程度增加。这些后果可能会伤害当前世代和未来世代。由能源使用而造成的气候变化是一种广泛的威胁,它涉及多重的正义维度。由于自然过程与各社区和国家的不同适应能力,使得气候变化的影响是不均衡的;同时,在历史上,只有一小部分国家要对大量的排放负责(Arnold,2011)。

由能源利用而引发的气候变化是一个典型的正义问题。在气候变化中,我们可以看到全球性的不平等以及环境不正义,它渗透在日常生活中,并对世界上最贫穷和最脆弱人群的当前与未来健康与福利造成了威胁。气候变化要求我们比以往更为理性地思考事物之间的相互关联,要求我们思考谁是受益者、谁是受害者,思考我们的能源生产与消费模式所造成的遥远空间与时间影响。因为,"对于那些在经济、政治和环境上处于边缘化的人来说,气候变化造成了深刻的不正义"(Walker,2012)。东英吉利大学气候学家尼尔·艾格(W. Neil Adger)及其同事也指出,"公平是本世纪达成任何实质性气候变化解决方案的核心要素"(Adger et al,2006)。

但公平与正义的基础是什么,对象是谁? 当代正义理论至少可以从两个相互关联的层面给出答案:正义的基础是人类的生存权,正义的对象是当代人以及未来世代。首先,气候变化以多种方式引出了对未来世代的正义考量。如果现在不减少温室气体排放,那么一旦这些排放引发危险的气候变化,就会对未来世代造成严重的伤害。过去与当前排放所造成的气候相关影响会比核废料更持久。二氧化碳会在大气中停留很长时间,据估计,我们当前排放的每吨二氧化碳中,有四分之一会在一千年后仍然影响大气(Archer,2009)。源于化石燃料的二氧化碳排放中,可能需要 3 万～3.5 万年才会彻底消除(Hansen et al,2008)。换言之,气候系统就像是一个进水龙头大而排水出口小的浴缸(Victor et al,2009)。

因此,未来世代将比当前世代受到气候变化更为严重的影响,"他们将是最严重的受害者"(Sinnott-Armstrong et al,2005)。田纳西州大学哲学教授约翰·洛特(John Nolt)把这种情境描述为当前人在"奴役"未来世代。他写道:"我们的温室气体排放是一种不正义的统治,类似于历史上那些如今已经备受谴责的统治。另外,我们遗留给后代的任何好处都无法抵消这种不正义。"(Nolt,2011)

与能源贫困的情形一样,气候变化也引发了有关人权的正义问题。正义理论家亨利·舒伊(Henry Shue)有说服力地指出,如果生命安全是一种基本权利,那么创造生命安全的条件也是,例如就业、食物、住所,以及未受污染的空气、水和其他环境善物,他称这些为"生存权利"(Shue,2011)。这意味着人们拥有对某些"善物"的权利——这些东西使他们能够享受最为基本的福利,如表 1 所示,这些善物都是"生存排放"权。如 Shue 所说,"基本权利就是道德之底。它们规定着一个任何人都不能掉落的底线"(Shue,1993)。

**表 1　体面的生活水平**

| 基本善物 | 能源服务 | 体面的生活水平 |
| --- | --- | --- |
| 食物 | 做饭能源,沼气 | 充足的营养,2 MJ/(cap·d) |
| 水/卫生 | 水加热 | 每月 50 升饮用水 |
| 住所 | 空间、照明、空调 | 10 平方米空间,每平方米 100 流明照明,20～27℃的温度 |
| 医疗 | 电力 | 70 岁预期寿命 |
| 教育 | 照明与电力 | 每月所有电器 100 kW·h |
| 衣服 | 纺织所需能源 | |
| 电视 | 电力 | |
| 冰箱 | 电力 | |
| 移动电话 | 电力 | |
| 移动性 | 私人汽车 | 机动交通 |

总之,保护未来世代和保障生存权意味着"在全球化的世界里,距离不再成为道德区别的理由;高排放的人有义务减少他们的排放,无论他们在哪儿"(Harris,2011)。并且,这还意味

着,当一些人无法过上体面的生活而另一些人又过多时,必须用充足的最低(adequate minimum)标准以满足其基本生活水平(Shue,2010)。地球的恢复能力要求我们要大幅减少排放,同时减少对能源的需求。

牛津大学道德与政治学教授布莱恩·巴利(Barry,1989)写道,"从时间角度看,没有哪个世代可以要求比其他世代享有更多的地球资源","平等机会的最低要求是对地球自然资源的平等权利"。无论我们认为美好的生活是什么样的,例如我们都认可是 10 分,那么我们如今所享有的价值就要持续到未来世代,以使未来世代的生活水平不掉到 10 分以下。当前世代没有权利要求更大的自然资源份额,因为我们大部分的技术与资本并非仅仅是当代人创造的。我们继承了它,因此,当前世代并不应得到任何特殊的自然资源诉求。如巴利(Barry,1989)所说,"由于我们从我们的前辈那里获得了利益,因此一些平等概念要求我们为我们的后代提供利益。"

阿马蒂亚森和努斯鲍姆所提出的能力路径也可用于分析代际能源正义问题。能力路径是当代关于贫困、不平等与人类发展的争论中最有影响力的理论,而且其结构非常适合于当前对可持续性与未来能源情境的讨论。通过定义,能力是人能实现的一系列功能。一个人的功能是其是什么和能做什么的事实。据此观点,我们用于进行跨不同能源情境比较的价值应当是,人们的自由选择以及积极实现他们有理由重视的事情。能源理论家聚焦于人们实际上有能力做什么和能够成为什么,并评估不同能源情境中各种不同的被认为是有价值和没有价值的要素。更准确地说,能力路径中的自由与功能决定着什么是我们有理由重视的。

能力路径及其对个人的关注对于评估能源情境有一些有价值的意义。例如,想象一下,未来世代在某个遥远的未来发现了风力带来的不可接受的风险。那时,要移除所有的风力涡轮机并用其他能源转换技术取代要相对容易。但是,这样直接地消除风险对于其他能源技术,如核电,则是不可能的。这表明,从能力的视角看,风电至少在这一方面比核电有优势。为进一步阐释此问题,可以与水电设施进行比较,如果未来世代发现某一巨型水电设施对他们造成了不可接受的风险,那时将很难拆除这样一座水电站并恢复地貌。

一些能源转换技术会带来不可逆转的影响。因此,大型水电设施会降低未来世代的能力(自由),而风力涡轮机却不会。对核电也是如此。核电的一个众所周知的缺陷在于这一技术会降低未来世代的能力(自由),因为放射性废料需要很长时间的管理。尤其是核电站的那些高度活跃的废料,对未来世代造成的风险是无法仅仅通过拆除核电站而消除的。

这表明,从能力视角看,风电比核电有明显的优势,因为风电不会降低未来世代的自由。据能力路径,这种自由的损失没有被当前的可持续性指标所充分认识,应当在不同能源情境的评估中予以考虑。

## 1.3　代际补偿与代际能源正义

目前的能源生产、投资与消费结构是以当代人的利益为核心考量,在很大程度上忽视了后代人的利益,从而危及代际能源正义。在以当代人利益为中心和以市场机制为基础的能源开发利用活动中,市场机制不会主动维护后代人的利益。如正值贴现理论,用于当代人的投资决策尚可,如果延伸至无限的代际决策,则缺乏合理性。因为从伦理学的角度讲,后代人的某些重要价值(如发展权、生存环境等)并不适用于折现,当代人能源消费的短期理性与人类可持续发展的长期理性之间的矛盾难以协调。在后代人缺席的代际能源资源配置中,政府作为能源资源的配置者,必须对后代人利益的损失做出相应补偿,以维护能源利用的代际正义。

帕累托改进(Pareto improvement)理论为解决代际能源正义问题提供了一条可能的途径。帕累托改进是指在没有使任何人境况变坏的情况下,使得至少一个人变得更好。在任何相邻的两代人之间,如果一种能源资源配置方式没有使其中一代人的状况变坏,而使另一代人的状况有所改善,这样也是一种较为理想的实现代际能源正义的模式。原因在于未来的发展存在不确定性,使我们无法准确预见未来世界的整体面貌。如未来能源包括哪些形式,即使最权威的学者也难以做出判断。现在认为不可能利用的自然资源,将来可能成为重要的能源来源。这意味着未来的能源发展具有很大的不确定性,这也与罗尔斯"无知之幕"的假设是一致的。因此,规划无限期的代际能源正义只是空中楼阁。

不能因为绝对的代际能源正义观而影响当代人的经济发展。人类发展的不同阶段对能源的需求是不同的。在人类社会的原始阶段,相对于少量的全球人口和落后的生产力,显得木柴、秸秆、水力等各种能源无限丰富。任何人使用任何能源,几乎不会对后代人的发展造成任何不利影响。但是现在人口众多,生产力相对发达,对能源的需求加大,导致各种能源资源都很紧缺,似乎当代人利用任何能源,都会影响到后代人的使用。梅多斯等在《增长的极限》一书中阐述的正是这种状况,于是,梅多斯等人提出了悲观的人类发展"崩溃论",认为只有发展停滞才是拯救人类,这同样也是保证代际公平的一种思路。然而事实并非如此,到目前为止,人类一直在快速发展着。事实证明,只有通过当代人的不断发展、进步,才能更好地保证后代人的权益。

利用代际补偿机制,能够实现代际双赢。各代人平均分配地球上的各种能源资源是绝对的代际能源正义。假如当代人过多地利用了某种形式的能源,然后以其他形式补偿后代人,同样可以实现某种程度上的代际能源正义。由于经济过程不可避免地要耗用能源资源,如此一来,能源资源,尤其是可耗竭能源的存量就会减少。但是,减少的可耗竭能源资源并没有被当代人完全消耗掉。所消耗能源的一部分通过转化为非能源方式被储蓄起来。例如,当代人利用能源创造的价值进行基础科学研究、应用技术研发,以知识这个无形资产的方式储蓄起来,增加后代人的知识积累;此外,能源创造的价值还制造了大量更加先进的机器设备等有形资产,以供后代人使用。如果当代人消耗能源创造的无形资产和有形资产的总值不少于该能源的价值,就不但能改善当代人的生活质量,而且也不会损害后代人的利益。从这个角度看,如果当代人通过创造新的财富方式对后代人进行补偿,就能够实现能源配置的代际双赢。在无法准确预见未来能源的发展前景,但是可以预见近几代人的能源利用的情况下,如果能够保证任何相邻两代人之间能源利用的公平,就能基本保证所有代际之间的公平,并且,只有在当代人发展的基础上,后代人才能得到更好的发展。因此,能源代际补偿机制的建立,成为更高层次代际公平的可行途径(刘志秀 等,2010)。

日本对遭受核辐射伤害的儿童的补偿措施是一个典型的案例。核能对日本的影响最具有代表性。第二次世界大战使日本遭受了核武器的巨大创伤,而和平时代又遭受了核电事故的重大影响。2011 年日本福岛核电站事故导致的核泄漏问题给当地儿童日后的健康造成了危害。据日本政府核灾害对策本部于 2011 年 8 月公布的对福岛县内 1150 名儿童遭受辐射的检查报告,结果显示,45%的儿童甲状腺内部遭受辐射(中国广播网,2011)。郡山,一座临近福岛核电站的城市,在 3·11 大地震发生不久就对孩子们的户外活动做出了这样的限制:两岁左右儿童的户外活动时间一天不超过 15 分钟,而 3～5 岁的孩子在户外的时间不超过半个小时。小孩子只能在室内玩,不能到室外呼吸空气。可是建筑物的墙壁有这么厉害吗?会把辐射都过滤掉?不管怎么说,不能到处跑的童年都是悲惨的。在福岛核事故发生 5 年之后的 2016 年,日本冈山大学教授津田敏秀率领的研究小组分析了福岛县政府进行的未成年人甲状腺检查结果,发现甲状腺癌年发病率是日本全国平均水平的 20～50 倍。福岛县的甲状腺超音波检查以核灾发生时不到 18 岁的约 37 万人为对象实施,截至 2016 年 8 月底,共确诊 137 名甲状腺癌患者,较前一年增加了 25 人,而且远高于全国平均值的每百万未成年人 1～2 人。福岛事故之初,日本政府还宣布事故并不严重,并将其定为 1 级事故——国际原子能机构规定的最低核事故级别,后期,再也无法自圆其说,不得不重新定为 7 级——最高级别——与切尔诺贝利核电站事故同级。核泄漏事故更为深层的影响是:人们的心态正在悄然发生改变。一些来自核辐射区域的孩子,竟然成了人们避之不及的"祸害"。这些从辐射区来的孩子们发现,他们在新的学校很难交到朋友。有家长说,自己的孩子在公园和其他小朋友做游戏的时候,本地的孩子问他们从哪儿来,听到回答是"福岛"的时候,孩子们立刻一哄而散。自家的孩子只好哭着回家(张乐,2011)。日本福岛核事故造成日本国土面积 3% 的地域受困于核污染。在事故发生 7 周年之际,已经发现上百名儿童因辐射患癌。

　　遭受核辐射的成人与儿童的下一代谁来关心?他们面临着更高的先天性出生缺陷概率。二战后,日本有大量因核辐射而出生的缺陷儿童。对于这些儿童,日本政府提供了特殊的救助与补偿措施。除了政府提供所有的医疗费用之外,还配备专人或义工定期陪伴这些儿童。甚至还会带脑瘫等严重残疾的儿童进行观光活动,目的是为了让他们尽量享受与其他正常儿童相同的福利。

## 2. 适应与代际正义

### 2.1　适应的代际正义意蕴

　　应对气候变化有三条路径:减缓、适应与地球工程。

　　(1)减缓(Mitigation),即通过减少化石能源的使用等手段减少二氧化碳等温室气体的排放,降低大气中的温室气体浓度。减缓是近 30 年来气候变化谈判的核心议题,但也是阻碍全球应对气候变化取得实质性进展的最大阻碍,其原因在于历史排放责任的认定与当下减排责任的分配困境:发达国家不愿承担过多的历史责任,而发展中排放大国又不愿意牺牲当前的经济发展。换言之,在减缓问题上很难达成气候正义的共识。因而,减缓路径虽然看似直接,但执行起来却阻力重重。

　　(2)适应(Adaptation),即通过调整自然或人类系统以回应气候变化的影响,如通过修建水坝阻挡因气候变化造成的海平面上升。实际上,从地质史上看,气候本来就在一直变化(人为与非人为原因),而人类也一直在通过各种适应措施随之而变,人类就是适应气候条件的产物。适应是需要资源的,关键是提高人们的适应能力——包括资金与技术能力。适应能力是一个系统适应气候变化(包括气候波动与极端气候)的能力,以减少气候变化潜在的损害,利用机会或应对气候变化的后果。适应看起来是提高当代人的能力,其实质却是预防未来的潜在风险,因此,可以将适应看作一种保障代际气候正义的途径。

(3)地球工程(Geoengineering),即通过工程技术手段对地球气候系统"对症下药",扭转温室气体排放造成的全球变暖,给地球进行物理或化学"降温"。例如,在太空发射太空镜,以反射太阳光;在地球的平流层喷洒气溶胶,减少到达地球的太阳辐射;在海洋中投放铁块,以增加海藻数量,吸收二氧化碳;给工厂的烟囱安装气体收集装置,捕获二氧化碳等温室气体并转化为液体或固体,并埋入地下矿坑或油田等。这些"西医"手段看起来很有效,但实施起来并不容易,并且有大量的系统性风险。更严重的是,风险都转嫁给了未来世代,造成更为严重的气候不正义。也反映出当代人不愿减少排放以减少未来风险,不愿通过适应措施保护未来世代的道德问题。

可见,在减缓、适应与地球工程三种应对气候变化的路径中,只有适应措施最有可能实现代际气候正义,履行我们对未来世代的气候承诺。适应措施还是"双赢"的,它不仅提高了当前和未来世代应对气候变化的能力,而且还会带来一些附加利益,如经济稳定、环境质量改善、社区投资与当地就业。

可以通过一些适应措施保障未来世代的气候安全。

在"硬件"上,建设能够适应气候风险的基础设施,包括灵活性和多样性的基础设施,以确保在气候变化风险中仍能获得基本的生活保障(如供电与供水)。例如,为那些气候风险大的地区和应对气候变化能力较差的贫困国家安装分布式家庭光伏发电或供热系统,就能够有力保障人们在未来气候风险中的能源供应安全。

在"软件"上,提高政府、社区与人群应对气候变化风险的政策、机制、心理"弹性"(或适应性),提高人们的财富、教育与知识,使他们做出应对气候变化的合理决策。

## 2.2　最不发达国家基金

现有的证据清楚地表明,更贫穷的国家和在国家内的弱势群体对灾害尤其脆弱。不公平分布不仅在伦理上没有说服力,就长远看来也是不可持续的。例如,一个限制人均碳排放的情况,南半球被限定为 0.5 吨/年,而北半球则超过 3 吨/年,这将不利于推动发展中国家的合作,因此是不可能持久的。一般地说,不公正会破坏社会的凝聚力,激化在稀缺资源方面的冲突。干旱、洪灾以及强烈暴雨等难以预计的气候变化问题对那些较低贫困的人来说是更难应付的,因为他们不像较富裕的人那样拥有应付困境的资源。

全球环境基金(Global Environment Facility,GEF)[①]于 2001 年在摩洛哥首都马拉喀什的《联合国气候变化框架公约》第 7 次缔约方大会创立了最不发达国家基金(Least Developed Countries Fund,LDCF),旨在帮助 51 个最贫困的国家计划与实施国家适应行动方案(National Adaptation Programs of Action,NAPA),减少气候变化对这些国家的当代及后代造成不利影响。该基金重点通过在发展与民生领域(如饮水、农业、食品安全、健康、灾害风险管理与预

---

① 全球环境基金(GEF)是一个由 183 个国家和地区组成的国际合作机构,其宗旨是与国际机构、社会团体及私营部门合作,协力解决环境问题。自 1991 年以来,全球环境基金已为 165 个发展中国家的 3690 个项目提供了 125 亿美元的赠款,并撬动了 580 亿美元的联合融资。23 年来,发达国家和发展中国家利用这些资金支持相关项目和规划实施过程中与生物多样性、气候变化、国际水域、土地退化、化学品和废弃物有关的环境保护活动。参见:http://www.gefchina.org.cn/qqhjjj/gk/201603/t20160316_24275.html。

防、基础设施与脆弱性生态系统等)的投资减少最不发达国家的气候脆弱性。最不发达国家基金是目前世界上最大规模的气候适应基金,是气候变化适应基金的"种子",并且是最早和最全面的聚焦于最不发达国家的项目。

最不发达国家缺乏实施适应项目的必要能力。虽然西澳大利亚的珀斯市有能力建设一座海水淡化工厂以弥补因降雨减少和干旱造成的淡水减少的损失;荷兰有能力建设排水沟、大坝和漂浮房屋以应对增多的洪水和海平面上升;伦敦市有能力投资于泰晤士河的堤坝系统以更好地应对洪水,但世界上的最贫困地区却没有资源自己实施气候适应项目。最不发达国家所依赖的经济行业大多属于气候脆弱型,如农业、旅游业和林业,温度与降雨的变化以及极端天气事件会对它们造成严重的影响。由于各种地理与经济原因,它们所处地区受到海平面上升、生态服务破坏、社会动荡以及产生环境难民的威胁也最大(Sovacool,2009)。

由于最不发达国家基金涉及项目众多,本章仅介绍几个在亚洲实施的项目例子:孟加拉国的沿海造林、不丹的冰川洪水控制、柬埔寨的农业生产以及马尔代夫的海岸保护。

孟加拉国容易遭受洪水、干旱、热带风暴与风暴潮的侵害。其 15% 的国民的住宅海拔不高于高潮水位 1 米。1970 年 11 月 12 日,"诞生"于印度洋上的热带风暴"波罗"给孟加拉国带来了一次空前猛烈的袭击,造成 50 万人死亡,是该国历史上最严重的风暴灾害。1991 年一场超强风暴(时速达 200 千米/小时、海浪高达 6 米)"哥奇"造成 14.3 万人死亡。2007 年的强热带风暴"锡德"造成 3000 多人死亡。2014 年 7—9 月,在雨季中大暴雨频发导致上游河流水位猛涨,孟加拉国北部和东北部地区先后遭遇两次洪水袭击。洪水造成全国三分之二的地区受灾,受灾人口超过 1600 万,死亡人数达 1000 多人,20 多万人感染疾病。2014 年 11 月中旬,一场几十年罕见的强热带风暴"锡德"从孟加拉国南部和西南部沿海地区登陆,袭击了全国 64 个县中的 30 个县,导致 800 多万人受灾,4000 多人死亡或失踪。

极端天气气候事件之所以会在孟加拉国造成如此严重的灾难,与其较高的贫困率以及对农副业的高度依赖性有关。假如孟加拉国是一个实现了高度城市化的发达国家,那么就不会有如此众多的国民居住在低洼与河谷地带,而是居住在风险抵御能力更强的城市里,政府也会有更多的资源用于建设堤坝等防护设施,以保障人民的生命与财产安全(如防止海水倒灌以保障饮水与灌溉安全)。为应对威胁,孟加拉国环境与森林部着手通过最不发达国家基金资助进行沿海地区造林,以减小气候变化对沿海地区的影响。在沿海地区种植红树林能够有力地阻挡风暴潮。红树林构成的森林有着超强的适应力,是地球上生产力最强、生物复杂性最高的生态系统之一。每种红树林都有个超滤系统,把大部分盐分拒之体外,还有一个复杂的根系,使它能在潮间带存活。它们就像一道天然的防波堤,可以消散海浪能量,减小财产损失。

在不丹,冰川的加速消融增加了冰川湖溃决洪水的风险。冰川湖含有数千万立方米的水,溃决时会在瞬间释放出大量的洪水,摧毁下游的环境与社区。农业、养殖业和森林等都受到洪水的严重威胁。在不丹,有 25 个冰川湖被认定为"高危",威胁到数万居民的生存。气候变化引发的冰川湖溃堤风险对不丹当代与后代所造成的严重威胁是一种严重的不正义,全球其他国家,尤其是那些排放大国,有责任对减少该风险做出努力。为应对灾害的风险,不丹政府启动了最不发达国家基金所资助的冰川湖防溃决项目,主要用于降低冰川湖的水位,以及增加公众、社区领袖和乡村政策制定者对气候变化的认知。

在柬埔寨,干旱与洪水已经造成了大量的人员与作物损失,并被广泛认为是更极端天气的序幕。据 IPCC 的情境模式,柬埔寨最主要的粮食作物水稻会在 2020 年减产 5％。虽然一些地区的年度降水量会增加,但由于降水变得越来越不稳定,温度也不正常,从而使产量持续恶化,可能使柬埔寨变成粮食净进口国。于是,柬埔寨政府使用最不发达国家基金用于建设在水资源管理和农业上的适应能力,促进地方政府与社区将长期气候风险融入水稻生产的政策与决策。主要措施是教授农民与地方领导人关于气候变化的问题,并促进灌溉水渠与池塘等基础设施的建设。

马尔代夫的地理与地质特征使其特别容易遭受降雨与海洋引发的洪水袭击。该国约一半的人类定居点离海岸不足 100 米——包括四分之三的主要基础设施(机场、电厂、垃圾填埋场和医院等)。马尔代夫是世界上地势最平的国家,对气候变化影响极为脆弱。到 2100 年,其85％的国土可能会被海水淹没(Khan et al,2002)。马尔代夫政府使用最不发达国家基金提高其气候变化风险管理能力,在 4 座岛屿上建设了示范项目,改善基础设施,进行人工育滩、珊瑚礁传播、土地开垦与社区重建等。

### 2.3 适应基金

由于气候变化将极大地影响世界上最贫穷的人以及可能最为弱势的未来世代,他们往往受到气候灾难、荒漠化和海平面上升的最严重打击,但他们对全球变暖问题所做出的贡献又最小。在世界上的一些地区,气候变化已经导致了粮食安全的恶化,减少了可预见的淡水供应量,加剧了疾病和其他对人类健康的威胁。帮助最脆弱的国家和社区是国际社会面临的越来越大的挑战和迫切需要,特别是因为气候适应需要的资源远远超出了实现国际发展目标所需的资源。

为了帮助发展中国家的脆弱性社群适应气候变化,全球社会于 2010 年在《联合国气候变化框架公约》下设立了适应基金(Adaptation Fund)。其资金来源为《京都议定书》下清洁发展机制(CDM)项目产生的经核证减排量(CERs)的 2％的收益,以及发达国家自愿捐资及少量投资收入。自 2010 年以来,有 77 个国家为气候适应和修复行动投入了 4.76 亿美元①。

"绿色气候基金"是世界各国为保证应对全球气候变化问题详细方案得以顺利运行的核心组织,其组建过程融合了各缔约国之间利益博弈和联盟的过程,通过 ANT 理论转译模型来审视这一过程,研究各个行动者在绿色气候基金组建过程中运用的不同的转译手段,凸显出来的网络代言人的重要地位,可以为我国在今后的国际气候谈判中争取作为网络代言人并发挥作用提供有益借鉴。

绿色气候基金的组建过程实际上就是各国的利益博弈。"绿色气候基金"(Green Climate Fund,GCF)的概念最早是在 2009 年的哥本哈根世界气候大会上,由墨西哥总统卡尔德隆(Felipe Calderon Hinojosa)提出的。其目的是建立一个《联合国气候变化框架公约》(以下简称 UFNCCC)缔约方金融体系的运行实体,以帮助发展中国家发展太阳能、风能和地热能等清洁能源,提高发展中国家的能源使用效率。2009 年 12 月 18 日晚,28 个国家的领导人或部长经过激烈的利益博弈,最后敲定了一份《哥本哈根协议》草案,然而此草案在 19 日的全体大会上并未获得通过,因此,至大会闭幕,该草案也只是一份不具有法律效力的文件。

① https://www.adaptation-fund.org/about/.

2010年的坎昆世界气候大会对"绿色气候基金"的提议再次进行了长久的谈判和协商,最终决定设立绿色气候基金,并成立了绿色气候基金过渡委员会。该过渡委员会由40名成员组成,其中25个来自发展中国家,过渡委员会的主要职责之一是确定基金正式成立后的组织框架,职责之二是管理过渡时期的气候援助资金,进行相应的融资运作。坎昆世界气候大会通过的《坎昆协议》明确规定,截至2020年,发达国家每年应筹集1000亿美元帮助发展中国家应对全球气候变化。绿色气候基金拥有多项资金来源,并通过各种金融工具、融资窗口等获得资金。这些直接提供的基金,以帮助发展中国家实施与气候变化相关的政策措施为目标,为其提供充足的和可预见的财政资源,并希望在气候变化适应行动和气候变化减缓行动之间实现资金的均衡分配。在引导基金运行方面,该文件建议:"基金的运作在缔约方大会的权威性和指导下运行,并全面向缔约方大会负责;基金委员会在代表方面,要体现所有缔约方平等且地域平衡的概念,并具有透明和高效的系统治理,使受援国可以拥有直接获取资金的渠道(冯迪凡,2011)。"除此之外,在协议签订、基金准备和实施的过程中,国家推动和需求驱动扮演了主要角色,且受援国有直接参与权。在治理方面,绿色气候基金应在缔约方大会的权威指导下由委员会管理基金并实施监督,董事会应提交年度报告供缔约方大会审议和讨论。

2011年11月28日至12月9日在南非德班召开了UFNCCC第17次缔约方会议,即德班世界气候大会。其中关于绿色气候基金问题便是核心议题之一,其构想是发达国家须在2020年之前每年拿出1000亿美元帮助发展中国家应对气候变化。各参与国经过一场艰难的谈判和博弈之后,于2011年12月11日通过决议,决定启动绿色气候基金。德国和丹麦在此之前曾分别宣布向绿色气候基金注资4000万和1500万欧元,成为首批用实际行动支持该基金的发达国家。绿色气候基金从构想到组建经历了激烈而艰难的两年时间。在这两年中,参与各方通过积极的政治斡旋,用本国语言来表达别国利益,成功转译了别国利益,或者本国利益被他国转译,这样的利益博弈显然还将长期进行。

在组建绿色气候基金的激烈角逐中,中国实际上处于劣势地位。一方面,中国作为世界上最大的发展中国家,拥有世界上最多的人口,面临着艰巨的发展任务。中国像其他发展中国家一样,在国民经济结构中仍然以高能耗、高资源消耗、高污染、低附加值的低端产业为主导,致使我国近年来的温室气体排放量高居不下,排放总量迅速攀升并已超越美国成为世界碳排放最多的国家,减排压力巨大。另一方面,西方发达国家已经实现产业升级,将大量高耗能、高污染的企业转移到包括中国在内的发展中国家,同时凭借自身在清洁能源技术上的优势,通过知识产权转移等方式将清洁能源技术输出到发展中国家,从中谋取高额利润。而在绿色气候基金组建的过程中,发达国家利用这些优势指责发展中国家,迫使以中国为首的发展中国家加入强制量化减排的行列。要扭转中国在绿色气候基金组建过程中的劣势,抢得谈判中的主动权,根据上述行动者网络理论视角下的动态分析,可以得到以下两方面的启示。

第一,中国是绿色气候基金委员会的成员之一,作为最大的发展中国家,中国在获得资金支持方面处于有利地位。随着2011年绿色气候基金的正式启动,如果我国能运用资金有效促进国内清洁能源技术的发展,建立和完善碳税等相关机制,完成相应的减排目标,那么,我国将会在国际舞台上获得更多的话语权,在未来的国际气候谈判赢得优势。同时,中国要积极转换自身角色,参照"利益赋予模型","求同存异",在国际会议和国际事务中,综合并创造性地运用多种转译方式,同其他国家在更广泛的意义上寻求共同的利益和目标,达成妥协。中国应成为应对气候变化联盟中的积极推动者,力争将别国的利益、兴趣和问题用我们的语言表达出来,建立以我国为主导的全球气候变化应对联盟。

第二,中国要成为全球气候变化的网络代言人,急需中国的科学家们进一步加强气候变化方面的基础科学研究,提高我国在气候变化研究方面的科学影响力,增强我国在科学技术方面的硬实力,为我国创建强有力的联盟提供更多的理论基础,以最大的能力吸纳和保持最多的行动者。我国政府应加强对相关科学研究在资金、技术及设施等方面的支持,同时最大限度地减少政治对科学研究的过度干预,保证科学论证的公正性,以便在未来的代言人竞争中占据优势,客观上为中国在全球的联盟中获得更多的积极推动力,为未来应对气候变化做出更多的贡献。

## 3. 永续原则

### 3.1　永续利用与可持续发展

代际正义要求人类对能源进行"永续利用"或"可持续利用"。"永续利用"的同义词是"可持续发展"。可持续发展概念的出现根源于所谓的"发展危机",即自"二战"后的国际发展计划未能成功地改善全球大量贫困人口的境况。在过去 60 年间,贫困人口数量一直稳定在全球人口的约五分之一。贫困人口仍然挣扎在生存的边缘,人均寿命短,生存条件恶劣,营养不良,疾病缠身,且未来改善的希望渺茫。他们所生活的国家通常债务负担沉重、基础设施落后、几乎没有教育系统且暴力犯罪普遍。同时,世界还面临着环境危机与资源短缺,使世界上最贫困的人口雪上加霜。即使是富裕国家,也因能源价格上涨、气候模式改变和地球生物多样性的减少而压力倍增。从发展中国家的角度来看,尽管能源危机与气候变化等问题,但还要认识到存在其他许多更为迫切的影响人类福祉的可持续性问题,如饥饿、营养不良、贫困、健康,以及迫切需要解决的地区环境问题。同时,工业化国家高水平的人均能源消费、物质生产和温室气体排放也威胁着未来的可持续性前景,并直接、间接地给许多发展中国家提供了一种不适当的学习案例。

1983 年,联合国成立了世界环境与发展委员会(WCED)——该委员会后来被称为联合国环境特别委员会或布伦特兰委员会,力图找到解决全球性自然资源恶化与生活质量下降的途径。布伦特兰委员会指出,可持续性问题的提出源于人口与消费的快速增长,以及地球自然系统满足人类需求的能力下降。要矫正这种不平衡需要在两个方面进行努力:①满足所有人的基本需求并消除贫困;②由于自然是有限的,必须广泛地对发展施加限制。最有影响力的《布伦特兰报告》(*Brundtland Report*)使"可持续性"成为一个全球性目标,并将可持续性界定为这样一种状态:"在满足当代人的需求与欲望的同时,不损害未来人满足其需要与欲望的能力"(World Commission on Environment and Development,1987)。这一定义用在能源领域,就要求当代人开发和利用能源资源的方式不应损害子孙后代使用能源资源满足他们需要的能力。这要求当代人以较低的能源利用强度来不断提高现有的生活质量,从而给后代留下并未减量的能源资源,以为后代提高其生活质量提供机会。从 1987 年《布伦特兰报告》发布之后,政府、组织和个人开始在工作与生活中将这一可持续性概念用于伦理决定。评价企业的表现不能再只看经济指标,还要看其社会与环境行为,政府也在各个层面使用这一指标指导资源分配、税收与补贴、城市规划和建设等。《世界发展杂志》上的一篇文章写道:"可持续发展是一种'元解决方法',它能将所有人团结起来,包括只顾赚钱的企业家、追求风险最小化以糊口的农民、追求平等的社会工作者、关心污染问题或热爱野生动物的第一世界公民、追求增长最大化的决策者、目标导向的官僚,以及选举出的政客(Lele,1991)。"虽然乍一看可持续性似乎是一个描述性概念,但却常被用作一个规范性概念。《布伦特兰报告》更像是一种道德宣言,而不是一种科学表述,例如,报告中的"需要与欲望"概念就明显是一个道德概念。美国经济学家迪帕克·拉尔指出,这个模糊的普遍原则就像"母爱和苹果馅饼"一样,可能是没有人会反对的东西,因此,"报告所依赖的是其情感上的吸引力"(拉尔,2012)。

由于太过宽泛,所以存在着不同的解释,并形成了大量的关于可持续性的研究文献。其中,最广泛采用的是世界商业委员会的说法:可持续性"需要兼顾社会、环境与经济等方面的考虑,以做出长期的、明智的判断"(World Business Council,2000)。基于《布伦特兰报告》中普遍的可持续性定义,各个领域也纷纷提出了不同的可持续性措施。能源领域最有影响力的可持续性措施是由国际原子能机构(IAEA)于2005年提出的能源可持续发展指数(EISD)。国际原子能机构报告指出,"良好的健康、高水平的生活、可持续的经济与清洁的环境"是讨论可持续性能源供应时最重要的伦理价值。该报告提出了基于这些伦理价值的30种可持续性指标以回应"可持续性的三大支柱":经济、环境与社会。经济维度主要是通过增加商品和服务消费来改善人类福利,环境维度着重于对生态系统的完整性和弹性进行保护。社会领域则强调丰富的人类关系,以及怎样实现个人和群体的愿望。从历史上看,工业化国家的发展着重于物质生产。这样自然地,在20世纪,大多数工业化国家及发展中国家的经济目标都是追求增加产量和经济增长。因此,传统发展路径与经济增长具有很强的联系。到20世纪60年代初,发展中国家大量的、不断增加的贫困人口,以及缺乏惠及穷人的制度体系,直接导致他们在改善收入分配方面付出了大量努力。发展模式转向公平增长,这种模式认为,社会(分配)目标,尤其是减贫,与经济效率同样重要。现在环境保护成为可持续性的第三个主要目标。在20世纪80年代初,大量证据表明,环境退化已成为可持续发展的一个主要障碍,并提出了新的主动保护措施,如环境影响评价。

19世纪以来,以高投资、出口导向战略以及能源密集型制造业为驱动的世界工业化刺激全球经济迅猛发展;伴随着一系列公害事件、能源危机的产生,经济形势逐渐冷却,全球进入一个新的经济增长阶段——可持续发展阶段。可持续发展理念在能源领域中可被描述为"能源可持续利用",包括发展低碳能源、创新能源技术、提高能源效率、减少化石能源补贴等内容。世界能源体系正面临两大挑战。目前全球能源供应和消费的发展趋势从环境、经济、社会等方面来看具有很明显的不可持续性。全球当前面临着两大能源挑战:保障可靠的、廉价的能源供应;实现向低碳、高效、环保的能源供应体系的迅速转变。能否成功解决这两个问题,将决定未来人类社会的繁荣与否。为防止全球气候产生灾难性的和不可逆的破坏,最终需要对能源的来源进行去碳化。

## 3.2　永续利用的代际意蕴

可持续性与维持生态现状的意义并不相同。从经济学观点来看,耦合的生态社会经济系统在其发展进程中应该将生物多样性维持在一定水平,这样才能保护生态系统的恢复力,而后者是人类消费和生产的基础。可持续发展要求对能够预见的对于后代的影响进行补偿,因为当今的经济活动以一定的方式改变了生物多样性的水平或组成,这将影响未来重大生态服务的途径,并减少后代人的选择机会。事实的确如此,即使经济正增长增加了当前可用选项的工具(或使用)值。

社会公平也与可持续性密切相关,因为社会不可能接受收入和社会利益分配的高度倾斜或不公平,或者说这种情况不可能长期持续下去。公平可通过在决策过程中加强多元性和民众参与以及授权弱势群体得到加强。从长远来看,代际公平和保护后代人权利是非常重要的因素。特别是无论谈及公平还是效率,经济贴现率都起着重要作用。不同个体或国家对福祉所采取的定义、比较和汇总是不同的,由此可能会产生经济效率与公平之间的冲突。例如,效率常暗含着资源限制下的产出最大化。通用的假定是人均收入增长将增加最多或所有个体越过越好。然而,这个方法却能潜在地导致收入分配缺乏公平性。总体福利可能会下降,这取决于有关收入分配方面的福利是如何定义的。相反,如果政策和制度能够确保资源能够有效地进行转移,如从富人流向穷人,则总福利就能增加。近年来,环境意义上的公平也得到了越来越多的关注,因为弱势群体已经承受了极大的环境灾难。同样,许多减贫努力(习惯上集中在提高货币收入上)正在被扩大到应对穷人所面对的环境和社会环境退化。总之,无论是公平还是贫困都不仅具有经济维度,也同时具有社会维度和环境维度。从经济政策角度来看,重点需要通过增长、提高获得市场的机会,增加资产和教育,来扩大穷人就业和获益机会。社会政策将集中在授权和包容,使制度对穷人更负责,并消除掉排斥弱势群体的障碍。有关帮助穷人与环境相关的措施,试图减轻穷人对灾难和极端天气事件、作物减产、失业、疾病、经济震荡等的脆弱性。

经济增长仍是大多数政府普遍追求的一个目标,长期增长的可持续性是一个关键问题。特别是降低温室气体排放强度,是减缓气候变化的重要一步。假定世界大多数人口生活在绝对贫困状况下(例如,超过30亿人靠每天不到1美元生活),一个并不过度地限制这些地区经济增长前景的气候变化策略,会更有吸引力。一个基于可持续性的方法将会寻求调整发展和增长(而非限制)结构的措施,使得温室气体排放减少,适应选择得到增强。

人们还提出了大量检验可持续性的方法,以确定特定措施是否可持续。这些检验方法虽然差异很大,但总的思想是:在某种意义上说,资源的使用不应该比资源的更新快;在某种意义上说,废物的产生不应该比废物的吸收或循环更快。就生物燃料生产而言,可持续发展概念经常意味着,收获植物物质不应该比植物更新快;废物——特别是温室气体——的产生速度不应该比废物的吸收快。例如,就从森林获取物质而言,可持续性意味着获取木材和其他材料,不能快于同一地块能够生长的木材和其他物质。例如,假设一片森林每年每亩能够生产20立方米的木材,那么这个生产速度也应定为从这片森林获取木材数量的上限。20世纪中叶以来,农业生产率稳定增长,因此,确定农业用地的可持续水平十分困难。当今的可持续水平远高于20世纪70年代。生产率提高的一些因素可能在数十年前就被预测到了,如机械化水平的大幅提高。但是,一些因素在几十年前却是不可能预测的。例如,生物技术对提高单位面积产量做出了巨大贡献。事实上,为了提高生产率,美国玉米种植面积中大约有60%都是转基因玉米。这些因素都对可持续性生产水平做出了贡献,上一代人之前似乎不可能达到这么高的水平。

　　然而,可持续性概念的应用遇到更为根本的困难:今天如何确定后代的需要呢? 如果不能确定后代的需要,就不可能为他们进行规划。例如,有时把煤炭生产作为不可持续做法的一个例子。可以肯定的是,煤炭一旦烧掉,就是不可替代的。因此,今天每消耗一吨煤炭,留给子孙后代的煤炭就减少一吨。另一方面,按现在的消费水平,美国煤炭足够用几百年。而且,很难确信地说,从今起一个世纪后,电力是否依然利用燃煤方式进行生产。因此,很难说今天的煤炭消费就等于少给了后代煤炭。如果在未来 100 年内,燃煤电厂被非煤炭技术所取代,那么对煤炭的需求就会锐减,地下则仍会保有大量煤炭。如果发生这种情况,就意味着后代将拥有丰富的矿产,却没有任何用处;从这个意义上讲,今天任何煤炭的使用水平都是“可持续性的”。当然,这个例子并没有解释基于燃煤污染环境以及煤炭开采导致死亡而形成对煤炭的反对意见。

　　可见,即使人们同意要“可持续”,但对于究竟“要持续什么”却存在着根本的分歧。一方面,有些人从人类中心主义立场出发,认为对可持续性唯一的或主要的忧虑是现在与将来人类的可持续福利;另一些人根据生态系统而不是人类来思考,认为可持续性等同于生态系统的复原能力。环保主义者指出,如果所要持续的对象是人类福利,那么可持续性概念就没有任何新意。

　　虽然没有明确统一的可持续性定义以及特定措施检验是否可持续的方法,但是有关能源可持续性的观点仍然大有裨益。它有助于了解今天的能源使用水平是否导致可预见未来——非常短期的未来——的能源与资源短缺。或者至少说,人们知道可持续性,就将有所裨益(塔巴克,2011)。可持续性本质上是一个伦理问题,因为它要求决策以道德原则而非经济计算为指导。

　　经济学家提供了大量的智慧让我们理解可持续性。先来看一个可持续性的简单直白的例子。假设我们有 100 万元的资本,每年可以获得 10% 的利息,即每年利息收入为 10 万元。为了能够持久地使用这笔钱,我们每年从中支取的钱不能超过 10 万元。这样就能使这笔资金一直不消失,一直为我们和我们的后代创造收入。从这个例子中我们看到可持续性的一个基本要求:对资源的使用不超过其自我更新的速度。

　　假设这笔初始资本不是一笔静态和单一的现金,而是多种增长率不同的资源的集合,并且其增长率很难预测。在有些年份,收益会超过 10 万元,而有些年份会不到 10 万元。那么,我们就需要密切关注这笔资本,以应对意外的变化。复杂性的增加使得可持续性的风险加大,一旦对这些资源的需求过大,就会变得不可持续。

　　真实世界的情况是我们虽然拥有更多的资本,但是我们却有 70 亿的亲戚和朋友——人类命运共同体。要在这种情况下应对资本来源增长率的变化就显得格外困难,因为要很好地协调所有活动是不可能的。对此哪些资源和利益更重要,谁有权要求多少资源很难达成一致。在这种情况下,要维持初始资本并在 70 亿人类中公平地分配收益就是一个巨大的挑战。可见,虽然可持续性概念本身很直白,但要在真实世界中实施和实现却并非易事。可持续性追求的是长期福利,平衡的是经济福利、生态健康与社会公平。有时,对一些善的追求会与其他善相冲突,如环境健康与社会正义要与经济安全进行妥协。

　　当然,我们大多不会把资金放在银行里“吃利息”,而是会进行各种投资。可持续性要求投资所产生的收益要至少与储存在银行里的产生的利息一样多。任何投资行为都意味着要放弃具有内在价值的当前消费。放弃这种当前消费而进行的生产性投资，至少必须产生与当前消费相当的未来消费。但未来的消费额是否可以更大？不花费置于床垫下的资金，而（在没有通货膨胀的情况下）用其提供相等的未来消费是否足够？对个人来说，这种延期消费仍然会有损失：人终有一死，在他们能享用自己所储存的未来消费之前，他们可能已经死了。因此，他们会鼓励当前消费而不是未来消费。这种所谓的个人"急躁"，要求人们在放弃当前消费的同时，产生一些额外的利益（以利息的形式）。

但对社会又是怎样的呢？由于社会是不朽的，它为什么要急躁？它为什么要通过折扣未来以鼓励当前消费？通过对很长时限的思考，我们就能获得答案。从很长的时期来看，"当前"与"未来"并不与单个人在不同日期生活的消费水平相关（就像在私人决定中），而是与两代人相关：当前世代与未来世代。投资变成了把当前世代的消费转移给未来世代的一条途径。当我们估价当前投资所可能产生的未来消费时，我们所估算的是未来世代所可能获得的，减去当前世代消费之后的额外消费。这种价值必然取决于一种代际分配判断。如果我们折扣未来消费，使之与当前所放弃的消费相等，那么我们就是在假定：未来世代所增加的一美元，在社会意义上不如当前世代所放弃的一美元有价值。一些经济学家认为，不应该对未来进行这种折扣。人们应当对收入的代际分配转移保持中立。当前世代的一美元与未来世代的一美元有着相同的社会价值。对未来世代所增加利益的任何社会折扣都是一种对"贪婪的文雅表达"。

一个与此相对立的，与贫困国家特别相关的论证是：通过削减当前贫困世代的消费来提升未来富裕世代的一美元消费，是一种倒退。因为随着经济的增长，未来世代将比当前世代富裕。因此，从当前世代拿一美元转移给未来世代，就像是从一个穷人那里拿一美元交给一个富人。因此，我们对未来世代所增加的一美元的估价，应当低于（折扣）当前世代所牺牲的这一美元。因此，这种社会折扣率概括了社会对代际公平的价值判断。对于所有的价值判断来说，恰当的折扣率都是一个有争议的问题。但绿党对这种"经济主义"逻辑却不屑一顾。

同样，经济学家也十分乐于将自然资源当作经济股本的一部分。其中的一些资源是有限的（如石油和其他矿产），因而当前的使用会造成未来的枯竭。这是否意味着，要使发展可持续，当前世代就不应当使用这些资源？答案是否定的。因为当前这些耗竭性资源的使用既使当前世代的消费更高，也使当前世代的投资更大。有形资本投资的增加补充了自然资源股本，并传递给了未来世代。耗竭性资源开发所带来的经济增长率取决于折扣率。折扣率越高，耗竭速度也就越快。人们常常认为，当前自然资源的耗竭速度太快了。但这必然要求私人生产者折扣其未来矿井租金的市场利率，使之高于社会折扣率。但这并没有论证要把矿石为未来世代留在地下。实际上，有一个完全精确的原则，可使当前世代以最优比率开发耗竭性资源，且不使下一代人的情况更糟。假定各种形式的可再生资本（包括再生方法与研发投资）是自然资源的替代品，那么当前世代就应该用新的可再生资本——如道路、建筑和机器，或者与未来世代等值的金融资产——取代当前日益耗尽的资源存量。

需要提防可持续性概念被资本主义市场体系与化石能源企业所歪曲。《21世纪议程》指出，全球环境持续退化的主要原因是不可持续性的消费模式和生产模式，特别是在工业化国家。在资本主义市场体系看来，自由贸易才是可持续性的本质；在石油公司看来，能源需求的增长是实现可持续性的先决条件。无限的增长和自由贸易当然意味着一切照旧。公众只能借助技术解决办法，默默忍受由此产生的生态破坏。可持续性的普适性及其解释的多样性，正是可持续性的问题所在。难怪"可持续"迅速成为全球企业董事会决策的流行词,它实际上意味着持久的发展,不断改变生态系统以迎合人类的贪婪。批评者由此指出,可持续的定义在很大程度上还取决于你为谁工作,因此可持续性的定义实际上是没有意义的。对企业经济学家来说,可持续性意味着企业可以永远经营下去。而对环保主义者来说,可持续性能让地球永远运行下去。但两者未必兼容。

反环保主义者用瑙鲁岛的例子来反对为了后代而采取可持续性手段。瑙鲁岛是太平洋上的一个小岛,它由鸟粪所形成的珊瑚礁组成。这些鸟粪是很值钱的肥料。瑙鲁岛的居民一直在开采这种自然资源,因此该"国"正逐渐消失。鸟粪的销售收入被投资于澳大利亚的房地产和其他资产,从而在其唯一的资源耗尽时,为居民提供未来的收入与消费。瑙鲁岛的居民是否应当竭力维持不幸的生活,以使他们的"珊瑚礁"自然储备原封不动地移交给他们的未来世代?这将是十分荒谬的。但实际上,这正是许多环保人士的"灵丹妙药"所希望的。

也没有任何正确的经济理由去维持任何当前的可再生资源水平——如水产业。它完全取决于自然资源的再生率、人口变化、我们对代际公平的价值判断(概括为社会折扣率),以及技术进步。然而,许多可再生资源都面临着"普通大众"问题。如果可再生资源不为任何人所有,那么任何人都有过度使用它的动因。这样,一个共同拥有的湖泊就会捕捞过度。要解决这个问题,就需要创造所有权,使所有人有保护自己资源至最佳程度的动力。使共同所有的可再生资源所有权私有化,可以防止对这些资源的低效使用,非洲大象就是一个例子。撒哈拉以南的非洲大陆大象数量由于象牙的偷猎而减少。《濒危物种国际贸易公约》试图通过禁止象牙贸易来遏制大象数量的下降。但这只不过使象牙贸易转为地下。由于合法贸易被禁止而需求仍未减少,因此象牙价格急剧飙升。非法贸易中偷猎者的利润也剧增,从而诱使他们猎杀更多的非洲象。南非抵制了这种趋势。南非允许象群为私人所有,用于生态旅游或狩猎旅游。其大象数量保持了稳定甚至有所增长,以至于在 20 世纪 90 年代末,人们担心象群的发展会危害农作物,官方也在进行一个淘汰计划。但在环保主义者看来,这好像是骗人的经济主义。因为他们所关心的不是人类福利,而是对生态系统——地球飞船——的保护。

可持续性不仅具有环境意识,也具有政治与伦理变革的意义,因为它所推崇的新模式"不服从传统价值、国家主权、市场经济和代议民主。它要求个人与社会行为发生根本改变,并将文化视为全球变化的最后边疆。现代工业文明的规则、个人主义、利润与竞争等标准都被谴责为不道德(Barfield,2001)。"

### 3.3　能源永续利用的实现途径

世界各国十分重视可持续发展问题,2015 年"联合国可持续发展峰会"一致通过 2030 议程(SDGs)。至此,人类社会可持续发展战略进入了新的阶段。同年年底我国倡导供给侧结构性改革,提出"三去、一降、一补"结构性改革措施,如何指导未来政策,消除不良扭曲,实现可持续发展,成为各界关注的焦点。

2015 年,中国的二氧化碳排放量下降了 2%,相当于少排放了 2 亿吨二氧化碳。这个数字是创纪录的,相当于 100 个排放量最低国家排放量的总和。中国在巴黎气候变化大会上做出的承诺,即在 2030 年要达成的目标,很有可能提前达成。

能源绿色发展已成全球共识,清洁低碳是大势所趋。自 1992 年联合国环发大会以来,全球低碳、可持续发展取得了长足进步。一方面,统计结果显示,过去20年,全球可再生能源发展从初期进入快速成长阶段,2015年全球水电、风电、太阳能发电累计装机容量分别超过10亿千瓦、4亿千瓦和2亿千瓦。2015年,尽管化石能源价格大幅下跌,但全球清洁能源投资额仍高达3290亿美元,再创历史新高;可再生能源电力装机同比增长30%以上,其中风电为6400万千瓦,太阳能光伏为5700万千瓦。与此同时,近十年全球天然气的生产、消费年均增速均达2%以上,仅次于可再生能源。预计2016年,全球天然气产量为3.76万亿立方米,同比增长2.5%;需求量为3.55万亿立方米,同比增长2%。

另一方面,以太阳能、风能等为代表的新能源利用技术和能源互联网等新技术不断获得突破,促使新能源迅猛发展。太阳能光伏电池技术创新能力大幅提升,目前商业化应用的多晶硅电池组件转换效率约为16%,今后光伏电池转换效率有望提升到24%,光伏度电成本将下降到0.4~0.5元,与煤电相当。下一代更大型的风电机组可利用在更高空域才有强劲和持续的风力资源,预测风机平均高度可提升至110米,发展风电的面积将比风机平均高度为80米时增加54%,且风电单位成本有望下降20%~30%,基本与煤电持平。预计至2035年全球可再生能源年均消费增长6.4%。同时,物联网、移动互联网、大数据和云计算等互联网技术与能源技术深度融合,分布式能源、智能电网、新能源汽车开始步入产业化发展阶段,大量工业园区、城镇小区、公用建筑和私人住宅已拥有分布式功能系统,"人人消费能源与人人生产能源"的生产消费新形态正在逐步形成。

20多年来的实践表明,要根本解决全球气候问题,必须将绿色发展置于国际气候制度的核心。2015年12月巴黎气候变化大会明确要求各国实施增长、消费和能源的低碳转型,大会达成的《巴黎协定》奠定了各国广泛参与转型的基本格局,确立了2020年后以"国家自主贡献"为主体的国际应对气候变化机制安排,这将极大地推动全球能源消费从煤炭和石油向天然气和新能源转变。目前全球67%左右的温室气体排放与能源生产和消费相关,而要实现《巴黎协定》的减排目标,各国必然要大力发展新能源和天然气。美国提出,到2025年可再生能源占电力消费的25%,到2050年可再生能源占电力消费的80%、占能源消费的60%。欧盟委员会提出,到2050年可再生能源占电力消费的80%、占能源消费的60%。丹麦提出,到2050年全部电力均来自于可再生能源。我国应对气候变化的自主行动计划要求2030年左右实现碳排放达到峰值。总之,发展绿色能源已成全球共识,清洁低碳是大势所趋(郭焦锋,2016)。

进入21世纪,全球已经开启了一个绿色能源时代。面对日益紧张的能源资源以及越发严峻的环境形势,可再生能源在经历了一个多世纪的沉寂之后又被人们唤醒,正在成为未来能源可持续发展的新希望。当然,此轮可再生能源的回归不是薪柴时代的简单重复,而是以技术进步为支持的风能、太阳能等新型绿色能源的兴起。作为这轮绿色能源的先行者,欧盟在2011年通过的《能源2020战略》中提出,到2020年,欧盟国家实现"三个20%",即可再生能源占能源消费总量的比重提高到20%,温室气体排放减少20%,能源利用效率提高20%。之后不久,欧盟又发布了"2050能源路线图",并雄心勃勃地预计到2050年可再生能源比重将上升到55%以上。

中国也不能在新一轮能源革命中落后。必须顺应这个历史潮流,将绿色能源作为未来重要方向。从必要性上看,作为全球温室气体的最大排放国,中国在未来必将承担更多的减排责任,逐步控制化石能源的大规模扩展,而可再生能源必将发挥极其重要的作用。从可能性上看,中国地域辽阔,地形多样,水力、风力资源丰富,日照时间充沛,具备大规模的可再生能源开发条件。中国政府已做出积极的发展规划,力争到 2020 年使可再生能源比重达到 15%。

中国不能只顾能源成本的效率,它还必须追求环保,减少二氧化碳的排放量,为日益增长的城镇人口提供安全、清洁的环境。中国的可持续增长模式需要一边改良技术,一边降低成本,一边开采具有竞争力的能源。

(1)清洁能源的研发与利用

我国当前的电力能源结构相对单一,主要以燃煤发电为主,其他清洁新能源的比重相对较低,且燃煤发电技术还不能满足高效低碳、清洁环保的要求,缺少国家战略层面的发展规划。此外,我国煤炭资源大多数分布在西部欠发达地区,发电机组大多设置在中东部发达地区,"西煤东运"成为了当前采用的主要方式。但是这项举措加大了发电过程的运输成本,只能解决燃煤之急,并不能从根本上解决这一矛盾。目前,我国缺少与低碳经济发展相匹配的电力能源发展规划,对于燃煤发电减排技术的研发政策还不够明确,不能从根本上转变电力能源结构,满足不了全国范围的电力需求。虽然国家鼓励电力行业研发和使用新能源,但是由于技术壁垒、开发成本等原因,各种新能源开发技术的水平都不够高。比如说风能发电中最重要的是风电场所的选址,如何测量一定时期内的有效风速,如何保证风速的稳定性是目前急需解决的问题。此外,太阳能发电设备如何降低成本、水能发电设备如何避免季节性影响、其他生物质等新能源设备如何完善收购处理过程等,均很大程度地制约了我国新能源发电的进程。随着电力新能源的不断发展,我国的核能、风能、太阳能等能源的发电初始建设成本较高,相应的新能源电价在一定时期内比燃煤发电的价格高,将影响电力行业对于发电方式的选择。较低的销售电价与新能源开发成本等因素成为了短期难以避免的矛盾,在缓解这一矛盾的基础上,如何确定合适的新能源电价将成为我国新能源发电顺利转型的重要一环。虽然我国政府陆续出台了相关的政策方针促进电力能源的发展转型,但是仍缺少系统完善的制度体系支持。以核能发电为例,我国欠缺关于核安全管理的法律法规体系,核电技术也没有统一的标准,具有专业资格高核燃料处理能力的核电企业、核电人才更是少之又少。制度体系的不完善将导致新能源发展的缓慢,影响绿色、安全、经济的新能源发电体系的构建。

中国具备较为充足的风能、水能、核能基础,政府鼓励电力企业致力于风能、水能、核能等新能源的开发与运用,并为行业提供必要的资金和政策支持,以此来加快电力行业能源结构的调整升级,为今后的可持续发展提供根本保证。近十年,我国新能源从起步到快速发展,取得了巨大的成就。截至 2015 年年底,并网风电装机容量 12830 万千瓦,并网太阳能发电装机容量 4158 万千瓦,新能源运行规模和制造规模稳居世界第一,技术水平也有了长足的进步(李小琳,2017)。

(2)全球能源互联网

2015 年 9 月 26 日,中国国家主席习近平在联合国发展峰会上发表重要讲话,提出"探讨构建全球能源互联网,推动以清洁和绿色方式满足全球电力需求",为推动世界能源转型、应对气候变化开辟了新道路,得到国际社会高度赞誉和积极响应。全球能源互联网已成为"一带一路"建设的重要内容。"一带一路"相关国家的能源和需求分布不均衡,但清洁能源资源丰富、互补性强,通过能源电力互联互通,体现出新时代能源配置的智能化。

永续性原则应该引导人们在对待可持续发展的经济、社会和环境维度要均衡、一致。在强调传统发展与可持续发展的相对重要性时也需要平衡。例如，发达国家关于可持续发展的大多数主流文献趋向于集中在污染、增长的不可持续性以及人口增长方面。而这些观点在发展中国家却鲜有回应，他们的重点则是持续发展、消费和增长、减贫，以及公平。

遵循永续性原则的人是一种与传统的"经济人"不同的"可持续的人"，这是一种有道德的，具有合作精神的人，具有社交技巧、丰富的情感以及与自然有关的各种技术。

循环经济是永续性原则的一种较好体现。循环经济是系统性的产业变革，是从产品利润最大化的市场需求主宰向遵循生态可持续发展能力永续建设的根本转变。

循环经济遵循"3R"原则。

① 循环经济遵循"减量化"原则，以资源投入最小化为目标

针对产业链的输入端——资源，通过产品清洁生产而非末端技术治理，最大限度地减少对不可再生资源的耗竭性开采与利用，以替代性的可再生资源为经济活动的投入主体，以期尽可能地减少进入生产、消费过程的物质流和能源流，对废弃物的产生和排放实行总量控制。制造商（生产者）通过减少产品原料投入和优化制造工艺来节约资源和减少排放；消费群体（消费者）通过优先选购包装简易、循环耐用的产品，减少废弃物的产生，从而提高资源物质循环的高效利用率和环境同化能力。

② 循环经济遵循"资源化"原则，以废物利用最大化为目标

针对产业链的中间环节，对消费群体（消费者）采取过程延续方法，最大可能地增加产品使用方式和次数，有效延长产品和服务的时间；对制造商（生产者）采取产业群体间的精密分工和高效协作，使产品—废弃物的转化周期加大，以经济系统物质能源流的高效运转，实现资源产品的使用效率最大化。

③ 循环经济遵循"无害化"原则，以污染排放最小化为目标

针对产业链的输出端——废弃物，提升绿色工业技术水平，通过对废弃物的多次回收再造，实现废物多级资源化和资源的闭合式良性循环，达到废弃物的最少排放。

循环经济以生态经济系统的优化运行为目标，针对产业链的全过程，通过对产业结构的重组与转型，达到系统的整体合理。以人与自然和谐发展的理念和与环境友好的方式，利用自然资源和提升环境容量，实现经济体系向提供高质量产品和功能性服务的生态化方向转型，力求生态经济系统在环境与经济综合效益优化前提下的可持续发展。

自然界本无"废物"，对 A 是废弃物，对 B 则为宝。可以建立生态工业园，在企业之间进行物质循环，将一个企业的废弃物变成另一个企业的原料，通过企业间的物质集成、能量集成和信息集成形成企业间的代谢共生关系。例如，造米企业的麸皮是农业的好肥料；学校操场等设施在闲置时向社会开放，可以节约社会的公共空间与资源；共享经济、二手市场等可以增加物品的使用价值。

（本报告撰写人：史军，柳琴）

作者简介：史军，博士，南京信息工程大学气候变化与公共政策研究院研究员，研究方向为气候与环境伦理；柳琴，女，哲学硕士，江苏省高校哲学社会科学重点研究基地南京信息工程大学气候变化与公共政策研究院研究员，主要研究方向为环境伦理学。

本报告受南京信息工程大学气候变化与公共政策研究院开放课题(课题名称:气候变化背景下的能源伦理研究;课题编号:17QHA004/重点)资助。

## 参考文献

冯迪凡,2011. 绿色气候基金加速跑,发展中国家提交细则[N]. 第一财经日报,2011-7-20.

郭焦锋,2016. 以绿色开放发展理念谋划能源安全战略[J]. 开放导报(3):23-27.

拉尔,2012. 复活看不见的手:为古典自由主义辩护[M]. 史军,译. 南京:译林出版社.

李小琳,2017. 关于进一步促进新能源可持续健康发展的提案[J]. 中国科技产业(2):38.

刘志秀,李书锋,2010. 不可逆性、补偿机制与能源代际公平[J]. 特区经济(4):264-266.

麦克尔罗伊,2011. 能源——展望、挑战与机遇[M]. 王聿绚,郝吉明,鲁玺,译. 北京:科学出版社.

塔巴克,2011. 风能和水能:绿色与发展潜能的缺憾[M]. 李得莲,译. 北京:商务印书馆.

中国广播网,2011. 日本福岛45%儿童甲状腺遭辐射,将接受长期观察[OL]. http://china. cnr. cn/qqhygbw/ 201108/t20110819_508390393. shtml.

Adger W,Paavola S,Huq M,2006. Fairness in Adaptation to Climate Change[M]. Cambridge:MIT Press.

Archer D,2009. The Long Thaw[M]. Princeton:Princeton University Press.

Arnold D,2011. The Ethics of Global Climate Change[M]. Cambridge:Cambridge University Press.

Barfield C,2001. Free Trade,Sovereighty,Democracy:The Future of the World Trade Organization[M]. Washington DC:American Enterprise Institute.

Barry B,1989. Democracy,Power and Justice,Essays in Political Theory[M]. Oxford:Clarendon Press.

Biermann F,Boas I,2008. Protectingclimate refugees:The case for a global protocol[J]. Environment,50(6):8-16.

Gosling S,Warren R,Arnell N,et al,2011. A review of recent developments in climate change science. Part II : The global-scale impacts of climate change[J]. Progress in Physical Geography,35(4):443-464.

Haines A,Smith K,Anderson D,et al,2007. Policies for accelerating access to clean energy,improving health, advancing development and mitigating climate change[J]. Lancet,370:1264-1281.

Hansen J,Sato M,Kharecha P,et al,2008. Targetatmospheric $CO_2$:Where should humanity aim[J]? Atmospheric Science Journal,2:217-231.

Harris P,2011. Introduction:Cosmopolitanism and Climate Change Policy[C]. In P. G. Harris (ed. ) Ethics and Global Environmental Policy:Cosmopolitan Conceptions of Climate Change[M]. Cheltenham,UK:Edward Elgar.

Kakissis J,2010. Environmental Refugees Unable to Return Home[N]. New York Times,2010-01-23.

Khan T,Quadir D,Murty S,et al,2002. Relative sea level changes in Maldives and vulnerability of land due to abnormal coastal inundation[J]. Marine Geodesy,25:133-143.

Lele S,1991. Sustainabledevelopment:A critical review[J]. World Development,19(6):613.

Meenawat H,Sovacool B,2011. Improvingadaptive capacity and resilience in Bhutan[J]. Mitigation and Adaptation Strategies for Global Change,16(5):515-533.

Nolt J,2011. Greenhouse Gas Emissions and the Domination of Posterity[C]. In D. G. Arnold (ed. ),The Ethics of Global Climate Change[M]. Cambridge:Cambridge University Press.

Prouty A,2009. Theclean development mechanisms and its implications for climate justice[J]. Columbia Journal of Environmental Law,34(2):513-540.

Rawlani A,Sovacool B,2011. Buildingresponsiveness to climate change through community based adaptation in

Bangladesh[J]. Mitigation and Adaptation Strategies for Global Change,16(8):845-863.

Reddy B,Assenza G,2009. Thegreat climate debate[J]. Energy Policy,37:2997-3008.

Shue H,1993. Subsistenceemissions and luxury emissions[J]. Law Policy,15:39-59.

Shue H,2011. Human Rights,Climate Change and the Trillionth Ton[C]. In Arnold D G (ed. ). The Ethics of Global Climate Change[M]. Cambridge:Cambridge University Press.

Sinnott-Armstrong W,Howarth R,2005. Perspectives on Climate Change:Science, Economics,Politics,Ethics [M]. Amsterdam:Elsevier.

Smith A,2008. Climate Refugees in Maldives Buy Land[M]. Tree Hugger Press Release.

Sovacool B,2009. Soundclimate,energy and transport policy for a carbon constrained world[J]. Policy & Society,27(4):273-283.

Sovacool B,D' Agostino A,Rawlani H,2012. Improving climate change adaptation in least developed Asia[J]. Environmental Science & Policy,21(8):112-25.

Victor D,Morgan G,Steinbruner J,et al,2009. The geoengineering option:A last resort against global warming [J]? Foreign Affairs (88):65.

Walker G,2012. Environmental Justice:Concepts,Evidence and Politics[M]. London:Routledge.

Walsh M,Schwartz N,2012. Estimate of Economic Losses Now Up to $50 Billion[N]. New York Times, 2012-11-01.

World Business Council,2000. Corporate Social Responsibility[R]. Geneva.

World Commission on Environment and Development,1987. Our Common Future[M]. Oxford:Oxford University Press.

# 后巴黎时代美国新能源政策分析及中美新能源合作

**摘　要:**"二战"后美国经济迅速发展,美国对境外石油的依赖度越来越大。随着"石油瘾"不断加剧,美国能源安全风险也愈加凸显出来。21世纪初,美国过度依赖进口石油对经济的负面影响也达到了十分严重的程度。金融危机使得美国的经济利益需求发生重大变化,摆脱因过度依赖石油进口而陷入能源和金融危机的双重困境成为挽救美国经济的现实需求。在当时的美国能源状况下,美国走出困境的唯一可行政策只能是通过发展新能源来改变对石油的过度依赖。奥巴马执政期间试图把能源革新方案与国际气候合作紧密结合起来,以减轻其新能源变革的国内阻力。

2012年以来,随着美国页岩油产量大幅度增长,美国二十年来石油产量持续下降的趋势得到扭转,同时也使得美国对其石油产量已经达到峰值的预期得到改变。随着页岩油产量爆发式的提升,推动美国石油自给程度和能源自给率都大幅度上升。不仅如此,在美国页岩油产业迅猛发展的势头下,通过大力推动页岩油产业同样可以解决美国对外能源依存度过大的问题,而且在拉动美国经济增长方面比发展周期较长的可再生能源的效果更加快速。美国国内相关利益集团强烈要求政府扩大化石能源消费与出口。特朗普政府退出《巴黎协定》不仅为美国化石能源发展排除了国际法障碍,而且还同时为美国新能源发展增加了阻力,这是自奥巴马政府《清洁电力计划》实施以来美国新能源政策出现的重大方向性转变。

虽然特朗普担任美国总统后在促进新能源发展问题上出现了根本性的政策转向,但是美国仍有很多州和城市的行政和立法机构强烈反对特朗普的做法,并继续积极支持和促进新能源发展。中国可以通过地方层面的新能源合作,在新能源技术研发、信息共享和治理经验等方面加强沟通和交流。与此同时,很多具有长远眼光的美国企业已经很明确地认识到低碳与环保的新能源经济才是可持续发展的经济模式,因此他们有很强的动力与中国企业在新能源产品、技术和项目等方面开展合作。中国应当通过财政和税收等政策措施进一步促进和推动新能源产业的发展,并鼓励国内企业根据自身发展需求和市场实际情况,加强与美国相关企业的新能源合作。

**关键词:**巴黎协定　美国新能源政策　新能源合作

# The Analysis of US New Energy Policy and Sino US New Energy Cooperation in Post Paris Era

**Abstract:**After World War II, the U. S. economy has developed rapidly, and the U. S. has become increasingly dependent on foreign oil. With the increasing oil addiction, the risk of American energy security is becoming more prominent. At the beginning of the 21st century, America's excessive dependence on imported oil also had a very serious negative impact on the economy.

The financial crisis has brought about a major change in the demand for economic interests of the United States. Getting rid of the dual predicament of energy and financial crisis caused by excessive dependence on imported oil has become a realistic demand to save the United States economy. Under the energy situation in the United States when Obama being elected President of the U. S. , the only viable policy for the United States to get out of the predicament was changing its excessive dependence on oil by developing new energy sources.

During Obama's presidency, he tried to combine closely energy innovation with international climate cooperation to ease domestic resistance to new energy reforms

Since 2012, as U. S shale production has increased substantially, the trend of continued decline in U. S oil production over the past two decades has been reversed, meanwhile, the U. S. expectation that its oil production has peaked has changed. With the explosively increasing of shale production, the degree of oil self-sufficiency and energy self-sufficiency in the United States have been greatly increased.

Besides, with the rapid development of the shale industry in the United States, vigorously promoting the shale industry can also solve the problem of excessive dependence on foreign energy in the United States. Moreover, the effect of promoting economic growth in the United States is faster than that of renewable energy with longer development cycle. Relevant interest groups in the United States strongly urged the government to expand fossil energy consumption and exports.

The Trump administration's withdrawal from the Paris Agreement not only removes the obstacles of international law for the development of fossil energy in the United States, but also adds resistance to the development of new energy in the United States. This is a major directional change in the United States' new energy policy since the implementation of the Obama administration's Clean Power Plan.

Although there has been a fundamental policy shift in the promotion of new energy development since Trump became President of the United States, many state and city administrations and legislatures strongly oppose Trump's practice and continue to actively support and promote the development of new energy. China can strengthen communication and exchanges in new energy technology research and development, information sharing and governance experience through local cooperation in new energy. At the same time, many long-term vision of the United States enterprises have clearly recognized that low-carbon and environmental protection of the new energy economy is a sustainable economic model, therefore, they have a strong incentive to cooperate with Chinese enterprises in new energy products, technology and projects. China should further facilitate and promote the development of the new energy industry through fiscal and tax policies and measures, and encourage domestic enterprises to strengthen cooperation with relevant U. S enterprises in new energy based on their own development needs and market conditions.

**Key words**: The Paris Agreement; the American's new energy policy; new energy cooperation

# 1. 奥巴马执政期间美国新能源政策的发展

## 1.1 美国能源的对外依赖性

自 19 世纪以来, 美国对能源的需求不断增加, 而不断增加的来自美国境外的石油供应正好满足了美国的"能源饥渴"(David Grant,2011)。"二战"以后,随着美国经济迅速发展,美国对境外石油的依赖度更是越来越大。实际上,除了 20 世纪 70 年代末和 80 年代初由于世界石油价格居高不下而导致美国石油消费在短期内下降外,在"二战"以后的 50 年里美国的石油消费都是处于上升趋势,20 世纪 50 年代末美国消耗石油为每天 10 万桶左右,到了 70 年代末达到每天 15 万桶,到了 21 世纪初达到了每天 20 万桶(The Council on Foreign Relations et al,2006)。相反,美国的石油产量在 20 世纪 40 年代末到 60 年代末出现了小幅上升势头后,却并未继续保持上升势头,反而出现了持续下降趋势。数据显示,美国石油产量在 20 世纪 60 年代末约为每天 10 万桶,而到了 21 世纪初却仅为每天 6 万桶左右,与 20 世纪 40 年代末的每天 5 万桶的产量基本持平(The Council on Foreign Relations et al,2006)。如此巨大的国内石油生产量与消耗量的差距,导致了美国不得不越来越依赖进口石油来维持国内的石油消耗。

由于美国石油对外依赖度越来越大,20 世纪 70 年代以来的历任美国总统都把戒除美国的"石油瘾"作为防范美国能源风险的重要政策与措施(David Grant,2011)。尤其是 20 世纪 70 年代一些中东国家对美国实施石油禁运并使得美国遭受经济混乱和社会动乱的困境后,美国政府更加重视把降低石油对外依赖作为美国安全战略的一个重要组成部分加以强调。1974年,时任美国总统的理查德·尼克松宣称:"让以下内容成为美国的国家目标:到 1980 年,美国将在能源问题上不再依赖任何一个国家,美国需要依靠自主能源创造就业,为我们的居所提供取暖,让我们的交通工具正常运行。"(Richard Nixon,1974)1975 年,时任美国总统杰拉尔德·福特宣称:"我决定设定以下国家能源目标以确保美国的未来与过去一样安全和高效:首先,我们必须在今年年底实现每天减少一百万桶石油进口的目标,在 1977 年年底实现每天减少两百万桶石油进口的目标。其次,我们在 1985 年时必须结束因为境外石油供应中断而给美国经济所带来的脆弱性。"(Gerald Ford,1975)1992 年,时任美国总统的老布什宣称:"当我们的政府在制定我们国家的能源战略时,需要坚持三项原则来指导我们的政策:降低我们对外国石油的依赖,保护我们的环境,促进经济增长。"(George H. W. Bush,1992)

即使如此,美国上述总统代表政府所设定的能源独立目标并没有如期实现,相反美国的"石油瘾"及与其紧密相连的国家安全风险仍然在持续上升(David Grant,2011)。根据美国能源信息署(Energy Information Administration,EIA)提供的数据显示,20 世纪 70 年代初美国进口石油占美国消耗石油总量的比例还不到 40%,到了 20 世纪 90 年代进口石油占美国消耗石油总量的比例已经达到 50%左右,到了 21 世纪初进口石油占美国消耗石油总量的比例已经达到 60%左右[①]。美国海军分析中心(Center for Naval Analyses,CAN)的军事顾问委员会对美国"石油瘾"所引发的紧张局势做了如下描述:"美国对待能源问题的方法已经置这个国家于危险的和难以维系的境地"(David Grant,2011)。2006 年,曾经试图在其任期内在美国能源问题上大有作为的小布什也不得不承认:"美国已经患上'石油瘾'了,这个国家不得不经常从这个世界上的不稳定地区进口石油"(George W. Bush,2006)。

对于美国过度依赖外来石油的安全风险,美国政治精英虽然也早有认识,但是却并未能采取有效措施加以解决,其中一个重要原因是美国认为这种风险可以凭仗美国在"二战"后所建立起来的国际石油秩序主导权来加以防范。"二战"以后,美国既是全球石油的主要生产国,又

---

① 　Data from Energy Information Administration,https://www.eia.gov/emeu/mer/overview.html.

是全球石油的最大消费国,还在中东等石油主要产地扮演"世界警察"的角色,这样就对全球石油规则的形成产生了巨大的塑造力。美国所拥有的对全球石油资源的巨大控制能力确实帮助美国获得了大量的廉价石油供应。

倚仗着强大的国际石油秩序的控制力,美国的"石油瘾"更是愈演愈烈,而难以戒除"石油瘾"的美国为了维持其持续增加的对进口石油的需求,又不得不消耗巨额资源来增强其国际石油控制力,这几乎形成了一个难以逆转的恶性循环。进而言之,一方面,单一的能源结构迫使美国不断地动用越来越多的经济、政治与军事资源来加大对全球石油规则的控制能力,另一方面,强大的全球石油规则控制能力又推动美国更肆无忌惮地依赖以石油能源为绝对主导地位的单一式的能源结构来维持经济与军事的运转和发展。美国"石油瘾"的一个十分重要的表现就是美国经济几乎是以石油这种单一的能源为基础的。根据美国海军分析中心军事委员会的分析,美国交通运输部门 96% 的能源需求依赖石油资源(David Grant,2011)。不仅如此,美国的国防装备、运转乃至文化也几乎是建立在以石油为绝对主导能源的前提之下的(David Grant,2011)。这就决定了美国不得不持续巩固和加强其对全球石油规则的控制能力来维护其经济与军事正常运转。1980 年,时任美国总统的卡特在其一次公开讲话中提出了著名的"卡特原则"(Carter Doctrine),他指出:任何来自外部的试图控制波斯湾地区的努力都将被视为对于美国核心利益的侵害,对于这种侵害美国必须动用一切可能的手段加以排除,包括军事行动(David Grant,2011)。

### 1.2 美国陷入金融与能源危机

(1)美国的能源安全风险凸显

随着美国"石油瘾"的不断加剧,美国的能源安全风险也愈加凸显出来。一方面,国际能源市场的巨大波动使得美国经济不时面临崩盘的风险;另一方面,美国在维系中东地区控制力方面也在面临越来越大的挑战。根据美国海军分析中心的研究,世界石油市场的波动使得美国军方越来越难以在执行其军事任务的同时维持财政平衡,因为美国国防部每年为能源消耗所承担的支出已经达到了约 200 亿美元,以至于每桶油的价格发生 10 美元的波动就会导致美国国防部的能源支出发生 13 亿美元的变化(David Grant,2011)。而在 21 世纪初,由于世界石油的供求关系十分紧张,全球几乎没有额外的石油产量可供挖掘,因此哪怕是微小的石油供应下降也会导致全球石油市场出现巨大波动。数据显示,在当时情况下,如果全球石油供应量减少 1%,国际石油市场价格就会上升 5%~10%,意味着每桶石油单价会上升 3.5 美元和 7 美元(The Council on Foreign Relations et al,2006)。在此背景下,美国必须在维护全球石油价格稳定上投入巨大的资源,因为任何世界石油市场所发生的不可预测的重大变化都可能使得美国的国家安全利益遭受重大损失。

中东地区的不稳定局势使得美国能源安全形势更加严峻。21 世纪初,美国的石油消耗中的约 60% 依赖进口,其中近三分之一来自于欧佩克国家,13% 来自于波斯湾地区(David Grant,2011)。2006 年前后,全球探明石油储量共计为 1.2925 亿桶,其中沙特阿拉伯为 0.2643 亿桶,伊朗为 0.1325 亿桶,伊拉克为 0.115 亿桶,科威特为 0.1015 亿桶,阿拉伯联合酋长国为 0.0978 亿桶,利比亚为 0.0391 亿桶,这些中东国家的探明石油储量都在全球前十位,合计为 0.7502 亿桶,占全球探明石油储量的 58%(The Council on Foreign Relations et al,2006)。而当时的美国探明石油储量仅为 0.0214 亿桶,仅占全球探明石油储量的 1.66%,位居全球第 11 位,只占到上述中东国家探明石油储量的 2.85%(The Council on Foreign Relations et al,2006)。在这种局势下,中东形势就成为直接影响到美国经济与军事安全的重大安全问题。事实上,2008 年左右,伊拉克因为战争而导致其石油产量比战争之前减少了近 70 万桶,这就使得美国能源安全立刻面临重大挑战(David Grant,2011)。因此,为了让中东地区维持符合美国利益的秩序,美国就必须动用大量的政治与经济资源。

不仅如此,由于过于依赖石油能源的单一能源结构,全球的石油产地的基础设施一旦受到袭击将对美国造成巨大威胁,这也使得美国的能源安全形势显得更为严峻。2006 年,一起针对沙特石油设施未成功的恐怖主义袭击使得美国产生了严重的危机感。当年 2 月,一起与本·拉登有关联的恐怖主义袭击试图摧毁一处位于沙特阿拉伯的石油设施,这处石油设施对美国非常重要,因为每天有 680 万桶的石油需要在这里进行加工,然后才能出口(The Council on Foreign Relations et al,2006)。

对于美国"石油瘾"所导致的能源安全风险,很多美国政治精英已经有比较深刻的认识。美国《纽约时报》专栏作家费莱德曼(Thomas Friedman)认为:"在与恐怖主义分子的战斗中,我们其实是在一场与我们所资助的敌人在作战,因为美国是通过敌人的能源来资助他们的。我们在资助这场战争中交战的双方。①"美国安全政策中心(Center for Security Policy)总裁盖福尼(Frank J. Gaffney)认为:"由于美国每年从国外购买大量的石油,导致每年上百亿计的石油美元流入那些为恐怖主义活动提供资助的国家,并进一步变成试图杀死美国人民的敌人的收入。"(American Jewish Committee,2008)美国前副总统阿尔·戈尔认为:"当 65% 的世界石油供应来自波斯湾而仅有 3% 来自美国时,美国不可能走向自给自足之路。如果我们不认识到美国必须寻找更好的出路,那么谁知道在美国石油供应的核心区域还将发生多少恐怖活动和动乱?"(American Jewish Committee,2008)美国中央情报局(Central Intelligence Agency,CIA)前局长沃斯勒(James Woolsey)认为:"在中东发生的一场针对石油设施的袭击就可以让世界油价远超 100 美元每桶……这足以让任何一位客观的观察员确信今天美国严重的石油对外依赖度已经对美国等石油进口国造成了严重的和迫切的危险。"(American Jewish Committee,2008)

(2)美国过度依赖进口石油对经济的负面影响

到了 21 世纪,美国过度依赖进口石油对经济的负面影响愈来愈凸显出来。长期高企的油价使得美国企业的经营成本居高不下,而昂贵的能源支出又使得很多美国家庭负担沉重,消费能力下降。

虽然 2008 年爆发的美国金融危机的原因是复杂的,但是美国对石油的过度依赖却无疑是其中的一项重要原因。在 21 世纪初,美国的财政尚有盈余,然而美国为了化解能源危机在伊拉克发动的"石油战争"却使得其财政债台高筑。美国政府财政入不敷出,必然需要发行大量债券来应付战争开支,并同时不得不实施十分宽松的货币政策,这是最终引发美国金融危机的一个重要原因。

布什政府在能源经济方面的经营失败导致美国社会各阶层几乎都对传统的能源经济模式

---

① http://www.npr.org/templates/story/story.php? storyId=4717413"。

丧失了信心。数据显示,21世纪初,国际油价每桶上升25美元,美国国民的净收入减少就相当于美国国内生产总值(GDP)的1%(The Council on Foreign Relations et al,2006),这种经济困境显然是无法长期维持的。对于美国的能源经济困境,美国历届政府虽然表面上高度重视,但是并无很多具体的实质性对症措施。究其原因,主要是在国际石油价格处于低位时,美国政府及国内各大利益集团乐得享受低价石油给美国所带来的"石油红利",因此在这些时期美国根本就无意真正采取措施解决能源独立问题;在石油价格高企的时候,美国政府及各大利益集团虽然深感高油价给美国经济所带来的切肤之痛,但是其第一反应却总是把问题归咎于石油生产和出口国家对美国抱有敌对态度,并试图运用他们的"石油权力"来非法地操纵国际能源市场以对美国实施"惩罚",为发动石油战争寻找"道德价值",并继而通过美国强大的军事力量来压迫相关石油生产和出口国家在世界能源市场上增加石油供应,降低美国进口石油的成本(Paul Isbell,2009)。

### 1.3 全球气候治理对奥巴马新能源政策的促进作用

(1)奥巴马在总统竞选中打出新能源经济的旗号

金融危机使得美国的经济利益需求发生了重大变化,摆脱因过度依赖进口石油而陷入能源危机和金融危机的双重困境成为挽救美国经济的现实需求。在当时的美国能源状况下,美国走出困境的唯一可行政策只能是通过发展新能源来改变对石油的过度依赖。在此形势下,在新能源发展和应对气候变化问题上持相对积极态度的民主党连续在2008年和2012年两届美国大选中胜选,并进而推动美国加入了《巴黎协定》。

长期以来,美国在全球气候治理中的表现总是落后于欧盟。对于美国而言,能源独立的动力主要在于石油进口供应不稳定而导致的安全问题,其实欧盟同样也存在这样的问题。欧盟的能源供应在很大程度上要依赖来自俄罗斯等国的管道所输送的油气。因此,欧盟认为其能源安全威胁主要来自于俄罗斯能源供应的突然中断。俄罗斯对欧政策的变化、其国内政局的稳定状况以及其境内天然气管道的安全状况都会对欧盟的能源安全造成重大影响。由于欧盟对俄罗斯并不拥有强大的控制能力,因此欧盟必须通过其他的战略路径来保障其能源安全,其中最重要和可行的就是大力发展风能和太阳能等本土能源资源,以减少对俄罗斯的能源依赖。为了促进欧盟的太阳能和风能等本土能源的发展,欧盟就必须全力推动应对气候变化国际合作。积极推动应对气候变化国际合作,除了能够帮助欧盟应对生态环境方面所面临的挑战外,还有利于帮助欧盟的太阳能和风能等可再生能源企业开拓广泛的国际市场,降低欧盟可再生能源企业的经济成本,有助于欧盟实现能源安全战略目标。与欧盟不同的是,美国虽然也存在着因为能源对外依存度过大而带来的安全问题,但是美国认为其可以通过强大的政治和军事等实力来控制世界主要石油生产和出口国家与地区的秩序来解决问题,因此不需要通过全球气候治理这个平台来实现其能源安全目标。

但是,随着布什政府在中东地区陷入军事困境,并且因此而加剧了美国国内的财政和金融危机,美国以控制世界石油秩序为核心的能源经济模式显然已经难以维系了,对美国的能源经济模式进行改革成为美国社会各界关注的焦点。《华盛顿邮报》曾于2008年总统竞选时发表过一篇颇有影响力的讨论"美国能源独立"的文章。文章指出:"我们或许不能说把美国能源独立作为一个目标是一个错误,但是这确实是一个模糊的概念,也是一个使人转移注意力的概念……在这方面,美国唯一能做的是通过减少对国外石油的使用来削弱石油生产和出口国的经济和政治力量。因此,美国减少对石油的使用,用国内的能源资源替代进口石油,这才应当是美国的目标。"(Paul Isbell,2009)

在内外交困的窘境和危机面前,无论是否愿意,美国国内各方面利益集团几乎都产生了要求美国政府进行重大的能源经济体系变革以帮助美国走出困境的需求。根据 2008 年美国总统竞选时的民调数据显示,90％左右的民众认为美国的发展方向出现了错误,80％的民众对布什及其所领导下的政府的执政失去了信心,超过 60％的民众认为必须在经济政策方面实施重大变革,选民对经济变革的关注甚至超越了对安全问题的关注,经济问题也随之成为美国选民关注的首要问题,尤其是能源经济改革成为在美国政治、军事和经济等方面必须要首先加以解决的核心问题(姜琳 等,2008)。

事实上,自 20 世纪 80 年代以来,能源问题从未像 2008 年那样成为总统竞选中的主导性话题,尤其是在美国金融危机问题的严峻性越来越引人注目后,能源问题在总统竞选中的主导性地位越来越凸显出来。在 2008 年总统大选时,无论是民主党总统竞选人奥巴马还是共和党总统竞选人麦凯恩,都把减少对外石油依存度过高和提升美国能源独立程度作为帮助美国治疗经济痼疾的良药妙方。在 2008 年总统竞选中,奥巴马与麦凯恩都强烈表达了对美国因为进口太多的石油而使得美国财富持续不断地流向其敌对国家或集团的深切担忧(Paul Isbell,2009)。在整个 2008 年的总统竞选中,著名的石油投资大亨皮肯斯(T. Boone Pickens)反复强调:"每年美国因为依赖国外的石油而流失 7000 亿美元,这是人类有史以来最大的财富转移。"(Paul Isbell,2009)虽然皮肯斯的上述言论有些夸大其词,美国每年用来进口原油和其他石油产品的开支实际大约为 3300 亿美元,但是麦凯恩和奥巴马在竞选中都十分积极地对皮肯斯的上述观点予以响应,并在不同场合引用皮肯斯所提供的数据,同时他们在竞选中都以前所未有的积极姿态积极主张推动美国的能源独立(Paul Isbell,2009)。

在此形势下,在总统竞选中一直坚持"变革"的政治主张的奥巴马得到了比较广泛的支持。在 2008 年的美国总统竞选中,奥巴马反复强调,美国急需进入"变革时代",并提出了增加对大企业和高收入人群的税收幅度并对石油公司征收高额暴利税、减少反恐及战争开支、降低财政赤字以及提高美国服务业的经济活力和创造大量新的"绿色就业岗位"等一系列具体变革措施(蔡亮,2009)。

在 2008 年的总统竞选演讲和辩论中,奥巴马始终坚持一个雄心勃勃的新政策,其核心就是推动美国的能源经济转型。奥巴马强调在其领导的新一届政府中,其新能源经济的核心部分是把美国从对高碳排放的化石燃料的依赖中解放出来,尤其是把美国从对那些不稳定地区或者潜在的敌对者所生产石油的依赖中解放出来。在 2008 年 10 月下旬,随着金融危机进一步加深,奥巴马在接受《时代周刊》采访时说:"美国过去 20 年的经济增长引擎在美国未来 20 年的经济发展中并不会继续存在了。在美国过去 20 年的经济发展中,消费者的消费是经济增长的主要引擎,而且这种消费刺激是建立在廉价信贷的基础上的……但是现在在我们经济的所有方面都已经没有比新能源经济更好的驱动力了……新能源经济将成为我执政后第一位的优先领域。"(Paul Isbell,2009)

美国 2008 年总统大选中始终高举"变革"旗帜的奥巴马最终成为赢家。数据显示,奥巴马获得了 53％的普选票与 365 张选举人票,远远超出其竞选对手麦凯恩所获得的 46％的普选票与 162 张选举人票;在国会两院改选中,一直高举"变革"旗帜的民主党分别在众议院和参议院各获得 255 个席位和 57 个席位,占到美国众议院和参议院席位的 58.7% 和 57%,不仅继续掌握了对国会的控制权,而且还进一步扩大了优势(姜琳 等,2008)。值得一提的是,2008 年美国大选民众的参与度和投票率都较以前几届选举有较大提高,数据显示注册选民超过了 1.5 亿人,接近美国人口总数的四分之三,投票选民达到 1.35 亿,约为美国人口总数的三分之二,创造了自 20 世纪 60 年代以来的最高水平(姜琳 等,2008)。在奥巴马当选总统时,民众对奥巴马的支持和对美国未来的信心都超过了七成(张立平,2009)。这些数据说明,在布什执政 8 年之后,美国政治、经济和军事等方面的状况都使得大多数美国民众失去了信心和信任。

值得指出的是,在奥巴马的"变革"战略中,能源政策变革实际上处于整个美国"变革"大棋局的核心位置。从经济方面看,奥巴马在 2008 年当选美国总统后所面临的经济形势仍然在持续恶化中,美国 2008 年第四季度经济增长幅度为 -6.2%,创出了美国 25 年来最大幅度的负增长;2009 年 2 月,美国股市道琼斯指数降幅达到 12%,创出了美国 30 余年来的同比最低值(朱峰,2009)。这种严峻而紧迫的经济形势必然会迫使奥巴马政府把经济政策变革摆在其执政的首要任务来部署。从政治方面看,面对美国陷入政治孤岛的困难局面,奥巴马在 2008 年当选美国总统后急需寻求改变美国国际政治声望和提升国际形象的突破口。

美国退出《京都议定书》使得美国在国际政治中成为全球共同利益的阻碍者。要有效改变美国的国际政治形象,美国就必须努力在全球气候变化治理中扮演推动者的角色。2009 年 2 月,时任奥巴马政府副总统的拜登在出访德国时在慕尼黑发表讲话,表明了美国在国际政治中准备改弦更张的决心,他在讲话中称:美国"决心为我们的这个星球建设一个可持续的未来",因此,美国将"重新以自己的行动做出表率",对"环境变化采取果断措施,并与志同道合的国家一起寻求能源保障"(朱峰,2009)。

需要指出的是,全球气候治理的核心在于减少温室气体排放,尤其是发达国家,不仅需要为其现实碳排放负责,而且还需要为其历史碳排放负责。因此,美国要改善其国际形象,就需要积极参与全球碳减排合作。为此,美国就必须改变对石油等高碳排放的化石能源过于依赖的能源结构,大力发展低碳能源。

除此以外,美国要改变困局,首当其冲的就是要尽快从伊拉克战争中脱身,并努力避免此后再次陷入中东的军事冲突中去。为此,奥巴马 2008 年参与总统竞选期间就提出了在 16 个月内完成美国从伊拉克撤军的方案;在其就职演说中又提出"负责任的撤军计划"(朱峰,2009)。2009 年初,奥巴马政府又正式释放了将改变布什政府提出的美国正处于反恐战争之中的论调的信号,声称美国将结束伊拉克和阿富汗两场战争,并提出美国需要把反恐问题摆在全球非传统安全治理的大框架下进行部署(朱峰,2009)。2009 年 3 月,奥巴马政府公开宣布了美国将在伊拉克撤军的时间表,并提出了在 18 个月内把美国在伊拉克驻军从 14 万人左右减少到 5 万人左右的方案(朱峰,2009)。

不仅如此,奥巴马还对他提出的方案迅速付诸实际行动。为了改善与中东地区相关国家的关系,奥巴马甚至公开对美国的中东政策进行检讨,表示美国的中东问题政策存在缺陷,承认在中东问题上犯了错误,希望与这些国家在尊重与共同利益的基础上进行对话与合作;在正式入主白宫之后几个月内,奥巴马就两次安排访问中东,强烈表达出急于对布什政府的中东政策从战略上进行修正的态势(杨鸿玺,2009)。2009 年 4 月,奥巴马访问土耳其,并在访问结束后突然造访伊拉克,表达了对伊拉克战争的状况和为未来走向的高度关注和重视,并表明了美国将于 2012 年前彻底从伊拉克撤军的决心;2009 年 6 月,奥巴马访问了埃及和沙特阿拉伯等国家,明确表示美国不会把其民主制度和政治制度强加到中东国家身上,表达了要与中东国家形成新的战略关系的愿望;2009 年 7 月,奥巴马在白宫会见来访的伊拉克总理时,再次强调了美国将从伊拉克撤军的决心,并表示美国不谋求在伊拉克设立军事基地(杨鸿玺,2009)。

值得指出的是,虽然奥巴马政府在调整美国对中东政策的问题上的态度是比较明确的,但是如果不能降低对中东地区生产的石油的过度依赖,美国想改变必须动用大量军事资源来维持中东秩序的做法就只能成为奢望。在美国经济严重依赖中东地区石油生产和出口的状况下,美国军事力量很难从该地区抽身。在此形势下,通过发展石油替代能源来降低美国对中东石油的依存度就成为了美国改变伊拉克战争给其带来的困局所必须采取的措施。

(2)奥巴马就任美国总统后利用全球气候治理促进美国新能源发展

奥巴马政府的新能源变革遇到了很大阻力,尤其是美国国内出现了很多针对碳排放"限额加贸易"机制的强烈批评意见。这些批评意见主要集中在两个方面:一方面,很多人认为美国经济正处于萧条时期,如果在此时实施碳排放"限额加贸易"机制,无疑将进一步加重企业运营的成本,有可能使得美国经济长期处于低谷状态;另一方面,很多人认为如果其他具有国际经济竞争力的国家不实施碳减排方案,那么这些国家的企业将会比美国企业承担较低的能源与环境成本,因此美国企业将在国际竞争中处于不利地位(Paul Isbell,2009)。

针对这两方面的批评意见,奥巴马政府试图把能源革新方案与国际气候合作紧密结合起来,以减轻其新能源变革的国内阻力。奥巴马在就任美国总统后,立即在国际气候合作中采取相关措施,试图努力改变此前美国政府在全球气候治理中扮演阻挠者的国际形象。奥巴马政府一方面在联合国大会和安理会等场合公开表示应当重视气候变化对人类安全所构成的挑战,并呼吁联合国安理会等机构应当在处理气候安全问题中承担起责任,另一方面又在与欧盟等国际行为体领导的会谈中表示愿意积极推动国际气候合作,并表示美国愿意以《联合国气候变化框架公约》为基础,努力推动国际社会形成一个针对 2012 年《京都议定书》第一承诺期结束后的国际碳减排协议。奥巴马政府试图通过这种做法为其所提出的新能源经济战略铺平道路。一方面,如果全球气候治理能够深入开展,那么国际社会势必将需要持续地向低碳能源和低碳经济发展,那么美国通过碳排放限制机制就不仅不会导致美国经济出现"一蹶不振"的结果,而且还会成为美国经济走上复苏与振兴之路的重大契机,因为世界各国未来对低碳产品与服务的巨大需求将会为美国新能源产业提供广阔的市场空间;另一方面,如果世界各国或至少世界主要国家都能接受一个全球性的碳减排协议的话,那么美国的企业就不用担心由于本国实施了碳排放限制机制就需要为此而相比其他国家的企业承担更重的能源与环境成本负担。

在奥巴马及其政府的积极推动下,其碳排放"限额加贸易"机制在美国国内得到了比较广泛的支持。华盛顿邮报等新闻机构所组织的一次民意调查显示,75%的美国人支持实施包括碳排放"限额加贸易"机制在内的一系列应对气候变化政策措施(Paul Isbell,2009)。

美国奥巴马政府在国际气候合作中表现相对比较积极,并最终签署了《巴黎协定》,其根本目的并非是牺牲美国经济利益为全球气候治理做贡献,而是通过国际气候合作来促进美国低碳能源产业的发展。奥巴马政府认识到,要让美国走出危机就必须让美国戒除"石油瘾",而其措施就是大力发展石油替代能源。2009 年 1 月 8 日,奥巴马在美国乔治梅森大学发表公开演讲时阐释了在他执政后将如何把他的能源计划融入其政府即将实施的刺激方案中并使得其成为刺激方案中的重要部分,奥巴马在演讲中称:"为了美国最终能够在清洁能源经济中取得成功,我们准备将在未来的三年里使得替代能源的产量翻倍,我们将对75%的联邦建筑物进行现代化改造,并且对200万美国家庭的住宅进行节能改造,这将为消费者和纳税人节省数十亿美元的能源开支。在这个过程中,我们将帮助美国人民获得拥有良好收入的工作,而且这些工作将不会被境外的竞争所取代,这些工作包括制造太阳能电池板和风能电机、生产节能汽车和建设节能建筑物、开发新的能源技术,这样做可以帮助我们创造更多的工作机会,拥有更多的储蓄,生活在一个更加清洁并更加安全的星球"(Paul Isbell,2009)。奥巴马在国家安全战略中指出:只要美国依赖化石燃料,美国就必须确保全球能源资源安全和自由流动,但是如果不及时做出重大调整,美国的能源对外依赖将继续危害着美国的安全和经济繁荣(David Grant,2011)。2009年1月美国发布了《复苏计划尺度报告》,指出能源政策变革是美国经济复苏计划的重要环节,并确定了雄心勃勃的清洁能源推进方案:准备三年内把美国的可再生能源产量提高一倍;对四分之三的美国联邦建筑和两百万户居民住宅进行改造,以增强其节能性能;以公共财政资金为杠杆,三年内撬动1000亿美元私人资金投资于清洁能源开发(武建东,2009)。事实上,奥巴马政府提出的美国经济振兴计划主要有五个方面,包括政府设施改造、公路和桥梁等基础设施建设、学校节能系统安装与硬件设施升级、全国范围的宽带网络建设、全国范围的医院设施改善等,这五个方面中有一半与能源改革密切相关,几乎全部涉及能源变革问题(武建东,2009)。

具体而言,奥巴马的能源战略变革主要包括以下几个方面。

首先,在战略上把能源变革放在美国复苏与振兴计划的核心位置,将其作为帮助美国走出危机并在经济、军事与政治上摆脱困境的首要抓手进行部署。奥巴马可以说是在美国陷入金融危机的困境中临危受命,肩负着帮助美国走出危机并重振美国经济的重要使命。奥巴马在当选美国总统后,其所面临的处境十分艰难。一方面,美国金融危机的爆发,使得金融产业的高风险性凸显出来,奥巴马政府必须要寻找能够带领美国经济走出困境的新的产业龙头;另一方面,美国很多传统产业已经基本成熟,很难看到巨大的发展潜力,而奥巴马政府重振美国经济战略所需要寻找的是未来可能具有数十万亿美元潜能的龙头产业。在此形势下,新能源产业的战略地位自然就显现出来。

奥巴马经常把该团队的新能源经济计划与六七十年代的"阿波罗登月计划"相提并论,称其为"新阿波罗计划",认为其对美国同样具有划时代的意义(Paul Isbell,2009)。在2008年12月28日的一次电视采访中,奥巴马竞选团队顾问大卫·艾克瑟洛德阐释了奥巴马经济刺激方案的理念,他指出奥巴马团队所准备实施的包括能源投资在内的一系列经济刺激方案的目的不仅在于创造就业机会,而且还在于为美国经济的未来奠定基础(Paul Isbell,2009)。奥巴马在2009年年初就任美国总统后,提出了投入1500亿美元以支持石油替代能源研究的方案,并准备为从事石油替代能源开发的企业减少税收负担,增加政府资金对太阳能和风能企业的支持,努力把石油替代能源开发和利用作为美国减少失业和扩大就业的重要措施,计划借此为美国增加500万个就业岗位(武建东,2009)。实际上,在奥巴马政府的经济复苏法令(Recovery Act)中,对于通过替代能源和节能工程创造工作机会的项目所给予的政府资金资助达到了800亿美元(Jessica J. Pourian,2010)。

不仅如此,奥巴马政府还把实施能源革新计划作为帮助美国降低对外石油依存度过高的重要举措,这样就可以为美国走出伊拉克战争困局奠定基础,降低美国经济的成本。奥巴马政府认为,不大幅度降低美国对进口石油的依存度就不可能帮助美国实现"能源安全",因此,奥巴马在就任美国总统后就提出了要在未来十年内把美国从中东和委内瑞拉的石油进口降低为零的目标(Paul Isbell,2009)。在奥巴马于 2009 年就任美国总统时,美国每天消耗石油超过2000 万桶,为此每天美国需要进口石油约 1200 万桶,因此要实现美国从中东和委内瑞拉的石油进口降低为零的目标,就意味着美国必须大幅度降低其石油消耗量(Paul Isbell,2009)。

除此以外,奥巴马政府如果试图摆脱布什政府退出《京都议定书》所留下的政治困境,就必须在全球气候治理方面有所作为,尤其是需要在碳减排方面有所突破,为美国新能源经济发展创造较好的国际环境。在奥巴马于 2009 年就任美国总统时,科学界关于气候变化的科学研究取得了重大进展,尤其是 2007 年联合国政府间气候变化专门委员会(IPCC)发布了其第四次评估报告,向国际社会展示了自 21 世纪以来关于气候变化科学研究的最新进展,进一步提供了关于气候变化形成原因及其影响的科学证据,尤其是通过更多的科学证据证明了人类活动所排放的二氧化碳在地球表面温度上升方面所起的作用。需要强调的是,第四次评估报告还提出,如果全球变暖得不到及时与有效的控制,就有可能导致地球生态环境系统出现不可逆转的变化,这将直接危害人类安全。在此背景下,2007 年 4 月欧盟及其主要成员国推动并主持了联合国安理会,召开了以气候变化、能源和安全为主题的公开辩论会。在这次安理会公开辩论会上,欧盟及其成员国以及很多发展中国家都强调了气候变化对人类社会以及国际安全所构成的挑战,并对执意退出《京都议定书》的美国予以了严厉的批评和谴责。2007 年 12 月,在印度尼西亚巴厘岛召开了《联合国气候变化框架公约》第十三次缔约方大会。在此次会议上,世界绝大部分国家在美国退出《京都议定书》的情况下,决定继续推动全球应对气候变化行动,努力通过谈判达成《京都议定书》第一承诺期结束后的碳减排国际协议,并要求发达国家在碳减排问题上继续重视其历史责任,做出更积极的行动。与会各国还对美国置全球气候安全于不顾的做法予以了谴责,一些在气候变化问题上最具有脆弱性的太平洋小岛屿发展中国家甚至在会场上对美国在气候变化问题上的单边主义做法当面予以斥责。不仅如此,被美国布什政府寄予厚望的全球主要排放体会议并没有达到其所预期的由美国主导全球气候秩序的目的。全球主要排放体会议分别于 2007 年 9 月和 2008 年 1 月在美国华盛顿和夏威夷举行,在这两次会议上,与会各国不仅没有接受美国在气候变化问题上的相关提议和主张,而且还与美国试图用主要经济体会议取代《联合国气候变化框架公约》和《京都议定书》轨道下的决策机制的做法展开了激烈的斗争,欧盟及其成员国甚至直接表示,如果美国不能按照《联合国气候变化框架公约》缔约方大会所达成的"巴厘岛路线图"开展行动,那么继续组织全球主要排放体会议将是没有意义的。在此形势下,奥巴马政府意识到如果不能迅速在国际气候合作中改变角色,那么美国在国际政治中就难以摆脱成为"政治孤岛"的局面。

其次,在美国电力供应中大幅度增加可再生能源发电所占的比例。根据奥巴马政府的能源变革方案,美国计划通过四年时间的努力,让可再生能源发电在美国电力供应中所占比例达到十分之一,并努力在 2025 年使得美国可再生能源发电在美国电力供应中所占比例达到四分之一(Paul Isbell,2009)。需要引起注意的是,奥巴马的这个计划与奥巴马执政美国之前的可再生能源电力计划相比,确实是发生了十分巨大的提升和变化。在奥巴马执政美国之前,可再生能源发电在美国电力供应中所占有的比例尚不足 3%(水力发电不计算在其中),并且美国能源信息署(EIA)所发布的最为乐观的预测也仅仅是到 2030 年时可再生能源发电在美国电力供应中所占据的比例达到12.5％,而奥巴马的目标比美国原定的可再生能源发电比例目标提升了一倍(Paul Isbell,2009)。

再三,把新能源技术的研发作为推动美国能源变革的核心环节。2009年10月23日,奥巴马访问麻省理工学院并发表了推动清洁能源开发的公开讲话。他在讲话中指出了美国在清洁能源技术方面加大投入的极端重要性,表示需要鼓励美国与其他国家开展清洁能源技术开发的"和平竞赛",并认为"哪一个国家赢得了这场竞赛,这个国家将成为全球经济的领导者,对此我确信不疑";奥巴马在这次演讲中还毫不掩饰地表达了他对于美国赢得这场竞赛的渴望,他说:"我希望美国赢得这场清洁能源技术开发的国际竞赛并且成为全球经济的领导者。"(Jessica J. Pourian,2010)

第四,奥巴马政府把交通运输部门作为其能源革新计划的重点领域。根据奥巴马就任美国总统后的能源革新计划,交通部门的能源革新计划主要包括以下五个方面:一是在2015年前美国道路上行驶的汽车中至少有100万台混合动力汽车;二是在奥巴马的第一个总统任期结束时所有新车辆都将是既可以燃烧柴油或汽油,又可以适用生物燃料或电动力的"灵活动力"("flex-fuel")汽车;三是每年提升汽车节能标准4％,到2025年时争取实现汽车节能效率提升一倍,并在此过程中为美国实现节约5000亿加仑汽油和减排60亿吨温室气体的目标;四是为美国汽车制造企业和汽车零部件生产企业提供贷款抵押,以帮助这些企业生产新的节能汽车;五是在2030年时实现美国每年至少生产600亿吨加仑诸如纤维素乙醇之类的先进生物燃料的目标,在2025年前诸如乙醇和生物柴油之类的可再生燃料的供应在美国燃料供应中的比例达到10％(Paul Isbell,2009)。

最后,奥巴马政府把节能工程作为一项既能降低能源消耗又能促进美国经济复苏的重要措施。奥巴马就任美国总统后,提出了要对大量的民用住宅和联邦政府办公用房进行改造的计划,通过这项计划的实施,美国不仅可以减少对能源的消耗,降低对进口石油的依存度,而且可以通过面广量大的建筑改造工程带来大量的相关就业,为美国经济带来新的增长动力(武建东,2009)。奥巴马政府的目标是于2030年前使得美国新建建筑物的能源节约水平提升50％,现有建筑物的能源节约水平提升25％,通过上述措施帮助美国于2030年前的整体能源节约水平提升50％,同时帮助美国把能源强度降低50％(Paul Isbell,2009)。

## 2. 美国特朗普执政后新能源政策发生重大变化

### 2.1　金融危机后美国能源形势发生重大变化

(1)美国石油产量和出口量大幅度增加

随着美国页岩油产量的大幅度增长,美国20年来石油产量持续下降的趋势得到扭转,同时也使得美国对其石油产量已经达到峰值的预期得到改变。2012年《世界能源展望》发布报告认为,由于包括页岩油在内的非常规能源的爆发性增长,使得石油产量达到峰值的时间将被推迟到遥远的未来(乐菱,2014)。由于页岩油开采技术的逐渐成熟,美国页岩油的可开采储量也大幅度增加。根据美国能源信息署发布的《页岩油气技术可采资源量:除美国以外的41个国家137个页岩构造评价》报告,美国页岩油未探明技术可采资源量为580亿桶,仅次于俄罗

斯,占到全球页岩油技术可采资源量的 16.8%,约为中国页岩油可采资源量的 1.8 倍(许莹,
2014),约占到美国全部石油储量的四分之一。

实际上,美国页岩油产业的起步从 20 世纪 50 年代就开始起步了。从 20 世纪 50 年代到
20 世纪末,美国页岩油产业的重点是发现页岩油藏。1953 年,当时的美国标准油气公司发现
了美国首个页岩油藏,这个位于北达科他州威利斯顿盆地的页岩油藏于 1955 年投产。由于当
时采用的是直井开发技术,该页岩油藏的平均单井产量仅为每天 27.4 吨油当量。此后,壳牌
等公司又从 20 世纪 60 年代开始先后发现了埃尔克霍恩牧场等 26 个油田;与此同时,由于水
平井开发技术在开采中得到适用,平均单井产量也上升至每天 50 吨油当量,比使用直井开发
技术的单井产量提高了近一倍;由于平均单井产量的上升,越来越多的公司开始加入页岩油气
产业,到 20 世纪 90 年代时,从事油气勘探开发的公司已经超过 20 家。

从 20 世纪末到 21 世纪初,美国对页岩油产业的认识产生了重大突破。在以前的认识中,
油藏最有价值的开发区域是油藏的上段,但是 2000 年一家石油公司经过长期的勘探工作后发
现,巴肯组(Bakken)源岩所生成的油气实际上更多地位于源岩的中段,这样就使得页岩油的
可开采量得到巨大提升,为此后美国页岩油产业的快速发展奠定了基础。2005 年,美国的一
些能源公司开始借鉴页岩气的开发技术,尝试把水力压裂与水平井相结合的开发方式,并在测
试中获得成功,随后在页岩油开采中得到大规模的应用,美国页岩油产量进入高速发展期。

美国中北部的北达科他州和蒙大拿州等地区的巴肯组页岩层是美国开发页岩油的中心地
带,这些含油有利区带的页岩油产量在 2006 年时仅为 10 万桶/天,到 2008 年时产量在 2006
年基础上增加了 70%,到 2010 年时产量又在 2008 年基础上增加了约 130%;与此同时,上述
地区的页岩油可采储量也有惊人的增长,2010 年末该地区可采储量达到了 36.5 亿桶,达到了
1995 年该地区可采储量的 28 倍;不仅如此,上述地区的页岩油探矿与开发成本也在迅速下
降,2006 年探矿与开采成本达到了 34.45 美元/桶,而在一年之后的 2007 年成本下降了
62.6%,仅为 21.19 美元/桶,2008 年的探矿与开发成本在 2007 年的基础上又下降了 36.9%,
仅为 13.38 美元/桶,2009 年的探矿与开发成本在 2008 年的基础上又下降了 16.6%,仅为
11.16 美元/桶(罗承先 等,2013)。实际上,美国页岩油产业成本下降已经形成一个长期的趋
势。中石油经济技术研究院于 2015 年发布了《2015 年国内外油气行业发展概述及 2016 年展
望》,指出美国页岩油单井的开发成本于 2015 年比 2014 年下降了 17%,其中巴肯、鹰格尔福特
和二叠盆地的页岩油开发成本均有显著下降(郑丹,2016)。举例而言,在 2010 年前后,在美国
打一口页岩油井平均需要耗资 400 万美元,费时数月,而到 2015 年时打一口 5500 米的水平页
岩油井的投资平均仅需要 180 万美元,耗时仅需要一周(郑丹,2016)。

除此以外,在 2011 年前后美国页岩油的开发与生产前景也开始变得十分乐观,一些大的
能源公司开始把大量资金投入到页岩油业务中来。例如,在美国页岩气勘探与开采中扮演重
要角色的切萨皮克能源公司于 2012 年年初改变了公司的投资计划,该公司经营数据显示:
2012 年二季度,该公司 2012 年度干气钻井费用急剧下降至 2011 年该项费用的 29%,仅为 9
亿美元,为 2005 年以来的最低数值,该公司的干气钻机数量也骤减至 2011 年的三分之一左
右,仅为 24 台,该公司把原来拟投资于页岩气业务的资金转投入页岩油业务(罗佐县,2014)。
尤其值得一提的是,风险投资和新兴私募资本的介入对于美国页岩油产业募集资金起到了巨
大的推动作用。这些风险投资和新兴私募资本尤其看重页岩油产业的未来成长性,不惜募集巨

额资金投入该产业的发展。由于私募基金与风险投资强调快速流动和资金回报,美国页岩油企业在得到资金投入后会立刻把资金投入钻井与开采,在迅速销售产品回笼资金后又开始新一轮的融资与生产,这就使得美国页岩油的资金流入进入了良性循环的快速轨道(郑丹,2016)。

随着资金的大量涌入,页岩油的产量预期也在不断提升。2011 年 12 月国际能源机构(IEA)发布的分析报告认为,美国 2011 年的页岩油产量将在 2010 年的基础上增加 63.2%,达到 62 万桶/天,2012 将在 2010 年的基础上增加 129%,达到 87 万桶/天,2013 年在 2010 年的基础上增加 200%,达到 114 万桶/天,2014 年在 2010 年的基础上增加 247%,达到 132 万桶/天,2015 年在 2010 年的基础上增加 303%,达到 153 万桶/天,2016 年在 2010 年的基础上增加 347%,达到 170 万桶/天(罗承先 等,2013)。事实上,由于美国成功地把页岩气开采的经验和技术借鉴和使用到页岩油开采上,这就使得原来被视为没有商业价值的低渗透页岩油成为具有开采价值的能源资源(许莹,2014)。在此形势下,美国一些政治精英、产业领袖和研究机构开始把美国摆脱能源进口依赖的希望寄托在页岩油技术与产业的发展上。2012 年 6 月,哈佛大学肯尼迪学院发布了一份研究报告,认为在未来的 8 年时间里页岩油开发不仅将会持续推动美国原油产量的提升,而且还会改变全球石油生产格局,并最终帮助美国成为仅次于沙特的全球第二大产油国(罗承先 等,2013)。

(2)美国的能源独立性得到改善

1973 年,以沙特等中东国家为首的欧佩克国家对西方国家实施石油禁运,导致爆发了石油危机,国际原油价格由 3 美元每桶左右暴涨了 3 倍多,超过了 11 美元每桶,美国经济自此陷入了长达两年之久的经济衰退(罗佐县,2014)。从此,能源独立成为了美国历任政府的战略目标。但是,石油自给率低是美国能源独立的短板。美国面对其二十余年石油产量长期下降的实际情况,只能把能源独立战略目标的实现寄希望于石油以外的能源资源的开发和利用。然而美国页岩油技术的迅速发展和重大突破使得形势发生重大变化,尤其是美国巴肯和鹰戈尔滩的页岩油产量增加几乎占到美国石油产量增量的九成(罗佐县,2014)。从 2005 年到 2012 年,随着页岩油产量的爆发式提升,推动美国石油自给程度从不足 40% 上升到 50% 左右,随之美国能源自给率也从 70% 上升至 83%(罗佐县,2014)。

此后,美国能源自给率进一步加强。根据美国能源信息署的数据,美国原油生产于 2015 年 4 月超过了每天 960 桶,几乎是 2008 年原油产量的两倍,也是自 1971 年以来最高的纪录。与此同时,美国石油进口大幅度下降,大约 27% 的美国石油消费来自于进口原油,这是自 1985 年以来的最低比例。2014 年,美国大约每天出口 400 万桶原油和石油产品,这导致石油净进口大约为 500 万桶[①]。

## 2.2 美国能源形势变化导致美国现实经济利益需求发生重大变化

(1)美国能源形势变化使得美国能源经济出现了新的利益需求

在 2008 年奥巴马初次成功竞选美国总统时,在当时的能源形势下,解决美国对外依存度过大的唯一选择只能是大力发展石油替代能源,并以可再生能源发展为龙头来推动美国经济

---

[①] To Adapt to Changing Crude Oil Market Conditions,114TH Congress,1st Session,REPT. 114-267,Part 1,September 25,2015.

的整体复苏与振兴。但是,在美国页岩油产业迅猛发展的势头下,通过大力推动页岩油产业同样可以解决美国对外能源依存度过大的问题,而且在拉动美国经济增长方面似乎比发展周期较长的可再生能源的效果更加快速,更加现实。因此,在页岩油产业迅猛发展的势头下,美国不仅不用担心加大对石油的依赖将导致能源和金融危机,而且还可以依赖美国的石油产业为促进经济发展的强力引擎。

具体而言,美国页岩油产业的发展可以从以下方面大力推动美国经济复苏与振兴:

首先,美国页岩油产量的迅猛提升将促进美国能源产量的大幅度增加,这将对美国经济增长率的提升和财政赤字的减少起到直接的促进作用。根据国际能源署(EIA)的预测报告,到2020 年时美国原油产量将超过每天 1100 万桶,而其中页岩油产量将几乎占到半壁江山,达到每天 500 万桶(李建新,2014)。根据 City Group 证券于 2013 年所发布的预测报告,到 2020年时美国经济年增长率将因此而提升 2.0%～3.3%,同时美国经常项目赤字也将因此而降低相当于 GDP 的 1.2%～2.4%(罗承先 等,2013)。在特朗普就任美国总统后不久,特朗普政府就发布了一份简短但是却很明确的"美国第一能源计划"(An America First Energy Plan)。在这份能源计划中,特朗普政府很直接地批评了此前奥巴马政府加入《巴黎气候协定》为美国在能源产业所带来的限制,宣称要制定"正确的能源政策",并认为制定"正确的能源政策"的起点是必须认识到美国本土拥有大量的未开采的能源资源,而特朗普政府的能源政策就是要"拥抱页岩油和页岩气革命来为亿万美国人民带来工作和繁荣",为此,美国"必须充分利用估值达到50 万亿美元的尚未开采的页岩油和天然气资源,特别是那些在美国土地上为美国人民所拥有的页岩油和天然气资源"[①]。

其次,由于美国石油进口逐渐减少和进口结构的改善,使得美国对中东地区的石油供应依赖程度大幅度降低,这就使得美国可以减少在控制中东地区方面的军事、政治和经济行动开支。数据显示,2012 年美国政府预算中的国防经费已经达到了其 GDP 的 4.6%(罗承先 等,2013),如果美国大幅度减少在中东地区秩序控制方面的财政支出,显然十分有助于改善美国财政收支平衡。

最后,美国页岩油产业的快速发展可以为美国提供大量的就业岗位,大幅度增加美国的税收,这对于美国经济增长具有重要意义。2010 年开始美国页岩油气产业的发展可以在 5 年内提供 86.9 万个国内就业岗位,其中直接的就业岗位约为 19.8 万个,间接提供的就业岗位约为28.3 万个,通过诱发而形成的就业岗位约为 38.8 万个;从长期角度看,在 2015 年后的 20 年里美国页岩油气产业的发展为美国提供的就业岗位将达到 166 万个,其中直接的就业岗位约为 36 万个,间接提供的就业岗位约为 54.8 万个,通过诱发而形成的就业岗位约为 75.2 万个;不仅如此,美国页岩油气产业的发展还将使得美国各级政府在未来 25 年中的直接税收以每年平均 4.6%的速度增长,累计增加收入将达到 9330 亿美元(罗承先 等,2013)。反之,如果在此形势下继续参与《巴黎协定》下的国际碳减排,作为美国石油主要增产来源的页岩油的生产成本将因此而大幅增加,美国的现实经济利益必将受到极大的损失。

(2)美国一些具有重大影响力的智库呼吁美国对外输出石油

2013 年 8 月,美国著名的独立于党派政治的智库"美国外交关系委员会"(Council on For-

---

① An America First Energy Plan,https://www.whitehouse.gov/america-first-energy.

eign Relations,CFR)公开发表文章,掀开了美国国内大规模对解除原油出口限令的问题进行讨论的序幕。美国外交关系委员会认为,美国长期实施的限制出口原油的政策应当改变,因为涉及美国出口石油的两个重大因素已经在近年里得到改变:其一,美国出口原油已经成为对美国能源产业而言最具有经济吸引力的事件,2007 年时美国几乎没有对外出口原油,而到 2013年时美国对外原油出口量达到了每天 10 万桶左右,这些原油都流向加拿大;其二,美国已经成为全球最大的石油炼制品出口国,2012 年年底美国每天出口的石油炼制品达到了 300 万桶,比前几年有了巨大的增长(Council on Foreign Relations,2013)。美国外交关系委员会强调,限制美国原油出口已经削弱了美国石油经济的效率,因为美国迅速增长的石油产能绝大部分是轻质原油,这些产能主要来源于美国炼油商不感兴趣的地区或是美国炼油商没有能力加工处理的地区,由于没有合适的国内买方,这些轻质原油的生产商被迫要么把这些原油留在油矿中不予开采,要么以非常低的价格开采,这种人为导致的低价使得美国原油产量不能进一步增加(Council on Foreign Relations,2013)。美国外交关系委员会还分析了美国解除原油出口限制的利弊,指出:如果美国解除原油出口限制,这将帮助美国大幅度增加收入,预期在 2017 年前这项改革每年将帮助美国增加 150 亿美元的收入;如果美国不解除原油出口限制,这将阻碍美国原油产量增长,增加美国对进口能源的依存度;美国的原油生产商将因为向国际市场出口原油而获得更多的利润,这将促使他们有动力增加产能,这将促使本来可能流向其他国家的投资资金流向美国的石油和天然气生产,这还将促使在石油生产地区有更多的工人被石油开采、生产企业和当地的服务企业所雇佣,更确定的石油出口政策将使得美国能源基础设施扩张的势头更加稳定(Council on Foreign Relations,2013)。

2014 年 9 月 9 日,美国国家经济研究协会经济咨询公司(NERA Economic Consulting)发布了题为《解除原油出口限制的经济利益》(Economic Benefits of Lifting the Crude Oil Export Ban)的研究报告,从解除原油出口限制的时机选择、解除原油限制所引发的欧佩克成员国的反应和在全球石油需求下降的情形下美国的经济收益等方面对解除原油出口限制所可能获得的经济利益进行了分析。

对于美国消费者的经济收益,美国国家经济研究协会经济咨询公司做出了预测:如果2015 年美国完全解除原油出口限制,那么美国消费者的福利将在当年得到提升的幅度在0.28%~0.62%,在 2020 年得到提升的幅度在 0.15%~0.52%,在 2025 年得到提升的幅度是 0.11%~0.48%,2030 年得到提升的幅度是 0.1%~0.42%,2035 年得到提升的幅度是0.09%~0.4%(NERA Economic Consulting,2014)。

美国国家经济研究协会经济咨询公司认为,欧佩克成员国对于美国解除原油出口限制的反应将不会对美国的经济收益产生影响。如果欧佩克成员国在美国解除原油出口限制后依然维持与之前相同的石油生产规模的话,那么美国的原油出口也将与预期一致;如果欧佩克成员国在美国解除原油出口限制后削减石油生产规模的话,美国的原油出口量将达到最高点,预测将比欧佩克成员国维持稳定生产规模的情形下每天多出口 25 万~50 万桶原油;由于欧佩克成员国削减石油生产规模将导致全球石油价格维持在较高水平,这样会导致美国进口石油因此而获得的经济收益缩小,因此在欧佩克成员国削减石油生产规模的情形下,美国的经济收益将小于欧佩克成员国维持石油生产规模稳定的情形,预测在欧佩克成员国维持石油生产规模稳定的情形下美国消费者的福利将因为美国解除原油出口限制而得到改善的幅度在 0.2%~

0.5%,在欧佩克成员国做出削减石油生产规模的情形下美国消费者将因为解除原油出口限制而得到的福利改善幅度在 0.1%～0.3%（NERA Economic Consulting,2014）。

根据美国国家经济研究协会经济咨询公司的分析,以下原因导致解除原油出口限制将会给美国经济带来积极的影响:一是美国的原油生产商可以以超出生产成本的价格向全球市场销售原油;二是在新增的轻质原油出口后,美国炼油商为了利用新增产能的轻质原油而用来改装炼油设备的资金可以作为其他更有利润的投资用途;三是由于美国净进口原油数量、价格以及石油炼制品的价格下降,这样美国的对外贸易条件得到改善（NERA Economic Consulting,2014）。

2014 年 9 月,美国著名的综合性政策研究机构布鲁金斯学会（The Brookings Institution）发布了题为《变化的市场:解除美国原油出口限令所产生的经济机会》的研究报告,该报告从美国原油出口限令对美国石油价格的影响、全球石油价格的影响和美国经济的影响等方面进行了深入分析,并大力主张美国解除原油出口限令。

首先,布鲁金斯学会分析了美国解除原油出口限令后可能出口的原油量。该智库的研究报告认为,在解除原油出口限令的情形下,美国可能的石油出口量会以国际石油基准价的变化为基础而变化（Brookings Institution,2014）。如果美国于 2015 年解除原油出口限令,那么美国的原油出口将于当年增加每天 170 万桶,将于 2020 年达到每天 190 万桶的最高值,并于 2025—2030 年期间下降为每天 160 万桶,在 2035 年时下降为每天 110 万桶（Brookings Institution,2014）。

其次,布鲁金斯学会的研究报告分析了美国解除原油出口限令对汽油价格的影响,认为解除原油出口限令并不会像很多人所担心的会促使美国石油价格上升,相反却可以降低美国国内石油价格,因为解除原油出口限令可以使得美国的原油供应增加,预计如果 2015 年美国解除原油出口限令,当年美国国内汽油价格会比目前降低 0.09 美元每加仑,2020 年美国国内汽油价格会比目前降低 0.04 美元每加仑,此后会逐渐回归到当前的价格水平（Brookings Institution,2014）。

最后,布鲁金斯学会的研究报告分析了解除原油出口限令对美国经济的影响,认为解除原油出口限令对美国经济的益处是全方位的,事实上美国原油生产量越高,美国因此而获得的经济收益就会越大（Brookings Institution,2014）。石油生产商,尤其是那些接近现有的出口设施的石油生产商将会因为相对于美国国内更高的全球油价而获得高额利润;对于美国总体而言,解除原油出口限令将会提高美国的国内生产总值和福利,并降低失业率;如果美国立即解除原油出口限令的话,美国国内生产总值（GDP）将于 2015 年为此增加 0.4%以上,2020 年时美国国内生产总值（GDP）将为此增加 0.2%以上,2025 年时美国国内生产总值（GDP）将为此增加 0.06%以上,2030 年时美国国内生产总值（GDP）将为此增加 0.03%以上,2025 年时美国国内生产总值（GDP）将为此增加 0.01%以上（Brookings Institution,2014）。不仅如此,在 2015—2020 年解除原油出口限令每年将为美国减少 20 万个失业人口（Brookings Institution,2014）。

2015 年 6 月 23 日,美国参议院外交委员会（Senate Committee on Foreign Relations）组织了关于"美国能源出口为美国盟友和国家安全所带来的机遇"的听证会。美国无党派智库美国安全中心（Center for a New American Security）的研究人员戈登（David F. Gordon）在其证词中说:"美国发生的非常规石油能源革命正在为美国带来一个新的能源丰富的时代,重塑美国的天然气和石油产业,促进产业的产量,并且有潜力巨大地增强美国许多的全球贸易关系。能源革命为美国近期的经济复苏提供能量,巨大地降低了美国对进口石油和天然气的依赖,持续地巩固了美元在全球的首要地位。此外,美国的非常规石油能源革命还在一段时期内帮助稳定了全球能源市场并承受了中东和其他地区石油供应中断的冲击。通过增强作为美国国家安全引擎的美国在全球经济贸易中的地位,美国非常规能源革命已经较大地促进了美国的国家安全和在外交事务中发挥引领力的能力。"[1]

戈登在其证词中还深入地分析了美国能源出口和区域性地缘政治的关系。他说,对美国的欧洲盟友而言,市场上出现更多的美国能源将使得这些国家有更多的选择,这样就可以降低这些国家对俄罗斯的依赖,而俄罗斯则长期以来对这些欧洲国家采取胁迫性的能源供应政策;美国当前能源政策的一个重要支柱就是要降低俄罗斯在全球能源市场上的竞争力,而美国解除能源出口限令则可以加强对俄罗斯能源部门的压力,这是与美国的国家安全目标相一致的。与此同时,解除美国的石油出口限令还构成对美国的欧洲盟友的战略性支持,这些欧洲盟友相比美国受到来自俄罗斯更多的区域性不稳定,并且在对俄罗斯实施制裁时所付出的经济代价比美国大;美国解除石油出口限令将实质性地对欧美联合加强对俄罗斯的制裁构成支持,使得欧美联合制裁行动的前景更加乐观,只要欧洲国家这些作为美国最密切的盟友变得更强大了,美国也就更加安全了,并更有能力支持和引领多边安全倡议行动。

戈登还对解除石油出口限令对东亚地区的影响进行了分析。他说,美国向东亚能源市场提供更多的能源有助于这些国家在能源进口方面做出多元化的选择,这就使得这些国家可以避免受到愈来愈不稳定的中东地区和俄罗斯的石油与天然气供应的影响。戈登强调,非常规石油能源革命最重要的安全利益在于其能够减少对伊朗制裁的不利影响,伊朗的石油出口已经从2012年的每天250万桶减少到2015年的每天110万桶,毫无疑问如果没有这样的压力的话,伊朗不可能回到关于核项目的谈判桌上来,但是如果没有替代石油供应的话,伊朗的石油出口的大幅度下降会导致全球性的石油供应中断,价格上涨,这可能使得国际社会不能继续维持制裁,美国解除能源出口限制将为维持和拓展对伊朗的能源制裁提供额外的灵活性。

2015年6月23日,美国著名能源市场与政策研究咨询公司(The Rapidan Group LLC)的总裁在美国参议院外交委员会(Senate Committee on Foreign Relations)组织的关于"美国能源出口为美国盟友和国家安全所带来的机遇"的听证会上提出了美国解除石油出口限制对美国安全的5点利益:其一,加强美国对其盟友的影响力和领导地位,通过降低美国对进口能源的依赖和增强美国的经济和地缘政治活力来增强美国对其对手的影响手段;其二,为全球能源供应增加新的、稳定的和相对灵活的资源,这样可以降低价格市场的能源价格波动,为美国及其盟友的经济增长提供支持;其三,为美国的盟友提供替代能源供应,这样美国的盟友在与像俄罗斯这样的能源出口者进行谈判时就有更多的经济手段;其四,通过禁止出口石油对伊朗进行制裁是美国最重要的外交政策目标之一,解除美国石油出口限令可以对这样的外交政策提供支持,因为这有助于在实施制裁时不会引发对经济有害的价格增长;其五,对美国在自由和

---

① Senate Committee on Foreign Relations, Hearing on American Energy Exports: Opportunities For U. S. Allies and U. S. National Security, 114th Cong. , June 23, 2015.

开放的市场上的领导地位提供支撑①。

(3)美国一些国会议员要求政府对外输出石油

2015 年 12 月 17 日,来自阿拉斯加州的共和党参议员、参议院能源与自然资源委员会(Energy and Natural Resources Committee)主席 Murkowski 在美国参议院围绕解除石油出口限令的问题发言。她说,美国是世界上唯一的有能力生产石油却限制自己出口石油的国家,在 40 年之前美国制定这个限令时确实有其合理之处,但是现在这个限令却过时了②;美国现在已经成为世界的能源超级大国,并且表现得像世界能源超级大国,这就使得石油出口限令显得有些过时。

2015 年 12 月 16 日,就在美国参议院围绕解除石油出口限令展开激烈辩论时,美国众议院也在以同样的主题展开辩论。来自北达科他州的共和党众议员 Cramer 在众议院发言,要求政府解除石油出口限制。他说:要求解除美国原油出口限令的 H. R. 702 法案在众议院以 62% 的支持票获得通过,这个法令不仅得到了共和党的支持,而且得到了民主党的支持,这表明对石油出口进行限制确实是一个过时的法律,这个法律是在 42 年前生效的,但是现在很多情况已经发生了变化。他从能源形势的发展变化进行分析,认为当年禁止石油出口时,美国并不处于石油资源丰富的时期,但是现在美国确实处于石油资源丰富的时期;他认为美国对外输出石油对美国经济将会产生巨大的利益,因为美国能源复兴所创造的工作岗位并不仅限于石油生产州,而是遍布美国所有的州,因为这个产业链涉及石油生产、石油运输、石油提炼、金融和财会等各个部门,因此这些工作岗位分布在美国的各个州,这新增的 100 万将每年为美国增加 1700 亿美元的国内生产总值③。

2015 年 12 月 16 日,来自德克萨斯州的众议员 Barton 在众议院发言,从国际能源市场控制的角度来分析对外输出石油的战略意义。他表示:全世界每天生产并消费的石油大约为 9500 万桶,美国、沙特阿拉伯和俄罗斯三个国家一共可以生产大约略超过 3500 万桶,约为全球生产总量的 30%,其中沙特的产量排在第一位,俄罗斯的产量排在第二位,产量排在第三位的美国每天生产大约 900 万桶。如果美国不解除石油出口限令,世界石油价格就由其他少数产油国确定,而如果美国解除石油出口限令,那么控制世界石油价格的钥匙就将转移到美国手中,因为俄罗斯、沙特阿拉伯、伊朗、伊拉克、尼日利亚和利比亚这些产油国虽然有能力小幅度地提升其石油产量,但是这个世界上只有一个国家有可能在未来的 4~5 年里让其石油产量翻倍,那就是美国。

2015 年 12 月 16 日,参议员 Inhofe 在美国参议院发言,从国际政治的角度分析了美国对外输出石油的必要性。他说:"我不能理解为什么我们要限制石油和天然气的出口,看上去政府这么做不仅是批准而且是鼓励伊朗和俄罗斯这样的国家出口石油,政府在帮助这些国家的同时却在禁止我们做同样的事情。现在我们与俄罗斯发生了一些问题,俄罗斯正在向美国发起挑战,俄罗斯之所以可以这么做,是因为他们有石油,而很多国家依赖他们的石油。这种状况使得我们对于美国现在的禁止石油出口的政策感到十分疑惑。"他还回忆了他到立陶宛访问

① Senate Committee on Foreign Relations, Hearing on American Energy Exports: Opportunities For U. S. Allies and U. S. National Security, 114th Cong. , June 23, 2015.

② Congressional Record-Senate of the United States, S8756, December 17, 2015.

③ CONGRESSIONAL RECORD—HOUSE of the United States, S8756, H9370, December 16, 2015.

的情况来为他的上述观点提供证据。他说,"我记得我曾经访问立陶宛,当时立陶宛总统决定开放第一条进口石油和天然气的通道,这样他们就可以进口石油与天然气,其中就包括从美国进口。在立陶宛,我发现每一个人对于这个事实都很高兴,因为他们的国家可以不必再继续依赖俄罗斯,而更多地依赖美国"[①]。

2015 年 9 月 25 日,美国众议院能源与商业委员会(Committee on Energy and Commerce)还专门向众议院提交了一份题为"适应正在变化的原油市场情形"(To Adapt to Changing Crude Oil Market Conditions)的报告,该报告不仅深入地阐述了美国需要改变石油输出政策的背景、原因和目标,而且还详细地分析了议会中在这方面的分歧意见。报告指出,40 年前,为了对阿拉伯国家对美国实施的石油禁运做出反应,美国国会通过了立法,对石油出口做出限制,并同时建立了可以在美国能源供应中断时释放石油的战略性储备的机制(Strategic Petroleum Reserve),但是现在美国的能源安全形势与 20 世纪 70 年代相比已经得到了很大的改善,美国国内能源生产已经接近有记录以来的最高水平,与此同时对进口石油的依赖和消费正在下降。美国现在是世界上最大的液体石油生产国,但是却在维持着对原油出口的限制,这种限制违背美国的国家利益,使得美国、美国的盟友和美国的贸易伙伴的收益受到实质性的损失。美国众议院能源与商业委员会强调,原油出口限制是损害美国国家利益的,因为石油出口限制增加了经济成本,抑制更多的国内原油生产,导致消费者不得不承受更高的汽油价格,减少世界石油市场的竞争。美国众议院能源与商业委员会还认为,解除所有对原油出口的限制将对美国产生多种益处:允许原油出口将鼓励美国的石油产量和投资持续增长,有可能创造大量的新工作岗位并为市场提供稳定的新增能源供应,对美国的盟友和贸易伙伴重新发出确定的信号;原油出口还将改善美国的贸易平衡,减少欧佩克的垄断权力,明显地改善美国的能源安全和国家安全[②]。

(4)特朗普在新的能源形势下提出能源统治战略

美国页岩油产业的快速发展,使得美国能源产量大幅度增加。在此形势下,美国当政者已经不满足于美国从 20 世纪 70 年代开始就提出的"能源独立"目标,而是开始试图在能源外交方面"转守为攻",试图凭借其能源优势对其他国家实施战略控制,并以这种控制作为美国在国际谈判中讨价还价的砝码,压迫其他国家对美国做出让步,帮助美国获取更大的现实经济利益(Justin Worland,2017)。为此,特朗普在其就任美国总统后不久就提出了美国要成为全球"能源统治者"的战略构想。

在特朗普看来,美国要成为全球"能源统治者",就不仅需要大幅度降低能源进口,而且还需要成为能源的"净出口国",这样美国就可以利用其能源资源作为经济增长的推动器。根据特朗普的构想,美国成为全球"能源统治者"还意味着美国的能源资源在国际竞争中通过为其盟友提供"能源安全"而获得现实的经济利益(Justin Worland,2017)。特朗普认为美国的能源禀赋完全可以帮助美国实现上述目标。特朗普于 2017 年 6 月在美国能源部会议上的一次讲话中说:"美国幸运地拥有异常丰富的能源资源,美国的能源出口不仅将为美国创造无数的就

---

① Congressional Record-Senate of the United States,S8715,December 10,2015.

② To Adapt to Changing Crude Oil Market Conditions,114th Congress,1st Session,REPT. 114-267,Part 1,September 25,2015.

业岗位,而且还将提供真正的能源安全"(Justin Worland,2017)。

在特朗普的构想中,美国要成为全球"能源统治者",关键在于美国要改变观念。特朗普把他的政策描述为对奥巴马政府能源政策的"急转弯",他于2017年6月29日在美国能源部会议上的一次讲话中把奥巴马的能源政策描述为"通过为美国能源发展而设置障碍而让美国丧失了大量的工作机会"的"八年地狱",并表示其能源政策就是要对奥巴马的能源政策进行"急转弯",其核心环节就是大量增加石油、天然气和煤炭等化石能源的生产,帮助美国成为全球"能源统治者"(Justin Worland,2017)。在这次讲话中,特朗普声称"美国能源的黄金时代已经开启",并表示将释放更多的国内能源资源,撤除可能阻止美国成为全球"能源统治者"的政府措施,并将努力为美国向国际市场出口石油、天然气和煤炭铺平道路;特朗普在此次会议上还表示美国将建设通往墨西哥等国的石油运输管道,并促进美国向亚洲和欧洲国家出口能源(Justin Worland,2017)。

应当看到,特朗普在就任美国总统后不到半年就提出"能源统治者"的战略目标绝非一时的政治作秀之举,而是在深入分析美国利益基础上所做出的慎重决策。正如美国知名的能源问题专家斯泰德勒(Paul Steidler)所言,美国成为全球"能源统治者"对美国利益至少有以下方面的促进作用。

第一,提供更多的工作岗位,促进美国就业。长期以来,美国能源产业就是美国提供就业岗位的重要产业部门。根据美国国家经济研究局(National Bureau of Economic Research)的调查,近年来的美国页岩油产业的迅猛发展已经为美国创造了460万个就业机会(Paul Steidler,2017),因此如果美国能够成为全球"能源统治者",就必然会有利于美国开拓海外能源市场,增加美国各种能源产品的产量和出口量,为美国提供更多的就业机会。

第二,降低企业经营成本,提高美国企业国际竞争力。长期以来,能源花费一直就是美国企业的一项重要的经营成本。美国的能源价格越高,美国企业的能源成本就越高。能源价格高低是与能源产品的产量密切相关的。总体而言,能源产品的产量越高,其价格也就越低。因此,美国如果能够凭借全球"能源统治者"的地位推动其各类能源产品的出口(Paul Steidler,2017),就势必能够有效提高美国能源产品的产量,降低其能源产品的价格,提升美国企业的国际竞争力。

第三,拉动基础建设,促进美国发展。美国如果能够成为全球"能源统治者",那么就会有更多的机会推动美国能源产品向更多的国家大量出口,这必然会促进建设更多的能源管道和其他能源基础设施(Paul Steidler,2017),这有利于拉动美国的基础建设,促进美国相关产业的发展。

第四,帮助美国实现贸易平衡。美国成为全球"能源统治者",大幅度扩大能源产品出口,有助于美国实现国际贸易收支平衡(Paul Steidler,2017)。

第五,防止与美国处于"敌对状态"的国际行为体通过能源获得更多的资源。即使美国不扩大能源出口,国际社会对能源的需求也会持续增长,尤其是中国、印度等新兴发展中国家对能源的增长处于持续增长的状态;在此形势下,如果美国不能提供足够的能源以满足国际社会持续增长的能源需求,那么一些与美国处于"敌对状态"的国际行为体就会扩大石油生产和出口来满足这些新增的能源需求,并通过生产与出口能源的收入获得更多的资源(Pual Steidler,2017)。因此,美国争取成为全球"能源统治者",有助于切断与美国处于"敌对状态"的国际行为体的能源收入,阻止这些国际行为体获得更多的资源(Paul Steidler,2017)。

第六,帮助美国以"和平的方式"提升国际影响力。美国已经开始向一些欧洲国家出口能源,美国还在试图向中国出口能源,如果美国能够成为世界上很多国家主要的能源重要供应国,那么美国对这些国家的影响力就必然会大大增强,这有助于美国以"和平的方式"来提升对国际事务的影响力(Paul Steidler,2017)。

## 2.3 经济利益需求变化导致美国退出《巴黎协定》

随着美国经济利益的现实需求发生重大变化,美国社会各阶层的利益集团开始考虑选择更加能够反映其现实利益的政治代言人,而特朗普正是这样一个符合其需要的政治人物。早在2012年,特朗普在接受采访时就对这个问题表达过鲜明的立场。他在采访中说:"坦率地说,美国正在使用加拿大的石油,并且美国正在为此向加拿大支付大量的金钱。其实如果我们能够采取正确做法的话,美国根本就不需要加拿大的石油。正确的做法是钻探并开采美国的石油。美国有大量的石油,但是我们却不知道怎么利用。在石油、天然气等许多方面,美国应当有自己的做法"①。2016年5月,特朗普第一次在总统竞选中亮明了他在能源问题上的观点与立场,他于美国北科达他州的一次总统竞选演讲中表明了他以支持石油等传统化石能源、不支持对可再生能源实施财政补贴以及反对美国参与国际碳减排为重点的能源政策主张。特朗普的能源政策使得很多迫切希望在石油等传统能源产业上获取丰厚利润的企业家们感到欣欣鼓舞,甚至以"特朗普的能源讲话令人醉倒"这样的措辞表达了他们对特朗普的大力支持。在特朗普发表了他的能源政策讲话之后,美国北科达他州一位代表石油、天然气和煤矿公司利益的法律界人士在接受记者采访时说:"我为特朗普醉倒了,他在演讲中给我们展示了他的具体政策,谈到了为能源部门建立基石,并表示将为能源部门减少现在所存在的过多约束。通过让能源产业从目前大量的约束和限制中获得自由,这将帮助美国的企业获得增长的机会,帮助创造就业岗位,帮助失业的美国工人回到工作岗位中去。特朗普还表示应当让风能依靠自己的力量在市场中生存,这样就可以节省政府的资金用做其他投资。"(Lori Ann LaRocco,2016)

在2016年美国总统竞选中,特朗普最强有力的竞争对手是来自民主党的总统候选人希拉里。事实上,特朗普也一直把他与希拉里几乎截然相反的能源政策作为争取选民支持的最重要的砝码。在2016年总统竞选中,希拉里毫不含糊地亮明了她支持可再生能源和限制发展煤炭等传统化石能源的政治立场。对此,特朗普旗帜鲜明地予以了抨击。特朗普还称以应对气候变化为理由来限制化石能源产业发展是错误的,他认为气候变化是一个"骗局",是中国试图"使得美国制造业变得没有竞争力"的"阴谋";特朗普指责奥巴马在"做一切他所能够做到的阻碍美国能源发展的事情"(Jill Colvin et al,2016)。

在特朗普当选美国总统后,几乎在第一时刻就十分直白地表明了他对奥巴马能源政策的不满和改变其前任美国能源政策的决心。总体而言,特朗普认为在奥巴马执政时期美国的化石能源产量有了巨大的增加,但是奥巴马不仅不采取鼓励措施支持或是利用美国增加的能源产能来谋求直接的经济利益,反而是以应对全球气候变化为目标采取了大量的限制措施。因

① Energy Policy 2016:Spotlight On Donald Trump, May 12, 2016, http://energyfuse. org/energy-policy-2016-spotlight-on-donald-trump/.

此,特朗普政府能源政策的核心就是要摆脱国际碳减排的约束,撤销对化石能源进行限制的国内政策规定,大幅度加大对页岩油等化石能源生产的支持力度,充分利用化石能源尤其是页岩油的产量增长来为美国谋求现实的经济利益。

在此形势下,美国页岩油相关产业投资者们感觉到页岩油产业的黄金时代到来了。很多页岩油生产商把特朗普当选美国总统视为美国能源产业的重大转折点,并预期特朗普入主白宫后将会制定一系列有利于页岩油勘探、开发和销售的法律和法规,并争取有利于美国页岩油发展的国际环境。在此形势下,很多页岩油相关产业投资者重新部署资金、设备和人员,准备在页岩油产业方面加大投入。2016 年,随着特朗普在美国总统大选中势头逐渐转强,很多投资公司对石油价格走势开始持乐观态度。作为私人股权投资行业的重要企业的黑石集团(Blackstone Group)总裁托尼·詹姆斯(Tony James)在 2016 年 10 月下旬对记者说:"我们从根本上感觉到能源价格未来将有上升空间。"很多分析家认为,詹姆斯的预测实际上反映了大多数美国页岩油生产商以及这些企业的投资人的看法,他们普遍认为页岩油行业将进入一个上升周期。一些美国金融界人士也敏感地察觉到页岩油行业将变得更加有利可图。一家美国银行的管理人员在 2016 年 10 月接受记者采访时表示:"现在不仅对石油企业而言是大好时机,而且对这些企业的贷款人而言也是大好时机。"①

一些石油相关产业投资者们甚至开始迫不及待地在石油产业方面进行"赌博式"的投资。绿洲石油公司(Oasis Petroleum)是一个位于美国北达科他州的重要的石油生产商,还在美国总统大选结果正式揭晓前 1 个月左右,该公司就豪赌特朗普上台后将有利于美国石油产业的发展,并不惜重金新购买了 55000 英亩的油田。除此以外,绿洲石油公司同时还制定了增加石油钻探设施的计划。绿洲石油公司的执行总裁 Tommy Nusz 在此后的一次接受记者采访时表示:"我们公司的这些举措反映了我们在当前低油价的环境下对这个产业所表现出来的信心。"

在特朗普正式当选美国总统后,美国与页岩油相关的企业更是普遍看好该行业的投资前景。"先锋自然资源"(Pioneer)是美国经营最好的页岩油生产商之一,这家公司在特朗普正式当选美国总统后立刻提升了该公司 2017 年所生产的页岩油的售价;几乎与此同时,美国页岩油生产商依欧格资源公司(EOG Resources)也把该公司的长期产量增长预期每年上调了 15%～25%,该公司的首席行政官汤姆斯(Bill Thomas)在 2016 年 11 月初对该公司投资者宣称:"在经历了为期两年的下降周期后,公司已经完全做好了迎接更高回报的石油产量增长的准备。"美国康菲国际石油有限公司的执行总裁兰斯(Ryan Lance)于 2016 年 11 月接受记者采访时说道:"我们总算在黑暗的隧道尽头看到了一点曙光,我们开始谨慎地把原来撤走的资金再重新投入到这个产业中来。"Flotek Industries 公司的首席执行官克里斯霍尔曼(John Chisholm)对记者说:"美国页岩油产业正在期待一个将于 2017 年上半年出现一个温和的复苏。"②

在此形势下,特朗普政府于 2017 年 6 月宣布退出《巴黎协定》,标志着美国彻底拒绝了国际碳减排机制的约束。

---

① Reuters, U. S. Shale Firms Go Back to Work After Donald Trump's Victory Nov 14, 2016, http://fortune. com/ 2016/11/14/donald-trump-victory-us-shale-oil/.

② Reuters, U. S. Shale Firms Go Back to Work After Donald Trump's Victory Nov 14, 2016, http://fortune. com/ 2016/11/14/donald-trump-victory-us-shale-oil/.

## 2.4　后巴黎时代美国新能源政策出现重大转向

如果说奥巴马政府利用全球气候治理为美国新能源产业的发展增添动力的话,那么特朗普政府退出《巴黎协定》不仅为美国化石能源发展排除了国际法障碍,而且还同时为美国新能源发展增加了阻力,这是自奥巴马政府《清洁电力计划》实施以来美国新能源政策出现的重大方向性转变。

奥巴马政府把促进新能源经济发展作为提升美国未来经济发展潜力的重大政策选择。为了能够有效地实施促进新能源经济发展的政策措施,奥巴马试图在美国实施全国性的碳排放"限额加贸易"机制。该机制旨在通过直接限制碳排放而间接地对化石能源的市场需求进行限制,并同时利用市场实现低碳能源的环境利益货币化,这样就可以形成一个抑制化石能源和促进低碳能源发展的强有力的市场机制。但是,奥巴马的碳排放"限制加贸易"机制却受到了美国国会廉价的化石能源利益集团的强烈反对。2009 年前后,奥巴马政府试图在美国国会寻求对"限制加贸易"的碳排放机制的支持,然而却遭到了失败,包括民主党议员在内的大部分国会议员都表示了对该机制的反对,其主要原因就在于限制美国对廉价的化石能源的利用将会损害这些国会议员所代表的化石能源利益集团的利益。

面对来自国会的强大阻力,奥巴马政府不得不试图通过行政手段来推行其能源经济战略目标的实现。在奥巴马执政期间,美国环境保护署(EPA)联邦环保局提出了《清洁电力计划》,企图借此帮助美国削减来自于电厂区域的碳污染,目标是比 2005 年碳排放水平下降30%;清洁电力计划的核心在于制定了相对比较严格的新建、改建和重建的电厂碳污染标准,并区别不同情况分别制定了单位发电所允许排放的最大碳污染限额(谢伟,2016)。奥巴马政府的清洁电力计划可以促进美国在限制化石能源的消耗时扩大风能和太阳能等低碳能源的使用,因此成为了推动美国新能源产业发展的一项重要的行政法规。

特朗普入主白宫后,认识到要实现其充分利用美国廉价的化石能源的必要条件就是废除奥巴马政府所制定的《清洁电力计划》。2017 年 3 月,特朗普签署了"能源独立"的行政命令,要求对《清洁电力计划》进行审查和重新评估;2017 年 10 月 10 日,时任美国环保署署长的普鲁特在华盛顿签署一项规则,正式撤销了《清洁电力计划》(张艾京,2017)。

值得指出的是,撤销《清洁电力计划》并非时任美国环保署署长的普鲁特的个人偏好所导致的,而是特朗普执政美国后的精心安排和部署。实际上,早在 2017 年 1 月,美国很多国会议员就认为特朗普提名普鲁特为美国环境保护署署长是一个错误的选择,因为普鲁特一贯的政治立场就是反对环境保护政策的,特朗普执意要提名这样政治立场的人担任美国环境保护署署长的真实目的就是推行其反对清洁能源发展的政策主张。

普鲁特是一个气候变化否定论者,他曾经说过气候变化辩论"远没有得出结果","科学家们还在继续对全球变暖的程度和范围以及其与人类行动的联结关系发表不同观念",并质疑"地球温度上升或下降真的是人类造成的或者还是仅仅是地球进入了另外一个时间段造成的";不仅如此,普鲁特还针对《清洁电力计划》发表如下言论:"《清洁空气法》并没有给予美国环境保护署合法授权让其可以实施清洁电力计划";普鲁特还曾经吹嘘他"领导过多项最终法律后果不利于美国环境保护署的诉讼"。不仅如此,普鲁特的从政经历也反映了他对环保主义的排斥态度。尤其是普鲁特在美国俄克拉荷马州担任总检察长时在环境问题上的经历及其背后的利益驱动也是令环保主义人士所反感的。作为俄克拉荷马州的总检察长,普鲁特曾经对旨在减少跨州雾霾污染的措施进行攻击,并先后发起了 148 起反对美国环境保护署并削弱该机构努力效果的法律诉讼,而其中 13 件案件中那些曾为普鲁特捐助政治献金的公司也是案件的当事人①。

2017 年 1 月 17 日,来自密歇根州的参议员裴特思(Peters)在参议院辩论会上发言,反对特朗普提名普鲁特为美国环境保护署的行政长官。他称:"环境保护署署长是行政内阁中的重要位置,环境保护署的职能是确保美国人在工作、学习和生活时免于遭受可能危害人类健康的重大环境问题的威胁,这个职责是共和党执政时所最初提议的,并由共和党人、民主党人和独立人士所共同支持而确定的,因此我非常困惑为什么特朗普总统要提名普鲁特作为美国环境保护署的负责人。"裴特思参议员是美国参议院科学委员会的高级成员,他表示了对环境保护署的科学数据在普鲁特担任该机构负责人后将被最小化、压缩化和政治化的担心,他称:"普鲁特正在努力针对已经达成高度一致的全球气候变化科学结论制造疑问,并声称基础性的气候变化科学原则仍然需要继续辩论,如果他的提名获得通过,那么我会很担忧美国环境保护署的科学家的研究结果将会被编辑、扭曲或掩埋以保护特殊的利益和阻碍必要的行动。"

来自俄勒冈州的民主党参议员瓦登(Wyden)也在参议院辩论会上发言,称:"普鲁特曾经极力否认那些应该成为美国制定政策的基础的科学认知,例如他于 2009 年就曾经反对环境保护署所做出的气候变化将危害公众健康和福利的科学结论,他对已经得到普遍认可的科学结论的挑战表明:他要么是对于环境机构是如何在科学基础上进行决策的机制不了解,要么可能情况更糟糕,因为普鲁特对科学结论的挑战表明他有一个习惯,那就是当科学结论与他背后的特殊利益相冲突时,他就会把科学结论抛在一边,因此我对普鲁特是否能够领导美国环境署站在美国家庭一边来反对利益集团的特殊利益不抱有信心。"在 2017 年 1 月 7 日参议院关于普鲁特提名的辩论上,来自新泽西州的民主党参议员波克尔(Booker)称:"如果让普鲁特担任美国环境保护署署长是让人担忧的,令人难以接受的是美国将选择一个否认气候变化科学的人来领导负有制定应对气候变化国际战略的机构以及由此而引起的负面后果。"普鲁特否认科学界在气候变化问题上形成的普遍认识,并声称压倒性的证据表明,关于气候变化的辩论远远没有结束;普鲁特在担任俄克拉荷马州的总检察长时,曾经发起过多起诉讼以阻止美国环境保护署采取的可以帮助美国领导降低碳排放行动和应对气候变化并同时可以保护清洁空气和清洁水资源的措施;普鲁特不仅拒绝承认我们所面临的气候变化的结果,而且也不承认我们在气候变化问题上可能面临的危险的、具有毁灭性的路径。美国环境保护署需要一个能够带领美国继续在全球气候治理中发挥领导作用的行政长官,而不是一个将带领美国在全球气候治理中含糊不清、后退甚至投降的领导人②。

由此可见,虽然美国国会一些议员所提出的反对普鲁特担任美国环境保护署行政长官的观点和理由十分明确,但是特朗普却仍然坚持这项任命,并最终推动环境保护署在普鲁特领导下废除了奥巴马执政期间所制定的对美国新能源发展具有里程碑意义的《清洁电力计划》,这集中地反映了特朗普执政美国后其新能源政策发生了根本性的转向。

---

① Congressional Record-Senate of the United States, S335, January 17, 2017.
② Congressional Record-Senate of the United States, S335, January 17, 2017.

## 3.　中美新能源合作前景

### 3.1　加强与美国各州与城市的新能源合作

虽然特朗普担任美国总统后在促进新能源发展问题上出现了根本性的政策转向,但是美国仍有很多州和城市的行政和立法机构强烈反对特朗普的做法,并继续积极支持和促进新能源发展。

早在 20 世纪 70—80 年代,美国加利福尼亚州就颁布法令,允许该州可以放弃美国联邦政府所制定的关于空气排放问题的标准,并制定了高于联邦法规标准的排放限制标准,这就导致美国其他州或是选择遵守联邦法规所规定的排放标准,或是选择遵守更为严格的加利福尼亚州的排放标准,可见在美国联邦政府尚没有制定气候变化政策时,加利福尼亚州就对美国应对气候变化行动起到了引领作用(Eva Palacková,2017)。后来,当美国联邦政府拒绝批准《京都议定书》时,加利福尼亚州又宣布降低其碳排放,确定了碳减排目标,并建立了碳排放限制与贸易机制。在特朗普宣布决定退出《巴黎协定》后,加利福尼亚州紧接着宣布延长其排放贸易机制至 2030 年;为了推动《巴黎协定》的实施,加利福尼亚州还通过一系列的地区联盟来推动应对气候变化行动,并且还和德国、加拿大和墨西哥等国签订了推动《巴黎协定》实施的协议(Eva Palacková,2017)。

不仅加利福尼亚州如此,实际上美国很多州和城市都反对特朗普政府扩大化石能源消耗、减少对新能源的支持和退出《巴黎协定》的决定。就在美国宣布退出《巴黎协定》的当天,美国一些城市市长宣布将执行《巴黎协定》并努力实现该协定的目标的实现,这些城市的人口约为 0.68 亿人(Eva Palacková,2017),占到美国总人口的约 20%。新墨西哥州虽然拥有各种能源资源,其中既包括铀矿、煤炭、石油和天然气,也包括风能、生物质能、太阳能和地热能等可再生能源资源,但是新墨西哥州却采取了坚定的步伐来推动可再生能源,该州通过州立法已经推动可再生能源发电占总电力中的比例于 2010 年达到了 10%,并计划推动该比例于 2020 年达到 20%。美国新罕布什尔州与其他 9 个美国东北部的州一起建立了被称为“区域温室气体倡议”(Regional Greenhouse Gas Initiative)的地区性的碳限制和贸易项目,作为上述措施以及其他相关行动的结果,这些州将提前 10 年实现《清洁电力计划》(Clean Power Plan)所确定的目标。

值得指出的是,美国的一些州和城市反对特朗普政府的气候变化政策是有其经济和社会基础的。首先,随着近年来国际社会在低碳能源发展方面所做出的重大努力,太阳能和风能已经在很多国家的能源竞争中具有相当的竞争优势和规模效应(Parker et al,2017)。2017 年第一季度,美国风能产业安装了 908 个大型电站级风能设备,总发电能力达到 2000 兆瓦(megawatts,MW)。目前新罕布什尔州与其他 9 个美国东北部的州一起建立的“区域温室气体倡议”项目已经产生了 16 亿美元的经济价值,在当地创造了超过 1.6 万个工作机会。来自化石能源丰富的新墨西哥州之所以也采取有力措施支持新能源的发展,是因为新能源为该州提供了巨大的经济发展潜力。正如来自于新墨西哥州的海因里克(Heinrich)参议员于 2015 年 12 月在美国参议院辩论中所称:“在走出经济衰退后,新墨西哥州并没有像相邻的州一样出现经济增长,为数不多的出现增长的领域就是太阳能产业,现在很多在太阳能产业工作的人都是新获得的工作机会;石油和天然气等能源部门的情况是稳定的,然而不可思议的增长出现在太阳能产业,此外,新墨西哥州还有着十分强大的风能资源,这意味着乐观的经济预期和工作机会。[①]"

由此可见,尽管特朗普政府试图在美国全面扩大廉价的化石能源的市场占有率,但是这种政策并没有得到广泛的国内支持,尤其是美国一些州和城市仍然在积极地推动新能源的发展和国际合作。在此形势下,中国可以通过地方层面的新能源合作,在新能源技术研发、信息共享和治理经验等方面加强沟通和交流。

### 3.2　中美企业之间的新能源合作

虽然特朗普政府不惜牺牲全球环境利益而极力推动扩大化石能源的市场需求和占比,但是这种短视的做法为很多具有长远眼光的美国企业家所反对并抵制。2015 年 12 月,美国企业家比尔盖茨率领企业家团队参加巴黎气候大会,宣布将参与能源研究与开发,以应对气候变化。比尔盖茨(Bill Gates)和其他 27 位著名企业家表示:他们将投入数十亿美元用于"创新使命"(Mission Innovation)项目,加强能源研究与开发,以促进能源创新,并且呼吁世界各国都成倍增加他们的能源研究预算[②]。2016 年 12 月,比尔盖茨等企业家发起了 10 亿美元的投资基金"突破能源风险基金"(Breakthrough Energy Ventures)以通过资助清洁能源技术来减少温室气体排放[③]。

2017 年 1 月,300 多个美国企业家给特朗普总统写信,敦促其采取促进新能源发展等政策措施积极应对气候变化并继续保持美国参与《巴黎协定》,他们在信中称:"履行《巴黎协定》将促动并鼓励美国企业和投资者把数十亿美元的在低碳产业的投资上升为数千亿美元,并为全球所有人带来其所需要的清洁能源和繁荣"[④]。

2017 年 4 月 26 日,苹果、美孚、杜邦、谷歌、壳牌和沃尔玛等著名企业的企业家们联名给特朗普写信,称:"我们写信给您是表达我们支持美国继续参加《巴黎协定》的意愿。气候变化既给美国企业带来了商业风险,也带来了商业机会。美国的商业利益只有在稳定的和务实的框架下才能最好地实现,我们相信《巴黎协定》就是这样的框架。"这些企业家还在给特朗普的信函中详细阐述了美国发展低碳能源经济可以为美国企业所带来的 6 方面重要利益。第一,加强竞争力。通过要求发达国家和发展中国家在内的所有缔约方开展行动,《巴黎协定》使得全球可以开展比较平衡的努力,降低美国企业处于不平衡竞争下的风险。第二,支持健康的投资。通过设定更加明确的长期目标和改善透明度,《巴黎协定》在政策导向上提供了更大的明确性,这样就可以使得企业取得更好的长期规划和投资。第三,创造工作、市场和经济增长。通过承诺所有的国家开展行动,《巴黎协定》为创新性的清洁技术拓展了市场,创造工作机会和经济增长,而美国企业正处在可以在其中起到领导作用的位置。第四,减少成本。通过鼓励以市场为基础的履行,《巴黎协定》帮助企业通过创新以较低的成本获得环境目标。第五,降低商业风险。通过降低全球应对气候变化行动,《巴黎协定》将减少未来的气候损害,这些损害包括对商业设施和营运的损害,降低农业生产率,减少水资源的供应,中断全球供应链。第六,《巴

① Congressional Record-Senate of the United States,S8756,December 17,2015.
② Congressional Record-Senate of the United States,S8576,December 10,2015.
③ Congressional Record-Senate of the United States,S2733,May 3,2017.
④ Congressional Record-Senate of the United States,S335,January 17,2017.

黎协定》还有助于加强气候变化的适应性,并促进企业加强在可再生能源、节能、核能、生物质能、碳捕获和碳隔离等创新性技术的投资,这可以帮助企业向清洁能源转型。

除此以外,美国最大的家电和电子产品零售商阿尔布特电子公司(Abt Electronics)等一批知名企业的经营者和投资者也给特朗普总统和国会议员写了一封信,表明了这些企业支持新能源经济发展的态度。这些企业家在信中称:"我们希望美国经济能够成为能源节约型的,并以低碳能源为动力。成本节约和创新型的解决方案能够帮助我们实现上述目标。如果美国不能建成低碳经济体系,那么美国的繁荣将遭遇风险。现在开展正确的行动有助于创造就业机会,提升美国的竞争力。"他们还正在信中指出:"实施《巴黎协定》将促进并鼓励企业家和投资人把目前数十亿美元规模的低碳投资转变为数千亿美元的世界需求,把清洁能源和繁荣带给世界所有人。为此,我们支持全球世界的领导人努力履行《巴黎协定》,并利用此机会应对气候变化。"与此同时,这些企业家还表达了他们对发展新能源经济的承诺和希望特朗普政府具体采取的促进新能源经济发展的政策与措施。这些企业家在信中表示:"我们承诺在我们的营运范围内并努力在更大的范围内做好我们的工作,以实现《巴黎协定》承诺的能够把全球气温升幅控制在2℃以内的全球经济;我们呼吁新当选的美国领导人在以下方面给予有力的支持:一是继续实施低碳政策,使得美国可以实现或超越国家自主贡献的承诺目标,增加美国未来的雄心;二是在美国国内和国外继续投资于低碳经济,以给资金决策者明确的信号,提升全世界低碳投资者的信心;三是不要让美国撤出《巴黎协定》,以帮助必需的保持全球气温升幅低于2℃的长期方向不会发生变化。"

很多美国企业已经把支持低碳发展的理念融入其经营实践中。2016年,著名的户外零售商 REI 已经连续4年全部使用可再生能源,并在亚利桑那沙漠开了一个净耗能源为零的销售中心;星巴克(Starbucks)宣布一个在华盛顿的116家店全部使用可再生能源的计划;世界顶级户外奢侈品牌巴塔哥尼亚(Patagonia)创立了一项激励方案,对于不开车上下班的员工予以奖励,这个项目在2016年节约了25000加仑的燃料,此外该品牌公司还投资5000万美元,用于购买2500个住宅太阳能发电设备。一些大型的体育联盟也在经营活动中积极地支持向新能源转型。美国职业棒球大联盟(Major League Baseball)和全美篮球协会(National Basketball Association)的竞技场已经建立了风力涡轮机和太阳能供电设备,为其供应低碳能源;美国全国曲棍球联盟(The National Hockey League)与美国能源之星(Energy StarR)和美国自然资源保护委员会(the Natural Resources Defense Council)形成了合作伙伴关系,以使得其设施与设备能够更加节能;盐湖城的美国职业足球大联盟(Major League Soccer stadium)建成了犹他州最大的太阳能平板电池,为该联盟提供了超过70%的所需能源;美国国家橄榄球联盟(The National Football League)创立了一个减少超级碗(Super Bowl)温室气体排放的项目,通过这个项目该联盟每年都会在举办超级碗的地区植树超过5万株。与此同时,很多金融界公司也正在促使他们的顾客把新能源经济纳入到他们的投资决策中去。2017年4月,资产所有者披露项目(Asset Owners Disclosure Project)发布的报告称:"拥有27万亿美元资产的全球最大的500个财产所有者中60%的财产所有者已经认识到气候变化的金融风险和向低碳经济转型的机遇,并且这些财产所有者已经在采取行动。"[1]

---

[1]  Congressional Record-Senate of the United States,S2733,May 3,2017.

　　由此可见,尽管特朗普政府在极力扩大化石能源的市场份额,并为此不惜减少对新能源产业的支持与资助力度,但是很多具有长远眼光的美国企业已经很明确地认识到低碳与环保的新能源经济才是可持续发展的经济模式,因此他们有很强的动力与中国企业在新能源产品、技术和项目等方面开展合作。中国应当通过财政和税收等政策措施进一步促进和推动新能源产业的发展,并鼓励国内企业根据自身发展需求和市场实际情况,加强与美国相关企业的新能源合作,在努力实现企业间合作共赢的同时,推动全球能源治理向更加有利于环境友好型的新能源产业发展的方向转型。

（本报告撰写人:董勤）

　　**作者简介**:董勤,南京信息工程大学气候变化与公共政策研究院副教授,法学博士。
　　本报告受南京信息工程大学气候变化与公共政策研究院开放课题(课题名称:后巴黎时代美国新能源政策分析及中美新能源合作;课题编号:17QHA005)资助。

## 参考文献

蔡亮,2009. 管窥奥巴马"变革"之路[J]. 商业文化(2):59-60.

姜琳,韩伟,2008. 奥巴马当选与美国变革[J]. 当代世界(12):32-34.

乐菱,2014. 石油峰值理论或已安息[N]. 中国石化报,2014-2-28(8).

李建新,2014. 美国页岩油革命对国际石油市场的影响[J]. 石油化工管理干部学院学报(1):1-4.

罗承先,周韦慧,2013. 美国页岩油开发现状及其巨大影响[J]. 中外能源(3):33-40.

罗佐县,2014. 美国页岩油勘探开发前景展望及其影响分析[J]. 技术经济与管理研究(3):84-89.

武建东,2009. 奥巴马的能源变革冲击与中国能源改革战略完善[J]. 国土资源(2):42-45.

谢伟,2016. 美国清洁能源计划及对我国的启示[J]. 学理论(1):108-109.

许莹,2014. 美国页岩油的快速发展对全球原油市场的影响[J]. 当代石油石化(3):9-13.

杨鸿玺,2009. 奥巴马政府的战略变革与中东局势发展[J]. 西亚非洲(11):5-12.

张艾京,2017. 说再见! 特朗普正式撤销奥巴马清洁能源计划[N]. 2017-11-11,http://www.chinanews.com/gj/2017/10-11/8349609.shtml.

张立平,2009. 奥巴马与变革政治[J]. 中国国际战略评论(2):147-156.

郑丹,2016. 美国页岩油:打不死的"小强"[J]. 中国石油石化(9):50-51.

朱峰,2009. 奥巴马政府的外交与安全战略:"变革时代"已经来临[J]? 和平与发展(3):19-27.

American Jewish Committee,2008. Over a Barrel How America's Dependence on Foreign Oil Endangers our National Security,Economy,and Environment[R]. http://research. policyarchive. org/11860. pdf.

Brookings Institution,2014. Changing Markets:Economic Opportunities from Lifting the U. S. Ban on Crude Oil Exports[R]. 2014-9-9,https://www. brookings. edu/blog/planetpolicy/2014/09/09/changing-markets-economic-opportunities-from-lifting-the-u-s-ban-on-crude-oil-exports/.

Council on Foreign Relations,2013. The Case for Allowing U. S. Crude Oil Exports[R]. 2013-07,https://www.cfr. org/report/case-allowing-us-crude-oil-exports.

David Grant,2011. Breaking the Inertia:Moving Beyond America's Addiction to Foreign Oil[N]. http://www.dtic. mil/get-tr-doc/pdf? Location＝U2＆doc＝GetTRDoc. pdf&AD＝ADA559875.

Eva Palacková,2017. The race for climate leadership in the era of Trump and multilevel governance[J]. European View,16:251-260.

George H W Bush,1992. National Energy Strategy[N]. 1992-6-10,http://www. skepticfiles. org/conspire/b17. htm.

George W Bush, 2006. State of the Union address [N]. 2006-1-31, https://georgewbush-whitehouse. archives. gov/stateoftheunion/2006/.

Gerald Ford, 1975. State of the Union address[N]. 1975-1-15,http://www. fordlibrarymuseum. gov/library/speeches/750028. htm.

Jessica J Pourian, 2010. Obama Visits MIT, Pushes Clean Energy, The Tech [N]. 2010-2-2, http://tech. mit. edu/V129/N64/obama. html.

Jill Colvin,and Matthew Daly,2016. Trump uses energy speech to outline general election pitch[N]. 2016-5-26,https://www. pbs. org/newshour/politics/trump-to-deliver-energy-policy-speech-in-north-dakota-at-130-p-m-et.

Jimmy Carter, 1979. Energy and the National Goals - A Crisis of Confidence [N]. 1979-7-15, http://www. americanrhetoric. com/speeches/jimmycartercrisisofconfidence. htm.

Josh Boak,2017. Trump urges 'energy dominance' as he promotes exports,jobs[N]. Matthew Daly,Newswires,http://twitter. com/MatthewDalyWDC.

Justin Worland,2017. U. S. President Donald Trump delivers remarks at the Unleashing American Energy event at the Department of Energy[N]. Time. com,2017-6-29.

Lori Ann LaRocco,2016. Energy speech leaves North Dakotans 'drunk on Trump'[N]. 2016-5-27,https://www. cnbc. com/2016/05/27/energy-speech-leaves-north-dakotans-drunk-on-trump. html.

NERA Economic Consulting,2014. Economic Benefits of Lifting the Crude Oil Export Ban[R]. 2014-9,http://www. nera. com/.

Parker L,Welch C,2017. 6 reasons why U. S. Paris reversal won't derail climate progress[N]. National Geographic, 2017-6-1, https://news. nationalgeographic. com/2017/05/trump-climate-change-paris-agreement-california-emissions/.

Paul Isbell, 2009. A Preliminary View of Obama's Future Energy Policy[N]. 20091-13, pp. 13-14. http://www. realinstitutoelcano. org/wps/wcm/connect/32c378004f018bd88027e43170baead1/WP2-2009 _ Isbell _ Obama_Energy_Policy. pdf? MOD=AJPERES&CACHEID=32c378004f018bd88027e43170baead1.

Paul Steidler,2017. Seven Reasons America Should Pursue Energy Dominance[N]. Investors Business Daily, 2017-7-28.

Richard Nixon,1974. State of the Union address[N]. 1974-1-30,http://www. americanrhetoric. com/speeches/richardnixonstateoftheunion1974. htm.

The Council on Foreign Relations,Deutch J M,Schlesinger J R,Victor D G,2006. National Security Consequences of U. S. Oil Dependency:Report of an Independent Task Force[R]. https://www. researchgate. net/profile/John_Deutch/publication/235190314 _ National _ Security _ Consequences _ of _ US _ Oil _ Dependency/links/575c855f08ae414b8e4c1cdb/National-Security-Consequences-of-US-Oil-Dependency. pdf.

# 中国能源安全与引领"一带一路"清洁能源技术创新

**摘　要**:作为能源生产和消费大国,中国的能源安全问题一直备受关注,甚至有一些别有用心的国际机构大肆宣扬"中国能源威胁论"。针对中国能源安全存在的实际突出问题,开展能源安全综合评价研究,有助于深刻认识中国能源安全形势和强化政策保障。构建中国能源安全综合评价指标体系,基于集对分析方法构建能源安全评估模型,借鉴指标评价标准模型计算指标评价标准值,运用熵值法确定各评价指标的权重,对近年来中国能源安全的等级、演变特征进行了深入分析。全球气候变化背景下清洁能源技术成为带动经济增长的新引擎,重视清洁能源及其技术创新也是新时期保障能源安全的必然选择。中国作为负责任的大国应当顺应世界发展潮流,通过清洁能源技术创新引领"一带一路"战略,促进共同跨国清洁能源市场的建立,从而促进成就"一带一路"战略功能,保障能源安全和实现共同发展。基于"一带一路"沿线国家清洁能源潜力和开发利用水平、中国在清洁能源开发和装备制造等领域的技术和实力、中国未来与"一带一路"沿线国家清洁能源合作空间,揭示中国的清洁能源技术创新对"一带一路"国家清洁能源发展有强大的引领示范作用,最后提出中国清洁能源技术创新引领"一带一路"战略的对策。

**关键词**:中国能源安全　清洁能源技术创新　"一带一路"引领

# China's Energy Security and Leading Clean Energy Technology Innovation in "the Belt and Road Initiatives"

**Abstract**:As a large energy production and consumption country,China's energy security issues have attracted much concern. Even some international organizations which have ulterior motives heavily hype "China energy threat". For the actual outstanding problems of China's energy security,we need to carry out a comprehensive evaluation of the energy security. It helps to make a profound understanding of China's energy security situation and based on this we could strengthen policy protection. The paper built comprehensive evaluation index system of energy security,the energy security assessment model based on set pair analysis method,and calculated the indicator evaluation reference value using the indicator evaluation criterion model. The entropy method was applied to determine the index weights. The level of energy security and the evolution feature in recent years were profoundly analyzed. Under global climate change background clean energy technology becomes the new engine drive of economic growth. Attach importance to clean energy and its technological innovation is also an inevitable choice to ensure energy security in the new era. As a responsible superpower China should follow the trend of the world,leading "the Belt and Road Initiatives" strategy through the clean energy technology innovation,promote the establishment of the international clean energy market,thereby promoting the achievement of "the Belt and Road Initiatives" strategy function,realizing energy security and common development. We elaborate the clean energy potential,development and use level of countries along "the Belt and Road Initiatives",the technology and strength of China in clean energy development and equipment manufacturing, and the future clean energy cooperation space between China and countries along "the Belt and Road Initiatives" . All these reveal that Chinese clean energy technology innovation has a strong leading and exemplary effect on clean energy development of countries along "the Belt and Road Initiatives". At last we put forward the countermeasures for China's clean energy technology innovation leading "the Belt and Road Initiatives" strategy.

**Key words**：China's energy security；clean energy technology innovation；"the Belt and Road Initiatives"；lead

# 1. 中国能源安全演进趋势及分析

能源安全的概念诞生于 20 世纪 70 年代两次石油危机,初衷主要是为了防止石油供应中断,确保石油供应安全。能源安全即重要能源系统的低脆弱性(Cherp et al,2014),有能力满足未来的能源需求(Thangavelu et al,2015)。随着社会经济发展对资源、环境的需要,能源安全涵盖的内容日益多元化。亚太能源研究中心(the Asia Pacific Energy Research Centre, APERC,2007)提出了能源安全的"4A"概念,即可利用性(Availability)、可得性(Accessibility)、可负担(Affordability)、可接受能力(Acceptability)。Kruyt 等(2009)较为认同 APERC 的"4A"能源安全概念,认为现阶段能源安全概念主要包括四大要素,其中最为重要的是经济体能源的可利用性,其次为能源的可得性,第三是供应安全经济成本,最后为环境可持续性。另外,许多学者在 APERC 的"4A"能源安全概念框架基础上,提出能源安全应包括可获得、可接受、可支付、可使用(Tongsopit et al,2016);可获得、(环境)可接受、可支付、效率(Kapil et al,2016);可用性、基础设施、能源价格、社会影响、环境、管理和效率(Ang et al,2015);可用性、支付能力、技术进步、可持续性、监管与治理(Benjamin et al,2011);可用性、可获性、可持续性、技术发展(余敬 等,2014)。江冰(2010)认为能源安全可以概括为:当前与未来国民经济与社会发展的能源需求,在时间、数量、价格、品质方面满足的程度,以及国家消除能源威胁与风险的能力。苏铭等(2012)将能源安全界定为一个国家持续地获取足量、经济、清洁的能源供给以满足合理的能源需求,从而保障经济社会平稳运行和可持续发展的能力或状态。张雷(2001)认为国家能源安全的概念由两个有机部分组成,分别为能源供应的稳定性(经济安全性)和能源使用的安全性,即能源供给安全和能源消费安全。沈镭等(2011)将广义的能源安全界定为能源供给安全、能源生产和使用安全、能源运输安全、能源环境安全及能源安全预警机制。

能源安全评价是能源安全研究的重要内容,能源安全形势如何,存在何种变化趋势,解决上述命题有助于更加深入研究能源安全问题。能源安全评价须从能源需求、能源资源供给多样化、环境影响和能源市场四个指标方面展开(Phdungsilp,2015),从经济、能源供应链、环境三个尺度和 22 个细化指标方面构建能源安全评价指标体系（Ang et al,2015）。伴随着 APEC 经济和人口的快速增长,如何应对快速增长的能源需求,保障能源安全供给成为 APEC 经济社会可持续发展的关键一环,亚太能源研究中心（APERC,2007）从潜在供应风险、能源资源多样化及进口依存度三个方面建立了能源供应安全指标。陈军（2007）运用模糊综合评判法,基于生产能力、储量条件、进口水平和消费状况的评价指标体系,对中国、美国与俄罗斯三个国家的非再生能源供给安全状况进行了比较与评价。研究结果表明,俄罗斯的非再生能源供给安全程度最高,中国最低。一些研究从能源供给可靠性角度出发,采用中断概率直接刻画能源安全风险。Winzer（2011）综合考虑自然风险、技术风险、人为风险因素,利用条件概率模型,计算了能源供应中断的概率。赫芬达尔－赫施曼指数（Herfindahl-Hirschman,HHI）也是能源安全评价中常用的方法。Lefevre（2010）运用 HHI 对能源供给者的能源供应安全性进行了研究。基于不同供应商在一国石油总需求量中的份额,Gupta（2008）运用修正 HHI,对 26 个石油净进口国家 2004 年的石油供应脆弱性进行了研究。

　　能源安全的定量评价研究方法日益多元化,国际上具代表性的能源安全模型有 JESS 模型、ECN 模型、IEA 模型和 APERC 能源安全模型,此外,中断概率法、多样化指数法、衡量期望福利损失法,以及指标加权法、因子分析法、主成分分析法等统计分析方法,在能源安全评价中的应用也日益广泛。集对分析模型在生态领域运用广泛（焦士兴 等,2009;苏飞 等,2010;张薇薇,2007;陆洲 等,2005;贺瑞敏 等,2007;吴燕华 等,2012）,集中于水安全、土地生态安全、环境质量安全评价,并且日益涉足于矿产、电力、运输、建筑施工、网络、食品等越来越多的安全评价研究领域。集对分析方法的核心是在建立评价指标体系的基础上,确定评价标准,计算同异反联系和联系度。与其他模型、方法相比,集对分析方法计算简单,可以同时考虑信息的确定性和不确定性问题。能源安全受历史与现实、内部与外部、经济和技术等不确定性因素和随机性因素的影响,基于集对分析对中国能源安全形势进行客观评价,依据客观值确定评价标准值,使评价结果更具有客观性。揭示中国能源安全变化趋势、特征,为相关部门制定能源安全保障对策提供政策参考和建议,同时丰富能源安全评价方法体系,对其他研究领域综合评价也具有一定的借鉴意义。

## 1.1　能源安全评价指标体系与数据来源

### 1.1.1　指标体系的构建

　　开展能源安全综合评价研究,有助于深刻认识中国能源安全形势,找出中国能源安全的主要制约因子和强化政策保障。然而对能源安全做出评价是一个庞大复杂的命题,考虑到数据获取的限制,很难实现面面俱到的综合评价,因此,关键性指标的选取和把握十分重要,从而也规避了大而全导致无法进行深入研究的问题。从国情出发,在科学性、系统性、全面性、实用性、与评价方法一致性原则的指导下,根据能源安全综合评价的科学内涵,参考相关能源安全评价文献（Kruyt et al,2009;Sovacool et al,2011;刘立涛,2011;Wu et al,2012;吴初国 等,2011）,并咨询能源安全领域的专家,初步构建中国能源安全综合评价指标体系,并对指标计算公式和指标变量进行了详细说明（表 1）。

### 表 1　中国能源安全综合评价指标体系

| 准则层 | 指标名称及单位 | 计算公式 | 变量说明 |
|---|---|---|---|
| 可获得 | 储采比(Z1) | $\sum_i r_i p_i$ | $r_i$为化石能源$i$的储量与产量之比;$p_i$为$i$能源所占比重 |
| | 生产多元化指数(Z2) | $\sqrt{\sum_i p_i^2}$ | $p_i$为$i$能源所占比重 |
| | 可再生能源所占比重(Z3) | $e_{re}/e_{pro}$ | $e_{re}$为可再生能源生产量;$e_{pro}$为能源生产总量 |
| | 能源进口多元化指数(Z4) | $1-\sqrt{\sum_j I_j^2}$ | $I_j$为原油进口中从第$j$个国家进口的原油所占比重 |
| | 市场流动性(Z5) | $I_w/I_c$ | $I_w$为世界原油出口量;$I_c$为中国原油进口量 |
| | 人均能源生产量(Z6) | $e_{pro}/population$ | $e_{pro}$为能源生产总量 |
| | 自给率(Z7) | $e_{pro}/e_{con}$ | $e_{pro}$为能源生产总量;$e_{con}$为能源消费总量 |
| | 中国能源产量占世界总产量比例(Z8) | $\sum_i o_i p_i$ | $o_i$中国$i$化石能源的产量与$i$化石能源的世界总产量之比;$p_i$为$i$能源所占比重 |
| | 能源进口量占世界总进口量比例(Z9) | $\sum_i I_i p_i$ | $I_i$为中国$i$化石能源的进口量与$i$化石能源的世界总进口量之比;$p_i$为$i$能源所占比重 |
| 可支付 | 能源产品价格指数(Z10) | $(100\times f_{y+1})/f_y$ | $f_y$为$y$年燃料的价格 |
| 效率 | 能源加工转换效率(Z11) | $p_{op}/p_{ip}$ | $p_{op}$为能源加工转换产出量;$p_{ip}$为能源加工转换投入量 |
| | 能源消耗强度(Z12) | $e_{con}/GDP$ | $e_{con}$为能源消费总量 |
| 技术研发 | 研发支出占财政总支出比例(Z13) | $r_e/f_e$ | $r_e$为研发支出额;$f_e$为财政总支出额 |

中国能源安全综合评价可以从可获得、可支付、效率、技术研发四个重要维度展开,其细化指标直接或间接反映了能源安全的科学内涵。可获得从能源资源来源方面强调能源产品的可获得性,包括储采比(考虑煤炭、原油和天然气三种主要化石能源)、生产多元化指数、可再生能源所占比重、能源进口多元化指数、市场流动性、人均能源生产量、自给率、中国能源产量占世界总产量比例(考虑煤炭、原油和天然气三种主要化石能源)八项正向指标和能源进口量占世界总进口量比例(考虑煤炭、原油和天然气三种主要化石能源)一项负向指标;可支付从价格方面强调能源的安全性,选取能源产品价格指数一项负向指标;提高能源利用效率是促进能源安全的重要一环,选取能源加工转换效率(正向指标,综合发电、电站供热、炼焦、炼油)和能源消耗强度(负向)作为反映能源效率水平的重要指标;技术研发和创新在能源安全领域具有不可或缺的功能,为未来提供可开发和可利用的潜力,本文选取研发支出占财政总支出比例(正向)反映技术研发的投入水平。

#### 1.1.2　数据来源与说明

各项指标统计数据主要来源于 BP 世界能源统计年鉴(2001—2016 年)、中国统计年鉴(2001—2016 年)和中国海关统计年鉴(2001—2016 年),其中储采比来源于 BP 世界能源统计年鉴,市场流动性和能源进口量占世界总进口量比例由 BP 世界能源统计年鉴的基础数据计算得出;可再生能源所占比重、能源产品价格指数和能源加工转换率来源于中国统计年鉴,生产多元化指数、人均能源生产量、自给率、能源消耗强度和科研经费所占比例由中国统计年鉴基础数据计算得出;能源产量占世界总产量比例根据 BP 世界能源统计年鉴和中国统计年鉴的基础数据计算得出;能源进口多元化指数由中国海关统计年鉴基础数据计算得出。

## 1.2　能源安全评价研究方法

### 1.2.1　指标评价标准的确定

能源安全评价涉及多种指标类型,有关评价标准的研究相对薄弱。本文尝试以能源安全指标中的最大值、最小值及其差值来建立评价标准(欧向军 等,2008)。设有 $n$ 个年份能源样本组成样本集 $W$,每个样本有 $m$ 项评价指标,组成 $m \times n$ 阶能源指标矩阵 $W_{m \times n} = (w_{ij})(i=1, 2, \cdots, m; j=1, 2, \cdots, n)$。对于每项评价指标 $w_{mj} = (w_{m1}, w_{m2}, \cdots, w_{mj})(j=1, 2, \cdots, n)$ 有最大值 $w_{mj[\max]}$ 和最小值 $w_{mj[\min]}$ 及其差值 $w_{mj[\max]} - w_{mj[\min]}$。由此,建立评价标准方程为:

$$\Delta w = w_{mj[\min]} + \rho(w_{mj[\max]} - w_{mj[\min]}) \tag{1.1}$$

式中:$\Delta w$ 表示分级标准值,$\rho$ 表示评价标准系数,且 $0 < \rho < 1$。

### 1.2.2　集对分析评价模型

集对分析是由我国学者赵克勤于 1989 年提出的一种关于确定不确定系统同异反定量分析的系统分析方法,用联系度来描述系统的各种不确定性,从而把对不确定性的辨证认识转化成定量分析(赵克勤,2000)。具有某种联系的两个集合 $A$ 和 $B$ 组成集对 $H = (A, B)$,对集对 $H$ 展开分析,得到 $N$ 个特性,其中 $S$ 为集对中两个集合共同具有的特性数,$P$ 为两个集合相互对立的特性数,$F = N - S - P$ 为两个集合既不共同也不相互对立的特性数。集合 $A$ 与集合 $B$ 的联系度表达式为:

$$\mu_{(A,B)} = \frac{S}{N} + \frac{F}{N}i + \frac{P}{N}j = a + bi + cj \tag{1.2}$$

式中:$i$ 为差异度标记和系数,取值为 $[-1, 1]$,$j$ 为对立度标记和系数,取值恒为 $-1$。$a = S/N$,$b = F/N$,$c = P/N$,$a$、$b$、$c$ 分别为集合 $A$ 和集合 $B$ 的同一度、差异度和对立度,且满足归一化条件 $a + b + c = 1$。

联系度的确定是集对分析的关键,确定被评价年份能源安全水平的等级,即比较被评价年份指标值集合与各评价等级标准指标值集合(Ⅰ、Ⅱ、Ⅲ)的联系度大小,联系度最大的等级为被评价年份能源安全水平等级,即若 $\mu_{(A,B_1)}$ 最大,则被评价年份能源安全水平等级属于Ⅰ级;若 $\mu_{(A,B_2)}$ 最大,则被评价年份能源安全水平等级属于Ⅱ级;若 $\mu_{(A,B_3)}$ 最大,则被评价年份能源安全水平等级属于Ⅲ级。

以 $\mu_{(A,B_1)} = \frac{S_1}{N} + \frac{F_1}{N}i + \frac{P_1}{N}j$ 为例进行说明。在联系度的确定中,差异度系数 $i$ 的确定是关键,通过对 $i$ 信息的挖掘最终得出:

$$\mu_{(A,B_1)} = \left( \frac{S_1}{N} + \frac{F_1}{N} \times \frac{S_{(1)}S_{(2)}}{(S_{(1)} + S_{(2)})x} \right) + \frac{F_1}{N} \times \frac{(S_{(2)} - x)(x - S_{(1)})}{(S_{(1)} + S_{(2)})x}i + \left( \frac{F_1}{N} \times \frac{x}{S_{(1)} + S_{(2)}} + \frac{P_1}{N} \right)j$$

$$\tag{1.3}$$

式中:$x$ 为处于Ⅱ级标准的指标值,$x \in [S_{(1)}, S_{(2)}]$,$S_{(1)}$、$S_{(2)}$ 为该指标Ⅰ、Ⅱ级标准的限值。$\mu_{(A,B_2)}$ 和 $\mu_{(A,B_3)}$ 的计算方法同 $\mu_{(A,B_1)}$,$\mu_{(A,B_2)}$ 中所讨论的指标值 $x$ 的取值范围有两种可能 $x \in [0, S_{(1)}]$ 或 $x \in [S_{(2)}, S_{(3)}]$。

## 1.3 能源安全评价结果

### 1.3.1 中国能源安全指标评价标准

基于上述指标评价方法(式(1.1))和实际的指标值,得到中国能源安全指标的三级分类标准(表2)。Ⅰ级为较好,表明中国能源安全水平有较大幅度提高;Ⅱ级为一般,表明中国能源安全水平一般,有一定的提高潜力;Ⅲ级为较差,表明中国能源安全水平较低,进一步提高的潜力较大。能源进口量占世界总进口量比例、能源消耗强度和能源产品价格指数为三项反向指标,因此分级标准与其他指标有一定差异。

表2 基于实际指标值计算的中国能源安全指标评价标准

| 指标类型 | 分级标准 | | |
|---|---|---|---|
| | Ⅰ | Ⅱ | Ⅲ |
| 储采比 | >69.75 | 50.27~69.75 | <50.27 |
| 生产多元化指数 | >0.78 | 0.76~0.78 | <0.76 |
| 可再生能源所占比重 | >12.46 | 10.42~12.46 | <10.42 |
| 能源进口多元化指数 | >0.70 | 0.69~0.70 | <0.69 |
| 市场流动性 | >21.32 | 14.70~21.32 | <14.70 |
| 人均能源生产量 | >2.18 | 1.71~2.18 | <1.71 |
| 自给率 | >91.60 | 88.42~91.60 | <88.42 |
| 能源产量占世界总产量比例 | >33.09 | 28.64~33.09 | <28.64 |
| 能源进口量占世界总进口量比例 | <8.94 | 8.94~12.96 | >12.96 |
| 能源产品价格指数 | <99.70 | 99.70~108.70 | >108.70 |
| 能源加工转换率 | >72.14 | 70.79~72.14 | <70.79 |
| 能源消耗强度 | <0.96 | 0.96~1.21 | >1.21 |
| 科研经费所占比例 | >7.66 | 6.74~7.66 | <6.74 |

### 1.3.2 中国能源安全评价结果分析

(1)中国能源安全的总体特征

运用集对分析方法(式(1.3)),得到中国能源安全评价结果(表3)。除2005年和2007年为Ⅱ级外,2000—2009年中国能源安全评价等级都为Ⅲ,之后2010—2015年中国能源安全水平明显提高,除2013年略有下降之外,其余年份都为Ⅰ级。2003年能源安全指数与评价级Ⅲ的联系度最高为0.381;2005年能源安全指数与评价级Ⅱ的联系度最高为0.260;2012年能源安全指数与评价级Ⅰ的联系度最高为0.156。2003年能源安全水平最低,同一度(a)、差异度(b)和对立度(c)分别为0.305、0.002和0.693,表明评价指标中30.5%、0.2和69.3%的指标分别符合相应的Ⅰ级标准、Ⅱ级标准和Ⅲ级标准。2012年能源安全水平最高,同一度(a)、差异度(b)和对立度(c)分别为0.578、0.000和0.422,表明评价指标中57.8%、0和42.2%的指标分别符合相应的Ⅰ级标准、Ⅱ级标准和Ⅲ级标准。

**表 3　2000—2015 年中国能源安全水平联系度及评价结果**

| 年份 | $\mu(A,B)$ | 同一度(a) | 差异度(b) | 对立度(c) | 联系度 $\mu$ | 评价结果 |
|---|---|---|---|---|---|---|
| 2000 | $\mu(A,B_1)$ | 0.346 | 0.000 | 0.654 | −0.308 | Ⅲ |
|  | $\mu(A,B_2)$ | 0.309 | 0.079 | 0.612 | −0.303 |  |
|  | $\mu(A,B_3)$ | 0.654 | 0.000 | 0.346 | 0.308 |  |
| 2001 | $\mu(A,B_1)$ | 0.385 | 0.000 | 0.615 | −0.229 | Ⅲ |
|  | $\mu(A,B_2)$ | 0.351 | 0.069 | 0.580 | −0.229 |  |
|  | $\mu(A,B_3)$ | 0.616 | 0.000 | 0.384 | 0.232 |  |
| 2002 | $\mu(A,B_1)$ | 0.344 | 0.001 | 0.655 | −0.312 | Ⅲ |
|  | $\mu(A,B_2)$ | 0.394 | 0.059 | 0.547 | −0.154 |  |
|  | $\mu(A,B_3)$ | 0.651 | 0.001 | 0.348 | 0.304 |  |
| 2003 | $\mu(A,B_1)$ | 0.305 | 0.002 | 0.693 | −0.389 | Ⅲ |
|  | $\mu(A,B_2)$ | 0.469 | 0.042 | 0.489 | −0.021 |  |
|  | $\mu(A,B_3)$ | 0.689 | 0.002 | 0.309 | 0.381 |  |
| 2004 | $\mu(A,B_1)$ | 0.393 | 0.001 | 0.606 | −0.213 | Ⅲ |
|  | $\mu(A,B_2)$ | 0.502 | 0.024 | 0.475 | 0.027 |  |
|  | $\mu(A,B_3)$ | 0.624 | 0.001 | 0.375 | 0.248 |  |
| 2005 | $\mu(A,B_1)$ | 0.393 | 0.001 | 0.606 | −0.213 | Ⅱ |
|  | $\mu(A,B_2)$ | 0.617 | 0.027 | 0.357 | 0.260 |  |
|  | $\mu(A,B_3)$ | 0.624 | 0.001 | 0.375 | 0.249 |  |
| 2006 | $\mu(A,B_1)$ | 0.344 | 0.001 | 0.655 | −0.310 | Ⅲ |
|  | $\mu(A,B_2)$ | 0.539 | 0.040 | 0.420 | 0.119 |  |
|  | $\mu(A,B_3)$ | 0.652 | 0.001 | 0.347 | 0.305 |  |
| 2007 | $\mu(A,B_1)$ | 0.456 | 0.001 | 0.543 | −0.088 | Ⅱ |
|  | $\mu(A,B_2)$ | 0.578 | 0.050 | 0.372 | 0.206 |  |
|  | $\mu(A,B_3)$ | 0.533 | 0.001 | 0.466 | 0.066 |  |
| 2008 | $\mu(A,B_1)$ | 0.351 | 0.001 | 0.648 | −0.297 | Ⅲ |
|  | $\mu(A,B_2)$ | 0.498 | 0.054 | 0.447 | 0.051 |  |
|  | $\mu(A,B_3)$ | 0.659 | 0.001 | 0.340 | 0.318 |  |
| 2009 | $\mu(A,B_1)$ | 0.459 | 0.002 | 0.539 | −0.080 | Ⅲ |
|  | $\mu(A,B_2)$ | 0.422 | 0.071 | 0.507 | −0.085 |  |
|  | $\mu(A,B_3)$ | 0.536 | 0.002 | 0.463 | 0.073 |  |
| 2010 | $\mu(A,B_1)$ | 0.574 | 0.000 | 0.425 | 0.149 | Ⅰ |
|  | $\mu(A,B_2)$ | 0.458 | 0.077 | 0.465 | −0.007 |  |
|  | $\mu(A,B_3)$ | 0.420 | 0.000 | 0.579 | −0.159 |  |
| 2011 | $\mu(A,B_1)$ | 0.923 | 0.077 | 0.923 | 0.000 | Ⅰ |
|  | $\mu(A,B_2)$ | 0.339 | 0.092 | 0.569 | −0.230 |  |
|  | $\mu(A,B_3)$ | 0.923 | 0.077 | 0.923 | 0.000 |  |

| 年份 | $\mu(A,B)$ | 同一度(a) | 差异度(b) | 对立度(c) | 联系度 $\mu$ | 评价结果 |
|---|---|---|---|---|---|---|
| 2012 | $\mu(A,B_1)$ | 0.578 | 0.000 | 0.422 | 0.156 | I |
| | $\mu(A,B_2)$ | 0.453 | 0.096 | 0.451 | 0.002 | |
| | $\mu(A,B_3)$ | 0.424 | 0.000 | 0.576 | −0.152 | |
| 2013 | $\mu(A,B_1)$ | 0.538 | 0.000 | 0.461 | 0.077 | II |
| | $\mu(A,B_2)$ | 0.490 | 0.103 | 0.408 | 0.082 | |
| | $\mu(A,B_3)$ | 0.461 | 0.000 | 0.538 | −0.077 | |
| 2014 | $\mu(A,B_1)$ | 0.577 | 0.000 | 0.423 | 0.153 | I |
| | $\mu(A,B_2)$ | 0.295 | 0.113 | 0.592 | −0.298 | |
| | $\mu(A,B_3)$ | 0.423 | 0.000 | 0.577 | −0.154 | |
| 2015 | $\mu(A,B_1)$ | 0.577 | 0.000 | 0.423 | 0.153 | I |
| | $\mu(A,B_2)$ | 0.294 | 0.127 | 0.579 | −0.285 | |
| | $\mu(A,B_3)$ | 0.423 | 0.000 | 0.577 | −0.154 | |

中国坚持立足国内资源优势和发展基础,着力增强能源保障能力,进入 21 世纪,尤其是自 2005 年以来中国能源生产总量大幅提高。高度重视能源科技的发展和能源供应多元化,国家政策向可再生能源倾斜,水电、核电、风电等可再生能源进入发展的快车道,可再生能源供应量和在能源总量中所占比重不断提高。积极实施"走出去"和"引进来"战略,加强政府能源外交,不断扩大国际合作范围,能源进口来源地更加多元化。中国开始加强能源战略储备,石油战略储备已具备一定规模。虽然近年来中国能源安全水平不断提高,但总体来看中国的能源安全指数并不高,中国能源安全还存在一定安全隐患。2000 年以来,中国基本上以超过 90% 的自给率积极有效地应对了能源供给安全问题,长期来看中国保障能源安全的关键仍在于依靠自身力量,继续推行创新有效的政策措施依旧不容忽视。

(2)中国能源安全指数与最优评价集的联系度分析

中国能源安全指数总体呈上升趋势,但上升过程中具有一定波动性。中国能源安全指数与最优评价集 I 的联系度由 2000 年的 −0.308 上升至 2015 年的 0.153(图 1),根据波动上升的特点可分为 3 个时期。

2000—2006 年为低位波动阶段,能源安全指数在 −0.300 左右震荡。原因在于储采比、市场流动性和自给率呈逐渐下降趋势。世界经济稳步增长,对能源产品的需求持续增加,受伊拉克战争的影响,石油价格居高不下,并且逐渐抬升。

2007—2010 年为波动上升阶段,能源安全指数由 2007 年的 −0.088 上升至 2010 年的 0.149。2007 年,国家发改委发布了《可再生能源中长期发展规划》,提出加快推进风力发电、生物质发电、太阳能发电的产业化发展,逐步提高优质清洁可再生能源在能源结构中的比例。2008 年,国家发改委又发布了《"十一五"可再生能源发展规划》。包括国家发改委、财政部、建设部、电监会、国家标准委等相关部门,陆续出台了包括扶持电价、投资补贴在内的 20 多个相关的配套政策,有力地促进了可再生能源的产业进步。另外,2007—2010 年中国一次能源生产总量连续居世界第一,发展可再生能源和不断增加一次能源生产使我国维持较高并不断增长的能源自给率。2008—2009 年受金融危机影响世界经济增长率极低,2009 年甚至出现负增长,到 2010 年恢复稳步增长,因此,2009 世界经济衰退导致对能源需求的短期下降,与此同时能源价格出现短期相对降低。随着科研经费支出比重的增加以及科学技术进步,我国能源加工转换率不断提高,能源消耗强度持续下降。这些都有力地促进了中国能源安全保障程度提高。

2011—2015 年中国能源安全形势稳中波动,未保持之前的上升态势,能源安全指数在0.100 左右震荡。原因在于储采比、市场流动性继续下降,能源进口量占世界总进口量比例继续上升,能源产量占世界总产量比例先上升后下降,生产多元化指数由之前的上升趋势转变为下降趋势。

总体来看,2000—2015 年我国能源安全水平呈上升趋势,这与我国实施积极的能源政策密不可分。立足国内资源优势和发展基础,着力增强能源供给保障能力;科技创新;提高能效;多元发展;深化改革,构建有利于促进能源可持续发展的体制机制;提升能源"走出去"和"引进来"水平。近年来,中国能源消费不断增加,与此同时能源安全性不降反增,上述能源举措卓有成效地促进了中国能源安全,同时也为中国能源发展提供了良好的机遇和环境。长远来看,随着我国综合国力增强以及科技进步,能源供给存在较大潜力,能源安全具备较大进步空间。

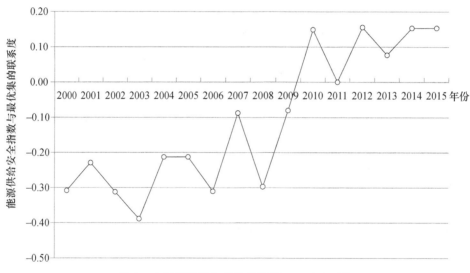

图 1　中国能源安全变化趋势(2000—2015 年)

## 2. 重视清洁能源及其技术创新是新时期保障能源安全的必然选择

信息技术的发展和经济全球化使世界各国之间的关系越来越紧密,世界各国日益成为利益共同体,20 世纪常用的战争、禁运等手段不再适用于当前市场经济条件下保障国家能源安全,高效有序的市场、技术进步是现代市场经济社会确保良好能源安全形势的必然选择。然而自科学主义思潮兴起,自然、人类社会深深打上了科技理性的烙印,科技理性过分强调科学技术在实现人的自身和社会发展方面的能动作用,给生态环境带来重大创伤。全球气候变化背景下能源技术创新应该采用科技理性与生态理性相结合的思维模式,将生态理性作为科技理性的前提和根本。清洁能源符合绿色低碳经济的发展潮流,新时期保障能源安全必须大力发展清洁能源和开展清洁能源技术创新,重视对清洁能源的研究和开发应用是实现向这一思维模式转变的重要途径。第一次石油危机后发达国家开始重视新能源的研发,发达国家具有资本、人力、技术等方面的优势,因此新能源技术发展很快。与发达国家相比中国清洁能源研发起步较晚,虽然自 20 世纪 80 年代初期,新型可再生能源技术就被列入国家科技攻关计划,但发展一直比较缓慢,直到 21 世纪随着化石能源危机和可持续发展观念强化才真正引起各方重视,经过十余年的快速发展,逐渐实现技术成熟和产业化。自 2009 年以来,中国日益成为全球清洁能源领域的引领性国家,在清洁能源累计装机容量、设备制造、绿色投资以及市场发展方面均处于世界首位。截至 2014 年年底,中国拥有 433 兆瓦清洁能源产能,年度产能是美国的近 4 倍(李昕蕾,2017)。

2013 年 9 月和 10 月,中国国家主席习近平在出访中亚和东南亚国家期间,先后提出共建"丝绸之路经济带"和"21 世纪海上丝绸之路"的重大倡议,得到国际社会高度关注,从此拉开了"一带一路"战略的序幕。"一带一路"战略是中国综合国内国际形势做出的伟大壮举,是当前国家对外合作的重点。2016 年 9 月 14 日,《推进"一带一路"建设科技创新合作专项规划》发布,能源合作被列入"一带一路"科技创新合作的重点领域。提出要根据沿线国家的实际,大力推动各种清洁能源技术的研发和示范推广与合作,积极推广三代、四代核电技术,合作构建因地制宜的多能互补、冷热电联产的分布式和区域新型能源系统,研究多种形式的能源互联互通,构建安全高效智慧的未来能源体系。"一带一路"沿线多数是经济发展水平不高的发展中国家,获取太阳能、风能等清洁能源的投资对他们来说相对较高,目前清洁能源的利用比率仍较低,对清洁能源的渴求非常迫切。"一带一路"战略为清洁能源发展提供了历史性机遇。

能源是"一带一路"市场联通的基础,中国在清洁能源技术、产业链方面有突出优势,作为有担当的世界大国,中国应发挥清洁绿色能源科技的排头兵作用,通过技术、装备的输出与合作帮助推动"一带一路"沿线国家的清洁能源技术进步和产业发展,促进共同跨国清洁能源市场的建立和中国的产能转移,在过程中实现双赢,成就"一带一路"战略功能。同时开展跨国联合科技攻关合作,一方面有助于解决当前在清洁能源技术方面的难题,另一方面展现中国在应对气候环境变化和可持续发展方面的大国担当。国际科技合作、转移为"一带一路"战略实施提供长久动力,"一带一路"背景下国际科技合作(潘博,2016)、我国高校国际技术转移面临着重大机遇(张超等,2016),"一带一路"建设要与科技发展战略相结合,以绿色能源技术为主体,以"一带一路"科技创新为平台(史小今,2017)。然而目前关于"一带一路"背景下中国清洁能源技术创新引领方面的研究还不多。

## 3. 全球气候变化和"一带一路"战略为清洁能源发展提供巨大机遇

### 3.1　全球气候变化背景下清洁能源技术成为带动经济增长的新引擎

人类能源利用经历了从薪柴到煤炭、从煤炭到石油和天然气的过渡,每一次能源的大规模利用都带来人类文明的革新,当今以化石能源为主的能源消费模式在促进人类社会生产力极大进步的同时,也带来很多问题。一方面,化石能源的稀缺性使能源供应可持续面临极大挑战,煤炭、石油、天然气的不可再生性使"能源枯竭"担忧一直存在,另一方面,化石能源的大规模利用导致全球气候变化、环境污染加剧,生态环境危机日趋严峻。全球气候环境变化对现有的能源消费模式和能源结构提出挑战,世界各国必须转变能源消费观念,革新能源技术,清洁能源迎来发展机遇。2015 年巴黎气候大会上 180 多个国家提交了国家自主贡献文件,中国自主贡献对未来二氧化碳排放和清洁能源的占比都提出了较高要求。重视应用清洁能源,改善能源结构,大幅度提高清洁能源的消费比例,实现能源消费市场转型,是当前化解能源安全危机和生态环境危机的重要途径,是全球经济、社会、环境可持续发展的必由之路。

当前世界各国、各地区形成发展低碳经济的共识,低碳经济引领新一轮全球经济发展潮流,在全球气候变化和低碳经济背景下清洁能源技术成为带动经济增长的新引擎,未来市场空间很大。清洁能源经济转型将带来经济增长、环境保护、社会就业以及气候变化治理的"多赢"效应。据"欧洲气候基金"估计,借助领先的清洁技术,欧洲将每年增加 250 亿欧元的出口。根据国际可再生能源署(IRENA)行业年报,2016 年,全球有 980 万人从事可再生能源行业,其中 360 万人在中国,可再生能源署预计到 2030 年全球可再生能源领域就业人数可达 2400 万人。按照《能源发展十三五规划》的部署,到 2020 年,中国能源消费的增量有 68% 以上将来自非化石能源和天然气,可再生能源总的投资规模将达到 2.5 万亿元,带动就业人口将超过 1300 万人。

### 3.2 "一带一路"战略为清洁能源发展提供多元合作平台和大市场、大机遇

加快清洁能源发展已经成为世界共识,全球能源利用转型面临新的机遇,中国政府也提出了清洁能源发展的战略目标(王妍婷,2016)。在强大的经济和技术实力支撑下,我国水电、风电、光伏装机容量和年发电量均居世界首位,核电在建规模世界最大。自 2012 年以来,中国清洁能源投资额连续五年位居全球第一。其中 2015 年,中国的清洁能源投资额达到 1110 亿美元,占全球清洁能源投资的比重达到 33.6%,接近美国和欧洲 2015 年清洁能源投资的总额。2016 年虽有一定下降,但从巴黎气候大会中国做出的承诺和新能源发展规划来看,预计未来我国绿色能源产业的投资将保持较快增长。巴黎气候大会上中国明确提出将为其他发展中国家和最不发达国家应对气候变化提供强有力的支持。"一带一路"沿线国家很多是经济欠发达的发展中国家,发展清洁能源的愿望和经济技术瓶颈对比强烈,中国应该运用在清洁能源领域的优势加强与"一带一路"沿线国家合作,这不仅有利于提高中国国际地位,也为中国清洁能源发展提供多元合作平台和巨大市场机遇。

《推动共建丝绸之路经济带和 21 世纪海上丝绸之路的愿景与行动》明确指出,按照优势互补、互利共赢的原则,推动与"一带一路"沿线国家在各类清洁能源产业领域的合作。"一带一路"在为能源企业带来广阔市场的前提下,清洁能源、新能源企业面临着前所未有的市场机遇(王妍婷,2016)。"一带一路"国家清洁能源需求旺盛,期待与中国开展清洁能源技术和产业合作。2015 年 8 月,"一带一路"沿线很多国家积极参与了第六届国际新能源博览会,与中国开展清洁能源合作的意愿强烈。例如,白俄罗斯希望引进中国在可再生能源领域的技术和投资来发展风能、太阳能及生物质能,需要中国的帮助来提升可再生能源在能源产业中的比重,提高能源自给率。巴基斯坦也希望利用中国的技术实现清洁能源发展,2015 年中巴双方在能源领域围绕中巴经济走廊签署了包括光伏、水电、风电等在内的近 20 个电源项目。另外,中东、北非国家也开始重视发展清洁能源,在核电领域,中国已与沙特和苏丹等国签署和平利用核能

协定,在光伏发电、风电等领域,中国企业也已进入埃及、沙特等阿拉伯国家市场。

## 4. 中国的清洁能源技术创新对"一带一路"国家清洁能源发展有强大的引领示范作用

"一带一路"沿线国家的能源结构大多是高传统能源依赖,随着全球气候环境变化和近年来电力增长迅速,非常重视发展清洁能源,很多国家对清洁能源发展制定了规划。风电和太阳能发电项目建设周期短,分布式能源的特点可以调动当地融资和当地企业积极参与开发,若再给予充分的政策导向和加强先进技术的引领示范,清洁能源投资建设将快速发展。届时,"一带一路"国家能源合作的重点将从传统的化石能源转向清洁能源产业链。

### 4.1 "一带一路"沿线国家清洁能源潜力巨大,但开发利用水平落后

"一带一路"沿线国家清洁能源蕴藏量十分丰富,开发利用潜力巨大。下面主要以水能、太阳能、风能为例详细介绍。

#### 4.1.1 水能

在各大洲中,亚洲的国际河流最多,其国际河流占全球总数的40%,国际河流流域面积占亚洲大陆面积的65%,因此亚洲水能资源理论蕴藏量在各大洲中最高,为12.28亿千瓦时,占世界总量的40.9%,集中于中国、俄罗斯、印度、印尼、日本、越南、马来西亚、伊朗、巴基斯坦、韩国、朝鲜、菲律宾、泰国等国家(表4)。水电占全球清洁能源投资的三分之一,2014年,全球水电总装机达到39吉瓦,大部分来自亚洲,国际能源署预测,到2050年,全球水电装机容量将翻一番,而新增装机容量的一半将来自于亚洲地区。

欧洲的河网比较稠密,多短小而水量充沛的河流,水能资源主要分布于挪威、土耳其、法国、瑞典、意大利、奥地利、瑞士、西班牙、德国、前南斯拉夫、希腊、芬兰、葡萄牙、保加利亚、克罗地亚、阿尔巴尼亚等国家(表4)。

**表4　亚欧国家水能资源**　　　　　(单位:亿千瓦时/年)

| 国家 | 理论蕴藏量 | 技术可开发资源 | 国家 | 理论蕴藏量 | 技术可开发资源 |
|---|---|---|---|---|---|
| 挪威 | 5500 | 2000 | 中国 | 59221.8 | 19233 |
| 土耳其 | 4330 | 2150 | 俄罗斯 | 28960 | 16700 |
| 法国 | 2660 | 720 | 印度 | 26378 | 6000 |
| 瑞典 | 2000 | 1300 | 印尼 | 21470 | 4016.5 |
| 意大利 | 1500 | 690 | 日本 | 7176 | 1342 |
| 奥地利 | 1500 | 750 | 越南 | 3000 | 900 |
| 瑞士 | 1440 | 410 | 马来西亚 | 2300 | 720 |
| 西班牙 | 1380 | 700 | 伊朗 | 2004.7 | 560 |
| 德国 | 1200 | 250 | 巴基斯坦 | 1500 | 1200 |
| 前南斯拉夫 | 842 | 501 | 韩国 | 517.8 | 263.9 |
| 希腊 | 840 | 200 | 菲律宾 | 474.6 | 203.3 |

| 国家 | 理论蕴藏量 | 技术可开发资源 | 国家 | 理论蕴藏量 | 技术可开发资源 |
|---|---|---|---|---|---|
| 芬兰 | 460 | 197 | 泰国 | 177.5 | 81.5 |
| 葡萄牙 | 325 | 245 | | | |
| 保加利亚 | 264.1 | 150 | | | |
| 克罗地亚 | 213 | 118 | | | |
| 阿尔巴尼亚 | 130 | 105.8 | | | |

数据来源：中国产业研究院。

### 4.1.2　风能

"一带一路"沿线风速在 8～9 米/秒的风速极大区域有欧洲的大西洋沿海及冰岛沿海、东北亚地区（包括俄罗斯远东地区、日本、朝鲜半岛以及中国）沿海，风速在 6～7 米/秒的风速较大区域有撒哈拉沙漠及其以北地区、南亚次大陆沿海及东南亚沿海。

各大洲中非洲的风能蕴藏最高，撒哈拉沙漠及其以北地区，由于大部分是沙漠地形，地势平坦开阔，故而其风速也较大，基本在 6～7 米/秒以上，苏丹、埃及等北非国家尤为显著。另外，非洲南部沿海风速很大，达到 8～9 米/秒以上，中东部沿海风速也较大，达到 6～7 米/秒，具有较大风资源储量。

亚洲大陆面积广袤，地形复杂，气候多变，风能资源也很丰富，占比仅次于非洲，主要分布于中亚地区（主要哈萨克斯坦及其周边地区）、阿拉伯半岛及其沿海、蒙古高原、南亚次大陆沿海以及亚洲东部及其沿海地区。中亚地区和蒙古高原以草原为主，阿拉伯半岛地处沙漠，这些地区的共同特点是地势平坦、地形简单，故风速较大，大部分地区都在 6～7 米/秒，蕴含的风能十分丰富。其中，哈萨克斯坦是世界上人均风能资源最多的国家，风能发电潜力达 1.8 万亿千瓦时。亚洲东部及其沿海地区风能资源也很丰富，其风速均在 6～7 米/秒以上，部分区域的风速甚至达到 8～9 米/秒。但是该地区沿西太平洋的海域较深，而且气候复杂多变，地震、台风、海啸等自然灾害较多，风能开发的技术要求比较高。另外，青藏高原虽然风速很大，能达到 9 米/秒，但是由于其地势太高，空气密度太低，反而风功率密度很低，风资源比较贫乏。而俄罗斯沿北冰洋海岸的风速较大，在 6 米/秒左右，但是气温太低，环境太恶劣，目前还无法进行风能开发。

欧洲风能资源也很丰富，是世界风能利用最发达的地区，其沿海地区是欧洲风能资源最为丰富的地区，主要包括英国和冰岛沿海、西班牙、法国、德国和挪威的大西洋沿海，以及波罗的海沿海地区，其年平均风速可达 9 米/秒以上。其次，欧洲的陆上风能资源也很丰富。整个欧洲大陆，除了伊比利亚半岛中部、意大利北部、罗马尼亚和保加利亚等部分东南欧地区以及土耳其以外（该区域风速较小，在 4～5 米/秒以下），其他大部分地区的风速都较大，基本在 6～7 米/秒以上，其中英国、冰岛、爱尔兰、法国、荷兰、德国、丹麦、挪威南部、波兰等都是风能资源集中的地区。另外，地中海沿海地区的风速也较大，均在 6 米/秒以上。

### 4.1.3　太阳能

据国际太阳能热利用区域分类，"一带一路"沿线太阳辐射强度和日照时间最佳的区域包括北非、中东、南欧、中亚和中国西部地区等。

北非地区是世界太阳辐射最强烈的地区之一。摩洛哥、阿尔及利亚、突尼斯、利比亚和埃及太阳能热发电潜能很大。摩洛哥的太阳年辐照总量9360兆焦/米$^2$,技术开发量每年约20151太瓦时;阿尔及利亚的太阳年辐照总量9720兆焦/米$^2$,技术开发量每年约169440太瓦时,阿尔及利亚有2381.7平方千米的陆地区域,其沿海地区太阳年辐照总量为6120兆焦/米$^2$,高地和撒哈拉地区太阳年辐照总量为6840~9540兆焦/米$^2$,全国总土地的82%适用于太阳能热发电站的建设;埃及的太阳年辐照总量10080兆焦/米$^2$,技术开发量每年约73656太瓦时。太阳年辐照总量大于8280兆焦/米$^2$的国家还有突尼斯、利比亚等国。

中东几乎所有地区的太阳能辐射能量都非常高。约旦的太阳年辐照总量约9720兆焦/米$^2$,技术开发量每年约6434太瓦时;以色列的太阳年辐照总量为8640兆焦/米$^2$,技术开发量每年约318太瓦时,以色列的总陆地区域是20330平方千米,内盖夫沙漠(The Negev Desert)覆盖了全国土地的一半,也是太阳能利用的最佳地区之一,以色列的太阳能热利用技术处于世界最高水平之列,我国第1座70千瓦太阳能塔式热发电站就是利用以色列技术建设的;阿联酋的太阳年辐照总量为7920兆焦/米$^2$,技术开发量每年约2708太瓦时;伊朗的太阳年辐照总量为7920兆焦/米$^2$,技术开发量每年约20皮瓦时。

南欧的太阳年辐照总量超过7200兆焦/米$^2$。这些国家包括西班牙、葡萄牙、意大利、希腊和土耳其等。西班牙太阳年辐照总量为8100兆焦/米$^2$,技术开发量每年约1646太瓦时,西班牙的南方地区是最适合于建设太阳能热发电站的地区之一,该国也是太阳能热发电技术水平最高、太阳能热发电站建设最多的国家之一;葡萄牙太阳年辐照总量为7560兆焦/米$^2$,技术开发量每年约436太瓦时;意大利太阳年辐照总量为7200兆焦/米$^2$,技术开发量每年约88太瓦时;希腊太阳年辐照总量为6840兆焦/米$^2$,技术开发量每年约44太瓦时;土耳其的技术开发量每年约400太瓦时。

中亚深居北半球中纬度大陆腹地,其气候的大陆性特点十分突出,干燥少雨,日光充足,光照强烈。科学测试表明,在中亚北纬40°的地方夏季所获阳光照射量并不逊于热带地区。中亚每平方厘米地面由于太阳辐射每年可获100~130千卡热量,在土库曼斯坦则几乎达到160千卡。土库曼斯坦地理位置位于北纬43°以南,这里的气温、太阳辐射与光照条件都很好,南部一些地区的有效积温甚至能达到5500℃。土库曼斯坦几乎可全年利用太阳能,7月份,土库曼斯坦白天时间长达16小时,太阳能光辐射1平方米可产生800瓦电力,其全年晴天可达300天,太阳照射长达2500~3000小时。哈萨克斯坦拥有良好的太阳能发电的气候条件,哈萨克斯坦日照时间为2200~3000小时/年,日照所产生的能量为每平方米1300~1800千瓦/年,最适合建造太阳能发电站的地区为南哈州、克孜勒奥尔达州和咸海沿岸地区。乌兹别克斯坦拥有优越的气候条件来发展太阳能光伏发电,乌兹别克斯坦气候属干旱的大陆性气候,光照积温达到4000~5000℃·d,北部地区年照射时间约为2000小时,而南部地区更是超过3000小时。吉尔吉斯斯坦阳光充足,太阳能资源丰富,尤其是在山区,全年日照时间长,年均太阳辐射量高。根据吉尔吉斯斯坦能源部的数据,吉尔吉斯斯坦光伏发电潜在资源量为22500兆瓦时。土库曼斯坦拥有丰富的太阳能资源,几乎可全年利用太阳能和风能,太阳辐射与光照条件都很好,南部一些地区的有效积温甚至能达到5500℃·d,但太阳能储量尚未探明。塔吉克斯坦的气候条件适宜应用太阳能资源,每年的晴天数在280~330天,平原地区的太阳辐射在280~925兆焦/米$^2$,高原地区则在360~1120兆焦/米$^2$,估计太阳能发电潜在资源量在 250 亿千瓦时/年。

我国太阳能资源最丰富的地区全年日照时数为 3200～3300 小时,辐射量在 $670 \times 10^4$～$837 \times 10^4$ 千焦/(厘米$^2$·年),相当于 225～285 千克标准煤燃烧所发出的热量。主要包括青藏高原、甘肃北部、宁夏北部和新疆南部等地。特别是西藏,地势高,大气的透明度也好,太阳辐射总量最高值达 921 千焦/(厘米$^2$·年),仅次于撒哈拉大沙漠,居世界第二位,其中拉萨是世界著名的阳光城。

综上,"一带一路"沿线国家清洁能源十分丰富,充分开发能够有效满足当地电力发展需求。然而实际情况是与丰富的蕴藏相比清洁能源开发利用比例较低。例如,目前全球水电装机开发程度约为 25%,各大洲中亚洲和非洲的水电开发程度居后两位,分别为 22% 和 8%,远低于欧洲和北美洲的 47% 和 38%。预测到 2050 年,非洲地区和亚洲地区的水电开发率将分别达到 32% 和 46%,开发潜力巨大,是今后水电建设的重点地区(齐正平,2017)。亚太地区非水可再生能源平均消费占比仅约 2%,远远低于亚太经合组织的 4.5%,欧盟更是高达 8%。中亚国家可再生能源发电比例不足 1%,哈萨克斯坦光伏装机规模仅 100 兆瓦,中东国家非化石能源消费占比仅为 1%。原因在于一方面沿线国家以发展中国家为主,清洁能源大规模利用受到经济发展水平的限制,另一方面受能源开发利用历史的影响,虽然政府和民间已开始有一些清洁能源利用方向的政策引导,但现阶段还未成为主流,传统能源利用的主体地位短时间内难以撼动。除此以外,技术水平也是限制沿线国家清洁能源产业化的重要影响因素。清洁能源开发利用率低对"一带一路"沿线国家尤其是发展中国家来说较为不利。以东南亚国家为例,随着技术进步带来风电成本降低,2011—2015 年东南亚国家的风电发展速度加快,但经济发展水平限制了清洁能源的大规模开发利用,总体仍处于市场培育期,而电力需求较大导致电力短缺,严重阻碍了工业发展,形成投资环境恶化和经济发展受限的恶性循环。

## 4.2 中国在清洁能源开发、装备制造等领域有明显的技术和实力

推进"一带一路"能源合作应遵循绿色可持续发展的原则。低碳经济时代丰富的清洁能源是"一带一路"国家的优势,"一带一路"沿线国家对清洁能源的利用需求也非常迫切,然而资金短缺、技术落后限制其优势发挥。作为"一带一路"战略的倡导国,近年来我国在清洁能源技术方面不断取得重大突破。太阳能发电技术、巨型水电站技术、特高压输电技术在世界处于领先水平,第三代核电技术达到世界先进水平,新能源汽车快速发展,技术、产能和产业链完整度都居世界前列,基于纯生物质原料的直燃发电技术、中低温地热发电技术、潮汐能发电技术已经成熟或趋于成熟,风机制造企业在国际上占据重要地位。

### 4.2.1 太阳能发电技术

21 世纪以来,中国在太阳能发电技术的研发、生产、应用等方面进步速度很快,2000 年国家发改委发布"光明项目",到 2007 年中国已经成为世界上第二大光伏发电的制造基地。2007年 8 月 31 号,发改委出台了《可再生能源发展"十一五"规划》,并相继颁布了一系列补贴、扶持政策,使得太阳能发电步入高速研发期。2015 年中国新增光伏装机容量 15.13 吉瓦,占全球新增装机的 1/4 以上,国内使用光伏发电总量达 43.18 吉瓦(图 2),超过排第一名的德国,成为世界上最大的光伏发电使用量及发电量国家(吴洪坤,2016)。

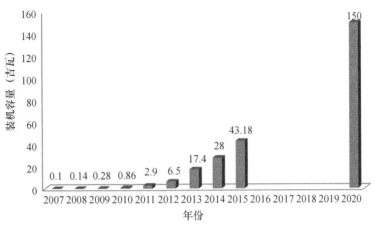

图 2　中国光伏发电装机容量

太阳能电池板是太阳能发电系统的核心部分,晶体硅材料(包括多晶硅和单晶硅)是最主要的光伏材料,同时也是制造太阳能电池板的核心材料,其市场占有率在 90% 以上。单晶硅太阳能电池板的光电转化率在 25% 左右,多晶硅电池板介于 14%～20%,虽然单晶硅电池板的光电转化效率高于多晶硅电池板,但与单晶硅电池板相比,多晶硅电池板成本更低,所以光伏产业多采用多晶硅太阳能电池。多晶硅太阳能电池板的主体是采用钢化玻璃制作而成,透光率非常好,能够达到 91% 以上,如果遇到强光的话,透光率甚至可以达到 100%。就算是在高原或者是海岛等偏远地区,都是可以安装这种发电池板来满足居民的生活用电问题。另外,现在很多新能源汽车的电池也开始使用多晶硅太阳能发电池板,是非常不错的能源替代品。十多年前,多晶硅先进技术集中在美、日、德三国,且一直对中国实行技术封锁和市场垄断。2011 年,多晶硅关键技术研发被纳入"十二五"国家科技支撑计划,项目由多晶硅产业技术创新战略联盟组织实施,洛阳中硅高科、江苏中能硅业、新疆大全集团等共同承担,浙江大学、天津大学、中科院金属所等多家大学、科研机构参与。产学研协同创新,实现了中国多晶硅产业技术水平的大突破,形成了自主知识产权的高效低成本多晶硅制备技术和节能减排全循环清洁生产关键技术。2016 年,全球硅片总产量约 60 吉瓦,中国硅片产量占据全球8 成约 48 吉瓦。由于硅片制造需长晶切片等一系列环节,依赖核心技术积累和产业规模化降低生产成本,所以国外的硅片产能一直不足。全球生产规模最大的前十家硅片企业有九家位于中国大陆。

### 4.2.2　巨型水电站技术

我国河流众多、径流丰沛、落差巨大,蕴藏着非常丰富的水能资源,理论蕴藏量 6.94 亿千瓦,技术可开发量 5.42 亿千瓦,均居世界第一位。经过半个多世纪的发展我国水电站建设攻克了一系列世界级的技术难题,目前中国水电装机容量和发电量分别达到 33211 万千瓦和10518.40 亿千瓦时,建成或正在实施相当数量的世界级高坝大库以及大型、特大型水电站和水利枢纽工程(表5),稳居世界第一。掌握和创造了具有国际先进水平的水利水电工程及相关建筑领域的施工技术。在土石方开挖、机电设备制造安装、坝工技术、基础处理等多方面处于行业技术领先地位。

**表 5  中国十大水电站**

| 名称 | 装机容量(千瓦) | 完成情况 | 名称 | 装机容量(千瓦) | 完成情况 |
|------|------|------|------|------|------|
| 三峡 | 1820＋42 万 | 已建成 | 向家坝 | 600 万 | 已建成 |
| 溪洛渡 | 1260 万 | 已建成 | 糯扎渡 | 585 万 | 已建成 |
| 白鹤滩 | 1200 万 | 在建 | 锦屏二级 | 480 万 | 已建成 |
| 乌东德 | 750 万 | 在建 | 小湾 | 420 万 | 已建成 |
| 龙滩 | 630 万 | 已建成 | 拉西瓦 | 372 万 | 已建成 |

(1)世界顶尖的坝工技术,拥有各种复杂地形地质条件与水文水力学条件下各类水库坝型的成熟建造技术。

(2)国际领先的水电站机电安装施工技术:拥有各类水轮发电机组的安装技术,完成或正在实施各类机组大容量、超高压成套设备的安装施工。

(3)世界先进的地基基础处理技术:拥有复杂地基条件下高坝深厚覆盖层基础与岩石深基础处理技术,拥有建筑工程深基坑地连墙建造技术。

(4)世界一流的综合工程建设施工能力和众多的其他先进施工技术:拥有世界领先的特大型地下洞室施工、岩土高边坡加固处理、砂石料制备施工等技术,拥有相当数量如疏浚与吹填施工、机场跑道建造及水工机械安装等世界先进技术。

(5)具有综合总承包能力:拥有大中型水利水电工程设计、咨询及监理、监造的技术实力,具备水利水电及相关领域工程总承包(EPC)项目、BOT、BT 项目的建设能力。

(6)实力雄厚的科技创新与技术人才队伍:拥有相当数量的包括工程院院士、享受国务院政府津贴专家、教授级高级工程师在内的高级技术专家群;拥有一大批具有水利水电行业技术领先水平与创新能力的专业技术带头人,科技人才资源十分雄厚。

### 4.2.3  特高压输电技术

我国科学家自主研发的特高压输电技术使利用偏远地区较为充足的风能、水能、太阳能等清洁能源进行发电成为可能,创造性解决了这种远距离、大规模、低损耗的电力输送问题。特高压技术装备是我国能源领域自主创新、拥有国际标准主导权和较强竞争优势的重大技术,也是国家创新能力和综合实力的重要标志,被定为国际标准电压,将向世界推广,国际电工委员会(IEC)成立高压直流输电技术委员会,秘书处设在国家电网公司。我国不仅拥有完全的自主知识产权,而且目前世界上只有我国全面掌握这项技术。美国、意大利等国曾经做过这方面的研究,俄罗斯、苏联和日本做过这样的工程实践,但最终都没有实现技术成功和商业化运营。经过近十年的研究与实践,我国在特高压核心技术领域已达到了世界领先水平,全面掌握了特高压交流和直流输电核心技术和整套设备的制造能力,在大电网控制保护、智能电网、清洁能源接入电网等领域取得一批世界级创新成果,目前建立了系统的特高压与智能电网技术标准体系。攻克了安全稳定控制、外绝缘特性、过电压抑制、电磁环境监控等关键技术难题,全面掌握了特高压交流输电技术。我国是世界上第一个成功设计和运行 1000 千伏电压等级特高压交流输电工程的国家,成功解决了特高压电网建设的安全性、稳定性、潮流分布、电网结构、系统过电压以及电磁暂态等问题,攻克一系列关键技术难点,如过电压与绝缘配合、特高压升压变压器技术、油气套管技术、可控并联电抗器(CSR)技术等(种衍民,2015)。

### 4.2.4　第三代核电技术

从 20 世纪 80 年代中国开始对核电技术引进、消化、研发、创新,自我国第一座核电站——秦山核电站 1991 年启动运营以来,截至 2017 年 7 月 31 日,我国在运核电机组数量为 36 台(表 6),在建机组为 20 台(表 7),核电总装机容量 5500 多万千瓦,居世界第四,核电装机规模占全国电力总装机规模的 2.04%,核电机组发电量占总发电量的 3.56%(观研天下(北京)信息咨询有限公司,2017),其中在建核电机组规模居世界首位,三代核电技术居世界领先。我国核电事业正处于飞速发展中,目前核技术已经深入人们生活的方方面面,在农业、工业、医学、能源等领域都可以看到核技术的应用。

**表 6　中国大陆地区在运核电机组统计(截至 2017 年 7 月 31 日)**

| 核电厂 | 机组号 | 堆型 | 功率/MWe | 商运日期 |
| --- | --- | --- | --- | --- |
| 秦山核电厂 | 1 | CNP300 | 310 | 1994-4 |
| 方家山核电厂 | 1 | CPR1000 | 1089 | 2014-12-15 |
| | 2 | CPR1000 | 1089 | 2015-2-15 |
| 秦山第二核电厂 | 1 | CPR600 | 650 | 2002-4 |
| | 2 | CPR600 | 650 | 2004-5 |
| | 3 | CPR600 | 660 | 2010-10-21 |
| | 4 | CPR600 | 660 | 2011-12-31 |
| 秦山第三核电厂 | 1 | CANDU-6 | 728 | 2002-12-31 |
| | 2 | CANDU-6 | 728 | 2003-7-24 |
| 田湾核电厂 | 1 | VVER | 1060 | 2007-5-17 |
| | 2 | VVER | 1060 | 2007-8-16 |
| 福清核电厂 | 1 | CPR1000 | 1089 | 2014-11-22 |
| | 2 | CPR1000 | 1089 | 2015-10-16 |
| | 3 | CPR1000 | 1089 | 2016-11-4 |
| 昌江核电厂 | 1 | CPR600 | 650 | 2015-12-25 |
| | 2 | CPR600 | 650 | 2016-8-13 |
| 大亚湾核电厂 | 1 | M310 | 984 | 1994-2-1 |
| | 2 | M310 | 984 | 1994-5-6 |
| 岭澳核电厂 | 1 | CPR1000 | 990 | 2002-5-28 |
| | 2 | CPR1000 | 990 | 2003-1-8 |
| | 3 | CPR1000 | 1086 | 2010-9-20 |
| | 4 | CPR1000 | 1086 | 2011-8-7 |
| 红沿河核电厂 | 1 | CPR1000 | 1119 | 2013-6-6 |
| | 2 | CPR1000 | 1119 | 2014-5-13 |
| | 3 | CPR1000 | 1119 | 2015-8-16 |
| | 4 | CPR1000 | 1119 | 2016-9-19 |

| 核电厂 | 机组号 | 堆型 | 功率/MWe | 商运日期 |
|---|---|---|---|---|
| 宁德核电厂 | 1 | CPR1000 | 1086 | 2013-4-18 |
| | 2 | CPR1000 | 1086 | 2014-5-5 |
| | 3 | CPR1000 | 1086 | 2015-6-3 |
| | 4 | CPR1000 | 1086 | 2016-7-21 |
| 阳江核电厂 | 1 | CPR1000 | 1086 | 2014-3-25 |
| | 2 | CPR1000 | 1086 | 2015-6-5 |
| | 3 | CPR1000 | 1086 | 2016-1-1 |
| | 4 | CPR1000 | 1086 | 2017-1-8 |
| 防城港核电厂 | 1 | CPR1000 | 1086 | 2016-1-1 |
| | 2 | CPR1000 | 1086 | 2016-10-8 |

表 7　中国大陆地区在建核电机组统计(截至 2017 年 7 月 31 日)

| 核电厂 | 机组号 | 堆型 | 功率/MWe | 商运日期 |
|---|---|---|---|---|
| 田湾核电厂 | 3 | VVER | 1126 | 2012-12-27 |
| | 4 | VVER | 1126 | 2013-9-27 |
| | 5 | ACPR1000 | 1118 | 2015-12-27 |
| | 6 | ACPR1000 | 1118 | 2016-7-25 |
| 三门核电厂 | 1 | AP1000 | 1250 | 2009-3-29 |
| | 2 | AP1000 | 1250 | 2009-12-17 |
| 福清核电厂 | 5 | HPR1000 | 1180 | 2015-4-15 |
| | 6 | HPR1000 | 1180 | 2015-12-22 |
| 海阳核电厂 | 1 | AP1000 | 1250 | 2009-9-24 |
| | 2 | AP1000 | 1250 | 2010-6-20 |
| 石岛湾核电厂 | 1 | HTGR | 211 | 2012-12-9 |
| 红沿河核电厂 | 5 | ACPR1000 | 1119 | 2015-3-29 |
| | 6 | ACPR1000 | 1119 | 2015-7-24 |
| 阳江核电厂 | 5 | ACPR1000 | 1119 | 2013-9-18 |
| | 6 | ACPR1000 | 1119 | 2013-12-24 |
| 防城港核电厂 | 3 | HPR1000 | 1180 | 2015-12-23 |
| | 4 | HPR1000 | 1180 | 2016-12-23 |
| 台山核电厂 | 1 | EPR | 1750 | 2009-11-18 |
| | 2 | EPR | 1750 | 2010-4-15 |

　　经过 20 余年的努力,通过对引进的二代法国压水堆技术的消化吸收,取得了巨大的技术进步,实现了 60 万千瓦压水堆机组设计国产化,基本掌握了百万千瓦压水堆核电厂的设计能力。2015 年,我国自主研发的第三代核电技术"华龙一号"国内首堆和国外首堆相继开工,"华龙一号"在设计上采用了目前世界上最高的安全标准。目前我国投入应用的第三代核电技术

分别是 AP1000、华龙一号、CAP1400、法国核电技术（EPR）以及俄罗斯核电技术（VVER）。2017 年 6 月 30 日，在东方电气集团东方汽轮机有限公司（简称"东汽"）现场，CAP1400 国核示范项目 1 号汽轮机首个低压模块盖缸成功。我国自主设计的单机容量最大的核电项目——CAP1400 国核示范项目低压模块的上半汽缸稳稳扣在下半汽缸的中分面上，这标志着我国第三代核电技术自主创新再次取得重大突破。CAP1400 型压水堆核电机组作为第三代核电自主化依托项目，是我国开发出的具有自主知识产权、功率更大的非能动大型先进压水堆核电机组。CAP1400 示范工程核电站是我国三代核电技术自主创新的标志，同时也是三代核电技术创新发展不可或缺的试验、验证平台。该示范工程将成为我国自主设计的单机容量最大的核电项目，也将强劲推动国内核电规模化建设和出口。

### 4.2.5  新能源汽车

荷兰、法国、英国等国纷纷宣布禁售燃油车的时间表，作为全球最大的新车市场中国政府已经开始研究制定禁售传统燃油车的时间表，新能源汽车迎来巨大发展机遇。在中央和地方政府的大力推动以及产学研各界努力之下，中国新能源汽车发展很快，2011—2015 年，中国新能源汽车产量从 0.71 万辆增长至 33.11 万辆。2015 年全球新能源汽车累计销售 52.3 万辆，其中我国销售 33.11 万辆，超越美国、法国、日本、英国，成为全球新能源汽车销量最多的国家。我国已经基本建成燃料汽车动力基础平台，实现了百辆级的系统生产能力。纯电动乘用车技术持续提升，车辆整体技术水平与国外公司产品接近，部分产品性能指标已与国外公司产品不相上下。全新的一体化电动底盘、轻量化材料、智能化技术将会在下一代车型上大量应用。插电式混合动力乘用车技术取得进展，部分产品性能指标处于国际领先水平，甚至走出了中国特色的技术路线。进入"十二五"以来，国内企业比亚迪、上汽、广汽等纷纷发力插电式/增程式汽车，其中比亚迪"秦"成为世界第四畅销的插电式车型，百公里加速时间达到 5.9 秒，百公里综合油耗低至 1.6 升。客车电动化主要集中在城市应用领域，即公交电动化，公交车是我国新能源汽车最活跃的创新领域，无论是技术发展还是应用规模均处于世界领先地位，我国主要电动客车的技术类型有长续驶里程充电式、中续驶里程充电式、短续驶里程充电式、换电式、在线充电式、增程式、插电式混合动力（表 8）。

表 8  中国电动客车的技术类型

| 类型 | 长续驶里程充电式 | 中续驶里程充电式 | 短续驶里程充电式 | 换电式 | 在线充电式 | 增程式 | 插电式混合动力 |
|------|------|------|------|------|------|------|------|
| 典型储能装置 | 磷酸铁锂 | 磷酸铁锂 | 钛酸锂 | 磷酸铁锂 | 超级电容（超级电容＋磷酸铁锂） | 磷酸铁锂＋内燃机（氢燃料电池） | 燃油（燃气）强混系统＋电容＋电池 |
| 车重 | 重 | 中等 | 较轻 | 较重 | 较轻 | 较轻 | 较轻 |
| 一次充电续驶里程（千米） | 200～300 | 100～150 | 50 | 100～200 | 20～40 | 400 以上 | 400 以上 |
| 基础设施 | 站内快慢充 | 站内浅充 | 站内快充 | 换电站 | 接触式（非接触式）在线充电 | 站内充电＋燃油（氢）加注 | 站内充电＋燃油（燃气）加注 |
| 充（换）电时间 | 夜间为主 | 移动充电车 | 进站休息时 | 全日 | 在线 |  | 夜间为主 |
| 综合成本 | 高 | 较低 | 较低 | 最高 | 较低 |  | 较低 |

关键零部件如电机、电池,整车控制及集成,充电机、智能电动助力转向系统等电子产品的技术与国际水平相当。通过几个五年计划的大力支持,我国的电机及其关键零部件企业已经有了较好的自主研发和产业化转型基础。我国已自主开发出了满足各类电动汽车需求的驱动电机和控制器产品,形成了规格化、系列化的生产能力,并在新能源汽车中获得广泛应用,驱动电机功率密度指标提升幅度达到 30% 以上(东风汽车有限公司 等,2016)。经过 863 计划,我国动力电池水平稳步提升,初步掌握了燃料电池关键材料、部件及电堆的关键技术,基本建立了具有自主知识产权的车用燃料电池技术平台,燃料电池催化剂已经可以实现初步的产业化,燃料电池电堆和关键部件可以实现批量生产制造,燃料电池汽车在国内外开展了多次示范运行。从性能上看,我国的锂电池已经达到了 150 瓦时/千克;从成本看,关键材料国产化进程加快,电池原材料价格整体呈现下降趋势,目前系统价格已经到 2 元/瓦时;从动力电池发展的趋势上来看,我国主要的动力电池企业,比亚迪、宁德时代、国轩在注资/合资等方面,逐步向上游产业链延伸。为提升能量密度,降低生产成本,动力电池企业开始生产大容量单体电芯。2016年发布的动力电池技术路线图也分别提出了能量寿命、成本、安全性发展目标。

### 4.2.6 纯生物质原料的直燃发电技术

随着技术进步及产业化应用不断突破,生物质能已经成为世界第四大能源,其中生物质发电已经作为一项成熟技术在国际上得到大力推广应用。目前生物质发电主要技术途径有直燃发电、气化发电、沼气发电。生物质直燃发电主要是利用农业、林业废弃物为原料,也可以将城市垃圾作为原料,采取直接燃烧的发电方式。直燃发电是当前中国生物质发电的主要途径,与风电、光伏发电等都属于我国战略新兴产业。我国的生物质发电起步较晚,到 2003 年才先后批准了几个国家级秸秆发电示范项目。作为农业大国,我国生物质资源比较丰富,但 2005 年以前,以农林废弃物为原料的规模化并网发电项目在我国几乎是空白。2006 年《可再生能源法》正式实施以后,生物质发电优惠上网电价等有关配套政策相继出台,有力促进了我国的生物质发电行业的快速壮大,步入快速发展期。截至 2015 年年底,我国生物质发电并网装机总容量为 1031 万千瓦,其中,农林生物质直燃发电并网装机容量约 530 万千瓦,垃圾焚烧发电并网装机容量约为 468 万千瓦,两者占比在 97% 以上,还有少量沼气发电、污泥发电和生物质气化发电项目。我国的生物发电总装机容量已位居世界第二位,仅次于美国。

生物质发电从技术上可以分为生物质纯烧发电技术和生物质混烧发电技术两大类,目前我国生物质发电主要以生物质纯烧发电技术为主。根据燃料性质的不同,生物质纯烧发电技术可以分为两类:一类是欧美国家针对木质生物质燃料的燃烧技术;另一类是秸秆燃烧技术。由于我国生物质资源以秸秆为主,国内生物质燃烧技术的研究主要集中在秸秆燃烧技术上。基于纯生物质原料的直燃发电是我国生物质发电成熟的主流技术,在运行效率上已经接近国外技术,基本达到了实际项目运行需求,并且对生物质燃料的适应性较好,我国生物质直燃发电已初具产业规模。

基于纯生物质原料的直接燃烧发电的技术核心在于燃烧设备即锅炉,我国基于纯生物质原料的直燃发电锅炉主要有两种,分别是秸秆炉排炉和秸秆循环流化床锅炉。我国秸秆炉排炉技术主要是在引进丹麦 BWE 公司研发的秸秆生物质燃烧发电技术的基础上,根据我国生物质发电实际情况进行了改进。这些技术基本采用水冷振动炉排的形式,我国自主开发了燃料预处理系统、给料系统以及排渣系统。目前国内生物质发电行业所采用的循环流化床技术以国产为主。针对秸秆燃烧灰熔点低、易结渣等特点,通过采用特殊风分配及组织方式保证秸秆的流化燃烧和顺畅排渣,并优化受热面布置,降低碱金属的腐蚀,解决了一系列的难题,不断改进循环流化床燃烧技术。工程项目实践表明我国循环流化床技术具有良好的燃料适应性,对于各种不同燃料,锅炉的实际运行效率都能达到 90% 以上,飞灰含碳量也较低,且锅炉普遍适用性较强,维修费用低。国外发展实践表明通过余热回收实现热电联产比单纯生物质燃烧发电的热效率要高很多,而当前我国针对生物质直燃发电的引导政策,主要集中在发电侧的激励,缺乏对生物质供热的鼓励政策,在通过技术创新,提升生物质燃烧发电技术水平的同时,鼓励生物质热电联产技术发展,是今后中国在"一带一路"技术创新引领中应重视的重要方向。

### 4.2.7 中低温地热发电技术

中国地热资源十分丰富。根据中国地质调查局 2015 年的调查评价结果,我国浅层地热能年可开采资源量折合 7 亿吨标准煤,水热型地热资源量折合 1.25 万亿吨标准煤,年可开采资源量折合 19 亿吨标准煤,埋深在 3000~10000 米的干热岩资源量折合 856 万亿吨标准煤。地热能利用的优点是钻井得到高温热水或蒸汽后,整日全年皆可连续利用。从数据上看,地热能一年中有 72% 的时间可以利用,而水能、风能和太阳能这一数字分别是 42%、21% 和 14%,相较起来,地热能在可再生能源中可利用时间最长。但地热能的开发需要钻井、开采、发电等多项技术配套,因此开发难度更大。

我国的高温地热蒸汽发电技术与国外存在较大差距,深层高温地热钻井方面尚没有形成相关技术储备,但中低温地热发电技术基本成熟。近年来,我国中低温地热开发利用发展很快,开发利用的规模堪称世界第一,主要用在供暖、温室种植、医疗度假等方面。在地热发电方面,20 世纪 70 年代,中国投资开发了 7 个中低温地热电站,包括西藏的羊八井电站,发电量居世界第 18 位。2012 年天津大学和山西易通集团自主研发的低温余热发电机组,通过提升热电转化介质的性能,将发电最低温度降至 60 ℃,冬天甚至可达 40 ℃,低于世界最先进的美国同类产品的最低发电温度,对于我国中低温地热发电开发十分有利。江西宜春市温汤镇利用 67 ℃ 的温度,带动 100 千瓦的发电机发电,这也是世界上温度最低的地热发电。中国中低温地热发电技术稳步发展的同时,发电关键材料与设备的国产化程度较低是急需面对和解决的问题。

2017 年我国首次编发了与地热能相关的全国规划《地热能开发利用"十三五"规划》(以下简称《规划》),《规划》计划在"十三五"期间,全国新增地热发电装机容量 500 兆瓦。《可再生能源发展"十三五"规划》也提出加大地热资源潜力勘察和评价,有序推进地热发电。在青藏铁路沿线、西藏、四川西部等高温地热资源分布地区,新建若干万千瓦级高温地热发电项目,对西藏羊八井地热电站进行技术升级改造。在东部沿海及油田等中低温地热资源富集地区,因地制宜发展中小型分布式中低温地热发电项目。支持在青藏高原及邻区、京津冀等东部经济发达地区开展深层高温干热岩发电系统关键技术研究和项目示范。

### 4.2.8 潮汐能发电技术

我国拥有 300 多万平方千米的海域、6500 多个 500 平方米以上的岛屿、18000 千米海岸线,潮汐能资源丰富,开发前景可观。我国潮汐能理论蕴藏量约 1.1 亿千瓦,可开发利用的资源量约 2200 万千瓦,其中潮汐能资源最丰富的地区集中于福建和浙江沿海,潮差最大的地区

(如浙江的钱塘江口、乐清湾,福建的三都澳、罗源湾等)平均差为 4～5 米,最大潮差为 7～8.5 米。潮汐能被誉为"水下风车",利用潮汐形成的落差来推动水轮机,再由水轮机带动电动机发电,与水力发电类似。区别在于河流利用的是空间落差,而潮汐流则是相对于海岸线的涨落。

我国在海洋能发电方面,整体处于示范应用向产业化转化的重要阶段,其中,潮汐能发电采用的都是我国大型水电站已经全面应用的发电技术与设备,因此潮汐能发电技术已趋于成熟。我国建成投运了多个潮汐电站,从 20 世纪 50 年代中期开始建设潮汐电站,至 80 年代初共建设潮汐电站 76 个。但由于规模小、设备简陋、经营亏损、技术落后,大部分潮汐电站投产不久即被迫停运。目前我国还在运行的潮汐能电站只剩下了 3 座,分别是总装机容量 3900 千瓦的浙江温岭的江厦站、总装机容量 150 千瓦的浙江玉环的海山站和总装机容量 640 千瓦的山东乳山的白沙口站。其中,江厦电站是目前中国最大的潮汐电站,已正常运行 30 多年,并已实现并网发电和商业化运行,累计发电量达到两亿千瓦时,是世界第三大潮汐电站。目前,我国潮汐发电量仅次于法国、加拿大,居世界第三位(魏青山,2014)。

近年来我国海洋能开发逐渐受到重视,2005 年《可再生能源法》颁布以来,在国家一系列法规、政策激励下,我国的海洋能研发渐趋活跃。2009 年国家投资约 5000 万元支持"海洋能开发利用关键技术研究与示范项目"等项目。2010 年 5 月,我国设立海洋可再生能源专项资金,支持包括潮汐能在内的海洋能进行研究。海洋能独立电力系统示范工程、海洋能并网电力系统示范工程、海洋能开发利用关键技术产业化规范、海洋能综合开发利用技术研究与实验、标准制定及支撑服务体系建设被作为资金投向的重点。截至 2015 年 5 月,专项资金共支持96 个项目,投入经费总额近 10 亿元。《可再生能源发展"十三五"规划》提出推进海洋能发电技术示范应用,使我国海洋能技术和产业迈向国际领先水平,初步建成山东、浙江、广东、海南等四大重点区域的海洋能示范基地,在浙江、福建等地区启动万千瓦级潮汐能电站建设(魏青山,2014)。

虽然潮汐发电技术已经趋于成熟,但目前在商业推广及发电设备所需材料的更新和升级方面还面临较大困难。如潮汐发电工程投资较大、机组造价较高;潮汐具有波动性和间歇性,输出功率变化大,潮汐发电机组利用效率不高,机组、设备折旧等成本高;在工程技术上有泥沙淤积问题,机组金属结构和海工建筑物易被海水及海生物腐蚀及污黏等。"一带一路"特别是"21 世纪海上丝绸之路"沿线很多国家海洋能资源丰富,依托中国潮汐发电技术的优势,联合推动潮汐能发电的技术攻关和产业化示范推广应用,未来潮汐能发电将大有可为。

### 4.2.9　风电技术

受海陆位置及地形条件的影响,我国风能资源丰富,风能理论可开发总量 32.26 亿千瓦,其中实际可开发利用的风能资源储量为 2.53 亿千瓦。近年来我国风电利用快速发展,到2016 年风电新增装机量 2337 万千瓦,累计装机量达到 1.69 亿千瓦,其中海上风电新增装机59 万千瓦,累计装机容量为 163 万千瓦。在风电装机规模不断增长的同时,风电技术发展也较快,我国风电技术是在风电基础研究很弱的根基上发展起来的,风电关键部件和整机设计、控制策略设计,都是在国外产品基础上进行的二次开发,在二次开发中,国内风电产业的技术水平已经有了很大提升,完全能够理解与掌握当今主流风电技术。目前国内已经具备制造大型机械元件的能力,在精密机械设备制造能力方面还有待提高,如主轴轴承、变流器、液压站、变桨电机等国外进口还比较多。提高效率、降低成本一直是风电技术发展的努力方向。

目前,提高风电成本效益的技术手段主要有两条路径:①向大规模风机升级;②改善设计方法,使其适应当地的风能运行环境,如改善电机、减速箱、叶片设计和叶片材料、控制系统,促进整体性能等。在过去20年中,风机单机的规模基本呈线性增长趋势,已经形成了4兆瓦以下风电机组整机及关键零部件的设计制造体系,初步掌握5~6兆瓦风电机组整机集成技术。虽然我国风电技术发展很快,但在核心技术方面与丹麦等世界风电技术先进国家相比还存在一定差距,中国在"一带一路"清洁能源技术创新引领过程中须加强风电技术研发创新合作。

"一带一路"沿线的很多发展中国家在上述技术领域还存在瓶颈问题。技术落后导致度电成本高,而度电成本高是目前光伏、风能等清洁能源产业在"一带一路"沿线国家大规模发展的重要障碍因素,须通过技术创新合作降低度电成本,采用高效的商业模式使设备和服务更加高质量、更可靠。"一带一路"战略为中国加强与国际社会在清洁能源领域的合作和清洁能源产业国际化提供了战略机遇,反过来,中国通过国际合作开展清洁能源技术创新引领示范,强大助力"一带一路"战略实施。大力推进清洁能源技术优势转移,设立专项资金,鼓励国内有国际竞争力的清洁能源骨干企业和清洁能源高新技术企业"走出去",加强对"一带一路"国家的清洁能源技术支持、合作,承接培训清洁能源科技人才,通过合作开展清洁能源技术创新,以清洁能源科技输出带动文化输出,更好地服务于"一带一路"国家发展战略。

### 4.3　我国对外清洁能源投资建设运营经验丰富,未来与"一带一路"沿线国家清洁能源合作空间很大

随着全球气候环境变化,进入21世纪以来,中国十分重视清洁能源投资,自2012年以来,中国已经连续5年位居全球清洁能源投资第一大国的位置。从2010年的511亿美元上升至2016年的878亿美元,其中2015年最高达1110亿美元(图3)。在国内加快发展清洁能源的同时,海外投资清洁能源项目也开始风生水起,发展势头良好。投资国家惠及亚洲、非洲、拉美洲、欧洲与大洋洲区域。近年来在水电、光伏、风电、核电等领域已与全球80多个国家开展合作。2016年,我国清洁能源对外投资的项目有11个,与2015年的200亿美元相比投资金额上涨120亿美元,对外清洁能源投资建设运营的经验十分丰富。如在电池方面,继2012年、2015年分别收购澳大利亚泰利森锂业(Talison Lithium)公司和银河资源(Galaxy)江苏加工厂后,中国天齐锂业成为全球最大的锂电新能源核心材料制造商。2016年9月,天齐锂业又投资25亿美元,收购全球第四大锂业公司——智利SQM公司25%的股权。在输电网络方面,中国国家电网公司是全球最大的电力公司,员工超过190万人,年销售额达3300亿美元。2012年国家电网制定了到2020年实现对外投资500亿美元的目标。国家电网重点发展电网连通,2016年该公司以130亿美元收购巴西电力公司(CPFL Energia SA)的控股权,这是2016年度投资额最大的可再生能源和输电项目。在太阳能方面,2016年全球前6大太阳能模板制造商中,5家为中国企业。其中,晶澳太阳能(JA Solar)在越南投资10亿美元的太阳能电池厂项目于2016年11月破土动工,预计每年将新增收入5亿美元。美国第一太阳能公司(Fist Solar U. S.)在全球裁员25%,而此时中国建材公司正在澳大利亚建设投资额16亿美元、装机容量为15亿瓦的太阳能薄膜模板发电厂。在水电方面,2016年,中国水电领军企业浙富公司在印度尼西亚投资17亿美元,三峡公司在巴西投资12亿美元。

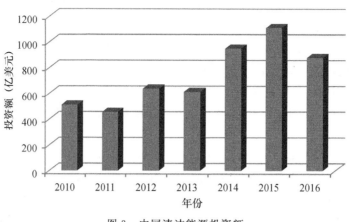

图 3　中国清洁能源投资额

　　因光伏、风电在"一带一路"沿线国家的发电成本较高,目前普及度低。为降低气候生态环境威胁,近年来东南亚国家对清洁能源的发展越来越重视,一些国家提出了本国雄心勃勃的可再生能源发展计划。例如,印尼希望把可再生能源在国家能源结构中的比重从2011年的4.79%,提升到2025年的25%;菲律宾希望到2030年,可再生能源可以满足该国电力需求的一半;马来西亚的可再生能源目标是到2020年占国家能源结构的份额达到11%;越南计划到2020年,新能源和可再生能源的比重提高到约5%,到2050年达到约11%。中国经济社会健康快速发展,积累了大量过剩的产能和外汇资产,加之在清洁能源技术方面的优势,这恰好是中国清洁能源企业的发展机遇,中国与"一带一路"大部分国家有很强的清洁能源合作互补性,未来有很大合作空间。如中国积极致力于开展大湄公河次区域电力项目合作与开发,对泰国电力行业"走出去"很快,在光伏发电、风电、生物质发电等领域开展了一定合作,2016年中国与缅甸、越南分别签订了首个风电项目;中国与东盟国家在新能源汽车领域初步开展合作,对于几乎被日系车垄断的东盟汽车市场,新能源汽车市场尚处于起步阶段,未来合作空间广大。

## 5. 中国清洁能源技术创新引领"一带一路"战略的对策

　　"一带一路"建设应突出生态文明理念,共建绿色丝绸之路。按照优势互补、互利共赢的原则,积极推动中国与"一带一路"沿线国家在清洁能源领域的深入合作。"一带一路"战略将政策沟通、设施联通、贸易畅通、资金融通、民心相通作为合作的主要内容。实现"一带一路"全面互通可以更好地为中国开展清洁能源技术引领合作奠定坚实基础,相反通过中国清洁能源技术创新的引领促进清洁能源技术发展与合作的全方位互通,从而进一步实现"一带一路"战略全面互通。依托"一带一路"清洁能源发展多元合作交流机制对清洁能源技术发展与合作进行政策沟通,通过发挥"一带一路"清洁能源技术中心的作用促进清洁能源技术发展与合作的民心相通,通过完善"一带一路"清洁能源技术融资机制实现清洁能源技术发展与合作的资金融通,通过推动构建"一带一路"清洁能源物联网技术体系促进清洁能源技术发展与合作的设施联通和贸易畅通。

## 5.1　建立"一带一路"清洁能源发展多元合作交流机制

中国积极引领现有多边合作机制如亚太经合组织、上海合作组织、中国—东盟(10＋1)领导人会议、亚欧会议等的清洁能源对话作用。建立"一带一路"沿线国家专门的清洁能源技术发展双边、多边合作机制和专门的"一带一路"清洁能源外交机构,积极推动中国与沿线国家的清洁能源外交,推动签署清洁能源合作备忘录或合作规划,加强对规划的科学论证和施行分阶段合作规划,制定清洁能源技术、合作发展路线图,建设清洁能源双边或多边合作示范,鼓励和推动更多国家参与清洁能源技术、发展合作。重视博鳌亚洲论坛、中国—亚欧博览会等现有平台的作用,同时社会各界包括政府、高校、科研机构、企业、民间团体等都可以举办一系列以"一带一路"清洁能源技术、发展、合作等方面为主题的国际峰会、论坛、博览会、研讨会、展会,促进清洁能源技术交流,增强发展与深化合作共识。拓宽合作渠道、加强多层次沟通磋商,推动建立清洁能源技术、发展创业投资合作机制,积极建设以企业为主体的服务平台,尝试各类产业园区如境外、跨境清洁能源研发推广合作区等的建设,创新清洁能源投资合作模式多元化,促进清洁能源产业合作集群发展。

## 5.2　成立"一带一路"清洁能源技术中心

中国清洁能源技术创新引领"一带一路"战略须增强自主创新能力,夯实自身清洁能源技术的实力并不断突破,在此基础上加强与"一带一路"沿线国家的清洁能源技术创新合作与联合攻关。联合成立专门的清洁能源技术合作中心,共建联合实验室,合作开展清洁能源重大科技攻关,共同提升科技创新能力,建立具有国际影响力的清洁能源科技创新园区和国合基地。成立国际技术转移中心,促进中国的先进清洁能源技术、设备在"一带一路"沿线国家得到推广应用,并通过积极地创新引导实现清洁能源技术、经济发展和生态环境保护的多赢效应,是中国清洁能源技术创新引领的重要目标。高校在人才培养、文化沟通、科研合作等方面具有重要的纽带桥梁作用,"一带一路"战略下新丝绸之路大学联盟和"一带一路"高校战略联盟应运而生,重视高校联盟的清洁能源主题,在中国名校积极引导下发挥高校在"一带一路"清洁能源技术创新合作、交流方面的智库作用,为"一带一路"清洁能源技术发展输送具有国际视野的高素质人才和进行人才储备。在清洁能源技术创新、转移合作的基础上,鼓励建立"研产销"一体化体系,逐步建立和合理分工布局"一带一路"跨国清洁能源产业链,促进产业链的不同环节以及关联产业协同发展,帮助提升"一带一路"沿线国家的清洁能源产业配套能力,开展相应的装备与工程服务合作。

## 5.3　完善"一带一路"清洁能源技术融资机制

中国引领"一带一路"清洁能源技术创新和产业化推广应用,仅依靠政府财政的力量很难实现,通过政策引导调动民营部门和社会力量的共同参与十分重要。缺少相关政策的引导,民营部门的资金不会自动流入清洁能源领域,因此需要构建一个有效的绿色金融体系,引入包括绿色信贷、绿色债券、绿色保险和以碳交易市场为代表的碳金融体系来引导"一带一路"建设中的投融资方向(李昕蕾,2017)。通过加强消费者绿色环保和消费意识,改变消费者偏好来引导能源市场融资方向。效仿英国设立绿色银行解决清洁能源项目融资中的市场失灵问题(马骏,2015)。发挥亚洲基础设施投资银行、世界银行等对清洁能源技术发展和合作推广的支持作用,在国家银行特别是国家开发银行内部设立专门的"一带一路"清洁能源部,以银行贷款、授信等方式为"一带一路"清洁能源技术研发、推广项目的投融资提供支持。充分利用丝路基金和"一带一路"各国主权基金,在中国的引领下"一带一路"沿线各国联合设立清洁能源基金,积极推动建立政府引导型清洁能源股权投资基金,允许信用等级高的清洁能源企业发行债券。加强对清洁能源投融资的金融监管,提高风险、危机的应对和处置能力。绿色金融的引导能力还体现在将市场标准、金融监管等规范金融市场的原则制度化和国际化(Nick Robins,2017)。在完善融资机制的基础上,推进能清洁能源技术就近试验应用和推广应用,逐渐形成清洁能源合作上下游一体化产业链。

## 5.4　积极推动构建"一带一路"能源互联网技术体系

在传统能源基础设施架构中,不同类型的能源之间具有明显的供需界限,能源的调控和利用效率低下,而且无法大规模接纳风能、太阳能等分布式发电以及电动汽车等柔性负荷(马钊等,2015)。在这样的背景下,随着对太阳能、风能等清洁能源的需求不断增加,能源互联网的概念逐渐进入大众视野并不断成熟。能源互联网是以电力系统为核心、以智能电网为基础、以大规模接入可再生能源为主的,采用互联网、大数据、云计算及其他先进信息通信技术和电力电子技术的分布式能源的管理系统(冯庆东,2017),是光伏发电、风电等清洁能源从生产走向消费、联网实现大规模推广应用的重大技术突破。中国在"一带一路"国际合作高峰论坛上明确,推动大数据、云计算、智慧城市建设,连接成 21 世纪的数字丝绸之路。建设能源互联网是响应国家数字丝绸之路建设,实现"一带一路"沿线各国清洁能源系统互联供应的重要步骤,可极大促进沿线国家清洁能源发展,为洲际联网、全球联网奠定基础,对全球能源互联网构建意义重大。

特高压输电技术具有输送距离远、容量大、低损耗、环保性高等特点,清洁能源的分布式特点使清洁能源产地与消费地往往不一致,能源互联网可以利用特高压输电技术连接清洁能源生产地,搭建能源配置平台,发挥各国的资源优势进行全网配置,将清洁能源输送到各类用户,促进能源供求在"一带一路"经济带范围内平衡。目前中国已经在跨区电网联网工程技术方面实现了重大突破,建成了世界上首条 1000 千伏特高压交流试验示范工程,初步形成了以特高压为骨干网架的坚强智能电网。为落实国家"一带一路"战略,目前国家电网正在推进与俄罗斯、蒙古、哈萨克斯坦、巴基斯坦等周边国家电网互联互通,到 2030 年,预计将建成 9 项跨国输电工程,总投资 3123 亿元,年输电量 4810 亿千瓦时。能源互联网是一项长期、复杂而艰巨的庞大系统工程,"一带一路"沿线各国能源基础设施的接口难度大,尚未建立能源协同机制,能源基础设施的数字化和智能化刚刚起步,"一带一路"能源互联网技术体系的构建有一定困难,需要中国发挥负责任大国的作用,积极地推动与斡旋。

（本报告撰写人：薛静静）

**作者简介**：薛静静,女,博士,南京信息工程大学气候变化与公共政策研究院/法政学院,讲师,主要研究方向为资源经济与政策、资源生态利用,Email：xjjsdlc@sina.com。

　　本报告受南京信息工程大学气候变化与公共政策研究院开放课题(课题名称：气候变化条件下江苏省能源安全及低碳发展路径研究；课题编号：17QHB008)资助。

# 参考文献

陈军,2010. 中国非可再生能源的区域优化配置[J]. 经济管理,(6):1-8.

东风汽车有限公司,日产(中国)投资有限公司,中国汽车技术研究中心,2016. 中国新能源汽车产业发展报告[M].北京:社科文献出版社:26.

冯庆东,2017. 能源互联网关键在于能源基础设施的数字化和智能化[EB/OL]. 2017-01-12. http://www.chinapower.com.cn/cionews/20170112/76922.html.

观研天下(北京)信息咨询有限公司,2017. 2017—2022年中国核电市场现状调查及发展态势预测报告[R].北京:中国报告网.

贺瑞敏,张建云,王国庆,2007. 基于集对分析的广义水环境承载能力评价[J]. 水科学进展,18(5):730-735.

江冰,2010. 新形势下保障我国能源安全的战略选择[J]. 中国科学院院刊,25(2):172-179.

焦士兴,王腊春,李静,2009. 区域用水水平评价中的集对分析方法研究[J]. 自然资源学报,24(4):729-736.

刘立涛,2011. 基于dpsir模型的中国能源安全时空演进及其评价[D]. 北京:中国科学院地理科学与资源研究所.

陆洲,马涛,2005. 地下水环境质量评价的一种新方法—集对分析法[J]. 环境保护科学,31(5):53-55.

李昕蕾,2017. "一带一路"框架下中国的清洁能源外交:契机、挑战与战略性能力建设[J]. 国际展望,32(3):36-57.

马骏,2015. 论构建中国绿色金融体系[J]. 金融论坛,(5):18-27.

马钊,周孝信,尚宇炜,2015. 能源互联网概念、关键技术及发展模式探索[J]. 电网技术,(11):3014-3022.

欧向军,甄峰,秦永东,2008. 区域城市化水平综合测度及其理想动力分析—以江苏省为例[J]. 地理研究,27(5):993-1001.

潘博,2016. 以高新技术企业为主体推进"一带一路"国际科技合作[J]. 企业改革与管理,(23):198-199.

齐正平,2017. "一带一路"能源研究报告(2017)[J]. 能源情报研究,(5):4.

沈镭,薛静静,2011. 中国能源安全的路径选择与战略框架[J]. 中国人口·资源与环境,21(10):49-54.

史小今,2017. "一带一路"背景下的中国科技"走出去"战略[J]. 理论研究,(2):41-46.

苏飞,张平宇,2010. 基于集对分析的大庆市经济系统脆弱性评价[J]. 地理学报,65(4):454-464.

苏铭,张有生,2012. 能源安全评价研究述评[J]. 浙江社会科学,(4):126-132.

王妍婷,2016. 清洁能源发展迎双重机遇[N]. 中国电力报,2016-04-15.

魏青山,2014. 我国海洋能开发的问题和建议[EB/OL]. 2014-08-25. http://www.doc88.com/p-9806703286843.html.

吴初国,何贤杰,盛昌明,2011. 能源安全综合评价方法探讨[J]. 自然资源学报,26(6):964-970.

吴洪坤,2016. 太阳能光伏发电技术现状分析[J]. 能源与节能,141(6):79-80.

吴燕华,曹叔尤,杨奉广,2012. 集对分析方法在区域泥石流危险性评价中的应用研究[J]. 四川大学学报(工程科学版),44(S1):54-59.

余敬,王小琴,张龙,2014. 2AST能源安全概念框架及集成评价研究[J]. 中国地质大学学报(社会科学版),14(3):70-77.

张超,申轶男,王靖元,2016. "一带一路"战略下高校国际技术转移模式探索[J]. 北京教育(高教),(5):71-73.

张雷,2001. 中国能源安全问题探讨[J]. 中国软科学,(4):7-12.

张薇薇,2007. 基于集对分析和模糊层次分析法的城市系统评价方法[D]. 合肥:合肥工业大学.

赵克勤,2000. 集对分析及其初步应用[M]. 杭州:浙江科学技术出版社:9-29.

种衍民,2015. 中国特高压输电技术世界领先,由大国向强国迈进 . 2015-03-12. http://news. xinhuanet. com/ energy/2015-03/12/c_127572731. htm.

Ang B W,Choong W L,Ng T S,2015. A framework for evaluating Singapore's energy security[J]. Applied Energy,148(6):314-325.

Ang B W,Choong W L,Ng T S,2015. Energy security:definitions,dimensions and indexes[J]. Renewable and Sustainable Energy Reviews,42(2):1077-1093.

Asia Pacific Energy Research Centre (APERC),2007. A quest for energy security in the 21st century[R]. http://www. ieej. or. jp/aperc/2007pdf/2007 Reports/APERC 2007 A Quest for Energy Security. pdf.

Benjamin K. Sovacool,2011. Evaluating energy security performance from 1990 to 2010 for eighteen countries [J]. Energy,(10):5846-5853.

Cherp A,Jewell J,2014. The concept of energy security:beyond the four As[J]. Energy Policy, 75 (12): 415-421.

Gupta E,2008. Oil vulnerability index of oil-importing countries[J]. Energy Policy,36(3):1195-1211.

Kapil N,B Sudhakara R,2016. A SES (sustainable energy security) index for developing countries[R]. Energy, 94(9):326-343.

Kruyt B,van Vuuren D P,de Vries H J M,2009. Indicators for energy security[J]. Energy Policy,37(6):2166-2181.

Lefevre N, 2010. Measuring the energy security implications of fossil fuel resource concentration[J]. Energy Policy,(38):1635-1644.

Nick Robins, 2017. 2017: What Next for Green Finance [EB/OL]? 2017 01 16. http://www. huffingtonpost. com/nick-robins/2017-what-next-for-green_b_14203706. html.

Phdungsilp A,2015. Assessing energy security performance in thailand under different scenarios and policy Implications[J]. Energy Procedia,79(7):982-987.

Sovacool B K,Mukherjee I,2011. Conceptualizing and measuring energy security:A synthesized approach[J]. Energy,36(8):5343-5355.

Thangavelu S R,Khambadkone A M,Karimi I A,2015. Long-term optimal energy mix planning towards high energy security and low GHG emission[J]. Applied Energy,154(9):959-969.

Tongsopit S,Kittner N,Chang Y,2016. Energy security in ASEAN:A quantitative approach for sustainable energy policy[J]. Energy Policy,90(3):60-72.

Winzer C,2012. Conceptualizing energy security[J]. Energy Policy,46(7):36-48.

Wu G,Liu L C,Han Z Y,2012. Climate protection and China's energy security:win-win or tradeoff[J]. Applied Energy,(97):157-163.

# 农户炊事能源使用行为的实证分析

**摘　要**：随着农村经济的发展,农村地区的能源消费在国家能源消费组成中占据着越来越重要的地位,消费结构也逐渐由传统的秸秆、薪柴等生物质能源过渡到煤,并进一步发展为煤气、天然气、电力等商品能源。由于生活习惯、使用成本等原因,传统生物质能源依然被广泛使用,而这些传统生物质能源的使用容易造成大气污染并对生态环境造成危害。随着商品能源在农村地区的普及,越来越多的农户开始使用液化气作为家庭能源,但随着作为生产液化气原料的石油稀缺程度不断提高,石油价格震荡十分剧烈,石油价格的每一次大幅波动势必会给我国能源消费带来巨大压力,引发能源危机,并进一步影响农村地区液化气能源的使用。为了应对农村地区能源危机和环境污染问题,国家大力推广以沼气为主的可再生清洁能源。本文运用江苏省淮安市和连云港市的283个调研数据,以农户炊事能源消费结构为研究对象,构建SUR计量模型分析了农户家庭炊事能源消费的影响因素。结果表明:(1)沼气池使用时间的增加可以改善农户家庭炊事能源消费结构,具体表现在沼气池使用天数越长的农户使用电和液化气的比例越低,体现出沼气对电和液化气有替代作用。沼气池使用天数会显著提高沼气的消费比例。(2)受教育程度较高、家庭经济情况较好的农户使用秸秆的比例更低。户主年龄较小、户主是村干部、家庭经济情况较好的农户使用电作为炊事能源的比例更高。家庭经济情况较好、认为烧柴做饭会产生环境污染的农户使用煤的比例更高。家庭规模与煤的消费呈正U型关系,拐点为3.79人。从能源相互替代的角度来看,秸秆能源对除煤以外的其他能源有替代作用,煤对除秸秆以外的其他能源有替代作用,电能对煤、液化气消费有替代作用,液化气对电能有替代作用。基于以上研究结论,本文认为在如何更合理地推广可再生清洁能源的同时,引导农户提高沼气池使用情况、改善农村能源消费结构,从而实现缓解农村能源危机、减少农村环境污染发展目标的新思路是:(1)加大以沼气为代表的农村可再生能源推广力度;(2)加强对农户的沼气技术培训;(3)鼓励农户购置并使用电器进行炊事活动。

**关键词**：炊事能源消费　可再生清洁能源　沼气　影响因素

# Empirical Analysis on Households' Cooking Energy Use in Rural Area

**Abstract**：With the economic development of rural area, the energy consumption in rural area became increasingly important among the energy consumption in China. The energy consumption structure varied from biomass energy such straw and wood to coal, and further developed into commercial energy such as gas, natural gas and electricity. Traditional biomass energy, however, was still wildly used because of the living habits and cost, which will result in air pollution as well as ecological environment disruption. With the popularization of commercial energy in rural areas, the number of households using liquid gas was increasing, which will be greatly influenced by the oil price fluctuation. Chinese government made great effort to develop renewable clean energy especially the biogas to deal with energy crisis and environment pollution in rural area. This research applied 283 survey data in Huai'an city and Lianyungang city in Jiangsu province to analyze the determinants of cooking energy consumption in rural area. The results showed that: (1) The longer the biogas energy use, the better the households' cooking energy use structure. Specifically, the households with longer use of biogas by day will lower the use of electricity and liquid gas, indicating the substitution effect of this energy. (2) Households with better education level and economic condition will unlikely use straw. Households with younger household head, household head who was the village leader and households with better economic condition will use more electricity. Households with better economic condition and with cognition of fuel wood burning pollution will use more coal. There was a U-shape relationship between household scale and coal consumption with turning point of 3.79 members. Straw will substitute for other energies except coal and coal will substitute for other energies except straw. Electricity will substitute for coal and liquid gas. Liquid gas will substitute for electricity. Based on these results, this research suggests that: (1) Intensify the promotion of renewable energy resources, represented by biogas, in rural area; (2) Strengthening biogas technology training for households; (3) Encourage households to purchase and use electrical appliances for cooking.

**Key words**: cooking energy consumption; renewable clear energy; biogas; determinants

# 1. 引言

能源是为人类的生产和生活提供各种能力和动力的物质资源,是国民经济重要的物质基础。国内外社会发展的实践表明,国家的可持续发展离不开能源的健康有序发展,国家安全、社会和谐、生态环境的协调以及人类生活质量的优劣均与能源息息相关(苏亚欣 等,2006)。随着农村经济的发展,农村地区的能源消费在国家能源消费组成中有着越来越重要的地位,其能源消费结构也逐渐由传统的秸秆、薪柴等生物质能源过渡到煤、煤气、天然气、电力等商品能源,并进一步发展为包括沼气、秸秆的可再生能源。2000年全国农村能源消费结构中,传统生物质能源所占比例为55.17%,商品能源所占比例为44.39%,可再生能源所占比例为0.43%;到了2005年,三者的比例分别为53.94%、45.04%和1.01%(王翠翠,2008),并且随着时间的推移,农村能源消费结构也在不断地变化。

可以看出,目前农村能源消费依然以传统生物质能源和商品能源为主,但这两类能源的消费同时也带来了两个问题,一是使用传统生物质能源带来的环境污染问题,二是商品能源使用带来的能源的可持续利用问题。

由于生活习惯、使用成本等原因,在许多欠发达农村地区,生物质能源依然被广泛使用,并占据着十分重要的地位。1996—2004年,农村46%的能源由秸秆、薪柴这些传统的生物质能源所提供(Zheng et al,2010;Chen et al,2009)。这些传统生物质能源和煤炭的使用容易造成大气污染并对生态环境造成危害。生物质能源的燃烧产生二氧化硫、二氧化碳、甲烷等气体,进而形成酸雨、造成温室效应等,对大气环境产生威胁。同时,也会对人体健康产生不利影响,人体接触到这些气体后会导致呼吸困难,引发哮喘等一系列疾病。仅 2001 年一年全世界由于燃烧生物质能源、煤炭等固体燃料产生的污染所引发的死亡人数就达到 160 万,这一危害排在世界致死因素第 11 位,致病因素第 8 位(李秀芬 等,2010;Jin et al,2006;Ezzati et al,2002;Zhang et al,2009)。此外,对薪柴的大量需求又引发森林面积的大量减少,以青海为例,其薪柴的年供给量约为 5.2 万吨,而实际需求量为 10.7 万吨,为了补偿这一缺口,大量的树木被砍伐,导致土地荒漠化,严重威胁生态环境,造成无法逆转的后果(张克斌 等,2005)。

随着商品能源在农村地区的普及,越来越多的农户开始使用液化气和电能作为家庭能源。据统计数据显示,2012 年我国石油进口量为 33088.8 万吨,石油进口依存度达 69.1%(国家统计局,2014),为农村液化气使用提供了重要保障。然而,这一趋势受到国际石油价格的影响。可以发现,国际石油价格由 2001 年的 25.95 美元/桶上升为 2008 年的 140 美元/桶,之后在经过价格的急速下跌后又由 2009 年上半年的 33.2 美元/桶急速上涨至 2011 年的约 100 美元/桶。石油价格的每一次大幅上升势必会给我国能源消费带来巨大压力,引发能源危机,并进一步影响农村地区液化气能源的使用。

为了缓解能源危机和环境污染问题,作为可再生清洁能源的沼气受到国家的大力推广。沼气的产气原料是以畜禽粪便和作物秸秆为主的农业废弃物,这些农业废弃物如果直接被丢弃不但会造成资源的严重浪费,更会产生严重的环境污染,而将这些农业废弃物投入沼气池生产沼气既可以实现资源循环利用,减少农村地区污染,又可以有效缓解农村能源短缺问题。另一方面,沼气的主要成分是甲烷,甲烷是一种清洁燃料,其燃烧生成二氧化碳和水,相较于秸秆、煤炭,使用沼气对环境的影响很小,从而进一步保护了环境。自 20 世纪 90 年代以来,政府相继推出生态家园富民计划、农村小型公益设施建设补助资金农村能源项目指南、农村沼气建设国债项目管理办法、全国农村沼气服务体系建设方案(试行)、全国农村沼气工程建设规划等一系列扶持沼气池建设的政策,支持农村地区沼气事业的发展,以期改善农村地区能源消费结构。2003—2010 年,国家在农村沼气建设项目中共投入了 150 亿元(Chen et al,2010),如此巨大的投入是否达到了预期的效果还需要进行进一步的检验。

在农村地区,由于秸秆、薪柴、煤炭、液化气、沼气多被用于炊事用途,因此,本研究主要以考察农村炊事能源为主。尽管国家为了缓解农村能源短缺和减少环境污染制定了诸多政策,也做了大量的投入,但是农户才是炊事能源使用的主体,使用什么样的炊事能源和使用多少炊事能源的决定是由农户自己做出的,因此本研究将通过实地调研,以农户为研究对象,考察影响农户炊事能源使用的影响因素,通过实证检验,可以及时获得农户的反馈,以期为政府大力推广清洁能源技术,积极引导农户利用清洁能源和可再生能源,进而缓解能源危机、改善环境提供可行的政策建议。

## 2. 研究目标与主要研究内容

### 2.1 研究目标

本文的研究目标是在能源短缺、农村环境污染情况日益加剧以及国家对清洁能源进行大力扶持的背景下,试图考察影响农户炊事能源使用的因素,进而为农村可再生清洁能源的推广提供政策建议,以期在农村地区能源短缺、环境恶化加剧的背景下实现缓解环境污染、减轻能源压力的政策目标。

## 2.2 研究内容

本研究主要考察农户炊事能源使用行为的影响因素,同时考察相关能源政策是否能够降低农户的能源消费,从而缓解能源危机、降低环境污染。能源消费的衡量主要包括能源消费种类、能源消费量和能源消费结构三个方面。能源消费种类反映了农户是否消费某种能源;能源消费量反映了能源消费的基本情况;能源消费结构既能反映能源消费种类,也能反映能源消费量,一般用农户消费的各种能源占总消费能源的比重来表示。本研究重点关注能源消费结构的差异。农户能源消费行为也会受到农户家庭特征、时间禀赋等因素的影响。

本部分运用似不相关回归(SUR)模型研究农户炊事能源使用行为的影响因素。其中家庭炊事能源包括沼气、电能、液化气、煤炭、薪柴和秸秆。依据相关文献选取影响能源消费的因素,包括农户个人特征、农户家庭特征、农户时间禀赋、农户家庭资源禀赋、替代能源情况等变量。

## 2.3 研究方法

本研究主要运用以下方法。

(1)实地调查法

本研究主要以微观农户调研数据为基础,通过问卷调查获得了本研究所需要的微观农户数据。我们通过随机抽样的方法,对江苏省淮安市和连云港市进行大规模农户调研,了解当地家庭能源消费情况。此外,此次调研还收集了农户家庭基本情况、农户对环境的认知、能源可获得情况等详细信息。问卷调研给本研究提供了数据基础。

研究期间,笔者及研究团队曾多次走访淮安市、连云港市农业委员会,通过访谈,充分了解相关新能源推广的流程和现状。在预调研的过程中,我们还对部分村干部、农户进行了结构式访谈,从而了解不同主体对家庭炊事能源消费的认知。

(2)定性分析与定量分析相结合方法

定性分析和定量分析是相互补充和相互统一的,通过将二者相结合可以更准确地把握事物的客观规律。本研究在定性分析的基础上提出理论假说,再运用统计学、计量经济学的方法对假说进行验证。具体而言,依据农户经济理论,运用 SUR 模型分析农户家庭炊事能源消费的影响因素。

## 2.4 数据来源

本研究所用数据主要包括农户调研数据和能源热值转换数据。

(1)农户调研数据

本研究侧重于微观层面,着重分析农户家庭炊事能源消费行为的影响因素,因此主要利用农户调研数据。

农户调研数据主要来自农户问卷调查。2014 年课题组在淮安市和连云港市进行了大规模实地入户调研,以分层抽样和随机抽样为基础,共选取了 6 个区县、19 个乡镇,每个乡镇通过分层抽样随机抽取 2 个村,共 38 个村,每个村随机抽取 15~20 个农户,一共收集有效问卷 548 份。问卷中包含了家庭基本信息、家庭炊事能源消费情况等信息。

（2）村级数据

针对上述 38 个样本村,每个村都通过村级问卷向村干部了解了村庄基本情况,一方面,可以了解村内基本情况,另一方面,可以获得在农户调研中难以获得的村级层面的相关信息,如新能源相关政策实施等。

（3）能源热值转换数据

在研究农户家庭炊事能源消费的影响因素过程中,由于不同能源的度量单位和燃烧发热情况的不同,无法直接将这些能源进行加总,因此,需要先将各种能源的使用量统一折算成标准煤,使得不同能源消费具有可比性,这样才能进行科学的比较和研究。

（4）其他数据

本研究在部分小节引用了一些没有正式出版或公布的统计资料,主要包括淮安市和连云港市农业委员会及其下属地区县能源办等单位提供的当地新能源推广等相关统计调查资料。

## 3. 文献综述

随着农村地区能源危机和环境污染问题的日益突出,清洁能源利用逐步成为社会关注的焦点。本节将对农户家庭能源消费行为研究进行综述。

### 3.1　新能源推广对农户家庭能源消费的影响

农村新能源主要包括太阳能和沼气,但是由于太阳能主要用于农业生产和太阳能热水器,而不用于炊事能源,因此,本节主要考察其对农户家庭能源消费的影响。

对于沼气能源推广对农户家庭能源消费的影响,部分研究发现,沼气能够有效减少农户对传统生物质能源的使用量。Wang 等（2007）基于江苏省涟水县的 356 个农户以及安徽省贵池地区的 340 个农户的调研数据,运用统计分析对建设沼气池农户和未建池户的能源消费量进行比较,发现建池户和未建池户能源消费量之比为 0.59,并且建池户薪柴、秸秆等传统生物质能源的使用量明显低于未建池户,煤、天然气的使用量也比未建池户略少。Ding 等（2012）对甘肃省平凉市崆峒区的 210 个农户的能源消费情况进行了统计分析,发现建池户和未建池户能源消费量之比为 0.898,户均薪柴消费分别为 32.68 千克碳当量和 48.65 千克碳当量,户均秸秆消费分别为 207.53 千克碳当量和 224.64 千克碳当量。Gautam 等（2009）认为在尼泊尔每个建池户平均每年能减少 2 吨的薪柴使用。

也有研究发现,沼气能够有效减少农户对商品能源的使用量。Gosens 等（2013）通过对我国 5 个省 1200 个农户的调研数据进行统计分析发现,建池户液化气和电力的使用要少于未建池户。Wang 等（2007）运用统计分析方法对农户调研数据的研究也表明,建池户煤、天然气的使用量比未建池户少。陆慧等（2006）运用层次分析法对同样的数据进行了分析,发现与未建沼气池的农户相比,建池户对商品能源的使用低了 20%。

还有一些研究发现,尽管建沼气池能减少农户生物质能源的消费,但并不能替代商品能源消费。王效华等（2005）和吴卫明（2006）分别运用江苏省涟水县和安徽省贵池地区农户数据,统计分析了沼气池对农户家庭能源消费带来的影响,发现建池户的液化气消费与未建池户相比并没有显著差异,其解释是当时液化气在研究区域并未广泛应用,只有那些家庭条件较好的农户才会使用。

### 3.2　影响农户炊事能源使用的因素

#### 3.2.1　农户个人特征

年龄会对农户能源消费起到重要作用。Gupta 等(2006)认为,年龄较大的农户由于有更强的经济能力,因此更倾向于购买商品能源;Liu 等(2013)的研究结果也验证了这一结论。此外,Gupta 等(2006)、Zhang 等(2012)的研究发现,受教育程度较高的农户更愿意使用商品能源,而受教育程度较低的农户则倾向于使用传统生物质能源;Chen 等(2006)的研究也发现,受教育程度与农户对传统生物质能源的使用呈负相关。

#### 3.2.2　家庭特征

农户家庭特征包括农户规模、家庭经济情况、非农就业情况、耕地面积、林地面积、家用电器拥有情况。

Chen 等(2006)预期家庭规模较大的农户对做饭等生活能源的需求也较大,对生物质能源的使用也会越多,但是其结论显示农户家庭规模和生物质能源需求并没有显著关系。Liu 等(2013)的研究结果也验证了二者并没有显著关系。Zhang 等(2012)发现,家庭规模较大的农户,不论是商品能源还是生物质能源的人均能源消费量都较少。

家庭经济情况越好的农户因为有条件使用更为方便的商品能源,因此会减少对传统生物质能源的使用(Zhang et al,2012;Zhou et al,2008;Liu et al,2013;刘静 等,2011;张妮妮 等,2011;金玲,2010)。但是 Gupta 等(2006)和 Chen 等(2006)的研究结果却发现,家庭经济情况并不影响农户薪柴的使用。

Shi 等(2009)认为,在欠发达地区非农就业并不会影响农户对传统生物质能源的使用。而张翠平(2009)发现,非农就业人数越多,农户会缺乏收集薪柴的劳动力,从而减少生物质能源的利用。

家庭耕地面积越大表明该农户可获取更多的秸秆,生物质能源的消费量也越大(张青,2011)。同样地,林地面积越大表明拥有更丰富的薪柴资源,农户也更愿意使用薪柴(张妮妮等,2011)。

家用电器的使用会对农户能源使用产生影响。Liu 等(2013)发现家中有空调的农户能源使用量会更高,但是这并不影响农户对生物质能源的使用。

#### 3.2.3　对污染的认知

若农户认为薪柴和煤的使用不会造成环境污染,则会更多地考虑使用这些能源;而那些认为二者的使用会造成环境污染的农户则会考虑选择更为清洁的液化气作为生活用能(Gupta et al,2006)。

### 3.3　简要评述

关于农户家庭炊事能源消费的研究中,部分学者运用统计分析的方法考察了新能源推广对农户炊事能源消费的影响,此外也有大量学者考察了影响农户炊事能源消费结构的因素,主要包括农户个人特征、农户家庭特征以及对污染的认知等方面。然而,在已有的研究中对农户炊事能源的使用研究还存在缺陷,主要表现在大多数已有研究只是考察单一类型的能源消费,如仅单独考察秸秆、沼气能源的消费,但是不同的能源种类之间是相互影响的,考察某个单一类型的能源消费的研究是不全面的,但很少有研究运用联立方程模型对不同能源消费的相互影响进行分析。

因此,本文将在已有研究的基础上进行进一步的深入分析,在考虑了各种能源消费相互影响的情况下,通过计量经济分析方法,分析影响农户炊事能源消费结构的因素,从而缓解环境污染和能源危机问题。

## 4. 研究区域与数据来源

江苏省淮安市和连云港市位于江苏省北部,农村人口众多,面临着农村能源和环境问题。地方政府十分重视当地农户的能源使用情况,配合中央不断推广以沼气为代表的可再生清洁能源,以期改善农村能源危机和环境污染问题。本文选取两市 6 个区县作为研究区域,考察农户炊事能源使用的影响因素,对改善农村环境和缓解农村地区能源危机具有重要的现实意义。

### 4.1 研究区域概况

本研究选取江苏省淮安市和连云港市作为研究区域。选择这两个市作为研究对象的原因包括以下两点:一是该区域位于江苏省北部,受海洋的影响,属亚热带湿润季风气候,气候温和,年均气温在 15℃ 左右,十分适合以沼气为主的可再生清洁能源的使用;二是该区域农户家庭能源消费的多样性,可供农户选择的能源种类包括秸秆、薪柴、液化气、电、沼气和煤等,农户可以很方便地找到替代能源,对于改善能源消费结构有着良好的基础。因此该区域能够为本研究提供良好的数据支持,也为解决相关能源环境问题提供较强的指导。

#### 4.1.1 研究区域简介

淮安市地处江苏省北部,位于北纬 32°43′～34°06′,东经 118°12′～119°36′。北接江苏省连云港市,东与江苏省盐城市相连,南邻江苏省扬州市和安徽省滁州市,西接江苏省宿迁市。处于黄淮平原和江淮平原内,地势平坦,地貌以平原为主。全市下辖 4 个区和 4 个县,分别是清河区、青浦区、淮阴区、淮安区、涟水县、洪泽县、盱眙县和金湖县。2013 年淮安市总面积 10072 平方千米,总人口 483 万,人均 GDP 44774 元。全市粮食种植面积 986.47 万亩,总产量 461.02 万吨。

连云港市地处江苏省东北部,位于北纬 33°59′～35°07′,东经 118°24′～119°48′。东临黄海,北接山东省日照市,西与山东省临沂市和江苏省徐州市接壤,南与江苏省宿迁市、淮安市和盐城市毗邻。连云港市位于淮北平原和鲁中南丘陵相结合区域,地势西北高、东南低,地貌分布为西部岗岭区、中部平原区、东部沿海区和云台山区。全市下辖 3 个区和 3 个县,分别是海州区、连云区、赣榆区、灌云县、灌南县和东海县。2013 年连云港市总面积 7446 平方千米,总人口 510 万,人均 GDP 40416 元。全市粮食种植面积 748.02 万亩,总产量 354.73 万吨。

### 4.1.2　研究区域能源消费情况

2015 年江苏省农业能源消费热值共计 429.37 万吨标准煤,高于相邻的浙江省和安徽省,其中原煤消费 50.47 万吨,汽油消费 35.46 万吨,柴油消费 180.20 万吨,燃料油消费 9.83 万吨,电消费 52.51 亿千瓦时[①]。

对于具体的炊事能源而言,江苏省农村住户的主要炊事能源包括秸秆/薪柴、煤、煤气/天然气、沼气和电。其中主要使用秸秆或薪柴的 842.8 万户,占 59.4%;主要使用煤的 103.3 万户,占 7.3%;主要使用煤气或天然气的 458.8 万户,占 32.4%;主要使用沼气的 1.4 万户,占 0.1%;主要使用电的 10.9 万户,占 0.8%。对于苏北地区,炊事能源使用率由高到低分别为秸秆/薪柴、煤、煤气/天然气、电、沼气,其中 71.7% 的农户以秸秆或薪柴为主要炊事能源,14.8% 的农户主要使用煤,12.8% 的农户主要使用煤气或天然气,0.2% 的农户主要使用沼气,0.5% 的农户以使用电能为主[②]。

## 4.2　样本选择

本文所采用的农户调研数据来源于笔者所在课题组于 2014 年 9—10 月对淮安市和连云港市进行的实地入户调研。调查样本的选取主要是采用分层抽样和随机抽样的方法,共在淮安市、连云港市收集了 6 个区县 19 个乡镇 38 个村的 283 个农户。

## 4.3　样本农户介绍

研究地区农户的主要炊事能源大约有 6 类,包括秸秆、薪柴、煤、液化气、电和沼气。图 1 显示了样本农户各类能源折算成标准煤后的使用比例。

可以看出,样本农户使用最多的能源是电能和沼气,均占能源总消费的 25%;液化气的消费比例也较高,占 21%;而薪柴和煤的使用比例较低,分别为 8% 和 5%。可以看出,研究区域农户并不倾向于使用薪柴和煤作为家庭炊事能源。秸秆的消费比例为 17%。

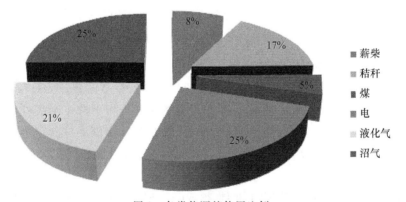

图 1　各类能源的使用比例

---

① 数据来源:《中国能源统计年鉴 2016》。
② 数据来源:江苏省第二次农业普查。

## 5. 理论基础与分析框架

本节将对与本研究相关的理论进行梳理、总结，并构建本研究的理论分析框架，为之后的实证研究提供理论指导。

### 5.1 理论基础

#### 5.1.1 可持续发展理论

可持续发展（Sustainable Development）这一概念是在 1972 年的联合国人类环境研讨会上最先提出的。世界环境与发展委员会（WCED）在其 1987 年出版的《我们共同的未来》（*Our Common Future*）中给予可持续发展明确的定义，即"既能满足当代人的需要，又不对后代人满足其需要的能力构成危害的发展"。可持续发展包括三个原则，分别是公平性原则、持续性原则和共同性原则。公平性原则的本质是机会平等，包括两个方面，一是代内人之间的横向公平，二是代际公平。持续性原则是指经济和社会的发展需要保证资源环境和生态系统的再生能力，要求人们根据可持续性的条件调整自己的生活方式，在生态可承受的范围内合理开发、利用自然资源。共同性原则是指实现可持续发展需要世界各国共同配合行动，促进人类自身、人与自然之间的协调。可持续发展包括三个方面内容，包括经济可持续发展、生态可持续发展和社会可持续发展。经济可持续发展是指经济发展和环境保护本身并不矛盾，而是需要追求经济发展的质量，提高经济活动的效益、节约能源并减少污染。生态可持续性是指经济、社会发展要在环境承受范围之内，降低对环境的危害甚至改善环境质量，保护环境健康稳健发展。社会可持续发展是指社会发展需要公平的环境，发展的目标是改善人们的生活，创造良好的社会环境。

目前，我国农村地区炊事能源仍以传统生物质能源为主，这些生物质能源燃烧会带来严重的大气污染，导致环境破坏并损害人体健康，随着农村经济的发展，以液化气为主的化石燃料逐渐被农户使用，导致大量化石资源消耗，对我国农村可持续发展构成巨大威胁，因此推广环境友好型可再生能源是保证我国农村可持续发展的重要举措。在农村能源与环境问题日益凸显的背景下，探讨环境友好型可再生能源的推广能否真正实现农村生态环境保护和能源消耗压力缓解的双赢显得尤为重要。

#### 5.1.2 市场失灵与外部性理论

市场失灵（Market Failures）是指市场无法有效配置资源的状态。亚当·斯密的《国富论》中指出，每个人在争取自身最大利益的同时，被一只无形的手引导，也在为社会做出贡献，尽管他们的本意并非如此。也就是说，只需要通过市场交换就能达到社会福利的最大化，而不需要依靠政府的帮助。但是很多时候由于种种原因市场并不能达到上述目的。随着人们对市场认知的不断深入，很多学者对这一现象进行了研究，美国经济学家 Bator 于 1958 年正式提出"市场失灵"的概念。造成市场失灵的原因包括非完全竞争、信息不对称、市场缺失和外部性。

外部性（Externalities）是从马歇尔（1890）所提出的"外部经济"的概念中衍生出来的，指企业或个人的行为对他人强加了成本或收益，但这部分成本或收益并没有在市场中反映出来。

给他人带来未补偿的成本称为负外部性,给他人带来收益却未获得报酬称为正外部性。目前,随着人口数量不断增长、人口密度不断增加,以及能源、化工产品生产带来的环境污染问题,负外部性越来越受到世界的关注。由于负外部性无法通过市场手段解决,因此需要依靠政府来缓解负外部性问题。

可再生清洁能源的推广可以缓解能源危机、降低环境污染,所以农户在使用可再生清洁能源的过程中不仅能满足自身对炊事能源消费的需求,还通过降低环境污染给社会带来额外的福利,因此可再生清洁能源是一种具有正外部性的产品。具有正外部性产品的市场供求情况如图2所示。$MC$ 是具有正外部性产品的边际成本曲线,也是该产品的供给曲线,需求曲线 $D_p$ 是对该产品的需求,反映了个人的边际私人收益(Marginal Private Benefit,MPB),表示该产品给本人带来的边际收益。由于存在边际外部收益(MEB),边际社会收益(MSB)曲线位于边际私人收益曲线的上

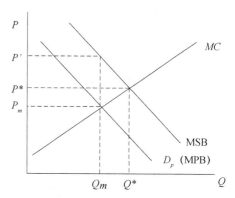

图 2　正外部性产品市场供给

方。社会最优产品供求量位于边际成本曲线和边际社会收益的交点,此时产品供应量为 $Q^*$,价格为 $P^*$。但由于正外部性的存在,个人无法获得对该产品投入的所有补偿,此时市场均衡点位于边际成本曲线和边际私人收益的交点,产品供应量为 $Q_m$,价格为 $P'$,导致市场的无效率。为了达到帕累托最优,实现社会福利的最大化,传统的经济学观点认为需要对这种产品进行补贴。补贴使得需求曲线从边际私人收益曲线向上移动,移动量即补贴规模,如果补贴准确地反映了外部收益,新的需求曲线就与边际社会收益曲线相重合,此时的补贴额为 $P'-P_m$,此时市场达到均衡,产品的供应量将达到社会最优数量。由于可再生清洁能源的使用具有正外部性,因此尽管农户在使用过程中获得收益,但他们并没有获得使用所产生的额外社会福利带来的收益,因为享受到环境改善的人并不会对这些农户付费,因此农户使用可再生清洁能源的积极性有限。根据外部性理论,若仅靠农户自发地使用可再生清洁能源,其需求将低于社会最优水平,所以这一额外的社会福利应由政府来提供,给农户一定的经济补偿,从而提高农户采纳沼气技术的积极性,增加可再生清洁能源的需求量,使得需求曲线上移,从而实现社会总体福利最大化。

### 5.1.3　农户行为理论

农户行为是指农户在生产生活当中所做的各种行为决策,主要包括农户的生产行为、消费行为以及劳动力配置行为等。绝大多数农户行为理论的基础是理性人假设,即农户在既定的条件下会争取自己的最大利益。这一假设是从以亚当·斯密(A. Smith)为首的经济学家的观点中演变而来的。斯密于 1776 年发表的《国富论》认为,人们之所以在市场上提供各种商品和服务,并不是因为仁慈之心,而是因为利益的存在。

相关学者基于理性人假设,发展出了大量农户行为理论。(1)利润最大化理论。美国经济学家舒尔茨(Schultz,1964)在其论著《改造传统农业》中指出,可以将传统农业的农户看作农业企业,其行为均是追求利润最大化。这一理论的假说为,在农产品或要素市场价格发生变化时,农户会有针对性地改变自己的生产行为,以达到利润最大化。(2)风险规避理论。该理论认为,在存在不确定性的情况下,农户对风险的反应为风险规避,农户在追求利润最大化的同时需要考虑

保障的问题。其理论假说为,为了规避因不确定性造成的损失,农户的农业投入可能会较利润最大化模型而减少。但是,严格来说,风险规避理论仅仅是利润最大化理论的一个修正。(3)劳苦规避理论。这一理论的假设前提是劳动力市场不存在,因此从事农业生产的劳动力均来自农户自身。在这一前提下,农户的生产决策既要考虑农业生产,也要考虑农户成员的闲暇,更多的闲暇意味着规避辛苦的农业劳动,因此农户成员需要在农业生产和闲暇中做出权衡。(4)劳动消费均衡理论。苏联经济学家恰亚诺夫(Chayanov,1925)在其论著《农民经济组织》中指出,农户生产行为是为了满足家庭消费而不是追求市场利润最大化,农户会理性权衡家庭消费和劳动与闲暇。(5)农业家庭理论。该理论不仅考虑了农户的农业收入,也把非农收入纳入考察范围当中,并认为要素市场(包括劳动力市场和资本市场等)是完善的,这时农户可以实现诸如闲暇、满足家庭消费等目标,而不影响利润最大化条件下的农业最优资源配置。

本文以农业行为理论来理解农户行为,农户实现效用最大化的过程中,除了需要考虑前文所提及的因素外,还需要考虑沼气池的使用和管理,以及能源消费情况。使用、管理沼气池既可以给农户带来利益,也会增加农户的成本。同样地,农户能源消费行为也可以运用该理论进行解释。在已有的条件和目标下,农户会对沼气技术采纳、沼气池持续利用使用和能源消费做出理性选择。

### 5.1.4　消费理论

消费理论经过不断的发展,形成大量的理论成果,主要包括绝对收入理论、相对收入理论、生命周期理论、持久收入理论。

(1)绝对收入理论。以凯恩斯为代表的传统消费理论认为,收入是影响消费的主要因素,随着收入水平的提高,家庭的消费水平也随之提高,但消费的提高速度低于收入的提高速度,即边际消费倾向递减。造成边际消费倾向递减的原因包括现有物品和将来物品交换比例的改变、工资单位的改变、为了财产增值、为了有足够的储蓄保证不时之需等。

(2)相对收入理论。杜森贝里于1949年提出的相对收入理论认为有两种影响家庭消费水平的效应:一是示范效应,即家庭收入和家庭消费要和周围人相比,而不仅仅取决于自身的收入和消费。若某个家庭周围的人消费水平较高,那么该家庭成员也有提高自身消费水平的倾向,哪怕他们的收入水平并没有提高。二是棘轮效应,即家庭的现期收入和消费会受到自己过去的收入和消费的影响,尤其是曾经的收入和消费的最高水平。这意味着家庭消费会随着收入的增加而提高消费水平,但并不一定会随着收入的下降而降低消费水平。

(3)生命周期理论。莫迪利安尼提出的生命周期理论认为,家庭消费水平与现期家庭收入水平无关,而与对一生的收入预期相关。家庭成员会根据一生的预期收入对其消费和储蓄进行分配,从而实现整个生命周期内不同时间跨度消费的最优配置。因此,家庭消费的波动会比家庭收入的波动小。较为年轻的消费者由于事业刚起步,收入较低,消费可能大于收入。随着年龄的增长、收入的增加,一方面消费者可以偿还已消费欠下的债务,另一方面可以将部分收入储蓄起来。

(4)持久收入理论。弗里德曼提出的持久收入理论认为家庭消费不仅受到当前收入的影响,还须考虑未来持久收入和持久消费的影响。持久收入是指消费者将已有的财富积累和将来的收入用以维持现在和未来稳定的消费水平,因此消费的波动要比收入波动来得更小。

可以看出,消费理论主要探讨了消费水平和收入水平之间的关系,家庭能源消费作为家庭消费的一部分，也要以消费理论为指导，讨论影响能源消费的因素，从而改善家庭能源消费结构，这对于实现缓解能源危机和农村地区环境污染具有重要意义。

## 5.2　农户炊事能源使用行为影响因素的分析框架

### 5.2.1　农户炊事能源消费行为理论模型

国内外很多研究构建了农户能源消费的理论模型，并进行了实证检验。Heltberg等（2000）构建了农户模型，研究了印度农户自身能源（以薪柴为主）供给和需求的影响因素。Chen等（2006）在运用江西省三个村的农户调研数据研究农户薪柴收集和使用的影响因素时，对Heltberg等（2000）的农户模型做了三个变动，一是在模型中引入了商品能源（煤）作为薪柴的替代能源而非秸秆、畜禽粪便等；二是并没有引入薪柴交易市场，因此并不存在薪柴的交易价格；三是在针对薪柴收集的劳动力投入上没有区分男性劳动力和妇女儿童。Demurger等（2011）沿用以上两个研究的理论模型分析了北京市10个村农户薪柴、煤消费的影响因素。本研究试图以农户行为理论为基础，利用农户调研数据实证检验建设沼气池以及使用、维护沼气池对农户炊事能源消费的影响。根据上述研究所开发的不可分割农户模型，模型的简化式如下：

$$\begin{cases} r_{FW}=f(Z^c,Z^{NCE},T,P_M,P_A,P_{CE},W,bi,S) \\ r_{ST}=f(Z^c,Z^{NCE},T,P_M,P_A,P_{CE},W,bi,S) \\ r_{BI}=f(Z^c,Z^{NCE},T,P_M,P_A,P_{CE},W,bi,S) \\ r_{CO}=f(Z^c,Z^{NCE},Z^a,T,P_M,P_A,P_{CE},W,bi,S) \\ r_{EL}=f(Z^c,Z^{NCE},Z^a,T,P_M,P_A,P_{CE},W,bi,S) \\ r_{LI}=f(Z^c,Z^{NCE},Z^a,T,P_M,P_A,P_{CE},W,bi,S) \end{cases} \tag{1}$$

方程组（1）表示农户炊事能源消费比例决策方程，其中$r_{FW}$、$r_{ST}$、$r_{BI}$为非商品能源，分别表示薪柴、秸秆和沼气消费比例，$r_{CO}$、$r_{EL}$、$r_{LI}$为商品能源，分别表示煤、电和液化气的消费比例。$Z^c$表示农户家庭消费特征包括农户个人特征（户主年龄、户主受教育水平和户主是否村干部等）、农户家庭特征（家庭规模、家庭成员性别比例、被抚养人口情况、非农就业情况、家庭经济情况等）；$Z^{NCE}$表示影响农户非商品能源生产的外生变量，包括代表秸秆生产量的承包地面积、代表薪柴生产量的林地面积以及代表沼气生产原料的猪养殖数量等；$Z^a$表示农户农业生产特征，包括承包地面积、土壤质量、机械化水平等；$T$表示农户时间禀赋；$P_M$表示一般商品价格；$P_A$为农产品出售价格；$P_{CE}$为商品能源价格；$W$表示农户非农就业工资水平。假设在同一地区的农户面临相同的价格，并且土壤质量、机械化水平也相当，我们用地区虚拟变量$D$来区别不同地区的农户。$S$表示替代能源情况；$bi$表示沼气池的利用情况。

### 5.2.2　研究假说

从理论上而言，农户对家庭能源的选择会受到能源可获得性、能源使用成本、能源使用便利性和清洁性的影响（娄博杰，2008），本文将据此提出以下研究假说。

假说一：沼气对传统生物质能源具有替代作用

从能源可获得性来看，秸秆、薪柴等传统生物质能源的原料获取广泛，作物的秸秆、林地的木材均可作为燃料。从能源使用成本来看，秸秆薪柴的使用成本较低。就能源可获得性和能源使用成本而言,秸秆、薪柴等传统生物质能源和同样容易获得原料且成本低廉的沼气相比优势并不明显。从能源使用的便利性和清洁性来看,秸秆、薪柴等传统生物质能源使用并不方便,且会产生有害气体造成家庭环境污染。而相对于传统生物质能源来说,沼气能源最大的优势是使用方便,且清洁卫生,能够极大改善家庭卫生环境。因此,综合来看农户会倾向于使用沼气替代传统生物质能源。

假说二:沼气对商品能源具有替代作用

从能源可获得性来看,农村地区基本家家通电,且更换液化气也十分方便,因此商品能源和沼气能源的可获得性差异不大。从能源使用成本来看,和以农业废弃物为原料的沼气能源相比,商品能源的使用成本较高,因此使用沼气能源具有巨大的成本优势。从能源使用的便利性和清洁性来看,商品能源的主要特征是使用起来方便、清洁,和同样方便、干净的沼气能源相比并没有明显优势。综合起来比较,沼气池持续利用水平将负向影响商品能源消费。

# 6. 沼气池持续利用对农户炊事能源消费的影响:实证检验

## 6.1　模型设定与估计方法

### 6.1.1　模型设定

理论分析中给出了可能影响农户能源消费的因素,农户的炊事能源消费情况用能源消费比例来表示,而能源消费比例的值均是连续的,因此因变量为连续变量。影响农户炊事能源消费比例的影响因素的简化式模型可以表示为:

$$
\begin{cases}
r_{FW}=a_0+a_1X_1+a_2X_2+a_3X_3+a_4X_4+a_5X_5+a_6X_6+a_7bi^*+\varepsilon_1\\
r_{ST}=b_0+b_1X_1+b_2X_2+b_3X_3+b_4X_4+b_5X_5+a_6X_6+b_7bi^*+\varepsilon_2\\
r_{CO}=c_0+c_1X_1+c_2X_2+c_3X_3+c_4X_4+c_5X_5+a_6X_6+c_7bi^*+\varepsilon_3\\
r_{EL}=d_0+d_1X_1+d_2X_2+d_3X_3+d_4X_4+d_5X_5+a_6X_6+d_7bi^*+\varepsilon_4\\
r_{LI}=e_0+e_1X_1+e_2X_2+e_3X_3+e_4X_4+e_5X_5+a_6X_6+e_7bi^*+\varepsilon_5\\
r_{BI}=g_0+g_1X_1+g_2X_2+g_3X_3+g_4X_4+g_5X_5+a_6X_6+g_7bi^*+\varepsilon_6
\end{cases}
\tag{2}
$$

方程组(2)中,炊事能源消费比例所用变量与方程组(1)相同。自变量中,$X_1$表示农户个人特征,包括户主年龄、户主受教育程度以及户主是否村干部;$X_2$表示农户家庭特征,包括家庭规模、非农就业人数、人均家庭资产情况、承包农地面积、承包林地面积等;$X_3$表示农户时间禀赋;$X_4$表示农户家庭资源禀赋;$X_5$表示替代能源情况,指农户可供选择的替代能源情况;$X_6$表示地区虚拟变量;$bi^*$表示沼气池使用情况,为了消除变量内生性问题,本研究构建沼气池使用情况回归模型的预测值作为变量代入模型当中,同时引入是否接受过沼气培训这一变量作为沼气池使用情况回归模型的工具变量,因为受过沼气培训这一变量会对沼气池使用情况产生影响,且并不直接影响农户的能源消费行为。商品能源价格$P_{CE}$(包括煤炭价格、电的价格、液化气价格)和劳动力价格$W$等变量均由市场决定,对于农户能源消费行为而言属于外生变量。假设同一个地区所面临的价格均相同,并且由于淮安市和连云港市两市相邻,均位于江苏北部地区,且两地交通发达,商品的运输十分方便,因此,本文假设两市商品能源价格趋于同一水平,则上述价格变量可以通过地区虚拟变量($X_7$)来反映。模型中 $a_i$、$b_i$、$c_i$、$d_i$、$e_i$ 和 $g_i$ 表示各个方程的待估计参数;$\varepsilon_i$ 表示各个方程的残差项。

由于因变量是采用农户对各类能源的消费比例表示的,每个样本所有因变量的数值之和均为 1,即因变量之间存在完全共线性,若将所有方程同时进行回归,则无法得出回归结果,因此需要从方程组(2)的 6 个方程中去除一个方程后再进行回归。研究地区并不处于林地覆盖区,因此薪柴的供应量较少,薪柴并不是研究地区农户的主要能源消费品,因此我们将薪柴消费的方程从模型中去除掉。

### 6.1.2 估计方法

(1)各消费能源单独回归与联立方程回归

在农户能源消费比例的回归模型中,各个方程的变量之间没有内在联系,($\mathrm{cov}(X_i,\varepsilon_i)\neq 0$),但是方程的残差项之间存在相关性($\mathrm{cov}(\varepsilon_j,\varepsilon_i)\neq 0$)。因为农户为了实现能源消费的效用最大化,在做出能源消费决策时会对各种能源的消费量进行权衡,从而确定出最优能源消费比例。针对这类模型一般采用似不相关回归(Seemingly Unrelated Regression Estimation,SUR)进行分析。对于模型 7—14 我们也可以运用普通最小二乘法(OLS)将不同能源消费比例分别进行回归,但是相对于 OLS,SUR 考虑到模型残差项的相关性,将各个方程作为一个总体进行回归,从而提高了模型的有效性。

(2)SUR 模型与三阶最小二乘法

联立方程模型的类型有很多,目前较为流行的联立方程模型包括 SUR 模型和三阶最小二乘法(3SLS),但是不同模型所适用的条件有较大差异。SUR 模型适用于模型中不存在内生性问题的研究,若所进行的研究需要使用联立方程并且模型中自变量与残差项不相关,即可使用 SUR 模型。3SLS 模型同样是联立方程模型,主要用于解决模型中自变量与残差项相关的情况,即模型存在内生性问题。此时若不考虑模型内生性问题,回归结果则是有偏的。若所选取的自变量并没有内生变量,那么 3SLS 方法与 SUR 的回归没有本质上的差别。但是 3SLS 模型可能存在无法识别从而无法进行回归的风险。

基于以上分析可以发现,各种模型和方法所适用的条件不同。首先需要考虑两个问题:①是否存在内生变量;②多个方程是否需要联立。通过对以上问题的不同回答即可得出所使用的模型:(不存在内生性,不需要多方程联立)=OLS;(存在内生性,不需要多方程联立)=二阶最小二乘法(2SLS);(不存在内生性,需要多方程联立)=SUR;(存在内生性,需要多方程联立)=3SLS。本研究在考察农户家庭炊事能源消费比例的过程中,并没有在模型中引入内生变量,且需要用到多方程联立,因此可以直接使用 SUR 模型进行回归。

(3)SUR 模型的回归原理

SUR 模型的回归原理如下:

考虑两个相关联的方程:

$$y_1 = \alpha x + \mu_1 \tag{3}$$

$$y_2 = \beta z + \mu_2 \tag{4}$$

将式(3)和式(4)写成一个方程,并把式(3)的数据看作第 1 到第 $N$ 个样本,式(4)的数据视为第 $N+1$ 到第 $2N$ 个样本,则:

$$y^* = \alpha x^* + \beta z^* + \mu^* \tag{5}$$

其中，

$$y^* = \begin{cases} y_{1i}, if & i=1,\cdots,N \\ y_{2i}, if & i=N+1,\cdots,2N \end{cases} \qquad (6)$$

$$x^* = \begin{cases} x_i, if & i=1,\cdots,N \\ 0, if & i=N+1,\cdots,2N \end{cases} \qquad (7)$$

$$z^* = \begin{cases} 0, if & i=1,\cdots,N \\ z_i, if & i=N+1,\cdots,2N \end{cases} \qquad (8)$$

$$\mu^* = \begin{cases} \mu_{1i}, if & i=1,\cdots,N \\ \mu_{2i}, if & i=N+1,\cdots,2N \end{cases} \qquad (9)$$

SUR模型就是对式(5)的回归，并在回归过程中考虑到不同观测样本的残差可能存在差异，在回归结果中通过Breusch-Pagan检验各方程的残差项是否相互独立。若拒绝残差项独立的原假设，那么使用SUR更为合理，若没有通过该假设，那么将模型中的各方程单独进行回归和使用SUR模型回归的结果不会有显著差异。我们采用广义最小二乘法(GLS)对SUR模型进行估计。

(4)沼气池使用行为影响因素回归

由于沼气池的使用和农户炊事能源消费的决策是同时做出的，因此沼气使用行为这一变量存在内生性问题，因此需要运用工具变量消除内生性。本文采用农户是否接受过沼气技术培训作为工具变量，一方面，从理论上说沼气技术培训会对农户沼气池的使用行为产生影响，另一方面，沼气技术培训不影响农户炊事能源的使用。

本文用沼气池实际使用天数来表示沼气池的使用情况，这样一来由于沼气池的使用天数是介于0～365的连续变量，因为2014年不是闰年，共有365天，所以沼气池使用天数不可能超过365，也不可能小于0，属于受限制被解释变量(Limited Dependent Variable)。这类受限制被解释变量主要考虑断尾回归(Truncated Regression)和截取回归(Censored Regression)。断尾回归适用于超出临界值范围之外的被解释变量无法观测到的情况，如在统计企业年销售收入时，只统计规模在100万元以上的企业，那么在100万处就存在左侧断尾。截取回归是指当因变量的值超出临界值时，均记为该临界值，如在考察劳动时间时，对于失业者而言，劳动时间均记为0，而就业者劳动时间则为正数。截取回归与断尾回归的区别在于，截取回归有全部的观测数据，并且对于某些观测数据被解释变量都被压缩在了临界值上。本文被解释变量均可被观察到，且大于365或小于0的值均被观察为365或0，属于截取回归的范畴。对此，本文将引入Tobit模型进行估计，并假设Tobit模型的误差项$e$符合正态分布，即$N(0,\sigma^2)$。农户沼气池使用模型可以表示为：

$$y = \begin{cases} y^* = \beta X + e, \text{若 } 0 < y^* < 1 \\ 0, \text{若 } y^* \leqslant 0 \\ 1, \text{若 } y^* \geqslant 1 \end{cases} \qquad (10)$$

式中，$y$为可以观察的因变量，$\beta$为待估参数，$X$为沼气池使用影响因素向量，$e$为随机扰动项。$y^*$服从正态同方差分布，当$0 < y^* < 1$时，$y = y^*$；当$y^* \leqslant 0$时，$y=0$；当$y^* \geqslant 1$时，$y=1$。通过最大似然估计法，可以得到估计系数。

## 6.2　变量选择

### 6.2.1　农户能源消费行为变量选择

　　理论分析和文献综述部分给出了影响农户能源消费行为的因素,本文将影响农户能源消费比例的因素分成沼气池的建设和持续利用情况、农户个人特征、农户家庭特征、农户家庭资源禀赋、灶具建设情况、能源可获得情况和地区变量。表 1 给出了从以上几个方面所选出的变量的定义、指标解释和预期影响。

表 1　影响农户能源消费行为的因素和预期方向

| 变量名称 | 变量描述 | 预期影响 | | | | | |
|---|---|---|---|---|---|---|---|
| | | 薪柴 | 秸秆 | 煤 | 电 | 液化气 | 沼气 |
| 沼气池使用情况 | 农户沼气使用行为模型的预测值 | − | − | +/− | − | − | + |
| 农户个人特征 | | | | | | | |
| 　户主年龄 | 单位:岁 | +/− | +/− | +/− | +/− | +/− | +/− |
| 　户主受教育程度 | 单位:年 | − | − | + | + | + | + |
| 　户主是否村干部 | 1＝是;0＝否 | − | − | + | + | + | + |
| 农户家庭特征 | | | | | | | |
| 　有非农就业经历的人数 | 单位:人 | − | − | + | + | + | − |
| 　人均家庭资产 | 单位:元 | − | − | + | + | + | + |
| 农户时间禀赋 | | | | | | | |
| 　家庭规模 | 单位:人 | + | + | − | − | − | + |
| 农户家庭资源禀赋 | | | | | | | |
| 　人均承包农地面积 | 单位:亩 | − | + | − | − | − | + |
| 　人均承包林地面积 | 单位:亩 | + | − | − | − | − | − |
| 替代能源 | | | | | | | |
| 　是否有土灶 | 1＝是;0＝否 | + | + | − | − | − | − |
| 　是否有煤炉 | 1＝是;0＝否 | − | − | + | − | − | − |
| 　是否有炊事电器 | 1＝是;0＝否 | − | − | − | + | − | − |
| 　是否有液化气灶 | 1＝是;0＝否 | − | − | − | − | + | − |
| 地区虚拟变量 | | | | | | | |
| 　是否是淮安市 | 1＝淮安市;0＝连云港市 | +/− | +/− | +/− | +/− | +/− | +/− |

　　(1)能源消费比例

　　调研过程中为了收集信息的方便,在设计问卷时采用直接询问的方式收集农户不同能源的消费量,因此收集的数据情况均是以实物消费量进行统计,但该数据无法直接用于计算能源消费比例,因为不同能源的计量单位和所含热值均不相同。为了使不同能源的消费量具有可比性,并获得能源的消费比例数据,我们根据国家规定的标准煤(kgce)系数将所有能源的消费量折算成可以进行比较的有效热。其中薪柴的转换系数为 0.57 标准煤/千克,秸秆的转换系数为 0.5 标准煤/千克,煤炭的转换系数为 0.875 标准煤/千克。对于电能消费,我们询问了农户炊事用电器的功率和使用时间,得出消耗电能总量后根据电能转换系数 0.4040 标准煤/千瓦时进行折算。液化气的转换系数为 1.7143 标准煤/千克,每罐液化气统一为 14.5 千克,根据农户每年使用液化气的瓶数进行折算。一口 8 立方米沼气池一年约产气 400 立方米,沼气转标准煤的系数为 0.643 标准煤/立方米,此处通过农户家用沼气使用天数进行折算。通过分别计算每个农户每种能源消费的有效热,即可计算出每种能源的消费比例。

(2)沼气池的使用情况

为了避免内生性问题,在考察沼气池持续利用水平对农户家庭能源消费的影响时,本文构建沼气池使用影响因素回归模型的预测值来表示沼气池的使用水平。本文用沼气池的使用天数来表示沼气池的使用情况。

部分研究表明,沼气对传统生物质能源和商品能源具有替代作用(Wang et al,2007;Gosens et al,2013),农户每天能源消费的总量并不会有太大差异,若沼气消费水平升高,则意味着其他能源消费水平的下降。就能源本身特征来看,传统生物质能源的优点是使用成本低、数量较为丰富,缺点在于使用和收集过程较为麻烦,需要消耗一定的劳动力,并且使用过程中会排放出有害气体。商品能源的优点在于使用十分方便,并且能源的效率较高,省时省力,此外商品能源在使用过程中排放出的有害气体较少,但缺点在于其使用成本较高。而沼气的生产原料是农业和生活废弃物,相对于商品能源而言,其优势在于使用成本较低,而使用便利性、清洁性与商品能源相当;相对于传统生物质能源而言,沼气的优势在于使用较为方便、清洁,并且由于沼气的高燃烧值,其燃烧效率也更高。就能源利用方式来看,秸秆、薪柴和液化气主要被用作炒菜。而大多数农户也使用沼气炒菜,因此预期沼气对上述三类能源具有替代作用。随着电饭煲的普及,越来越多的农户使用电能煮饭,同时也有部分农户会使用电磁炉炒菜,对于部分建池农户而言,除了装有沼气灶之外,也安装了沼气饭煲用于煮饭,其外观和功能与电饭煲十分相似,但其使用沼气作为能源,因此预期沼气对电能具有替代作用。研究区域的农户一般在冬天使用煤,一方面作为炊事能源用于烧水,另一方面用作取暖,而冬天由于气温较低,沼气产气量不高,既不会用作取暖,也很少用于烧水,因此沼气对煤的替代性相对较弱。

(3)农户个人特征

农户个人特征($X_1$)包括户主年龄(岁)、户主受教育程度(年)以及户主是否村干部(1=是;0=不是)。年龄较大的农户更有可能消费商品能源(Gupta et al,2006),但也有研究发现,年龄大的农户更愿意使用传统生物质能源,对商品能源的接受程度较低(是丽娜,2008),同时年轻的农户为了方便也更有可能使用商品能源(娄博杰,2008),因此年龄与能源消费情况的关系不确定。教育可以促进能源消费结构的升级,即受教育程度越高的农户越倾向于使用清洁能源(Gupta et al,2006;Zhang et al,2012),因此,预期受教育程度与电、液化气、煤、沼气的消费正相关,与秸秆、薪柴的消费负相关。村干部一般思想较为前卫,商品能源更为卫生、方便,因此,预期户主是村干部与清洁能源消费正相关,与生物质能源消费负相关。

(4)农户家庭特征

农户家庭特征($X_2$)包括有非农就业经历的人数(人)、人均家庭资产(元)。其中,农户非农就业水平用曾经参与过非农就业的人数这一前置变量来表示。非农就业水平越高,意味着农户越缺乏收集薪柴、维护沼气的劳动力,同时对商品能源的认知也越多,从而更愿意使用商品能源而非生物质能源。人均家庭资产是用来反映农户家庭经济情况的变量,家庭经济情况越好的农户由于有条件使用更为方便、清洁的能源,包括沼气和商品能源,因此会减少对传统生物质能源的使用(Zhang et al,2012;Zhou et al,2008;Liu et al,2013;刘静 等,2011;张妮妮 等,2011;金玲,2010),因此,人均家庭资产与商品能源、沼气消费正相关,与传统生物质能源消费负相关。

(5)农户时间禀赋

农户时间禀赋用农户家庭规模(人)来表示。农户家庭规模即农户家庭总人口数,家庭规模较大的农户对炊事能源的消费量更大,可能倾向于使用较为廉价的生物质能源(Chen et al,2006),因此预期农户家庭规模与生物质能源消费正相关,与商品能源消费负相关。

(6)农户家庭资源禀赋

农户家庭资源禀赋包括人均承包农地面积(亩)、人均承包林地面积(亩)。家庭承包地面积反映了农户秸秆的可获取情况,承包地面积越大表明农户可获得更多的秸秆,对生物质能源的消费量也越大(张青,2011);但由于秸秆也是生产沼气的原料之一(Qu et al,2013),承包地面积较大的农户有更多的原料用作生产沼气,因此有可能提高沼气能源的消费量。林地面积越大,表明拥有更丰富的薪柴资源,农户也更愿意使用薪柴(张妮妮 等,2011)。

(7)替代能源

替代能源($X_4$)用农户家中是否有相关炊事能源使用设备来表示。替代能源包括秸秆、煤、液化气、电共4种能源。这些能源都能够满足农户对炊事活动的需要,因此若农户可选择某种替代能源,则其对其他能源消费的比例将降低。为了避免内生性问题,本文对该变量进行一些处理,使之成为外生变量放入模型中。若农户家中有土灶,则意味着农户具备使用秸秆能源的条件;若农户家有煤炉,则表明农户具备使用煤的条件;若家中有液化气灶,则意味着农户具备使用液化气的条件;若家中有电磁炉、电饭煲、微波炉等炊事用电器,则说明农户具备使用电的条件。由于上述农户所具备的使用各种能源的条件是既定事实,并不会受当期决策的影响,因此可以纳入模型中进行考察。

(8)地区虚拟变量

地区虚拟变量($X_5$)用作区分淮安市和连云港市之间的系统差异(包括政策、市场、地理位置等)对农户能源消费的影响。本研究调研数据来自淮安市和连云港市,选取连云港市为对照组,分析淮安市与连云港市农户在能源消费上的差异,因此淮安市赋值为1,连云港市赋值为0。

6.2.2　农户沼气池使用影响因素模型的变量选择

(1)沼气技术推广

① 政府补贴比例

政府对户用沼气池的推广进行了大量的投入,对每个建池户都有补贴,但是随着建池补贴比例的增加,农户放弃使用并维护沼气池的成本相对更低,导致沼气池的可持续利用情况变差(蔡亚庆 等,2012;仇焕广 等,2013)。因此预期政府补贴比例与沼气池可持续利用负相关。

② 沼气技术培训

通过对农户沼气技术的相关培训,为农户提供沼气池的日常使用、维护以及简单的沼气池维修知识,提高农户对沼气池的管理能力,从而促进农户对沼气技术的吸收,让农户能够正确使用沼气池,实现使用沼气池带来的好处,从而提高沼气池可持续利用水平。预期农户曾经接受过沼气技术培训与沼气池可持续利用水平正相关。

③ 村内是否有后续服务组织

沼气池"三分建,七分管",后续服务对沼气池的可持续利用起到了关键作用,无论是沼气池的日常使用、维护,还是对沼气池故障的维修都离不开沼气服务组织提供的服务。但是由于存在提供沼气后续服务的收入较低等问题,沼气后续服务组织提供的服务并不一定能够满足农户的需求,因此沼气后续服务组织的建立与沼气池的可持续利用水平关系不确定。

(2)农户个人特征

① 户主年龄

农户能源消费行为会受到年龄的影响,年龄较大的农户更不愿意改变已有的生活方式(汪海波 等,2008),更倾向于使用已经建好的沼气池(仇焕广 等,2013)。因此预期年龄与沼气池可持续利用水平呈正相关。

② 户主受教育程度

户主受教育程度用户主上学年限来表示,是反映一个人能力的代理变量。从理论上来说,受教育程度较高的农户对沼气池使用和管理技能的掌握能力越强,使用和管理沼气的能力也更强(Sun et al,2014;仇焕广 等,2013;蔡亚庆 等,2012;任龙越,2012)。

③ 户主是否村干部

村干部的思想比较开放,接受新事物能力较强,而且村干部需要在沼气池的推广中起到带头作用,因此更有利于沼气池可持续利用。

(3)农户家庭特征

① 男性成年人比例

绝大多数的沼气户将沼气作为炊事能源使用,因此沼气可以为从事家务活的女性家庭成员提供极大的便利,那些女性比例较高的农户家庭倾向于更好地维护和使用沼气池(Kabir et al,2013)。因此本文预期男性成年人比例和沼气池持续利用呈负相关。

② 非农就业情况

农户非农就业水平用曾经参与过非农就业的人数这一前置变量来表示。非农就业促进了农户劳动力转移,并能提高农户家庭收入(Feng et al,2008)。农户参与非农就业的以青壮年劳动力为主,因此农户非农就业水平越高,留守的劳动力就越少,家里仅剩老人、妇女和儿童,沼气池的维护包括进出料、抽液抽渣等劳动力强度较高的体力活,劳动力的缺乏将导致投入沼气池维护和使用的劳动力不足,给沼气池持续利用带来负面作用。另一方面,由于非农就业带来家庭收入的提高,较贫穷的农户可能放弃使用传统生物质能源转而使用沼气,较为富裕的农户可能会使用更为清洁的商品能源而不使用沼气。因此,非农就业和沼气池持续利用的关系不确定。

③ 人均家庭资产

人均家庭资产是农户经济水平的反映。当农户家庭经济情况较差时,可能支付不起沼气池维护维修的费用;随着农户经济水平的提高,较为方便、清洁的沼气能源将成为首选;

当农户经济水平进一步提高后,农户即使已经拥有沼气池,也不愿意在沼气池的使用和维护上投入劳动力,而是使用更为方便的商品能源(仇焕广 等,2013;蔡亚庆 等,2012;任龙越,2012;高海清 等,2008)。因此,预期人均家庭资产与沼气池持续利用呈现倒 U 型关系。

(4)农户时间禀赋

① 家庭规模

家庭规模越大的农户对生活必需品的需求会越大,对能源的需求量也越多,受预算约束的影响,农户会消费廉价能源(娄博杰,2008)。对于已经建池的农户而言,沼气是一种相对廉价的能源,因此家庭规模越大,沼气池持续利用情况越好。但是随着家庭人口进一步增加,农户会选择比沼气更为廉价的生物质能源(包括秸秆、薪柴等),沼气池的使用情况会随着家庭人口的增加而变差(任龙越,2012)。因此,我们预期家庭规模与沼气池的持续利用呈倒 U 型关系。

② 被抚养人口比例

本文将被抚养人口定义为年龄小于 16 岁(不包括 16 岁)和年龄大于 65 岁(不包括 65 岁)的家庭成员。被抚养人口比例可用于衡量农户的劳动力负担情况,这一比例较高的农户,表明劳动力相对缺乏。因为沼气池的维护和使用需要投入一定的劳动力,这些劳动力缺乏的农户维护和使用沼气池的可能性也更低,因此预期被抚养人口比例与沼气池持续利用呈负相关。

(5)农户家庭资源禀赋

① 人均承包地面积

农作物的秸秆是生产沼气的原料之一,使用秸秆产气成本低廉,秸秆的获取也很方便。农地面积越大意味着可以作为原料的秸秆资源越丰富,可以促进沼气池的持续利用。但是由于使用秸秆作为产气原料一方面对沼气池工艺有一定要求,另一方面产气量比使用畜禽粪便为原料要低,可能会导致秸秆对沼气池的持续利用水平的提高作用有限。此外,由于秸秆本身也可以作为一种能源被农户所使用,这样秸秆就与沼气形成了一种替代关系,人均承包地面积越大意味着可供农户直接燃烧使用的秸秆资源越多,农户越倾向于使用秸秆作为能源,从而降低沼气池的持续利用水平。因此人均承包地面积与沼气池持续利用水平的关系不确定。

② 人均林地面积

人均林地面积反映了薪柴资源的禀赋情况,家庭拥有的林地面积越多意味着薪柴资源越丰富,并且农户更容易使用薪柴替代沼气池的使用。因此预期人均林地面积与沼气池持续利用呈负相关。

③ 猪养殖数量

猪的粪便是生产沼气的主要原料,农户养猪数量越多意味着沼气原料越丰富(Mwirigi et al,2009;仇焕广 等,2013;蔡亚庆 等,2012;任龙越,2012),也越有利于沼气池的持续利用。为了避免养猪养殖决策和沼气池使用、维护决策互相影响产生内生性问题,本文使用 2012 年家庭生猪存栏量这一前置变量来表示猪养殖数量,这一变量不会受到农户当期决策的影响,从而消除了内生性问题,保证回归结果的无偏性。

（6）村庄特征

距离乡镇较近的农户由于信息的收集以及信贷条件更有优势，从而维护和使用沼气池也更为方便有利；但同时距离乡镇较近意味着能更方便地获取替代能源（Sun et al,2014），从而减少沼气池的使用。因此，到乡镇的距离与沼气池持续利用水平关系不确定。

（7）替代能源数量

由于沼气主要用作炊事用途，因此替代能源也以炊事能源为主，包括秸秆、煤、液化气、电共 4 种能源。为了避免能源使用决策的内生性问题，本文分别使用家中是否有土灶、是否有煤炉、是否有液化气灶以及是否有炊事用电器来反映可供农户使用的家庭炊事能源种类，由于这些变量属于前置变量，不会受到当期决策的影响，从而避免了内生性问题。上述能源都能够满足农户对能源的需要，对沼气可以起到替代作用，因此预期替代能源种类越多，沼气池持续利用水平越低。本文用农户具备使用上述炊事能源条件的数量来衡量替代能源的数量。

（8）建池情况

① 建池年限

建池年限用沼气池修建年份距离 2013 年的年数表示。沼气池的建池年限越久，沼气池就越容易出现老化并产生故障，修理起来也比较麻烦。另一方面，新建成的沼气池有着更为成熟和先进的技术，不容易出现故障，使用起来也更方便（仇焕广 等,2013；蔡亚庆 等,2012）。预期建池年限与沼气池持续利用呈负相关。

② "一池三改"情况

"一池三改"是指在修建沼气池过程中为了让沼气池使用更为方便，而对厨房、厕所和猪圈进行改建。改厕、改圈使得厕所和猪圈的粪便可以方便流入沼气池，而改厨是将管道从储气池通向厨房的沼气灶，并设有脱硫器和气压表，让农户在厨房使用沼气更为方便。但并不是每个沼气池建设中都伴随着"一池三改"，而是根据农户自身家庭情况进行改建，有的农户改建了两处，有的改建了一处，有的甚至没进行改建，这将影响农户沼气池的使用和维护。因此根据农户对沼气池改建的数量，该变量的取值为 0～3,0 表示完全没有进行改建,1 表示进行了一处改建,2 表示进行了两处改建,3 表示完全进行了"一池三改"。预期进行的改建项目越多，农户使用沼气越方便，从而对沼气池的持续利用越有利。

（9）地区虚拟变量

为了区分淮安市和连云港市之间的系统差异（包括政策、市场、地理位置等），我们以连云港市作为对照组，淮安市作为地区虚拟变量反映地区差异。连云港市和淮安市地理位置邻近，气候差异不大，从而沼气池的客观使用条件相近。因此沼气池的持续利用情况在两市的差异不确定。

## 6.3　变量描述性统计分析

### 6.3.1　农户炊事能源使用行为影响因素模型变量的描述性分析

由于本文研究主要针对建有沼气池的农户样本的能源消费行为进行分析，因此将针对 283 建池户进行描述性统计分析，其中淮安市样本量为 90 户，连云港市样本量为 193 户。

表 2 给出了研究相关变量的统计信息和基本特征。

表 2　沼气池持续利用对农户能源使用行为影响模型变量描述性统计

| 变量名称 | 总样本 | 淮安市样本 | 连云港市样本 |
|---|---|---|---|
| 样本量 | 283 | 90 | 193 |
| 平均值(标准差) | | | |
| **被解释变量** | | | |
| 薪柴使用比例 | 0.08(0.20) | 0.17(0.27) | 0.04(0.13) |
| 秸秆使用比例 | 0.17(0.27) | 0.34(0.33) | 0.08(0.19) |
| 煤使用比例 | 0.05(0.14) | 0.01(0.10) | 0.06(0.15) |
| 电使用比例 | 0.25(0.23) | 0.26(0.25) | 0.24(0.23) |
| 液化气使用比例 | 0.21(0.24) | 0.12(0.18) | 0.25(0.25) |
| 沼气使用比例 | 0.25(0.29) | 0.09(0.17) | 0.32(0.30) |
| **解释变量** | | | |
| 沼气池建设 | | | |
| 沼气池使用天数 | 159.24(148.77) | 97.78(137.52) | 187.90(145.41) |
| 农户个人特征 | | | |
| 户主年龄 | 56.57(10.09) | 61.28(8.86) | 54.37(9.90) |
| 户主受教育程度 | 7.29(3.80) | 7.59(4.32) | 7.16(3.54) |
| 户主是否村干部 | 0.11(0.32) | 0.23(0.43) | 0.06(0.23) |
| 家庭特征 | | | |
| 有非农就业经历的人数 | 1.63(1.14) | 1.80(1.14) | 1.54(1.13) |
| 人均家庭资产 | 22383(32708) | 18175(28279) | 24346(34475) |
| 农户时间禀赋 | | | |
| 家庭规模 | 4.34(1.70) | 4.47(1.64) | 4.27(1.72) |
| 农户家庭资源禀赋 | | | |
| 人均承包农地面积 | 1.71(1.19) | 1.63(1.13) | 1.74(1.21) |
| 人均承包林地面积 | 0.11(0.67) | 0.19(0.70) | 0.07(0.66) |
| 替代能源 | | | |
| 是否有土灶 | 0.58(0.49) | 0.86(0.35) | 0.46(0.50) |
| 是否有煤炉 | 0.18(0.38) | 0.10(0.30) | 0.22(0.41) |
| 是否有炊事电器 | 0.90(0.30) | 0.95(0.23) | 0.88(0.33) |
| 是否有液化气灶 | 0.86(0.35) | 0.78(0.42) | 0.90(0.30) |
| 地区虚拟变量 | | | |
| 淮安市 | 0.32(0.47) | | |

　　对于所有的 283 个建池农户样本,从能源消费比例上看,以电能、沼气和液化气为主,分别占 25%、25% 和 21%,秸秆消费处于中间水平,所占比例为 17%,而薪柴和煤的使用较少,分别仅占所有炊事能源消费量的 8% 和 5%。淮安市和连云港市建池户的能源消费情况同样存在较大差异,淮安市建池农户对传统生物质能源的消费比较多,其中秸秆消费比重占所有能源消费的 34%,远高于连云港市的 8%;淮安市建池农户的薪柴消费比例占 17%,也远高于连云港市的 4%。就商品能源的消费而言,两市建池农户对电能的消费比例相当,但是淮安市建池

农户对液化气消费的比例仅为12%,比连云港市低了13个百分点。两市对煤的使用比例很低,分别只有1%和6%。淮安市建池农户对于沼气的使用水平比连云港市低了很多,沼气使用占所有能源使用的平均比例仅有9%,而连云港市农户却高达32%。

建池户沼气池年平均使用天数为159.24天,其中淮安市为97.77天,低于连云港市的187.90天。

建池农户的户主平均年龄为56.57岁,户主平均受教育程度为7.29年,有11%的户主是村干部。就各个市来看,淮安市建池农户户主平均年龄约61.28岁,高于连云港市的54.37岁。就受教育程度而言,淮安市平均为7.59年,高于连云港市样本农户的7.16年。就户主是否村干部而言,淮安市建池农户中有23%是村干部,而连云港市仅有6%。

样本农户有非农就业经历的人数平均为1.63人,人均家庭资产为22383元。具体而言,淮安市平均每户非农就业人数为1.80人,高于连云港市的1.54人。淮安市建池农户人均家庭资产为18175元,低于连云港市的24346元。

样本农户家庭规模平均为4.34人,淮安市建池农户家庭规模为4.47人,略高于连云港市的4.27人。

样本农户人均承包农地面积为1.71亩,人均承包林地面积为0.11亩。其中,淮安市人均承包农地面积为1.63亩,低于连云港市的1.74亩。样本地区均不是林地覆盖区,因此农户人均林地面积较低,淮安市建池农户人均承包林地面积为0.19亩,高于连云港市的0.07亩。

样本农户中,有58%家中建有土灶,18%家中有煤炉,90%家中有炊事电器,86%家中有液化气灶。可以看出有条件使用电和液化气作为炊事能源的农户比例很高,而可以使用煤作为炊事能源的农户比例最低。具体而言,淮安市农户家中建有土灶的有86%,远高于连云港市的46%,说明淮安市农户使用秸秆能源的可能性更高。淮安市有10%的农户家中有煤炉,而连云港市这一比例为22%。两市农户家中有炊事电器的比例均很高,淮安市和连云港市分别为95%和88%。连云港市家中有液化气灶的农户比例为90%,高于淮安市的78%。

### 6.3.2 农户沼气池使用行为影响因素模型变量的描述性分析

表3给出了农户沼气池使用行为影响因素模型变量的统计信息和基本特征。

**表3 农户沼气池使用行为影响因素模型中相关变量的描述性统计**

| 变量名称 | 总样本 | 淮安市样本 | 连云港市样本 |
|---|---|---|---|
| 样本量 | 283 | 90 | 193 |
| | 平均值(标准差) | | |
| 被解释变量 | | | |
| 沼气池使用天数 | 159.24(148.77) | 97.77(137.52) | 187.90(145.41) |
| 解释变量 | | | |
| 沼气技术推广 | | | |
| 政府补贴比例(%) | 0.56(0.20) | 0.66(0.22) | 0.51(0.17) |
| 曾经是否接受过沼气培训(1=是;0=否) | 0.13(0.34) | 0.08(0.27) | 0.16(0.36) |
| 村内是否有沼气服务组织(1=是;0=否) | 0.45(0.50) | 0.27(0.44) | 0.53(0.50) |

| 变量名称 | 总样本 | 淮安市样本 | 连云港市样本 |
|---|---|---|---|
| 样本量 | 283 | 90 | 193 |
| | 平均值（标准差） | | |
| 解释变量 | | | |
| 农户个人特征 | | | |
| 户主年龄(岁) | 56.57(10.09) | 61.28(8.86) | 54.37(9.90) |
| 户主受教育程度(年) | 7.29(3.80) | 7.59(4.32) | 7.16(3.54) |
| 户主是否村干部(1=是;0=否) | 0.11(0.32) | 0.23(0.43) | 0.06(0.23) |
| 家庭特征 | | | |
| 男性成年人比例(%) | 0.52(0.12) | 0.54(0.14) | 0.51(0.12) |
| 有非农就业经历的人数(人) | 1.63(1.14) | 1.80(1.14) | 1.54(1.13) |
| 人均家庭资产(元) | 22383(32708) | 18175(28279) | 24346(34475) |
| 农户时间禀赋 | | | |
| 家庭规模(人) | 4.34(1.70) | 4.47(1.64) | 4.27(1.72) |
| 被抚养人口比例(%) | 0.25(0.26) | 0.26(0.25) | 0.25(0.26) |
| 农户家庭资源禀赋 | | | |
| 人均承包地面积(亩) | 1.71(1.19) | 1.63(1.13) | 1.74(1.21) |
| 人均林地面积(亩) | 0.11(0.67) | 0.19(0.70) | 0.07(0.66) |
| 猪养殖数量(头) | 8.00(44.79) | 9.92(73.82) | 7.10(20.46) |
| 村庄特征 | | | |
| 到乡镇距离(里) | 22.90(8.38) | 23.68(11.12) | 22.53(6.74) |
| 可替代能源数量 | 2.52(0.79) | 2.69(0.68) | 2.45(0.82) |
| 建池情况 | | | |
| 建池年限(年) | 6.29(6.71) | 6.28(4.02) | 6.30(6.66) |
| 一池三改情况(项) | 1.57(1.01) | 1.53(1.06) | 1.58(0.99) |
| 农户建池可能性(%) | 0.62(0.22) | 0.51(0.21) | 0.67(0.20) |
| 地区虚拟变量 | | | |
| 淮安市 | 0.32(0.47) | | |

沼气使用天数等变量在上一节已经进行了描述,因此本节将对其他变量进行描述性统计分析。

样本农户建池的政府平均补贴比例为56%,有45%的农户知道村内有沼气后续服务组织,曾经接受过沼气培训的农户仅占13%。淮安市修建沼气池的政府补贴比例为66%,高于连云港市的51%,实际上政府的建池补贴额在两市的差异并不大,造成补贴比例存在差异的原因是连云港市农户自身对建设沼气池的投入比淮安市农户要高。淮安市沼气后续服务组织的发展较连云港市要落后,仅27%的农户知道沼气后续服务组织,而连云港市有53%的农户知道。淮安市沼气培训水平较低,仅8%的农户表示曾经接受过沼气培训,这一比例在连云港市达16%。

淮安市平均每户有非农就业经历的人数为1.80人,高于连云港市的1.54人。淮安市样本农户人均家庭资产为 18175 元,低于连云港市的 24346 元。

样本农户平均被抚养人口比例为 25%。淮安市与连云港市农户被抚养人口比例较为相似,分别为 26% 和 25%。

样本农户平均每户养猪 8.00 头。具体而言,相对于淮安市,连云港市农户养猪数量更多,户均 7.10 头,而淮安市则户均 9.92 头。

样本农户所在村到乡镇的平均距离为 22.90 里①。其中,淮安市样本农户所在村到乡镇平均距离为 23.68 里,连云港市为 22.53 里。

样本农户平均可替代能源数量为 2.52 个。其中,淮安市农户平均可替代能源数量为 2.69 个,而连云港市农户平均可替代能源数量相对较少,为 2.45 个。

所有样本农户的沼气池建池平均年限为 6.29 年,即平均建池时间约为 2007 年,平均每个农户在建池时进行了 1.57 项改建,农户总体建池的概率为 62%。具体而言,淮安市和连云港市农户的沼气池建池年限相差不大,分别为 6.28 和 6.30 年。两市农户一池三改的情况也没有明显差异,改建项分别为 1.53 项和 1.58 项。

## 6.4 模型结果回归分析

根据前文针对研究内容和估计方法的描述,本小节针对 283 个建池农户运用 SUR 模型进行估计,寻找影响农户能源消费的因素。在进行 SUR 模型回归之前,为了消除沼气池使用的内生性影响,本文首先对沼气池使用的影响因素进行了回归。

### 6.4.1 沼气池使用影响因素分析

表 4 给出了沼气池使用影响因素的回归结果。

表 4 沼气池使用影响因素的 Tobit 模型估计结果

| 变量名称 | 系数 | T 值 |
|---|---|---|
| 沼气技术推广 | | |
| 政府建池补贴比例 | −124.37 | −1.26 |
| 曾经是否接受过沼气培训 | 97.32 * | 1.89 |
| 村内是否有沼气服务组织 | −28.03 | −0.75 |
| 农户个人特征 | | |
| 户主年龄的对数 | −2237.23 | −0.74 |
| 户主年龄对数的平方 | 307.02 | 0.80 |
| 户主受教育程度的对数 | 29.04 | 1.23 |
| 户主是否村干部 | 92.66 * | 1.65 |
| 农户家庭特征 | | |
| 男性成年人比例 | −166.45 | −1.16 |
| 有非农就业经历人数的对数 | −24.51 | −0.61 |
| 人均家庭资产的对数 | 29.99 * | 1.68 |
| 人均家庭资产的平方的对数 | −3.19 * * | −2.04 |

① 1 里=0.5 千米,下同。

续表

| 变量名称 | 系数 | T 值 |
|---|---|---|
| 农户时间禀赋 | | |
| 　家庭规模的对数 | −452.82 * | −1.94 |
| 　家庭规模对数的平方 | 149.01 * | 1.66 |
| 　被抚养人口比例 | −62.05 | −0.77 |
| 农户家庭资源禀赋 | | |
| 　人均承包地面积的对数 | 51.47 | 0.97 |
| 　人均林地面积的对数 | 53.72 | 0.72 |
| 　猪养殖数量的对数 | 50.88 * * * | 3.56 |
| 村庄特征 | | |
| 　到乡镇距离 | 3.01 | 1.37 |
| 可替代能源数量 | −37.89 * | −1.67 |
| 建池情况 | | |
| 　建池年限 | −4.01 | −1.53 |
| 　一池三改情况 | 0.45 | 0.03 |
| 地区虚拟变量 | | |
| 　淮安市 | −204.37 * * * | −4.43 |
| 常数项 | 4601.05 | 0.78 |
| 样本量 | 283 | |
| log likelihood | −1020.90 | |
| LR$\chi^2$(22) | 76.47 | |
| Prob$>\chi^2$ | 0.00 | |

注：* 、* * 、* * * 分别表示系数在 0.1、0.05、0.01 的显著性水平上显著。

　　模型通过了 $\chi^2$ 检验，拒绝了模型各变量系数同时为 0 的假设，模型回归结果总体而言是可信的。可以看出本研究的工具变量曾经是否接受过沼气培训这一变量对农户沼气池使用行为的影响是显著的，且在 0.1 的显著性水平上显著，即接受过沼气技术培训的农户沼气池使用天数更多，因此工具变量是有效的。

　　根据回归结果，我们也可以看出一些其他的信息，首先建池补贴和沼气后续服务均不影响农户沼气池使用，因此国家大量的资金投入对于已建池农户的沼气池使用行为并没有显著影响，且后续服务对沼气池的使用促进作用有限。如果农户家中有村干部，该农户的沼气池使用天数将更多，且在 0.1 的水平上显著，说明村干部起到了模范带头作用，带头使用沼气池。农户人均家庭资产和沼气池使用天数呈现倒 U 型关系，说明家中很穷和家中很富的农户不愿意使用沼气池，家中比较穷的农户可能更愿意使用秸秆等传统生物质能源，而家中条件较好的农户可能更愿意使用电这种比较方便的资源，这一点将在后面进行验证。家中养的猪数量越多，农户使用沼气池的天数越多，且在 0.01 的水平上显著，这一点符合预期，因为养的猪数量越多，意味着可以投入沼气池的粪便也越多，畜禽粪便是重要的产气原料，足够的原料是沼气池顺利使用的重要保障。可替代的能源数量和沼气池使用天数呈负相关，且在 0.1 的水平上显著,说明替代能源越多,沼气池的使用情况越不理想。总体而言,淮安市农户沼气池使用情况不如连云港市,且在 0.01 的水平上显著。

### 6.4.2 农户炊事能源使用的影响因素分析

表 5 给出了针对建池农户的能源消费行为影响因素的估计结果。

**表 5 沼气池持续利用对农户能源消费行为影响的估计结果**

| 变量 | 秸秆 | 煤 | 电 | 液化气 | 沼气 |
|---|---|---|---|---|---|
| | 估计系数(Z 值) | | | | |
| 沼气池持续利用情况 | | | | | |
| 沼气池使用天数预测值 | −0.00(−0.69) | −0.00(−1.26) | −0.00(−3.59)＊＊＊ | −0.00(−1.64)＊ | 0.00(4.91)＊＊＊ |
| 农户个人特征 | | | | | |
| ln 户主年龄 | −0.74(−0.40) | −0.14(−0.17) | 1.74(1.02) | 0.96(0.55) | −0.11(−0.06) |
| ln 户主年龄平方 | 0.10(0.42) | 0.02(0.18) | −0.24(−1.74)＊ | −0.12(−0.54) | 0.02(0.07) |
| ln 户主受教育程度 | −0.03(−1.76)＊ | −0.00(−0.36) | 0.02(1.34) | −0.00(−0.13) | 0.00(1.30) |
| 户主是否村干部 | −0.04(−0.90) | −0.01(−0.29) | 0.07(1.64)＊ | −0.04(−0.87) | −0.03(−0.60) |
| 农户家庭特征 | | | | | |
| ln 有非农就业经历的人数 | 0.00(0.10) | −0.01(−0.92) | −0.01(−0.30) | 0.01(045) | 0.02(0.58) |
| ln 人均家庭资产 | −0.03(−1.74)＊＊ | 0.02(2.60)＊＊ | −0.00(−0.12) | 0.00(0.73) | −0.00(−0.24) |
| ln 人均家庭资产平方 | 0.00(1.34) | −0.00(−2.41)＊＊ | 0.00(2.17)＊＊ | −0.00(−0.96) | −0.00(−1.70)＊ |
| 农户时间禀赋 | | | | | |
| ln 家庭规模 | 0.05 (0.24) | −0.18(−2.14)＊＊ | 0.03(0.16) | 0.16(0.89) | 0.01(0.06) |
| ln 家庭规模平方 | 0.00(0.00) | 0.07(2.09)＊＊ | 0.00(0.04) | −0.04(−0.66) | −0.02(−0.25) |
| 农户家庭资源禀赋 | | | | | |
| ln 人均承包农地面积 | −0.02(−0.54) | 0.00(0.26) | 0.01(0.25) | 0.04(1.13) | −0.02(−0.45) |
| ln 人均承包林地面积 | −0.09(−1.54) | −0.00(−0.09) | −0.02(−0.30) | 0.05(1.03) | −0.05(−0.74) |
| 替代能源 | | | | | |
| 是否有土灶 | 0.22(7.31)＊＊＊ | 0.00(0.08) | −0.11(−3.91)＊＊＊ | −0.12(−4.02)＊＊＊ | −0.07(−2.12)＊＊ |
| 是否有煤炉 | −0.05(−1.44) | 0.26(16.44)＊＊＊ | −0.07(−2.16)＊＊ | −0.07(−2.02)＊＊ | −0.10(−2.51)＊＊ |
| 是否有炊事电器 | −0.01(−0.13) | −0.04(−1.91)＊ | 0.22(5.29)＊＊＊ | −0.20(−4.81)＊＊＊ | 0.01(0.14) |
| 是否有液化气灶 | 0.01(0.31) | −0.01(−0.31) | −0.07(−1.87)＊ | 0.19(4.73)＊＊＊ | −0.06(−1.37) |
| 地区虚拟变量 | | | | | |
| 淮安市 | 0.15(3.30)＊＊＊ | −0.03(−1.63) | −0.05(−1.28) | −0.09(−2.20)＊＊ | −0.06(−2.07)＊＊ |
| 常数项 | 1.47(0.40) | 0.47(0.29) | −2.98(−0.88) | −1.66(−0.49) | 0.48(0.12) |
| 样本数量 | 283 | 283 | 283 | 283 | 283 |
| $R^2$ | 0.40 | 0.57 | 0.31 | 0.31 | 0.34 |
| $\chi^2$ | 185.45 | 369.19 | 127.94 | 127.39 | 143.89 |
| Prob$>\chi^2$ | 0.00 | 0.00 | 0.00 | 0.00 | 0.00 |

Breusch-Pagan$\chi$2(10)=157.12　　P=0.00

注:＊、＊＊、＊＊＊分别表示系数在 0.1、0.05、0.01 的水平上显著。

就模型总体情况而言,使用 SUR 模型进行回归更为合理,因为 Breusch-Pagan 的检验结果拒绝了各方程残差项相互独立的原假设。各消费模型的 $R^2$ 均在微观分析的合理范围内,且针对模型总体回归水平的 $\chi^2$ 检验均显著,说明模型总体是可信的。以下对具体变量的回归结果进行解释。

与预期相一致,沼气池使用天数与沼气使用比例正相关,且在 0.01 的水平上显著,这意味沼气池使用天数越多的农户沼气消费比例也越高。农户沼气池使用天数与电能消费比例呈负相关,且在 0.01 的水平上显著,与 Gosens 等(2013)的研究结论一致,说明在其他条件不变的情况下,沼气池使用天数越多,农户使用电能的比例越低,这意味着沼气的使用和电能消费存在替代关系。沼气池使用天数与液化气消费比例也是负相关关系,且在 0.1 的显著性水平上显著,与 Gosens 等(2013)的研究结论一致,说明沼气池使用天数越多,液化气的消费比例越低,体现出沼气与液化气的替代关系。这说明,沼气作为一种可再生能源,可以在一定程度上缓解农村地区能源短缺。但比较遗憾的是,沼气池的使用天数对秸秆和煤的消费比例影响不显著,与 Wang 等(2007)的研究结论不一致。这两种能源一个是生物质能源,一个是商品能源,其燃烧均会对环境产生负面影响。由于沼气能源对这两种能源的替代作用不显著,因此在本文的研究区域中,沼气的使用对环境的改善作用并不如预期那样明显。已有研究表明,秸秆在我国农村地区是最主要的生活能源,其使用量占所有能源使用量的 50% 以上(张妮妮 等,2011;王效华 等,2005;赵雪雁,2015;周曙东 等,2009;张青 等,2011)。但本研究的样本中秸秆能源使用比例仅为 17%,远低于全国平均水平。这是因为地方政府为了防止秸秆田间焚烧从而引发环境污染,制定了秸秆还田政策,绝大部分大田作物(水稻、小麦、玉米等)秸秆均被打碎还田,而用作炊事能源的秸秆主要来自于种植的花生等非大田作物,因此秸秆已经不是当地最为主要的炊事能源,大多数农户目前以使用电和煤气为主,因此沼气对秸秆的替代作用并不十分明显。研究区域农户一般在冬季使用煤,除了用作烧水以外还有取暖的用途,而冬天由于气温较低,沼气池产气量并不高,既不会用作取暖,也很少用于烧水,因此,沼气对煤的替代性相对较弱。

对于农户个人特征,户主年龄二次项与电能消费比例呈负相关,且在 0.1 的水平上显著。这意味着户主年龄与电能消费呈倒 U 型关系,但由于年龄一次项与电能消费比例关系不显著,因此拐点位于 0 上,实际上二者关系体现在倒 U 型曲线右侧,即年龄与电能消费比例呈负相关关系。说明随着户主年龄的增加,农户消费电能的比例不断降低。这是因为,年长的户主更倾向于使用传统能源,对商品能源的接受程度较低,年轻的户主为了方便和干净更愿意使用电能这类商品能源。户主受教育程度与秸秆消费呈负相关,且在 0.1 的水平上显著,说明受教育程度越高,农户使用秸秆作为消费能源的比例越低,和预期相一致,也和 Gupta 等(2006)、Zhang 等(2012)的研究结论一致。若户主是村干部,那么农户使用电能做饭的比例将提高,且在 0.1 的水平上显著,因为村干部一般思想较为前卫,更偏好使用电能这种卫生、方便的能源。

对于农户家庭特征,农户人均家庭资产一次项与秸秆消费比例在 0.05 的水平上显著负相关,二次项系数不显著,说明家庭经济情况越好的农户使用秸秆能源的比例越低,这与 Zhang 等(2012)、Zhou 等(2008)、Liu 等(2013)、刘静 等(2011)、张妮妮 等(2011)、金玲(2010)的研究结论一致,因为这些家庭有条件使用更为清洁的能源。人均家庭资产一次项与煤的消费在

0.05 的显著性水平上正相关,二次项在 0.05 的显著性水平上负相关,说明家庭经济情况与煤的使用呈现倒 U 型关系,但是拐点位于 423 元处,远低于所有家庭的人均家庭资产,因此样本位于拐点的右侧,家庭经济情况与煤的消费呈负相关关系,即家庭情况较好的农户不使用煤作为炊事能源,这是因为尽管煤属于商品能源,但煤的使用会产生污染,那些家庭经济情况较好的农户会选择其他更为清洁的商品能源而不使用煤。人均家庭资产对电能消费比例影响的一次项不显著、二次项在 0.05 的水平上显著为正,说明农户家庭经济情况与电能消费比例呈正 U 型关系,但由于拐点处的人均家庭资产为 0,因此可以认为二者关系位于正 U 型曲线右侧,即家庭经济情况越好的农户使用电能的比例也越高,与 Zhang 等(2012)、Zhou 等(2008)、Liu 等(2013)结论相一致。因为家庭经济情况越好的农户越有条件使用更为方便、清洁的商品能源,而电能的方便性和清洁性在已有能源中位于前列,更容易被农户所接受和使用。人均家庭资产对沼气消费比例影响的二次项在 0.1 的水平上显著为负。同样地,由于一次项不显著,可以认为农户家庭经济情况与沼气消费负相关。因为沼气虽然也是清洁能源,但是使用沼气会受到劳动力、产气原料等因素的制约,因此那些家庭经济情况较好的农户会使用更为方便的商品能源代替沼气能源。非农就业并不影响农户炊事能源消费。

对于农户时间禀赋,农户家庭规模一次项与煤消费比例负相关,二次项为正相关,且均在 0.05 的水平上显著,表明家庭规模与煤消费呈正 U 型关系,且拐点为 3.79 人。即随着家庭规模的增加,农户对煤的消费比例会先降低,在达到 3.79 人后随着家庭规模的增加农户对煤的消费比例会提高。因为随着家庭规模的增加,农户倾向于使用更为廉价的生物质能源,而调研区域煤主要用于冬天,不仅用于烧水做饭还要用作取暖,因此随着家庭人口的进一步增加,农户会增加取暖用煤的消费(取暖的同时也在烧水或做饭,因此也算作炊事能源消费)。

对于农户家庭资源禀赋,农户的人均承包地面积和人均承包林地面积均不影响农户的能源消费比例。

替代能源对农户炊事能源消费有普遍的影响。建有土灶的农户,秸秆能源消费比例在 0.01 的显著性水平上高于未建土灶的农户,而电能、液化气和沼气的消费比例均是没有土灶的农户更高,且分别在 0.01、0.01 和 0.05 的水平上显著。说明秸秆对除煤以外的家庭炊事能源有替代作用。家中有煤炉的农户使用煤炭能源的比例更高,且在 0.01 的水平上显著,而这些农户使用电、液化气和沼气的比例也均在 0.05 的水平上显著低于家中没有煤炉的农户,说明煤对除秸秆以外的炊事能源有替代作用。如果农户家中有炊事电器,那么使用电能作为炊事能源的比例会高出 22%,而煤和液化气的消费比例会分别降低 4% 和 21%,且分别在 0.1 和 0.01 的显著性水平上显著,体现出电能对煤和液化气的替代作用。家中有液化气灶的农户液化气的消费比例会提高 18%,且在 0.01 的水平上显著,并且这部分家庭使用电能的比例会低 7%,且在 0.1 的显著性水平上显著,意味着液化气对电能有替代作用。

相对于连云港市,淮安市农户更倾向于使用秸秆作为能源,且在 0.01 的水平上显著。在其他因素不变的情况下,淮安市农户的秸秆消费比例平均比连云港市高了 19%。淮安市农户的液化气和沼气平均消费比例分别比连云港市低了 9% 和 12%,且均在 0.05 的水平上显著。两市农户的煤和电能消费水平并没有显著差异。

## 7. 结论与政策建议

### 7.1　研究结论

本文基于淮安市和连云港市的农户调研数据,以农户模型为基础构建影响农户炊事能源消费的计量经济模型,考察了 283 个建池农户能源消费比例的影响因素。为了解决沼气池持续利用的内生性问题,构建了农户沼气池使用影响因素的计量模型,运用沼气技术培训作为工具变量,并将该模型的预测值带入炊事能源使用行为模型当中。由于不同能源消费方程的残差项可能存在相关性,本文采用 SUR 模型进行回归。主要研究结论如下。

研究地区以电、液化气和秸秆为主要炊事能源,而对煤的使用较少。淮安市和连云港市的能源消费情况有一定差异性,淮安市农户对传统生物质能源的消费比较多,但是对液化气消费的比例比连云港市低了 9 个百分点;淮安市农户对于沼气的使用水平比连云港市低;两市对电的消费比例差异不大。对于建池农户而言,沼气的平均使用量占了所有炊事能源使用量的四分之一。在其他能源消费中,薪柴和秸秆的消费比例较低。

沼气池使用天数并不影响秸秆和液化气的使用比例,但是沼气池使用天数越多的农户使用电和液化气的比例越低,体现出沼气对电和液化气的替代作用;沼气池使用天数的增加也能显著促进沼气的使用。年龄越大的农户越不愿意使用电能作为炊事能源。受教育程度较高的农户使用秸秆能源的比例较低。户主是村干部的农户用电比例更高。家庭经济情况较好的农户使用秸秆的比例较低,使用电的比例较高。家庭经济情况与煤的使用呈负相关关系,即家庭经济情况较好的农户使用煤作为家庭炊事能源的比例较低。家庭规模与煤的消费呈正 U 型关系,即家庭规模较大或较小的农户使用煤的比例较高,拐点为 3.79 人。秸秆能源对除煤以外的其他能源有替代作用,煤对除秸秆以外的其他能源有替代作用,电能对煤、液化气消费有替代作用,液化气对电能有替代作用。淮安市农户消费秸秆比例更高,而连云港市农户消费液化气和沼气的比例更高。

### 7.2　政策建议

基于以上研究结论,本文提出以下几点政策建议,以期政府在更合理地推广沼气技术的同时,引导农户提高沼气池持续利用水平、改善农村能源消费结构,从而实现缓解农村能源危机、减少农村环境污染的政策目标。

第一,加大以沼气为代表的农村可再生能源推广力度。

本文研究显示,沼气对其他能源具有替代作用,尤其是对电能和液化气的替代效果十分明显,因此国家应该进一步加大对以沼气为代表的农村可再生能源的推广力度,进一步加强农户采纳和使用新能源的补贴力度,加强宣传,提高农户对可再生清洁能源的认知,促使农户更多地使用新能源,从而改善农村炊事能源的消费结构,缓解能源危机和环境污染问题。

第二,加强对农户的沼气技术培训。

本文的研究结果显示,提高沼气池的使用天数能有效改善农村家庭炊事能源消费结构,减少化石能源和电能的消费,缓解农村地区能源短缺问题,保护农村生态环境。而提高农户沼气技术采纳的积极性能够达到增加沼气池使用天数的目的,因此政府可以加大以沼气培训为主的沼气技术的推广力度,让更多的农户建造并使用沼气池。

沼气技术培训是沼气技术推广中不可或缺的一个环节,也是提高沼气技术采纳和沼气池持续利用水平的必然要求。目前留守在农村的农民科学文化素质普遍不高,且以女性、儿童和老人居多,对沼气技术的接受和运用能力偏低。因此,要进一步强化面向农户的沼气技术培训,提高农户对沼气技术的认知,使其掌握沼气池的使用和管理技术。此外,要充分发挥示范作用,让农户看到建设和使用沼气池的诸多好处,以点带面推动沼气技术推广工作。

第三,鼓励农户购置并使用电器进行炊事活动。

本文研究结果显示,电能对煤具有替代作用。煤的燃烧会产生二氧化硫、氮氧化物、烟尘(包括 $PM_{2.5}$、$PM_{10}$)、一氧化碳等污染气体,还会产生砷、铅、铜等重金属,长期使用会污染环境并对身体造成损害。而且煤的使用不方便,要更换煤炭、清理煤炉。相对于煤而言,电能更为清洁,使用更为方便,因此要鼓励农户多使用电能从事炊事活动,可以结合家电下乡政策对炊事用电器进行一定补贴,降低农户购买电器的成本,从而促进炊事用电器的普及。通过农户对炊事用电器的购买可以有效提高其对电能的使用,并可以有效减少煤的使用,从而减少环境污染。

(本报告撰写人:马力)

作者简介:马力,博士,南京信息工程大学法政学院讲师。

本报告受南京信息工程大学气候变化与公共政策研究院开放课题"农户炊事能源使用行为的实证分析"(17QHB007)资助。

## 参考文献

艾平,张嘉强,张衍林,等,2009. 农户采用沼气技术的行为分析[J]. 华中农业大学学报(社会科学版),2:31-34.

蔡亚庆,仇焕广,王金霞,白军飞,2012. 我国农村户用沼气使用效率及其影响因素研究——基于全国五省调研的实证分析[J]. 中国软科学,3:58-64.

曹幼平,2010. 新农村建设中农村生态环境污染分析[J]. 现代农业科技,16:395-396.

陈慧敏,2009. 农村沼气发展的政策研究[D]. 长沙:中南大学.

陈甲斌,2003. 我国农村能源与环境协调发展分析及其策略[J]. 可再生能源(6):45-47.

崔奇峰,王翠翠,2009. 农户对可再生能源沼气选择的影响因素——以江苏省农村家庭户用沼气为例[J]. 中国农学通报,25(10):273-276.

仇焕广,蔡亚庆,白军飞,孙顶强,2013. 我国农村户用沼气补贴政策的试试效果研究[J]. 农业经济问题,2:85-92.

仇焕广,严健标,江颖,李登旺,2015. 中国农村可再生能源消费现状及影响因素分析[J]. 北京理工大学学报(社会科学版),17(3):10-15.

仇焕广,严健标,李登旺,韩炜,2015. 我国农村生活能源消费现状、发展趋势及决定因素分析——基于四省两期调研的实证研究[J]. 中国软科学,11:28-38.

代宝成,2007. 泾川县农村户用沼气池使用情况及报废、闲置问题的成因及对策[J]. 中国沼气,25(5):49-51.

方琦,毛正强,屠翰,2011. 浙江省农村能源沼气后续服务体系典型模式研究与分析[J]. 中国沼气,29(6):37-54.

方行明,屈锋,尹勇,2006. 新农村建设中的农村能源问题—四川省农村沼气建设的启示[J]. 中国农村经济,9:56-62.

冯大功,2010. 随州市农村户用沼气发展制约因素及潜力研究[D]. 武汉:华中农业大学.

冯祯民,王效华,1996. 中国经济发达地区农村能源消费的现状与发展[J]. 农村能源,6:3-4.

高海清,李世平,2008. 西北退耕区农户收入水平对沼气消费的影响分析[J]. 开发研究,5:85-87.

高启杰,2000. 农业技术推广中的农民行为研究[J]. 农业科技管理,1:28-30.

葛勇进,杨胜,2010. 为沼气产业可持续发展提供保障——农村户用沼气后续管理模式的调查与探讨[J]. 中国沼气,28(2):52-54.

国家统计局,2014. 中国国家统计年鉴[M]. 北京:中国统计出版社.

韩昀,王道龙,毕于运,刘继芳,2014. 影响农村家庭能源消费的主要因素研究——山东省郯城县实证分析[J]. 农业科研经济管理,1:10-16.

郝利,周连弟,刘志国,钟春艳,2011. 沼气生产成本收益与产业发展分析—以北京市平谷区大兴庄镇西柏店村沼气站为例[J]. 农村经济,2:55-59.

何沙,陈东升,杨乾,徐国良,宋利贞,范娜娜,何松阳,2011. 户用沼气服务体系优化建设研究[J]. 可再生能源,29(2):136-140.

胡浩,张晖,岳丹萍,2008. 规模养猪户采纳沼气技术的影响因素分析—基于对江苏 121 个规模养猪户的实证研究[J]. 中国沼气,26(5):21-25.

黄季焜,邓衡山,徐志刚,2010. 中国农民专业合作经济组织的服务功能及其影响因素[J]. 管理世界,5:75-81.

金玲,王效华,闫惠娟,2010. 江苏省如皋市农村家庭能源消费分析[J]. 安徽农业科学,38(36):21009-21010.

康云海,2007. 云南山区农户发展沼气的行为分析[J]. 生态经济:学术版,1:290-294.

柯明妃,2011. 农户参与沼气建设的意愿及影响因素研究—基于福建省泉州的调查[D]. 成都:四川农业大学硕士学位论文.

孔祥智,方松海,庞晓鹏,马九杰,2004. 西部地区农户禀赋对农业技术采纳的影响分析[J]. 经济研究,12:85-122.

匡静,张恩和,陈秉谱,2011. 联户沼气工程的经济与环境效益评价[J]. 中国农学通报,27(4):401-405.

李斌业,2003. 从"农村能源生态技术模式"看农业可持续发展[J]. 可再生能源,5:54-55.

李崇光,陈诗波,2009. 乡村清洁工程:农户认知、行为及影响因素分析[J]. 农业经济问题(月刊),4:20-25.

李光全,聂华林,杨艳丽,2010. 中国农村生活能源消费的区域差异及影响因素[J]. 山西财经大学学报,32(2):68-72,106.

李红妹,2011. 基于农户调查的黄河流域农村户用沼气适宜性评价研究[D]. 中国农业科学院硕士学位论文.

李建华,景永平,2011. 农村经济结构变化对农村能源效率的影响[J]. 农业经济问题,11:93-99.

李萍,王效华,2006. 基于环境费用—效益分析的农村户用沼气池效益分析[J]. 中国沼气,25(2):31-33.

李清林,2012. 政府主导下的农村沼气服务体系建设[J]. 中国沼气,30(1):52-57.

李秀芬,朱金兆,顾晓君,朱建军,2010. 农业面源污染现状与防治进展[J]. 中国人口·资源与环境,20(4):81-84.

李岩岩,赵湘莲,陆敏,2013. 碳税与能源补贴对我国农村能源消费的影响分析[J]. 农业经济问题,8:100-112.

李扬虎,李惠莉,李慧敏,2008. 黄陵县农村沼气后续服务体系建设现状及发展对策[J]. 中国沼气,26(4):

46-47.

李玉香,2012. 浅谈泽州县农村沼气服务体系建设[J]. 农业工程技术(新能源产业),1:9-11.

林斌,戴永务,余建辉,2009. 规模化养猪场沼气工程投资决策行为的经济学思考[J]. 中国沼气,28(1): 25-27.

刘静,朱立志,2011. 我国农户能源消费实证研究—基于河北、湖南、新疆农户的调查数据[J]. 农业技术经济, 2:35-40.

刘晓英,张伟豪,肖潇,陈晓夫,刘广青,2011. 中国农村可再生能源的发展现状分析[J]. 中国人口·资源与环境,21(3):160-164.

刘叶志,2009. 农村户用沼气综合利用的经济效益评价[J]. 中国农学通报,25(1):264-267.

刘子飞,张体伟,胡晶,2014. 西南山区农户禀赋对其沼气选择行为的影响——基于云南省1102份农户数据的实证分析[J]. 湖南农业大学学报(社会科学版),15(2):1-7.

娄博杰,2008. 农户生活能源消费选择行为研究[D]. 北京:中国农业科学院.

楼洪志,王仲森,2006. 加快农村能源发展推进新农村建设对策研究[J]. 农业工程学报,22:32-36.

陆慧,2007. 农村户用沼气对环境影响的指标体系与评价[J]. 太阳能学报,28(3):340-344.

罗杰斯,2004. 创新的扩散[M]. 北京:中央编译出版社.

罗清海,彭文武,2011. 湖南某地区农村户用沼气使用状况调查分析[J]. 煤气与热力,31(4):21-25.

罗雨国,2010. 农村户用沼气发展机制分析—以陕西省为例[D]. 杨凌:西北农林科技大学.

农业部,2011a. 农村新能源建设驶上快车道——沼气产业发展巡礼[EB/OL]. http://www.moa.gov.cn/sjzz/kjs/ncny/201104/t20110415_1969445.htm.

农业部,2011b. 农业科技发展"十二五"规划[EB/OL]. http://www.moa.gov.cn/zwllm/zcfg/nybgz/201112/t20111231_2449779.htm.

农业部,2007. 农业部办公厅、国家发展改革委办公厅关于印发全国农村沼气服务体系建设方案的通知[OL]. http://www.moa.gov.cn/zwllm/tzgg/tz/200704/t20070410_799903.htm.

彭新宇,2007. 畜禽养殖污染防治的沼气技术采纳行为及绿色补贴政策研究:以养猪专业户为例[D]. 北京:中国农业科学院.

彭新宇,2009. 基于补贴视角的农村户用沼气池成本效益评价:以湘潭市新月村为例[J]. 环境科学与管理,34(11):154-157.

彭新宇,高雷,2014. 农村贫困地区沼气采纳决策的影响因素实证研究[J]. 系统工程,8:137-142.

乔召旗,2010. 西部贫困地区农村发展替代能源研究[J]. 农业技术经济,4:78-85.

邱翠金,2007,蒋存有,朱聚溪,顾培勇,郑英. 广丰县农村沼气发展的思考[J]. 江西农业学报,19(12):157-158.

任龙越,2012. 农户沼气池弃置行为影响因素及对策研究——以江西省上饶市铅山县为例[D]. 南京:南京农业大学.

邵宪宝,霍学喜,2009. 陕西农村家庭能源消费现状研究[J]. 陕西农业科学,3:181-183.

盛颖慧,2010. 农户采纳沼气技术影响因素分析—以化德县及扎赉特旗为例[D]. 呼和浩特:内蒙古农业大学.

盛颖慧,根锁,李春生,2010. 扎赉特旗农户采纳沼气技术影响因素分析[J]. 北方经济:综合版,4:84-85.

师华定,齐永青,刘韵,2010. 农村能源消费的环境效应研究[J]. 中国人口·资源与环境,20(8):148-153.

石方军,薛君,王利娟,2008. 河南省农村生态沼气项目经济与社会效益评价[J]. 中国沼气,26(5):45-47,44.

史清华,彭小辉,张锐,2014. 中国农村能源消费的田野调查——以晋黔浙三省2253个农户调查为例[J]. 管理世界,5:80-92.

是丽娜,2008. 发达地区农村家庭能源使用和选择研究——以江苏省南京市为例[D]. 南京:南京农业大学.

舒尔茨,1987. 改造传统农业[M]. 北京:商务印书馆.

苏本营,张璐,李永庚,蒋高明,2011. 农民家庭收入提高对能源消费结构的影响—以北京市门头沟区为例[J]. 中国农学通报,27(8):420-426.

苏亚欣,毛如玉,赵敬德,2006. 新能源与可再生能源概论[M]. 北京:化学工业出版社.

孙水鹅,王火根,2015. 农户应用新能源行为影响因素分析——基于鄱阳湖生态经济区1500户调查数据[J]. 农业工程技术,12:16-20.

唐亮,刘肇军,熊康宁,肖华,2013. 喀斯特地区农村家庭能源消费结构及效应分析[J]. 贵州师范大学学报(自然科学版),31(2):96-102.

汪海波,辛贤,2008. 农户采纳沼气行为选择及影响因素分析[J]. 农业经济问题,12:79-85.

汪海波,辛贤,2007b. 中国农村沼气消费及影响因素[J]. 中国农村经济,11:60-65.

汪海波,杨占江,耿晔强,2007a. 中国农村户用沼气生产及其影响因素分析[J]. 可再生能源,25(5):106-109.

汪力斌,刘启明,2008. 农民视角下的农村沼气技术推广——基于江西、湖北、河南和山西四省的调查[J]. 农村经济,9:106-110.

王珏,2011. 村域经济之农村户用沼气调研报告[J]. 农业工程技术(新能源产业),4:4-6.

王康杰,2007. 运城市农村户用沼气发展中存在的问题和对策[J]. 中国沼气,25(6):44-47.

王丽佳,2009. 基于沼气技术的生物质资源利用综合效益分析[D]. 杨凌:西北农林科技大学.

王强,2006. 贫困地区沼气建设后续服务模式的思考[J]. 中国沼气,24(2):61-62.

王维薇,2010. 已建池农户沼气消费偏好的影响因素分析[D]. 武汉:华中农业大学.

王效华,狄崇兰,2002. 江苏农村地区能源消费与可持续发展[J]. 中国人口·资源与环境,12(5):96-98.

王效华,冯祯民,2001. 中国农村家庭能源消费研究　消费水平与影响因素[J]. 农业工程学报,17(5):88-91.

王效华,张希成,刘涟淮,蒋晓平,2005. 户用沼气池对农村家庭能源消费的影响—以江苏省涟水县为例[J]. 太阳能学报,26(3):419-423.

魏敦满,2009. 南平市农村沼气建设后服务体系建设问题初探[J]. 中国沼气,27(4):45-48.

文华成,杨新元,2006. 市场约束对农村户用沼气国债项目政策效果的影响[J]. 农村经济,12:87-89.

吴伟光,刘强,谢涛,李强,2012. 自然保护区周边农户家庭生活能源消费需求——基于浙江和陕西的实证分析[J]. 农业技术经济,5:43-49.

吴卫明,2006. 户用沼气对农村家庭能源消费影响及其效益评价——以安徽省贵池区为例[D]. 南京:南京农业大学.

吴祝平,邹进泰,2009. 完善推广四中农村沼气服务体系建设模式——破解农村沼气服务体系建设难题的调查与建议[J]. 农业工程技术(新能源产业),5:4-9.

席江,陈子爱,王超,等,2011. 农村沼气村及服务网点现状调研与问题分析[J]. 中国沼气,29(4):41-53.

新华网,2011. 沼气"点亮"新农村——"十一五"我国农村沼气建设成就显著[N]. 2011-01-16. http://news.xinhuanet.com/politics/2011/01/16/c_13693128.htm.

徐瑶,2014. 低碳背景下农村居民生活能源消费实证分析——基于7省的微观数据[J]. 安徽农业科学,42(6):5171-5174.

阎竣,陈玉萍,2006. 西部户用沼气系统的社会经济效益评价—以四川、陕西和内蒙古为例[J]. 农业技术经济,3:37-42.

杨建州,高敏珲,张平海,陈丽娜,邓美珍,2009. 农业农村节能减排技术选择影响因素的实证分析[J]. 中国农学通报,25(23):406-412.

易小燕,2010. 江苏农村沼气建设的思考[J]. 中国农业资源与区划,31(3):90-94.

曾晶,张卫兵,2005. 我国农村能源问题研究[J]. 贵州大学学报(社会科学版),23(3):105-108.

曾艳,2008. 江西沼气建设的成效及下一步设想[J]. 安徽农业科学,36(13):5598-5599.

张帆,李东,2007. 环境与自然资源经济学[M]. 上海:上海人民出版社.

张力小,胡秋红,王长波,2011. 中国农村能源消费的时空分布特征及其政策演变[J]. 农业工程学报,27(1):1-9.

张林,肖诗顺,陈丘,2011. 技术进步对我国农村能源效率的影响分析[J]. 四川农业大学学报,29(4):570-575.

张林秀,1996. 农户经济学基本理论概述[J]. 农业技术经济,3:24-30.

张明泉,杨乾,徐国良,宋书贵,陈东升,2011. 服务体系对农村户用沼气综合效益的影响度论证[J]. 中国沼气,29(4):30-40.

张妮妮,徐卫军,曹鹏宇,2011. 影响农户生活能源消费的因素分析—基于 9 省的微观数据[J]. 中国人口科学,3:73-82.

张青,王效华,2011. 常州市农村能源消费影响因素实证分析[J]. 农业工程学报,27(2):154-157.

张彩庆,郑金成,臧鹏飞,黄元生,2015. 京津冀农村生活能源消费结构及影响因素研究[J]. 中国农学通报,31(19):258-262.

张绍兵,2007. 农业面源污染的来源及防治措施[J]. 现代农业科技,8:110-111.

张晓,高海清,2009. 西部地区农户收入水平对农村能源消费的影响[J]. 生态经济(学术版),5:379-381.

赵雪雁,2015. 生计方式对农户生活能源消费模式的影响——以甘南高原为例[J]. 生态学报,35(5):1-14.

郑风田,刘杰,2010. 家庭能源消费结构对农村家庭妇女时间分配的影响—来自贵州省织金县的数据[J]. 农业技术经济,10:72-81.

周曙东,崔奇峰,王翠翠,2009. 江苏和吉林农村家庭能源消费差异及影响因素分析[J]. 生态与农村环境学报,25(3):30-34.

訾昆,施卫省,2002. 农村可再生能源与可持续发展[J]. 可再生能源,5:29-31.

Atanu Saha,H. Alan Love,Robeit Schwar,1994. Adoption of emerging technologies under output uncertainty [J]. American Journal of Agricultural Economics,76:836-846.

Bruns E,Ohlhorst D,Wenzel B,Köppel J,2011. Renewable Energies in Germany's Electricity Market[M]. Frankfurt:Springer:89-159.

Cai Jing,Jiang Zhigang,2008. Changing of energy consumption patterns from rural households to urban households in China:An example from Shaanxi Province,China[J]. Renewable & Sustainable Energy Reviews,12:1667-1680.

Chen Le,Herrink Nico,van den Berg Marrit,2006. Energy consumption in rural China:A household model for three villages in Jiangxi Province[J]. Ecological Economics,58:407-420.

Chen S Q,Li N P,Guan J,et al,2009. Contrastive study between the biomass energy utilization structure and the ecotype energy utilization structure in rural residences:A case in Hunan province,China[J]. Renewable Energy,34,1782-1788.

Demurger Sylvie,Fournier Martin,2011. Poverty and firewood consumption:A case study of rural households in northern China[J]. China Economic Review,22:512-523.

Gautam Gupta,Gunnar Kohlin,2006. Preferences for domestic fuel:Analysis with socio-economic factors and rankings in Kolkata,India[J]. Ecological Economics,57:107-121.

Han Jingyi, 2009. Renewable energy development in China:Policies, practices and performance [D]. Ph. D. Thesis,Wageningen University,Wageningen.

Heltberg Rasmus,Arndt Thomas Channing,Sekhar Nagothu Udaya,2000. Fuelwood consumption and forest degradation:A household model for domestic energy substitution in rural India[J]. Land Economics,76(2):

213-232.

Huang Liming,2009. Financing rural renewable energy:A comparison between China and India[J]. Renewable and Sustainable Energy Reviews,13:1096-1103.

Karekezi S, 2002. RRenewables in Africa-meeting the energy needs of the poor [J]. Energy Policy, 30: 1059-1069.

Mwirigi Jecinta W,Makenzi Paul M,Ochola WashingtonO,2009. Socio-economic constraints to adoption and sustainability of biogas technology by farmers in Nakuru Districts,Kenya[J]. Energy for Sustainable Development,13:106-115.

Majid Ezzati,Daniel M Kammen,2002. Household energy,indoor air pollution,and health in developing countries:Knowledge base for effective interventions[J]. Annu. Rev. Energy Environ. ,27:233-270.

Rajeeb Gautam,Sumit Baral,Sunil Herat,2009. Biogas as a sustainable energy source in Nepal:Present status and future challenges[J]. Renewable & Sustainable Energy Reviews,13:248-252.

Sovacool K Benjamin,2011. An international comparison of four polycentric approaches to climate and energy governance[J]. Energy Policy,39:3832-3844.

Stone Robert,1954. Linear expenditure system and demand analysis:An application to the pattern of British demand[J]. Economic Journal,64:511-527.

Sufdar Iqbal,Sofia Anwar,Waqar Akram,Muhammad Irfan,2013. Factors leading to adoption of biogas technology:A case study of district Faisalabad,Punjab,Pakistan[J]. International Journal of Academic Research in Business and Social Sciences,3(11):571-578.

Sun Dingqiang,Bai Junfei,Qiu Huanguang,Cai Yaqing,2014. Impact of government subsidies on household biogas use in rural China[J]. Energy Policy,73:748-756.

Walekhwa N. Peter,Mugisha Johnny,Drake Lars,2009. Biogas energy from family-sized digesters in Uganda: critical factors and policy implications[J]. Energy Policy,37:2754-2762.

Wang F,Yin H T,LiS D,2010. China's renewable energy policy:Commitments and challenges[J]. Energy Policy,38(4):1872-1878.

Wang Xiaohua,Di Chonglan,Hu Xiaoyan,et al,2007. The influence of using biogas digesters on family energy consumption and its economic benefit in rural areas-comparative study between Lianshui and Guichi in China [J]. Renewable & Sustainable Energy Reviews,11:1018-1024.

Wang Xiaohua,Feng Zhenmin,2011. Rural household energy consumption with the economic development in China:stages and characteristic indices[J]. Energy Policy,29:1391-1397.

Wang Xiaohua,Li Jingfei,2005. Influence of using household biogas digesters on household energy consumption in rural areas-a case study in Lianshui County in China[J]. Renewable and Sustainable Energy Reviews,9 (2):229-236.

Wenisch S, Rousseaux P, Metivier-Pignon H, 2004. Analysis of technical and environmental parameters for waste-to-energy and recycling:household waste case study[J]. International Journal of Thermal Sciences,43: 519-529.

Xiaoping Shi,Nico Herrink,Futian Qu,2009. The role of off-farm employment in the rural energy consumption transition-A village-level analysis in Jiangxi Province,China[J]. China Economic Review,20:350-359.

Zheng Y H,Li Z F,Feng S F,et al,2010. Biomass energy utilization in rural areas may contribute to alleviating energy crisis and global warming:A case study in a typical agro-village of Shandong,China[J]. Renewable and Sustainable Energy Reviews,14:3132-3139.

Jin Yinlong,Ma Xiao,Chen Xining,et al,2006. Exposure to indoor air pollution from household energy use in rural China: The interactions of technology, behavior, and knowledge in health risk management[J]. Social Science & Medicine, 62: 3161-3176.

Zhang Lixiao, Yang Zhifeng, Chen Bin, Chen Guoqian, 2009. Rural energy in China: Pattern and policy[J]. Renewable Energy, 34: 2813-2823.

Zhang Rui, Wei Taoyuan, Glomsrod Solveig, Shi Qinghua, 2014. Bioenergy consumption in rural China: Evidence from a survey in three provinces[J]. Energy Policy, 75: 136-145.

Zhang X L, Wang R S, Huo M L, Eric Martinot, 2010. A study of the role played by renewable energies in China's sustainable energy supply[J]. Energy, 35(11): 4392-4399.

Zhou Zhongren, Wu Wenliang, Chen Qun, Chen Shufeng, 2008. Study on sustainable development of rural household energy in northern China[J]. Renewable & Sustainable Energy Reviews, 12: 2227-2239.

# 气候变化背景下中西方能源教育比较研究

**摘　要**：气候变化与能源问题都是当前国际社会普遍关注的重大问题，两者之间相互影响，相互作用，存在着紧密的联系。一方面，能源消费是引发气候变化的主要原因；另一方面，气候变化对未来能源的供需、基础设施及能源运输等各方面产生较大影响。能源问题的解决既是国际社会有效应对气候变化的战略选择，亦是 21 世纪世界各国实现可持续发展的重要保障。目前，不科学的生产生活方式普遍存在，绝大多数人还不能科学理解和把握自己的生产生活方式与环境问题和能源的可持续发展之间的复杂关系。要有效改变这种状况，教育是最直接、最高效的途径之一，我们必须依靠教育这个强大武器，积极唤起人们对能源问题的关心，提高他们的能源意识，树立节能减排的观念，培养良好的能源消费习惯，构建可持续消费模式。

本文以气候变化对能源消费的影响为切入点，以中国和西方发达国家的能源教育为研究对象，从中西方能源教育的基本理论、教育要素、价值基础、组织体制与基本运行模式等方面进行了比较研究，找出了我国在能源教育方面与国际社会存在的差距，总结并借鉴了西方能源教育的成功经验，为尽快构建中国能源教育发展体系、推动我国能源教育理论和实践的发展提供了有益的探索。

**关键词**：气候变化　能源教育　比较研究

# A Research on the Comparison of Energy Education between Chinese and Western in the Context of Climate Change

**Abstract**：Both climate change and energy usage are major international issues with growing concerns. These two issues are closely related as they can interact with each other to a large degree. On one hand, energy consumption is one of the main factors causing the climate change；on the other hand, climate change can also significantly affect many aspects of energy usage such as the future supply-demand relationship of energy, corresponding infrastructure construction, and energy transportation. In order to deal with world climate change problems effectively and guarantee the sustainable development in the $21^{st}$ century, the solutions to energy problems should be definitely given priority to. Unfortunately, sick production methods and lifestyles of human society are still dominant to proper and scientific ones and the majority of people are unable to understand or even realize the important relationship between their daily life and the environmental sustainable development of society. Therefore, education can play a strong role to efficiently improve this condition, through which people can pay attention to energy problems actively, raise their energy awareness and always keep the viewpoints of energy conservation and emission reduction in mind so that a resource-conserving and environmentally-friendly society can finally be established.

This paper focuses on the influence of climate change on energy consumption and aims at stating the gap between Chinese and international energy education by comparing their different basic education theories, education systems, value basis, and running modes. Useful and suitable experience coming from western developed countries will be summarized to push the establishment of Chinese energy education system and help promote the development of Chinese energy education theory as well as practice.

**Key words**: Energy education; climate change; comparative study

# 1. 能源教育的兴起

## 1.1　能源教育的内涵

什么是能源？对于它的定义约有 20 种之多，通常认为能源就是那些可向自然界提供能量转化的物质，它是人类进行一切社会活动的物质基础和动力源泉，如煤炭、石油、天然气等化石燃料和水能、核能、风能、太阳能、地热能等属于一次能源，由一次能源通过一定方式转换而来的与人类社会生活直接相关的如热能和电能则为二次能源。一次能源又分为可再生能源（水能、风能及生物质能）和不可再生能源（煤炭、石油、天然气、核能等）。

对于什么是"能源教育"，教育界亦无统一确切的定义，如在《能源环境教育中心能源教育指南》中，对能源教育描述为：能源教育是一种要求获得关于能源的正确知识和确切信息，同时把能源环境问题作为自身的问题加以思考，在将来能够有责任的、拥有正确的认识和积极的态度来应对能源环境问题。

本文不妨引用刘继和先生给出的能源教育的定义："能源教育是指关于能源本身及其与人类之间关系的教育。其基本目的在于使受教育者理解能源的基本含义；能够积极关心能源及环境问题，提高能源意识；认识能源的有限性和节能的必要性，树立节能观念，提高节能技术；认识能源在社会发展中的重要地位，正确理解和把握能源与环境问题及其和人类生产生活之间的密切关系；养成科学处理能源及环境问题的实践态度及对能源问题的自我价值判断能力和意志决定能力，树立与环境相协调的合理生活方式，并积极参与到共建可持续发展的和谐社会过程中去（刘继和，2006）"。

人们从不同角度对能源教育进行了如下分类：从能源属性来看，能源教育可分为不可再生能源教育、可再生能源教育、传统能源教育和新能源教育；从能源过程来看，能源教育可分为能源勘探开发教育、能源生产加工教育、能源运输配送教育、能源销售消费教育；从能源的消费载体来看，能源教育可分为建筑能源教育、交通运输能源教育、工业能源教育、公共部门能源教育、生活能源教育；从能源教育覆盖的主体来看，能源教育可分为学校能源教育（学前能源教育、初级能源教育、中等能源教育、高等能源教育）、社区能源教育和家庭能源教育；从节能和能效提高的决定因素来看，能源教育可分为能源科技教育（科技发展提高了生产效率，减少了能耗）、能源管理教育（政策激励、流程优化减少能耗）和能源行为教育（直接减少水、电等能源的浪费)(吴志功等,2010)。

综合学者们对能源教育的理解和阐释,本文将能源教育的内容大致归结为以下五个方面。

(1)能源基本知识。理解能源基本概念、基本特性、能源的生产消费过程和能源在社会发展中的重要地位以及能源与能量的联系与区别等。通过能源教育,帮助人们尤其是青少年了解什么是能源,什么是清洁能源,能源的类别,什么是可再生能源和不可再生能源,不可再生能源的有限性,人类社会发展对能源的无限依赖性,能源的勘探、开发、生产、运输、配送、销售及消费过程,各种能源的分布、埋藏量、生产量及消费量,各种能源(煤炭、石油、天然气、核能、水能、风能、太阳能、氢能源、潮汐能、金属能源等)使用的利与弊,各种能源政策与法规等。

(2)能源科技和管理。通过能源科技和管理教育,使人们初步了解一次能源向二次能源转换的基本生产技术;认识能源的开发、运输与储藏等技术;了解能源效率提高技术和减排方法;了解能源管理政策和措施等。

(3)能源与环境问题。通过能源教育,使人们充分认识到能源消耗带来的环境问题,帮助人们树立科学的能源消费和环境保护意识,培养人与环境和谐发展的生活方式,积极思考科学开发利用能源和改善解决由能源生产和消费导致环境污染问题的有效措施等。

(4)能源与人的关系。理解能源与人类社会和经济发展的密切关系,了解各类能源在各部门、各行业的消费使用量,认识人口增长的无限性与能源供给的有限性之间的矛盾关系,明确能源对于社会可持续发展的重要性。

(5)能源的绿色发展。即节能和开发新能源。在理解和掌握能量概念、能源知识、能源技术以及能源与人和环境的关系的过程中,形成良好的低碳生活理念,培养对复杂能源问题的自我价值判断能力和意志决定能力,并能从自身的生活实际出发,从小事做起,为保护生态环境以及人类社会可持续发展采取科学合理的行动。

## 1.2　气候变化与能源消费的关系

气候变化与能源消费之间存在紧密联系,两者相互影响,相互作用。一方面,能源消费对气候变化具有重要影响。随着工业化进程的加快和世界经济的迅速发展,人类对能源的需求量也快速增长,随之而来的温室气体(主要由煤、石油、天然气的燃烧等带来的 $CO_2$、$O_3$、$CH_4$、$CO$、$NO_x$ 以及 $CFC_s$ 等气体)排放量的增加增强了温室效应,导致了全球气温升高。可以说,三分之二的温室气体排放源自于能源消费,能源消费亦是引发气候变化的主要原因。据政府间气候变化专门委员会(IPCC)的资料显示,在整个 20 世纪的 100 年时间里,全球气温平均升高了 0.6 ℃。人为活动的温室气体排放引起全球气候变化,已逐步被科学界所确认(Solomon et al,2007)。

就我国来看,有学者从我国 1951—2009 年历年能源生产消费量、历年全国能源构成、万元GDP 能耗等方面,分析了近几十年来我国经济社会发展和能源消费对气候变化的影响问题,结果显示,近 59 年来,我国平均气温显著上升,且全国温度变化趋势与经济发展和能源消费逐年增加相一致,平均温度变化趋势和有效能源消费量基本呈良好的正相关关系,最大相关系数为 80%(李芬 等,2012)。这也很好地印证了能源消费对气候变化带来的重要影响。

另一方面,以气候变暖为主要特征的全球气候变化对全球环境及社会经济(包括能源消费)产生了深刻的影响。气候变化已成为国际社会普遍关注和必须共同面对的全球性问题。

许多观测资料表明,地球正在经历以全球气候变暖和极端气候事件频率、强度增加为主要特征的气候变化问题(Parry,2007)。

气候变化将会对能源消费产生什么样的影响?首先,全球气候变化对未来能源的供需尤其是可再生能源的供需将会产生较大影响。在能源生产供应方面,风、酷暑、严寒和暴风雪等极端气候事件对石油生产产生不利影响,降水多寡会影响水力发电。在能源需求方面,夏天酷暑人们会增加能源的需求量,气候变暖则要求尽力减少能源消耗以降低温室气体排放。德国作为全球应对气候变化的先锋,2007年的能源消费量较20世纪90年代初期减少了6.1%,可再生能源的发展和能效的提高,使德国的温室气体排放量迅速减少。2008年,德国温室气体排放量为9.45亿吨,较1990年的排放量减少了22.2%。美国在气候变化和能源政策方面确定的目标是要在2020年前将温室气体排放降低到1990年的水平,并到2050年再减少80%,到2025年时,让全美国25%的能源来自于风能、核能和清洁煤炭等清洁能源;试图建立石油进口国联盟,努力减少石油需求;启动"总量控制和碳排放交易"系统,大力发展新一代的能源技术,确保清洁能源的发展和应用。

其次,气候变化还会对能源基础设施产生影响。全球气候变化会使气象极端事件显著增加,如气候变暖会带来干旱、暴雨及干热风等灾害性天气。例如,气候极端事件可能引起电网系统出现故障,进而导致电力供应瘫痪。事实上,世界很多国家都发生过大规模停电事故,如2003年9月23日,瑞典中部和南部电网以及丹麦东部电网因暴风雪压倒刮断的树木破坏了供电线路,导致了这些地区的大面积停电。2008年2月中国湖南地区遭遇50年一遇的大雪灾,这次雪灾对湖南地区的电网系统和设备造成了巨大的破坏,致使450万人在没有电的情况下生活了两个星期之久。2009年11月10日,巴西最大的两个城市里约热内卢和圣保罗以及周边地区突然遭遇大停电,停电范围约占巴西国土面积的一半,波及全国18个州,电力供应几乎完全中断。据报道,这次大停电的直接原因就是强降雨和雷电造成这一地区三条主要输电线路同时发生故障,导致伊泰普水电站的5条高压电线发生短路。还有2012年印度大停电,这些停电事件中不乏由于气候或灾害等造成的基础设施破坏,如电缆压断、变压器冻坏等。

再次,气候变化还会对能源运输等方面造成不良影响。如由于极端天气的原因,经常会导致海陆空交通以及能源专用输送管道等运输的不顺畅,直接影响石油、天然气、煤炭等能源的运输,并进一步影响下游产业的能源供给。

最后,气候变化对可再生能源的利用影响也非常显著,气温、降水、风和日照等变化都是能源供需的较显著影响因子。

总之,能源与气候变化问题关系着人类可持续发展,是世界各国共同面临的严峻挑战。解决能源与气候变化问题,是国际社会应对气候变化进程中必须采取的战略选择(张旭 等,2015)。从某种意义上讲,解决我国实现能源领域的消费革命是应对全球气候变化领域的一个关键问题,而这一关键性问题中,教育引导是前置性与必要性因素。

## 1.3 能源教育的必要性和重要性

人类社会的发展离不开能源的开发和利用,能源是一个国家实现可持续发展的重要保障,所以能源问题本质上也是发展问题,21世纪能源的重要性对于任何一个国家和地区的发展来说更是举足轻重,谁能有效解决能源问题,拥有足够的能源,谁就具备了可持续发展的基础。

然而能源问题仍在不断地凸显,具体体现在两个方面。一是能源供需矛盾在不断地加剧。随着社会经济的发展和世界人口的增加,世界能源的需求总量和消耗总量在不断增加,据英国石油(British Petroleum,BP)统计显示,1983 年世界一次能源消费量仅为 66.763 亿吨油当量,而 2013 年已达到 127.304 亿吨油当量(BP 世界能源统计年鉴,2014)。能源消费总量在三十年内翻了一番,年平均增长率在 2.17% 左右。2016 年,尽管中国能源消费增速有所减缓,仅增长 1.3%,可以说 2015 年与 2016 年是中国自 1997—1998 年以来能源消费增速最为缓慢的两年,但中国仍是连续 16 年全球范围内增速最快的能源市场(BP 世界能源统计年鉴,2017)。能源需求的大量增长,给世界各国带来了前所未有的供应压力。而煤炭、石油、天然气等不可再生能源则日益面临枯竭,有学者估计,这些经过地球上亿年积累下来的化石能源仅仅还能够支撑人类 300 年的大规模开采。人类正面临着全球能源枯竭的巨大危机。

能源问题不断凸显的第二个方面是,化石能源的大量消耗所引发的环境污染、气候变化等一系列严重的环境问题对人类生存发展带来了严重威胁,这些问题正演变成种种灾害,肆意危害着人类社会。世界气象组织于 2009 年发布的观测数据显示,全球在年度二氧化碳、甲烷等温室气体的浓度已经达到工业革命至今的最高水平。政府间气候变化专门委员会(IPCC,2001)指出,由人为所造成的全球气候变暖已经对多种自然生态系统产生严重干扰,其可能会引发的气温升温势必会对水资源、生态系统、农林生产、人类居住环境以及健康产生更进一步的深刻影响(IPCC,2007)。可以说,世界各国都将不可避免地经受能源问题的考验,能源问题已经从·个国家的内部问题上升到一个全球性问题。

在能源面前,人类正面临着严峻的挑战,尤其是发展中国家将会受到更大的威胁。如果我们无法降低对能源的需求或最大限度地减缓能源的快速增长,不能建立高效的可持续能源生产和消费模式,则不仅会严重影响全球生产和生活等社会活动的正常开展,甚至会引发多种大规模自然灾害,对人类社会造成巨大的危害。而要有效解决能源问题,人类必须寻找新的出路,促使能源供应和消费向多元化、清洁化、高效化、全球化发展,积极倡导经济、能源、环境的可持续和谐发展,开辟经济社会的低碳发展之路。这既有赖于国际社会和各国政府的精诚合作、政策引导和科技进步,也离不开每个个人对能源问题在思想上的高度重视和行为上的科学践行。目前,不科学的生产生活方式普遍存在,绝大多数人还不能科学理解和把握自己的生产生活方式与环境问题和能源的可持续发展之间的复杂关系。要有效改变这种状况,教育是最直接、最高效的途径之一,我们必须依靠教育这个强大武器,积极唤起人们对能源问题的关心,提高他们的能源意识,树立节能减排的观念,培养良好的能源消费习惯,构建可持续消费模式。

目前,很多国家尤其是发达国家在应对能源问题上已经认识到了实施能源教育的重要性。比如欧盟政府意识到,教育在节能和提高能源利用效率方面发挥着战略性的作用,希望通过全民能源教育来培养所有公民的"能源意识",欧盟委员会在开发能源教育课程和活动、传播能源信息、提升能源保护的实践能力等方面发挥着主导作用。历来拥有一流节能意识和节能技术的日本对能源知识的宣传与教育非常重视,并给予了清晰而准确的定位——"充实与推进能源教育是加深国民正确理解能源的重要举措,只有国民对能源拥有了正确的知识和理解,才能积极支持政府推进的各项能源政策"(刘继和,2009)。在奥巴马执政期间,由于美国教育的全球竞争力下滑导致了美国的整体竞争力下滑。在能源教育方面,越来越多的美国专家呼吁联邦政府必须积极采取措施发展能源教育,建设一支高水平的清洁能源大军。为能继续保持美国在全球清洁能源领域的领导地位,在其他各国清洁能源教育领域异军突起的威胁下,奥巴马政府充分认识到了培养大规模美国"绿色技师"的重要性,决定通过在全国实施两个计划——《重塑美国的能源科技和工程优势》和《清洁能源教育方案》来推动"清洁能源教育"的发展。

能源教育的主旨就是促使全社会节约能源和提高能效,走上低碳发展之路。据麦肯锡公司研究报告指出,如果要将全球气温升幅限制在 2 ℃以内,到 2030 年在 1990 年的排放水平上必须减少排放 35%～70%。但减排需要成本,麦肯锡公司预测,要达到减排目标,从 2010 年开始到 2030 年全球每年平均需要减排投资 2000 亿～3500 亿英镑,不到全球 GDP 的 1%。麦肯锡公司预测指出,只要人类行为方式积极发生改变,从 2010 年到 2030 年可以减少 90 亿吨二氧化碳当量的碳排放。而要达到这样的效果,就必须提高教育在节能减排和低碳发展中的作用(吴志功 等,2010)。

目前中国正处于城市化和工业化进程的中期,对于能源保持着非常旺盛的需求,BP 的世界能源消费年度报告数据显示,2013 年我国的能源消费总量达到 28.52 亿吨油当量,继 2005 年以来第九年成为世界上能源消耗最大的国家,碳排放量达 95.24 亿吨二氧化碳,占全球的 27.14%(杨树,2015)。我国一方面已经成为世界第一能源消耗国,另一方面,我国的能源消费结构不合理,在现有的能源消费结构中,煤炭的消费占 68%,清洁能源消耗比重小,而且能源生产技术和设备落后,这也正是我国可以实施能源节约的巨大潜力所在。有专家预测,通过技术改进和设备的更新,可以使我国目前的能源消耗减少 50%,当然要提高能源生产量和能源使用效率,养成公民的能源节约意识,加强能源教育是重中之重。

2009 年 11 月,在哥本哈根气候大会之前,中国政府向世界承诺,中国到 2020 年,GDP 二氧化碳排放量将在 2005 年基础上降低 40%～45%。要完成这样的指标,中国急需优化产业结构,大幅提高能源技术效率,并加强能源教育,提高公众低碳意识,形成低碳生活方式。因此,中国的"绿能"之路任重道远。

## 1.4　国际能源教育综述

20 世纪以来,随着工业化的飞速发展,人类对能源的需求大幅增加,70 年代的两次能源危机使能源问题更加凸显,面对由于人类不科学的社会经济活动导致的全球资源枯竭、能源匮乏等一系列能源问题和地球环境的急剧恶化,世界各国把能源问题摆在了国家发展的首要位置。为了有效应对能源问题,各国的能源教育应运而生。希望通过能源教育能够使人们深刻认识到节能的重要性以及个人在能源问题的应对中能做些什么。

### 1.4.1　西方发达国家能源教育状况

从 20 世纪 70 年代开始,美、日、英、加拿大和挪威等发达国家和地区就在国内发起了能源教育。1979 年,英国成立了能源可持续发展中心(CSE),致力于能源教育和培训课程的开发。1980 年美国启动了"国家能源教育发展"项目,投入大量的人力、物力和财力,开始从不同层面全面实施能源教育,从而构建了覆盖全国的能源教育体系。加拿大开发了遍布全国的能源教育体系,形成了以政府、企业、社会组织、学校为网络的能源教育平台。欧盟成员国之间共同开展跨欧盟的能源教育推广活动,于 2006 年通过《行动计划》,进一步推动能源教育。日本能源教育起步于 20 世纪 70 年代,1979 年就制定了能源教育相关法律法规,1997 年起通过普及与推进的绿色学校事业开展能源教育,2003 年创建了能源环境教育基地事业,2005 年成立了能源环境教育学会,2014 年出台《能源基本计划》,把能源教育推上了新的高度。澳大利亚 2004 年发布的《确保澳大利亚能源未来》白皮书,开启了能源教育的新征程。

随着西方各国对能源教育的日益重视,西方国家的能源教育内容不断细化丰富,教育保障措施更加多样有力,教育体系亦越发成熟完善,能源教育取得了显著的成效。

### 1.4.2　中国的能源教育状况

中国的能源教育与西方国家比较而言起步较晚。1998 年 1 月,我国《节约能源法》开始颁布实施,2007 年 10 月 28 日重新修订颁布了《中华人民共和国节约能源法》,《节约能源法》规定:"加强节能宣传和教育,普及节能科学知识,增强全民的节能意识。"《能源节约与资源综合利用"十五"规划》规定:组织好每年"全国节能宣传周"活动,增强全民的"资源意识""环境意识"和"节约意识"。虽然《中华人民共和国节约能源法》第八条规定"国家开展节能宣传和教育,将节能知识纳入国民教育和培训体系,普及节能科学知识,增强全民的节能意识,提倡节约型的消费方式"。但长期以来,我国应对能源问题的核心政策措施一直集中于工业领域,通过产业结构调整、能源结构调整和清洁技术的推广等方式力求减缓能源需求的快速增长态势,没有充分发挥能源教育的作用。在能源教育方面虽然取得了一定成绩,但能源教育仅散见于物理和化学等少数学科的教学中,既没有建立专门的研究机构和实施部门,也缺乏平台支撑和立法保障,更没有上升到国家层面实现规范化和全民化的教育。

尽管中国政府一直关注能源的节约问题,并早在 1980 年就实施了将节约放在优先位置,兼顾开发和节约并重的能源战略,但遗憾的是,直到 2014 年 12 月国务院公布的《能源发展战略行动计划 2014—2020》,其中提出的节能保障措施是深化能源体制改革和健全完善能源政策,却依然没有把能源教育纳入节约能源的渠道中来。现阶段,我国民众的节能意识依然很薄弱,人们对能源教育的重要性和必要性也缺乏深刻认识,在学校基础教育中,能源教育的基本理念、体系、原则、实施步骤和措施以及能源教育推进体制等均不明确,也没有设置专门的能源教育科目,没有规定专门的能源教育内容,开展社会能源教育和家庭能源教育的各种条件和举措也极其不足。因此,努力推进能源教育的发展是我国解决能源问题的当务之急,中国能源教育发展的现状迫切需要加强能源教育的国际比较研究,尽快构建符合中国特色的能源教育发展体系。

## 2. 中西能源教育要素比较

### 2.1　中西能源教育内容比较

能源教育是世界各国根据本国的能源国情对国民实施开展的有关能源方面的教育活动,由于各国政治经济、科技文化、自然资源、地域环境、能源利用等各种情况的不同,使得各国的能源教育也存在差异性。

### 2.1.1　西方能源教育内容

西方国家对国民进行能源教育,主要内容概括起来就是对能源知识的基本认识,此外,各国根据本国的能源特点,能源教育的侧重点也有所不同。美国的能源教育包括了对所有类型的能源问题的教育,具体涉及能源的勘测、生产、使用和节约等各方面的教育。澳大利亚因其传统能源和可再生资源均十分丰富,因此,其能源教育比较偏重于清洁能源和能源的可持续合理分配利用方面。

日本的能源教育除了注重关于一般能源的性质特征、有效利用、能源消费与国内外社会发展的关系、能源与环境发展等基本问题外,尤其注重对核能知识的理解与认识。例如,日本文部科学省通过向中小学布设简易放射线测定器,派遣专业讲师为学生讲解能源、核能、放射线等方面的知识和疑难问题,组织高年级学生参观核能设施等方式加深学生对核能知识的认识。

加拿大确立的能源教育的内容包括三个方面。一是能源信息通识教育。主要指学生对能源类型的学习,包括光、声、热量或者热、电、核、弹性、机械、重力、磁铁、化学等,以及能源转换、能量守恒定律和能源转换效率等。二是能源来源教育。包括让学生学习能源资源的转换,能源的多种利用和能源资源(包括太阳能、化石燃料、核能、风能、水能(水电或小水电)、潮汐能、生物质能、地热能),同时还介绍可再生和不可再生能源资源的种类和概念。三是能源资源选择教育。包括让学生学习探究未来对不同能源的选择、不可再生能源资源的利用、可再生能源资源的利用和保存,每一个选择都从对地方和全球社会的影响方面进行环境、社会和经济的评估。加拿大在确定三大主题的能源教育内容的前提下,提倡不同省份根据自身的特点有重点地选择能源教育课程(吴志功 等,2008)。

### 2.1.2 中国能源教育内容

目前,我国虽然已经成立了专门的能源和节能管理部门,但由于仍然没有设立专门的能源教育管理机构和专门的能源教育研究机构,亦没有专门的能源教育法律保障,使得我国的能源教育在经费支持、组织保证、教材建设等诸多方面都严重滞后,因此,我国能源教育缺乏完整的目标内容体系,主要仅针对一些节能方面的宣传和在物理、化学等少数学科教学中有所涉及。

### 2.1.3 中西能源教育内容异同

总体来讲,西方的能源教育内容已经比较成熟和完善,各具特色且自成体系,而我国的能源教育还没有明确的内容,可以说在这方面还存在很大的空白,需要我们努力去填补。

## 2.2 中西能源教育路径比较

### 2.2.1 西方能源教育路径

(1)成立专门的能源教育组织机构

各国的能源教育组织机构既有政府部门官方的,也有非政府部门的民间组织。如在美国既有官方的能源教育专门机构也有民间性质的能源教育专门机构。在政府机构方面,美国能源部能源效率办公室是推进能源教育发展的专门机构,负有能源教育的职责。在非政府组织方面,美国能源教育发展协会,配合美国能源部官方机构在全国推广能源教育活动,它虽然是一个非营利性的民间组织,却成为美国能源教育发展的主线。NEED 还下设指导者委员会(Board of Directors)、各州能源办公室等组织机构,以确保全国能源教育活动的顺利推进。此外,美国还建有"美国能源部科学教育办公室"(DOE Office of Science Education)、"地热教育办公室"(Geothermal Education Office)、"国际太阳能教育协会"(International Association of Solar Energy Education)、"国家能源基金会(美国):教育资源"(National Energy Foundation

(US)：Resources for Education)、"科罗拉多能源科学中心"(Colorado Energy Science Center)、"水和能源教育基金会"(Foundation for Water ＆Energy Education)等很多国家级和地方级的能源教育组织机构。

在日本开展能源教育的专门机构有"能源节约中心"(ECCJ)和"能源与环境教育信息中心"(ICEE)，他们专门负责执行能源节约的相关法律和能源教育课程教材的开发和推广以及对公众进行能源节约的宣传教育。"澳大利亚能源教育协会"(EEA,Energy Education Austrial Inc.)是澳大利亚于 2006 年成立的全国最大的非营利性能源教育组织，其主旨是为所有的澳大利亚国民展示各种形式的能源以及帮助人们通过更好地使用能源来造福全人类。英国的"能源可持续发展中心"(CSE)、"能源研究、教育及培训中心"(CREATE)都是专门的能源教育机构，他们通过开发能源教育和培训课程以及其他许多有趣的活动来增加人们对气候变化、能源效率和可再生资源利用的认识和了解。

加拿大是一个能源大国，非常重视能源的教育工作，从国家到地方，从政府到民间组织甚至到私人个人都在组建各种不同功能的能源教育组织和机构。1985 年，一个私人的非营利的能源教育组织——室内教育组织(Inside Education)成立，该组织致力于使学生拥有更为及时的与环境问题有关的信息，并且通过最好的方法应用于课堂。1998 年，加拿大自然资源部专门成立了节能办公室，指导民众在生活和工作各方面高效率使用能源；2002 年成立了加拿大能源信息中心(Canadian Centre for Energy Information)——一个非营利性机构，专门向人们提供加拿大能源系统的全方位的准确、及时的相关信息；同年成立了一个教育慈善组织安大略省环境经济教育协会(Environment-Economy Education Society of Ontario)，专门围绕国家和地区与能源、水资源、气候变化和其他的空气质量以及土地利用等主题进行能源教育课程资源的开发；夏天协会则为教师之间的交流以及教师与来自工业、政府、研究组织和公共利益组织不同层次的专家之间的交流提供了良好的平台；种子基金会(The SEEDS Foundation)——一个全国性的独特的三方教育合作组织，开发了一个全国的教室网络，其丰富的教育资源几十年来已经惠及加拿大 8000 多个学校、数百万学生和他们的家庭；此外，还有"可持续能源、环境和经济协会"(ISEEE)、西鲱流域组织(Shad Valley)以及各地的能源协会均为组织推进加拿大能源教育做出了贡献。

(2)创设专项教育资金

拥有充足的能源教育专项资金是支持和推动各项能源教育事业顺利开展的必要保证。如美国奥巴马政府为"清洁能源教育"计划提供了经费保障。RE-ENERGYSE 计划在 2010 年投资 1.15 亿美元，以求培养一批能源科技的领军人物，并建设一支高熟练度的清洁能源劳动大军。其中，"能源部"计划向高等教育投资 8000 万美元，向技术培训和 K-12 教育投资 3500 万美元。高等教育经费将主要用于资助研究生学术奖金、博士后项目、清洁能源专业跨学科硕士学位计划、本科生助教奖学金以及每年资助本科生、研究生和博士后 900～1600 名。技术培训和 K-12 教育经费则用于资助社区学院培训技工和 STEM(科学、技术、工程和数学)教职人员，以及支持 K-12 年级学生和教师参与"节能"和"低碳"活动(The Break through Institute,2009)。

日本文部科学省于 2002 年创设了"核能、能源教育支持事业辅助金"制度，以支持全国各级地区开展教材编制、教育教学研究、参观体验等各种能源教育活动。2013 年起，德国高等教育机构和非大学研究机构每年投入 15 亿欧元的研究资金开展能源转型研究论坛,为德国联邦政府各部门的代表、学者、科研机构和高校提供与社会团体和产业界交流对话的平台和机会。BP 加拿大能源公司为加拿大很多地区的学校设立教育基金和奖学金,1~12 年级的公立和私立学校的教师均可申请。

(3)及时发布能源信息

尽管人们的生活一刻都离不开能源,但人们对能源的了解和关心却并不会自觉生成,而是需要政府或相关部门通过各种途径尽可能向公众提供及时准确的能源信息,开展能源宣传和教育,以对人们进行有效的引导,帮助人们获取或熟练掌握能源知识和技能,培养建立良好的节能意识。

如美国 NEED 通过发行《能源交流》(Energy Exchange)和《职业趋势》(Career Currents)等出版物来为广大教师和学生提供最新的能源技术和信息。NEED 还通过建立门户网站(www. NEED. org)为能源教育活动提供一切所需的能源教材、能源手册、能源计划和活动指南、实验会议、能源调查问卷或测试、信息咨询和函授课程,甚至还有能源游戏等。而且所有的网站资料任何人都可以免费获取。美国政府每年都举办为期 1~5 天的"国家能源教师研讨会"(NECE),促使能源教师及时了解能源新知识。

加拿大能源信息中心通过印刷出版物和建设网站(www. centerfoerengyr. com)来发布最新的能源教育方面的信息,还通过合作伙伴开发和提供能源教育资源给教师、学生和其他在能源资源学习方面有兴趣的人员,并致力于为教师提供世界一流的教材,以协助教师们实现自己的教学目标。加拿大"科学,我能"在线数据库为广大师生提供了便利、实时的能源教育课堂资料(吴志功 等,2008)。

日本资源能源厅定期向小学、初中、高中等学校的师生发行登载能源与环境教育最新动向或数据的信息杂志,以及以核能发电站设置地区的中学生为对象的能源信息杂志等。日本科学技术振兴机构(JST)还致力于为教师开发数字信息网络、发行节能小册子等。澳大利亚新南威尔士州"国家能源公司"为所有年龄段的孩子提供能源信息。

(4)确立节能科学节,实施实践体验学习

欧盟的能源管理组织(Manag Energy)在欧洲开展了"教育活动中能源节约的成本效益"的调查活动,结果显示,动手操作和实践工作是能源教育最具有成本效益的做法。例如,日本创设了"节能日"(每月第一天)、"节能月"(每年 2 月)、"节能检查日"(每年 8 月 1 日和 12 月 1 日);开展民间"节能共和国"活动,加强社会能源教育;组织召开"我的生活与能源"等能源问题的作文比赛、以节能为主题的广告宣传画设计比赛、募集实践论文、"核能日"宣传画比赛;日本科学技术振兴机构(JST)每年组织召开青少年科学节,开展节能问题的研讨;财团法人能源教育信息中心受经济产业省资源能源厅的委托,在各地区选择确定"能源教育实践校",以在中小学中积极开展特色能源教育。通过这些活动和体验,使人们尤其是青少年学生深切感受营造节能文化氛围。

澳大利亚塔斯马尼亚州能源探索中心的"实际操作"(HANDS-ON)项目,为各个年龄段的学生提供实际操作体验,为学生和老师在富有创造性和刺激性的接触式环境中体验能源学习的乐趣创造条件(吴志功 等,2008)。

加拿大能源效率办公室(OEE)成立的"日历俱乐部"每年都会确定一个能源主题,组织各省区的孩子以创作日历形式的艺术作品参与竞赛,OEE 还会组织"自然资源猫"(NRCat's Scratching Post):电子明信片活动,孩子们通过相互间发送带有节能知识的明信片来学习节能知识、培养节能意识。

(5)注重能源教育课堂体系建设

西方国家很注重能源教育教材与课程的开发。例如,美国"国家能源教育开发"(National Energy Education Development,NEED)项目开发了适用于从幼儿园到十二年级学生的能源教育创新性通用教材,而且,NEED 的教材会定期更新,以保证教师和学生能够获得最新的能源信息。课程方面,美国制定了《美国国家能源教育课程标准》,其课程体系非常完整,为美国的能源教育活动提供了完善的课程通用标准。课程依次分为 8 个实施步骤和单元:能源科学(science of energy)教育;能源资源(sources of energy)教育;电力(electricity)的教育;交通运输(transportation)教育;能源效率和节约(efficiency and conservation)教育;综合和巩固(synthesis and reinforcement);评估(evaluation);奖励(recognition)(吴志功 等,2007)。

日本政府和日本能源与环境教育信息中心(ICEE)组织开发面向中小学生和高校学生的教材、《能源教育指导事例集》等辅助教材、编制日文版 NEED(全美能源教育开发项目)、制定能源教育指南等,把能源教育融入学前教育、基础教育、中等教育、高等教育和职业教育体系之中,形成了较为完整的能源教育体系。同时还根据已有的能源教育教材制定出科学合理的能源教育课程,甚至还和企业合作,共同开发单独的教材。

英国的能源教育课程设置有自己的特点,注重把能源教育融入数学、科学、历史、地理、D&T 国家课程、ICT(信息与通信技术)的课程教学当中,在社会科学、自然科学、科学技术和表现艺术等科目中也都包含着能源教育的成分。英国有较为丰富的能源教育课程资源,如"能源盒"(Energy Chest)、"能源地带"(Energy Zone)、"能源观察"(Enegry Watch)等都是非常有价值的能源教育资源,可以为教师便捷地获取能源教育信息和改进能源教学设置和授课计划,确定教学重点发挥积极的指导作用。

"澳大利亚能源教育协会"向人们提供了家用能源、工业能源和交通能源三方面的课程,帮助人们学习了解各种能源科学知识和能源资源的有效使用。澳大利亚可再生能源合作研究中心(ACRE)针对高校和继续教育、远程教育等开发设计了全新的关于能源学习的课程,这些课程包括《能源管理》《能源系统》《社会中的能源》《能源经济学》《能源政策》《可再生能源的来源》《可再生能源系统的案例研究》《可再生能源的转换设备》《可再生能源的系统设计》等,修完这些课程可以获得能源学习的研究生学历证书或者理学硕士学位。

(6)加强能源教育师资队伍建设

美国政府每年向教师提供参加能源研讨会的机会,如 NEED 每年夏季举办的"国家能源教师研讨会"(National Energy Conferences for Educators)帮助能源教师更新能源知识,交流或分享先进的能源教学经验和理念,一起开发能源新课程。美国政府还向教师提供各种如能源教育论坛、讲习班、实地考察等相关培训,提高教师的能源专业素养。如 NEED 推出的"教师培训和专业发展"(training and professional development)计划。美国威斯康星州环境中心为教师提供内容丰富的能源课程,包括面授课程和网络课程,以丰富课堂教学资源,提升课堂教学效果。

日本能源环境教育信息中心(ICEE )和科学技术振兴机构(JST)等民间非营利组织在师

资培训方面做了很多工作:组织召开教师能源教育研讨会、定期向学校组织派遣能源专业方面专家实施上门教学、编制和发行能源教育教师用书、案例集、设施见习指南等能源教育资料,开发教师研修计划与项目,组织教师进行能源问题演讲比赛、参观能源企业和能源设施等。

加拿大能源信息中心从2002年开始,就致力于为能源教师提供世界一流的能源教材,以协助教师在环境研究、地理、英语语言艺术、信息和通信技术、数学、物理、科学、社会研究等领域实现自己的能源教学目标(吴志功 等,2008)。

英国能源可持续发展中心(CSE)也积极推动能源教育和培训课程的开发,并为教师提供可持续能源教育方面的培训,这些培训包括能源工作行动计划的制定、能源工作的健康安全保障以及浪费最小化、能源有效利用建议等。

(7)加强能源教育立法

许多国家和地区以立法的形式来保障能源教育的顺利推进。如美国在2005年制定的《能源政策法》中提出了实施能源教育的有关规定,2007年又通过了《美国绿色能源教育法案》的修订,进一步为能源教育所需的人力、物力、财力提供法律保障。日本在制定的一系列相关能源法中均有强调能源教育。1979年制定的《能源利用合理化法》《合理用能法》,1993年制定的《合理用能及再生资源利用法》,1998年制定的《2010年能源供应和需求的长期展望》,都是通过立法来保障能源教育的实施。2002年《能源政策基本法》第14条"普及能源知识等"规定:"为借助所有机会广泛加深国民对能源的理解和关心,国家要采取必要措施,努力积极公开能源信息,并考虑到充分利用非营利团体,同时启发人们切实利用能源和普及能源知识(Thomas,2002)。"2006年《新国家能源战略》指出:"在推进能源政策时,要积极评价国民的广泛支持。在推进核能开发等完善能源供应设施与设备上,促进全民理解以及争取当地社区的积极支持是不可欠缺的。为此,要充实能源宣传和能源教育,以广泛听取民意为基础,扎根于国民之间的相互理解,从而进一步获得国民的广泛而深刻的认同(杜育红,2000)。"2007年《能源基本计划》指出:"能源教育是开展长期、综合、有计划地推进能源供给措施的必要事项之一。""能源政策是国民生活和经济活动的基础,与国际问题关系密切,其推进的前提是争取各层国民之间的相互理解。因此,国家要努力广泛听取民意、广泛宣传及信息公开,同时还要普及能源知识,让国民就能源问题进行积极思考。""相关行政机构、教育机构、企业界要相互协作,筹划能源教育教材、充实参观能源设施等体验学习,并充实学校教学中的能源教育。还要借助提供信息与机会等,推进作为终身学习一环的能源教育。""在普及能源知识和充实能源教育时,不要灌输单一的价值观,应充分注意加深围绕能源各种情形的正确知识和科学见解,广泛提供能源各种相关信息。同时还要考虑到非营利组织面向国民普及正确知识的自立活动"(曾五一 等,2007)。

日本国民拥有一流的节能意识和节能技术,与它建立完整而健全且可操作性强的能源政策法律与法规体系是分不开的。日本针对各种能源包括煤炭、石油、天然气、原子能、新能源等的使用均制定了相应的法律法规,在此基础上进一步推进了能源教育的法制化。如日本静冈县实行的能源教育推进计划书从具体规定一切领域的能源消耗使用量到指定专人负责监督特殊区域,再到鼓励企业、家庭和个人全面参与和互相监督能源利用情况,使该地区的节能目标得以很好地实现。

(8)开发和推广能源教育项目

美国从1980年开始启动和推广能源教育开发项目,从国家、州政府、学校等多个层次向社会、社区、学校和家庭等实施全方位的能源教育。能源教育项目的核心理念是"把能源融入教育",其基本使命是通过能源教育提升国民的能源意识和社会责任。能源教育项目的开展取得了良好的成效。我们不如从一个小的能源教育项目来看,美国阿肯色州公立中学2011年9月开始推广能源项目,具体做法是聘请经过认证的能源管理顾问作为能源教育专家,负责实施和监控学校每一幢建筑设备的使用,建立能源节约和建筑管理的指导手册,涉及与水、电相关设备的使用,通过训练鼓励所有的教职员工成为能源节约的"能源之星"。到2013年6月,共减少设备使用率35.38%,节约能源价值565841美元(赵俏姿 等,2014)。美国的能源教育取得巨大的成绩,与其遍及全国的不同层面的能源教育项目实施分不开:美国能源部实验室和设备教育网站(education web sites at DOE Labs and Facilities)、能源需求(energy quest)、能源唤醒学院(Energy Smart Schools)、环境问题教育(environmental issues education)、绿色学院(Green Schools),国家能源科技实验室:教育开发行动(National Energy Technology Laboratory:Educational Initiatives)、国家燃料电池教育项目(National Fuel Cell Education Program)、国家可再生能源实验室教育项目(National Renewable Energy Laboratory Education Programs)、国家教师发展计划(National Teacher Enhancement Project)、伊利诺伊州可持续教育项目(Illinois Sustainable Education Project)、缅因州能源教育项目(Maine Energy Education Program)、自然能学院(School Power Naturally)、中学太阳能启智项目(Solarwise for Schools)、学生能源教育发展(student energy education development)、威斯康星州K-12级能源教育项目(Wisconsin K-12 Energy Education Program)等。这些项目都有自己明确的能源教育目标,为美国能源教育事业的发展做出了各自不可替代的贡献。

英国的能源教育也主要是通过项目方式在青少年中进行推广。1999年,英国能源可持续发展中心(CSE)和能源研究、教育及培训中心合作在全国范围内实施"能源问题(energy matters)"教育项目,至今已与近百个地方政府开展了项目合作。该项目与英国国家课程标准体系紧密结合,提高了教师对能源教育融入课程的积极性并取得了较好的教育成效。

澳大利亚政府比较典型的能源教育项目有西澳大利亚州能源办公室和水务监管局共同开发的"顺流而下:能源任务、水和废水"项目。这是一项针对能源、水和废水处理效率的一揽子教育方案,被多所中小学校采纳实施,帮助学生尽早确立能源价值观,培养学生探索能源问题的兴趣。再如澳大利亚环境保护机构和昆士兰教育部门联合开发了"以学校为基础的项目"(school-based program),通过提供16种活动方案,旨在让学生通过自己动手获得能源知识。

日本以"能源教育实践校"项目为载体,加强学校能源教育,并对实践学校给予教材、资料、专家、设计、资金等援助。

(9)建立能源教育激励机制

美国的NEED每年都会采取一定形式比如"能源成就突出青年奖励计划"(Youth Awards Program for Energy Achievement)、"国家颁奖典礼"(National Recognition Ceremonies)等来奖励那些为能源教育事业做出突出贡献的教育工作者和在能源教育中成绩优秀、创新性强的学生。美国威斯康星州政府每年还设立能源教育年度奖,以提高各学科的教师开展能源教育的积极性,促进教师对能源课程及资源的开发,提高学生能源教育活动的参与度,鼓励教师为能源教育做出更大的贡献。

加拿大能源理事会在加拿大各级地方能源协会的配合支持下,每年都会评选出加拿大能源年度人物,一方面,以此奖励在能源工作中做出突出贡献的人,另一方面,可以激励更多的人关心或从事能源教育。

日本设立的"能源教育奖"对在能源教育方面取得显著成绩的从小学到大学的各级学校,以及在能源活动中具有突出贡献的地方政府、企事业单位、团体或个人进行表彰,以进一步激发人们开展能源教育活动的积极性。

(10)积极开展国际合作

2003年,加拿大成立"可持续能源、环境和经济协会"(ISEEE),ISEEE为加拿大开展能源教育的国际合作搭建了一个良好的平台。ISEEE领导开展世界一流的、跨学科的研究和教育,推进可持续的能源、环境和经济研究。有效地增强了能源高科技领域的教育能力。

### 2.2.2 中国能源教育路径

(1)依托全国节能宣传周开展能源教育宣传活动

我国的全国节能宣传周始于1990年,由国务院第六次节能办公会议决定发起,每年的节能周(1991—2003年定于每年11月,2004年起改为每年的6月)都会确定一个节能主题和宣传口号,全国各地的各部门、各企事业单位、学校等围绕节能主题并结合当地的特点,组织开展形式多样的节能宣传活动,在提高人们的节能意识方面取得了一定成效。如国机重工集团常林有限公司在节能周活动期间,采取多种形式加大节能减排的宣传力度,公司制作了以"节能领跑绿色发展"和全国低碳日"绿色发展低碳创新"为主题的节能宣传材料,介绍低碳、节能和环保知识,办公、生产、生活中的各项节能措施,以及节能、低碳的生活标准等内容,并通过公司办公自动化(OA办公网络)、张贴节能宣传标语、LED大屏幕进行广泛宣传,增长员工的节能意识和节能知识,促进员工形成"节能、绿色、低碳"的办公、生产和生活习惯。同时,节能周期间还组织全体员工利用电脑、手机等工具在线回答节能减排知识题,开展节能减排有奖知识答题活动,组织新员工进行三级安全环保教育,既在全公司内活跃了"节能宣传周"的活动氛围,又在广大员工中普及了节能减排知识,节能宣传活动取得较好效果。另外,在宣传周期间,公司组织用能现场检查,对现场漏气、无人灯、无人风扇、设备空开及动力电箱电源未关等电能浪费现象进行检查、通报、教育,并督促各事业部落实整改,极大地提高了员工节能意识和环保意识,增强社会责任感(表1)。

表1 国机重工集团常林有限公司"十二五"节能宣传统计表

| 媒体 | 年均使用频次 | 受众情况 | 宣传效果 |
|---|---|---|---|
| 企业内部报纸 | 4 | 全公司 | 好 |
| 企业内部网络 | 12 | 子公司(车间和部门) | 好 |
| 安全板报 | 4 | 小范围 | 中 |
| 车间内部电子屏 | 4 | 全公司 | 好 |
| QQ群、微信群社交媒体 | 10 | 小范围 | 中 |
| 其他 | | | |

注:受众情况指全公司、子公司(车间和部门)、小范围,宣传效果指好、中、差。

(2)建立节能网站发布能源信息

近年来,我国从中央到地方,从政府到民间组建了一批不同层次的节能研究机构和协会,如国家发改委节能信息传播中心、中国节能技术协会以及地方节能协会等,这些部门都建立了节能网站,向公众传播最新的能源知识和信息,在推进中国能源教育方面发挥了积极的作用。如中国节能信息网、中国节能网都是国家级节能网站,它们是最权威的国内外能源信息集散地,它们会通过信息发布、经验交流、培训展览、专题研讨等多种形式向人们传播节能技术和各种能源信息。此外,其他地方性的节能网站在节能教育宣传方面起到了很好的补充作用。可见,我国的节能网已经成为我国能源教育的重要阵地。

(3)召开能源问题研讨会

研讨会是能源专家碰撞思想、达成共识,推动与会各方进一步深化合作,共同为解决世界能源与环境问题作出更大贡献的良好平台,在能源教育的宣传推广中发挥了积极的作用。从2009 年开始,我国"国际青年能源与气候变化峰会"(IYSECC)已经成功举办了 8 届,为中国乃至国际青年人搭建了一个与政府官员、专家学者、绿色企业、环境非政府组织等对话交流的平台,鼓励青年人为解决能源与环境问题作出贡献。此外,各种有关能源问题的研讨会也层出不穷。例如,2016 年,大连理工大学-美国宾州州立大学能源研究中心联合举办了第四届能源研讨会;2016 年 11 月,中国能源战略学术研讨会在中国石油大学成功举办;2016 年 12 月,"能源转型——机遇与挑战"研讨会在北京首都经济贸易大学举行;2017 年 8 月,传热传质研究中心在辽宁举办了"清洁能源利用中的传热问题"国际研讨会;2017 年 10 月,能源储存和转化功能材料国际研讨会在上海大学举行;2018 年 3 月,"走出去智库"(CGGT)与法国能源监管委员会(CRE)共同举办了中法能源合作研讨会;2018 年 4 月,北京仲裁委员会举行了关于 2017 年度能源争议热点问题的研讨会;2018 年 5 月,中国分布式能源发展研讨会在北京举行。这些研讨会的举行为探讨和传播能源领域的最新研究进展和开发技术、促进能源技术领域的国际合作发挥了积极的作用。

(4)结合学校相关课程授课开展能源教育

学校是实施一切教育的主要阵地,在我国,学校还未充分发挥能源教育主阵地的作用,仅仅是结合学校相关课程进行一些能源知识的传授。比如在小学阶段,能源教育会在德育教育和自然教育等课程中有所涉及;在中学阶段,能源教育会结合物理、化学等学科的教学展开;在大学阶段,能源教育则会通过一些选修课、讲座、专题研讨等形式来体现。相对而言,大学的能源教育比中小学要更成熟些,已经开始了进行普及能源教育的一些尝试。如上海交通大学开设了《能源与环境》的专题班,东南大学开设了《可再生能源》的选修课,华北电力大学、北京工业大学等也开设了与能源相关的选修课,华中科技大学则用讲座的形式来介绍能源科学与技术、环境保护和治理技术的发展与动向。有的大学还通过让学生参观实验室来增强学生对能源技术等的感性认识。

总体而言,中国能源教育的发展较之西方发达国家还比较滞后,尚处于起步阶段,在能源教育的重视程度、法律法规、政策措施、组织管理、资金保障、体系建设、人才培养、资源与课程开发以及教育实践等各个方面都存在很大的差距。

2.2.3　中西能源教育路径异同

在能源教育组织机构方面,西方国家建有专门机构对能源教育进行管理和研究,中国虽然成立了专门的节能管理部门,却并没有专门机构负责管理和推进能源教育事业,使能源教育缺乏组织保证。

在立法方面,西方国家明确保障能源教育的法律法规较为完善,而中国的法律虽然在针对节能方面的法律政策推行得已经比较丰富,但关于能源教育方面的法律保障依然很欠缺。

在能源教育的国际合作方面,西方国家之间的合作虽然还不是足够广泛和深入,但我国与国际社会之间却还没有建立起能源教育的合作关系,国际合作仅仅涉及节能方面的一些项目合作。

在能源教育的信息发布方面,西方国家的能源信息更新及时、形式多样、内容丰富详尽,信息受众广泛,全体国民可以很容易地免费得到自己所需的能源信息。而在中国,信息发布形式较为单一,在西方国家常见的人手一册的手册、书籍等在中国非常鲜见,作为能源信息发布主要途径的网站,也主要是针对企业开展有偿培训和咨询服务,面向公众的基本能源教育普及类信息少之又少。所以,在中国人们获取能源方面的知识并不是太容易的事。

在能源教育课堂体系建设方面,西方国家非常注重发挥学校教育主阵地的作用,其教材和课程建设均已经较为完善,而我国既没有专门的能源教育教材和辅助教材,也没有建立统一标准的课程体系,能源教育只是零星地散见于某些自然科学学科、品德教育等课程之中。

此外,在设立能源教育专项资金、建立能源教育激励机制、能源教育师资队伍建设、能源教育项目的开发推广等方面几乎属于空白。能源教育的实践体验方面亦属于起步阶段。

### 2.3　中西能源教育的主体比较

总体来看,无论是我国还是西方国家,各国实施能源教育的主体主要有国家政府机构、民间组织和协会、有关企业、研究机构、学校、社区、家庭等。对于西方国家来说,能源教育的主体非常之多元化,从政府到民间、从社会到家庭,对能源教育活动的参与非常广泛,他们各司其职,互相配合,共同推进能源教育的发展。中国能源教育的主体虽然也包含上述几个方面,但他们的参与程度并不高,即使是作为教育教学主阵地的学校,在能源教育的实施上亦不能令人满意。

## 3. 中西能源教育价值基础比较

马克思主义认为,价值是客体与主体之间的一种特定(肯定或否定)关系。任何社会事物的运动变化与发展都是以一定的价值追求为基本驱动力的,不同的价值思维和价值取向将对人的思想和行为产生巨大的影响。能源教育的价值基础是指特定社会以维护社会发展为目标,对社会公民能源教育体系的自觉选择和科学定位,它决定了价值观的基本取向。能源教育必须遵循一定的价值基础,这个价值基础是能源教育体系形成的内在机理。只有在价值基础确定后,社会的能源教育才会具有明确的指向性。

### 3.1　西方能源教育的价值基础

西方能源教育的价值基础是西方国家追求的经济价值和政治价值,即以维护国家的经济利益和政治利益作为能源教育实施的价值目标和价值判断,它根源于西方资本主义国家的私有制经济,依托西方国家崇尚的"只要发展科学,培养理性精神,就能实现幸福生活"的科学主义、理性主义。以美国能源教育为例,奥巴马政府提出的能源教育目标是:培养清洁能源方面的科学家、工程师和技术纯熟的工人,以此确保美国在科技和工程领域的世界领先地位,"满足国家大力发展廉价清洁能源,以及加速向低碳经济转型的需要",进而提升美国的世界竞争力(Americans for Energy Leadership,2010)。由此可见,美国能源教育的最终目的,一方面是为了满足美国经济发展的需要,另一方面是要保持美国在世界的霸权地位。

## 3.2　中国能源教育价值基础

中国的能源教育以坚持以人为本,弘扬道法自然、天人合一的道德哲学为价值基础,"道法自然、天人合一"强调人与人以及人与自然之间的和谐统一,要求我们必须尊重他人并尊重自然和敬畏自然。这已经成为推动我国绿色发展、可持续发展和生态文明建设的核心价值。能源教育是生态文明教育的一个分支,中共中央国务院关于加快推进生态文明建设的意见强调,"积极培育生态文化、生态道德,使生态文明成为社会主流价值观,成为社会主义核心价值观的重要内容。从娃娃和青少年抓起,从家庭、学校教育抓起,引导全社会树立生态文明意识。把生态文明教育作为素质教育的重要内容,纳入国民教育体系和干部教育培训体系。"

事实上,我国的能源教育无论是过去还是在未来,都与我国公民的道德教育、素质教育融合于一体。如"勤俭节用"是中国古代传统道德的重要内容,我们古代先贤自古以来便积极推崇,公元前6世纪的商初大臣伊尹对刚继位的太甲提出建议,"慎乃俭德,惟怀永图",意即只有保持勤俭节约才能永保王业;儒家创始人孔子提出"温、良、恭、俭、让"为五大德性,俭为五德之一;道家始祖老子曰"我有三宝,持而保之":"一曰慈,二曰俭,三曰不敢为天下先。""俭"便是老子认为为人处世必须遵循的极其重要的一"宝";墨子提出"俭节则昌,淫佚则亡",认为俭节与否关乎国家存亡;明末清初,朱柏庐《朱子治家格言》曰:"一粥一饭,当思来处不易;半丝半缕,恒念物力维艰。"也是提醒人们要注意节约,珍惜劳动果实。古人提倡勤俭节约,这既是一种美德教育,今天看来无疑也是一种能源教育。当前我国倡导的生态文明教育和节能减排教育其目标同样是要把公民的科学用能意识、节能减排意识固化为一个人的基本道德素质,真正做到内化于心,外化于行。可见,我国的能源教育是根植于中国的优秀传统文化之中的。

## 3.3　中西能源教育价值基础的异同

无论是西方发达国家还是我国,都是希望通过能源教育达到这样一个目标:使人们能够主动思考并关心能源和环境问题,把提高能效和节能减排意识自觉贯穿于每个人的日常生活中,形成低碳生产和生活方式,促进社会的低碳发展。中西方能源教育的价值基础既有共性也有差异性。共性主要体现于它们蕴含的经济属性、政治属性以及道德属性存在一致性,如经济上都是要实现国家一切经济活动的可持续发展,在政治上是要积极维护阶级利益和社会稳定,在道德层面是要培养人们能够主动思考能源环境问题的价值观(日本在道德教育中贯穿能源环境教育,为学生提供一个发现价值判断依据的机会)。差异性则主要体现在双方根植的文化属性不同,中国的能源教育主要依托中国道德哲学中的"人性"与"德性",西方的能源教育主要源于西方道德哲学中的"理性",能源教育文化属性的不同导致中西方在能源问题上价值选择的不同。

## 4. 中西能源教育组织体制与基本运行模式比较

### 4.1　西方能源教育组织体制与运行模式

西方能源教育模式主要分为两种：学校教育和社会教育。学校教育是能源教育的主要运行模式，属于正式的、常规的能源教育活动；社会教育是学校教育的补充，属于非正式的能源教育活动，两者相辅相成，都发挥着必不可少的作用。在学校教育中，教师、学生、教育主管部门和区域地方能源机构是实施能源教育的四个基本要素，四者必须密切配合，各司其职，才能使学校能源教育成效最大化。具体来说，教师是能源知识的直接传授者，需要有高超的教育技能和丰富的能源知识；教育主管部门是教育政策的制定者，他们是能源教育活动得以顺利开展的组织者和引领者；区域和地方能源机构是学校能源教育的能量补充者，他们可以为学校能源教育提供足够的信息资源和建议；而学生则是能源教育活动的核心，他们是存有千差万别的个体，其他三者必须充分考虑学生的年龄、性别、文化背景和受教水平等因素，制订出可行的能源教育计划。

社会教育是除去学校教育之外的一切教育活动，包括父母在家庭生活中涉及的节能教育，电视、网络、广播、画报宣传等媒体教育，还有各种有关能源的实践活动或体验活动。社会教育涉及的受教育者范围更广，除了学生青少年群体，还包括其他所有的社会人。因此，社会教育模式在能源教育中具有不可替代的作用。

### 4.2　中国能源教育组织体制与运行模式

与西方国家比较而言，中国的能源教育模式理论上亦不外乎学校教育和社会教育两种，遗憾的是，我国的学校能源教育无论从培养计划、课程设置、内容确定、师资队伍还是教育方式都各方面都不够成熟完善，仅仅属于起步阶段，在学校能源教育方面还有很长的路要走。

在社会教育方面，我国的一些高耗能企业单位在能源教育宣传方面相对比较重视，能够积极开展节能减排的宣传教育和培训工作，并把它作为一项常规工作在认真落实。具体做法，一是定期安排专职人员参加上级部门或地方经济部门、环保部门或供电部门的节能减排专项培训，提高专管人员的节能减排管理水平；二是组织公司内部各部门专、兼职节能减排管理人员的业务培训，加强法律法规宣传，提高业务技能；三是组织各部门通过 OA 网、显示屏、车间或班组宣传栏、标语等方式，在各部门、车间内进行宣传、培训，要求全员在日常生活、工作中树立节能降耗意识、绿色环保意识。

然而总体而言，无论是非政府组织、企事业单位还是社区、家庭或个人，公众对能源教育的宣传教育的参与度还不尽如人意。因此，中国能源教育组织体制与运行模式亟待发展和完善。

## 5. 西方能源教育对中国能源教育的启示

西方发达国家在注重全民能源意识的教育方面行动高度一致，它们通过各种途径，采取多种措施，为不同阶层的人们提供丰富的能源教育活动，有效提高了国民的能源意识和节能效果。他们的成功经验在许多方面值得我们学习借鉴。

## 5.1　加强能源教育立法和制度建设

建立完备的能源教育法律法规是顺利推进我国能源教育的根本前提和重要保障。尽管自 1998 年我国的第一个《节约能源法》正式颁布实施，至 2007 重新修订颁布了《中华人民共和国节约能源法》，并强调要"加强节能宣传和教育，普及节能科学知识，增强全民的节能意识"。但由于缺乏与之匹配的能源教育下位法和具体的推行制度，导致该法在推行能源教育时阻碍重重，没有发挥应有的作用。因此，要加快我国能源教育的步伐，进一步制定和完善能源教育法律法规乃是当务之急。

## 5.2　成立专门的能源教育组织和机构

能源教育需要相应的法律为其保驾护航，同样需要有专门的机构为之推进，否则立法终究将变成一纸空文。西方许多发达国家都已经组建了专门的能源教育机构，如美国能源部能源效率办公室、日本的"能源节约中心"(ECCJ)和"能源与环境教育信息中心"(ICEE)、澳大利亚能源教育协会、英国的"能源可持续发展中心"(CSE)以及加拿大的各种不同功能的能源教育组织和机构等。这为西方国家的能源教育事业的推广和发展起到了极大的组织保障作用。

我国目前虽然设有国家能源局对能源进行专门管理，但并没有具体负责能源教育的组织机构或部门，导致能源教育在很大程度上变成了一句空洞的口号。所以，我国的能源教育由上而下都急需有职责明确的相关职能部门或机构来领导和推进这项事业的顺利发展。

## 5.3　建立健全能源教育体系

建立健全的能源教育体系是能源教育得以真正落实的关键所在。现阶段，我国的能源教育无论是在结构设置、教育管理方式、课程教材开发、教育经费筹措等各方面都比较薄弱，使得能源教育的推进举步维艰，这需要在专门的能源教育机构的组织协调下，集多方之合力，才能共同建立起完备的适合我国国情的能源教育体系，促使我国早日实现真正意义上的全民能源教育。

## 5.4　加强能源教育人才队伍建设

加强能源教育人才队伍建设，一方面是急需组建能源教育师资队伍，另一方面是要大力培养能源科技领军人才。

学校是实施能源教育政策的主阵地，教师是开展能源教育的主体，发挥着主导作用，教师的能源素养和积极性直接影响着能源教育的最终效果，因此，提高教师的能源知识与素养是增强学校能源教育效果的关键所在。在我国，由于能源教育还处于起步阶段，既没有形成完整的能源教育课程体系，专业的能源教育师资队伍更是匮乏。因此，在未来的能源教育实施过程中，我国不仅要抓紧相关立法和专门机构建设，同时还要加强能源教育的体系建设和人才培养建设。

能源教育是集学校教育和社会教育一体的教育事业，因此，顺利实施能源教育，除了需要有一支高素质的专业师资队伍，还需要培养一批高水平的能源科技领军人物和管理人才，使得能源教育能够覆盖社会各领域,在各行各业均能采用绿色技术。如对于企业来说,尤其要壮大节能减排专管人员队伍,加强专管人员业务技能和管理知识的培训,不断提高节能减排专管人员的管理水平和技术水平,培养高素质的能源管理师和注册环保工程师,为实现公司节能减排规划目标提供智力支持和人力保障。

## 5.5  加快能源教育国际合作

能源问题是全球性问题,能源教育是符合全人类共同利益的事业,要彻底解决能源问题,必须集世界各国之力。在能源教育上世界各国应该齐心协力、取长补短、互通有无,共同推进能源教育事业的发展。西方国家在能源教育方面不仅经验丰富,成效显著,在国际合作方面也取得了一定成效。现阶段,我国的能源教育属于刚刚起步阶段,在能源教育的各个方面都非常薄弱,在国际合作方面更是一项空白,国内没有专门机构(目前还没有成立专门的能源教育机构)与发达国家能源教育机构对接建立合作关系,因此,我国更须通过多种渠道积极开展国际合作,学习西方国家先进的能源教育推广经验,共享能源教育知识和信息,建立健全适合我国国情的能源教育体系,促使我国的能源教育尽快步入正轨。

## 5.6  倡导全民参与能源教育活动

学校能源教育固然重要,但如果仅仅依托学校开展能源教育显然是远远不够的,它离不开社会和家庭的积极配合。学校的能源教育重在理论方面的指导,教育对象相对集中于学生,并且会受到时间和地点的局限,而社会和家庭实施的能源教育则有助于帮助学生理论联系实际,促使学生把书本知识内化到具体的行为中。此外,社会能源教育和家庭能源教育的实施主体广泛,教育受众也覆盖全社会,能够真正实现全民参与、全民支持、全民受教育的能源教育愿景。能源教育全民参与在日本尤为凸显,日本政府将每年 2 月定为"节能月",每月第一天定为"节能日",将每年 8 月 1 日和 12 月 1 日定为"节能检查日"。日本能源教育事业已经深深融入国民生活的各个环节,甚至形成了无时不在、无事不在、无处不在的"节能文化"(刘继和,2011)。日本的这种全民教育模式值得我们学习借鉴。

## 5.7  提供能源教育专项资金保障

能源教育的各项工作要能够得以顺畅进行,归根结底需要有大量的资金做保障。事实上,资金问题无论是在现阶段的我国还是在能源教育发展已经较为成熟的西方国家,始终都是制约能源教育更好更快发展的一个重要问题,Manag Energy 一项调查表明,70%的学校都认为资金和资源的缺乏是影响其参与项目的主要障碍(赵浩君 等,2008)。虽然奥巴马政府为"清洁能源教育"计划提供了经费保障,即 RE-ENERGYSE 计划在 2010 年投资 1.15 亿美元用于美国的能源教育事业,但由于受到金融危机的影响,美国政府对该计划实际拨付的经费极少。

在我国的社会能源教育方面,专项资金的投入亦是微乎其微,以国机重工集团常林有限公司为例,该企业比较重视能源宣传教育,但该公司"十二五"期间节能减排资金投入情况的统计数据显示,2011—2015 年,国家和地方(省、市)对该项目的投资金额为零,2000 多万元的能源教育经费全部来自企业自筹经费,更不容乐观的是,由于受到企业自身经济效益的影响,企业对该项目的资金投入呈逐年下降趋势,国机重工集团常林有限公司"十三五"节能减排投入较之"十二五"期间的投入亦有减无增,负增长 87.5%。如表 2 所示。

表 2　国机重工集团常林有限公司"十三五"节能减排投入表

| 年度 | 节能减排资金拟投入(万元) | 比上年增加 |
|---|---|---|
| 2016 年 | 44.2 | |
| 2017 年 | 48.5 | 9.7% |
| 2018 年 | 50 | 3% |
| 2019 年 | 53 | 6% |
| 2020 年 | 55 | 3.7% |
| 总计 | 250.7 | -698% |

可见,我国的能源教育资金投入状况堪忧。因此,能源教育不仅需要政府保证每年有一定的能源教育专项资金的投入,也需要非政府组织、社会各界、企事业单位或广大民众个人能够群策群力,尽可能地为这项事业提供资金、资源和其他各种支持。

(本报告撰写人:李萍)

作者简介:李萍,女,南京信息工程大学气候变化与公共政策研究院副研究员。

　　本报告受南京信息工程大学气候变化与公共政策研究院开放课题(课题名称:气候变化背景下中西方能源教育比较研究;课题编号:1061151603012)资助。

## 参考文献

BP,2014. BP 世界能源统计年鉴 2014[R]. https://max. book118. com/html/2018/0921/8047113067001124. shtm.

BP,2017. BP 世界能源统计年鉴 2017[R]. https://www. bp. com/content/dam/bp-country/zh_cn/Publications/StatsReview2017.

杜育红,2000. 教育发展不平衡研究[M]. 北京:北京师范大学出版社:18-33.

刘继和,赵海涛,2006. 试论能源教育[J]. 教育探索,5:43.

刘继和,2009. 日本能源教育事业解析[J]. 全球教育展望,9:69.

刘继和,2011. 国际视角下我国能源教育事业的基本课题及对策建议[J]. 全球教育展望,11:54.

李芬,张建新,于文金,等,2012. 我国能源消费与气候变化的关系初探[J]. 安徽农业科学,40(33):16259.

IPCC,2011. IPCC 第三次评估报告气候变化[R]. https://wenku. baidu. com/view/a0505dafd1f34693daef3ec1. html.

IPCC,2007. 气候变化 2007 综合报告[R]. https://wenku. baidu. com/view/49e135c6d5bbfd0a79567328. html.

吴志功,王伟,郭炜煜,2010. 大力发展能源教育建设低碳社会[J]. 北京教育,07-08:12.

吴志功,韩倩,2008. 加拿大的能源教育[J]. 中国电力教育,2:5-8.

吴志功,王伟,2008. 国际能源教育发展的历史、现状与趋势[J]. 比较教育研究,11:226.

吴志功,王伟,2007. 美国能源教育发展及其启示[J]. 华北电力大学学报(社会科学版),1:23-24.

吴志功,王伟,郭炜煜,2010. 大力发展能源教育建设低碳社会[J]. 北京教育,07-08:10-11.

杨树,2015. 中国城市居民节能行为及节能消费激励政策影响研究[D]. 合肥:中国科学技术大学.

曾五一,李海涛,2007. 中国区域间教育平等状况的统计考察[J]. 统计研究,24(7):29-33.

赵俏姿,吴志豪,邝小燕,2014. 高校国际合作促能源教育项目推广[J]. 上海电力学院学报,10:470.

赵浩君,缑晓慧,2008. 欧盟的能源教育[J]. 能源教育,2:11.

张旭,齐天宇,张达,等.2015. 能源与气候变化领域研究热点及主要趋势[J]. 可再生能源,8:1214-1218.

OurPlan,2010. Americans for Energy Leadership[R]. http://leadenergy. org/about/.

Parry M L,2007. Climate Change 2007:Impacts,Adaptation and Vulnerability:Working Group I Contribution to the Fourth Assessment Report of the IPCC[M]. Cambridge:Cambridge University Press:31-33.

Solomon S,Qin D,Manning M,et al,2007. Climate change 2007:The physical science basis:Contribution of working group I to the fourth as-sessment report of the intergovernmental panel on climate change[M]. New York:Cambridge University Press:95-844.

The Breakthrough Institute,2009. RE-ENERGYSE:RE-gaining our ENERGY Science and Engineering Edge [R]. Oakland,California.

Thomas V,Wang Y,Fan X,2002. A New Dataset on Inequality in Education:Gini and Theil Indices of Schooling for 140 Countries,1960—2000[R]. World Bank Working Paper,World Bank:Washington,D. C.

# 区域联防能否化解大气污染防治的碎片化困境

## ——以功利主义科技观为视角

**摘　要:**在现代社会治理进程中,功利主义科学观对污染防治有着实质性影响,这种影响不仅发生于污染防治对策的形成与设计过程中,也渗透于污染防治具体措施的实施与执行中。区域联防作为一项体现整合管理的跨区域的大气污染防治机制自提出以来,便得到了社会与学者们的广泛关注。多数学者对此机制所能产生的良好的社会效果与污染防治实效寄予厚望,并对区域联防在化解大气污染防治碎片化中的作用给予了肯定。然而实践与理论上所应达到的效果之间却存在明显的落差。综观现有大气污染防治制度的形成背景与实施,我们发现,功利主义科学观的影响是深远而巨大的。而区别联防作为一种主要适用于解决跨区域大气污染防治的机制,自然也深受其影响。长期以来所形成的以"技术至上"和"科技依赖"的区域联防实施机制虽然具有相对严格的工具理性与实用性,并能保障其在有限范围内的实施,但本质上,这种实践机制依然不具备整体性治理的基础,也不能有效化解大气污染防治过程中的碎片化。

**关键词:**大气污染区域联防　碎片化　科技依赖　整体性治理

# Can Trans-regional Cooperation Mechanism (TRCM) Patch up the Fragmentation of Air Pollution Prevention and Control

## ——Based on the Utilitarian-oriented View of Science

**Abstract:**The utilitarian-oriented view of science(UVS) has a substantial impact on air pollution prevention and control in modern society, which not only occurs in the formation of specific measures, but also permeates at the process of implementation. TRCM, a trans-regional air pollution prevention and control mechanism reflecting integrated management, has attracted wide attention from society and researchers since it was put forward. Many researchers focused on its integrated effect on air pollution prevention and control, meanwhile they laid their great hope in its practical results. However, the practical application of TRCM failed to the expectation. Tracing at the formation background and implementation progress of measures of air pollution prevention and control, we find that UVS has a profound and tremendous impact on these measures. Meanwhile, UVS has a substantial impact on TRCM. Although TRCM with "technology first" and "technology dependence" has been regarded as a kind of rational tools in the process of enforcement within a limited scope, it is not the holistic governance or integrated one in essence. Therefore, TRCM cannot patch up the fragmentation in the process of air pollution prevention and control effectively.

**Key words**: trans-regional cooperation mechanisms of air pollution prevention and control; fragmentation; technology dependence; holistic governance

"碎片化"（fragmentation）一词近年在政治学、经济学、社会学和传播学等多个学科领域的应用逐渐增多，在法学领域碎片化一词的应用也逐渐增多。伴随着目前社会阶层的多元裂化与信息传播的多样性化等，碎片化问题是当今社会不得不面临的社会问题。同样，伴随目前环境治理的科层制结构与治理体系的复杂化，"碎片化"现象在诸多环境保护制度的形成、确立与适用中也成为十分常见的现象。从政治上讲，中国环境治理中的"碎片化"源于"中国的国家制度所具有的分层结构及政策过程的相互不衔接"（丁生忠，2014），这种相互不衔接在本质上是一种追求部门（或局部）利益最大化与责任最小化的呈现。在我国大气污染防治进程中，受制于传统的功利主义科技观的深厚影响，碎片化现象在大气污染防治的形成、确立与适用过程中均广泛呈现。就大气污染防治而言，碎片化是指各类制度在形成、确立与履行过程中，由于受到各种复杂因素与利益纠葛的影响，整体性制度往往会被分割成多种不同的制度或措施，形成分割而治或切割而施的现象；尤其是在一些整合性或综合性制度的执行中，往往受制于社会、经济、民生、人为选择等诸多影响，其内容得不到良好的执行。由于大气污染防治的"碎片化"与"整体性""综合性""跨区域性"等关联，我们在处理制度的碎片化问题，或在我们论及大气污染防治中的碎片化的应对时，多会强调跨区域与整体性、综合性防治，其中区域联防是近些年来讨论最多的议题。在 2016 年我国新修订的《大气污染防治法》中将"重点区域联合防治（区域联防）"单列一章，以统筹协调重点区域内的大气污染防治工作、改善区域内大气环境质量。这一系统呈现，既是多年来社会各界呼吁后的结果，也是多年社会实践的反馈。就区域联防而言，此制度或机制的设立初衷是美好的，但在以功利主义科技观为核心的理念指导下，能否发挥其设定的作用值得我们进一步探讨。

## 1. 功利主义科技观影响下大气污染防治碎片化的产生原因

对于环境污染防治，功利主义科技观不仅影响制度的形成，更影响制度的实施。在选择大气污染防治制度或具体对策时，我们一般会面临以下问题：不恰当的制度选择对代际不公或不平衡的挑战、跨区域性污染防治后果的外溢性（特别是利他性问题）如何补偿或平抑、污染所造成的人体健康损害与生态危害之间关系的非确定性、污染减少背后的衍生问题（如减少某一类污染物的排放可能会导致其他污染物增多，生产成本增加过多进而影响市场竞争力等）、某一区域管控过于严厉可能引发的污染转移或产业发展影响等（戈华清，2018）。在面对这些挑战时，我们最终的解决对策或多或少都会努力去寻求科学与技术的支撑，尤其是在具体的实施中。与此同时，功利主义科技观作为一种强调科学的工具价值、技术价值和功利价值（黄时进，2004）的实用主义的科技观，由于其实践性、实用性与效用价值,良好的社会实践效果往往会进一步夸大其作用,并最终导致其在大气污染防治中的作用也会相应地被夸大并持续占据主导地位。但在这种科技观影响下的大气污染防治制度的选择与实施往往会遵循"技术至上"原则,并在一定范围内逐渐转向"技术依赖",最终形成以名录繁多的"环境标准""环境参数"为核心的大气污染防治制度体系(戈华清,2018)。如此一来便形成另一种形式的分散性治理与另一种形式的技术依赖。

诚然,我们知道人类活动引起的生态失衡、环境恶化以及气候变化和天气、气候异常等无一不是与大气边界层中发生的物理过程、化学过程和生态过程等密切相关(胡非 等,2003)。也知晓大气污染主要是在大气边界层中发生的(胡非 等,2003),但大气污染物的产生,除了源于自然外,多与人类的生产、生活等行为密切关联,对污染物的来源认知要广泛许多,不能仅用边界层一语简单概括之。另外,更不容忽视的是,这一层中的风向、风速、温度、湿度、压强受下垫面、地形及其日变化影响,物理、化学和生物过程自身与相互作用呈现出极为复杂的状态(胡非 等,2003)。因此,为了有效防治大气污染,我们必须就那些理化、生物进程进行科学研究才能制定出合理的防治对策与具体措施。虽然大气污染防治基于其自身特征一直强调整体性,也投入了大量的人、财、物来确保这种要求得以实现,但整体性效果仍有待提升,除了制度本身存在的问题外,不能被整体有效地执行,而不得不被进行拆分性实践是制约整体有效的重要原因。尤其是在某一类以整体性或系统保护为基础的制度的实施过程中,往往要被分解成不同形式、不同类型的措施得以落实。

## 1.1 制度适用的便利性——碎片化的产生根源

功利主义科技观对一项制度的判断核心原则是该项制度的社会实效,即制度的有用性,特别是一定时间一定范围内的有用性。在这种理念指导下所形成的制度从本源上讲就忽略了制度自身的科学性衡量,尤其是全面的衡量,而更多地考虑制度的工具价值。因此,在这种观念制约下所产生的"制度所对应的具体实施措施未必符合生态规律,也未必充分反映大气污染防治的科学需求"(戈华清,2018)。

便利性在一定程度上意味着人们对已经形成规则或习惯的一种依赖与盲从。以功利主义为基础的科学技术的发展与应用总是会带有过多的功利色彩与工具理性,其发展和应用在部分解决了制度不合理时也产生了诸多问题,"使社会主体普遍沉浸于科学技术的便利中,在主观和客观层面放弃了对制度本身不合理性的反思"(李洁,2018),在一定程度上,使得"科学技术的发展反而在某种程度上导致了社会制度改革的惰性(李洁,2018)"。以污染物排放标准说明之。在现有大气污染防治实践中,我们往往会过多地倚重于具体监测数据,而忽略了人的感知与认可。虽然许多人明知污染物的排放"只要超出了空气的自净能力都有可能会降低空气质量"(Xue et al,2016),也可能会造成损害,但我们在实践中却想当然地认为若没有具体的监测数据作为支撑或监测结果是达标的,我们一般都不会采取进一步的行动,这种实践中的科技依然一方面助长了执法者的惰性,另一方面也降低了公众的认可度。虽然我们仍不得不承认,一定区域且一定时间范围内空气质量的整体性下降与一定区域且一定时间范围内与污染物达标排放之间所存在的逻辑关联,从实验室得出来的数据与大面积实际发生的情况必然会存在明显的差异,如何确立二者之间所存在的关联性,仅靠污染物排放标准明显是不够的,仅靠实验数据也是不充分的。在对污染的认识与污染防治对策的选择过程中,除了依赖于科技来证实外,我们既不能忽视不同人群的生态需求,亦不能忽略不同物种的存续要求。然而,从现有的大气污染防治制度来看,充其量我们只是关注了人的部分需求,且对于人的关注中也仅限于能被科技证实易于实践的类型,这样一来便显示了便利性特征在大气污染防治中的核心地位。

便利性在一定意义上也代表着工具理性与效用,具有"经世致用"(王东明,2004)的技术性特征。短期内,这种"经世致用"的特征在大气污染防治中的确发挥了重大作用,尤其是西方发达国家的大气污染防治史进一步明确了此经典价值。然而长远来看,强调便利而忽略科学性,不仅有违大气污染防治的整体性要求,亦忽略了大气污染防治的累积性影响与跨区域的影响。如在大气污染防治中"逐底竞争(race-to-the-bottom)"一直是困扰许多国家与地区的重大问题。在美国,逐底竞争不仅会迫使州降低环境标准,也会阻止其他州提高环境标准(詹姆斯·萨尔兹曼 等,2016)。诸如20世纪90年代末美国阿肯色州为了吸引商业投资,决定降低空气污染的标准,便是一种典型的"逐底竞争"现象在大气污染防治中的体现。而此举不仅会为路易斯安那州和亚拉巴马州带来相应跨界污染问题,也会迫使拥有类似产业的州通过降低环境标准来阻止产业转移(詹姆斯·萨尔兹曼 等,2016)。如果说"逐底竞争"在某种程度上阻碍了科学技术在大气污染防治中的有效应用,那么一些学者所倡导的"逐底竞争"能否有效促成科技的应用并保障制度的整体性实施呢?为解决"逐底竞争"所导致的环境质量进一步下降,有学者提出了地方政府也许会通过采取"逐高竞争"(即通过提供更好的环境质量来吸引投资),来提高因环境保护所可能导致的经济下行趋势,并促进科技在污染防治中的应用。但就目前产业国际转移的数据显示,环境标准的严格程度没有劳动力成本、与市场的靠近程度、原材料成本和政治稳定性更为重要,因为环境成本通常仅占企业成本的一小部分(詹姆斯·萨尔兹曼 等,2016)。而在我国产业转移与环境规制之间的关系中,由于"地方环境规制强度的降低可以吸引工业产业的转入"(刘涵,2018),并进一步促进区域经济增长与社会发展,因此,"我国区域间存在着环境规制'逐底竞争',本地区的环境规制策略与相关地区的环境规制策略存在着正向的空间溢出关系"(刘涵,2018)。这表明环境标准或环境规制中的"逐高竞争"并不能从根本上解决大气污染防治中的科技创新应用与制度的整体性有效实施。

在大气污染防治中,由于浓度控制或污染物达标排放并不解决区域性污染物累积性排放的问题,我们确立了重点区域总量排放控制的要求,但这种总量控制的动态性如何解决仍是目前的措施选择中难以有效解决的问题。就一般公众的认知与理解,只要有污染物的排放,或多或少都会造成环境质量的下降。但以人类中心主义环境伦理观指导的立法是,只要大气污染物在浓度和总量上满足相应的国家标准、地方标准或行业标准,排放污染物就无须承担任何法律责任或无须支付任何对价。这种理念明显是对排污主体排污权的一种认可,既默许了向大气排放污染物的有限正当性,更确认了大气环境容量的无市场衡量性。从《大气污染防治法》的趋势来看,这种本位观是存在问题的。排污者向大气排放污染物(无论达标与否),其实质上都是在使用大气环境自净能力,在使用这种自净能力时明显会获得相应的收益(这种收益或源于污染治理成本的减少,或源于治污设施的低标准),为何这获益却无须支付相应的对价,而只有超过一定标准(总量控制标准或排放标准)才要求承担法律责任,这种理念主导下的制度选择不仅让制度执行变得更困难,也让制度执行的效果大打折扣。

实践中,制度适用的便利性往往是制度设计者考虑的要因,且大多情况下是为了满足认知的可得性与执行的便利性。理论上,在环境保护法中对认知与执行的重点考虑是基于科技性因素。环境法系以科技管理地球上人为以及自然空间之规范总体(柯泽东,1988),系"法律知识"转向"法学化的科技知识"(吕忠梅,2010)。因此,制度的设计者往往会侧重考虑法律实施中的相关主体对制度本身的认可程度、理解状况与实施背景。在大气污染防治制度的实际执行中,往往会受限于技术标准、环境认知水平、环境科学的发展等各方面的影响,其中对于制度的设计者或决策者而言,在制定某项制度的时候会优先考虑制度是否能被真正落实,而落实的依据往往是能否被现有的行政监管主体所认可与执行。以现有的一些大气污染防治制度内容来看,虽然"课征矫正性税收、提供矫正性补贴、创造污染权市场、实行直接的行政强制"(李国强 等,2007)等都可以对大气污染防治行为进行环境公共规制有效性约束体系,但能够在实践中得到有效的实施主要还是直接的行政强制类措施与少量的经济激励方式,如环境标准制度、重要污染物的减限禁控制度、污染物名录制度、三同时制度等,这些制度大多以硬性的强制性手段来实施,而以相对柔性的各类经济激励或制裁类制度的适用则要少许多。为应对我国严重的水污染、大气污染,国家或一些地方政府为达成的"蓝天工程"的要求或对完不成减排任务的地区、行业和企业所实施的"区域限批""行业限批"和"企业限批"等措施,短期内所获得的效果的确令人满意,也满足了特定时期一定区域内的环境质量要求,但我们不能否认,这些措施具有典型的执法便利性特征,且这些措施多是从行政主体的角度来设计并执行的。

## 1.2　制度适用的经济性——碎片化的形成要因

大气污染防治制度的经济性,一直是实践部门与研究学者们关注的热点。这一方面与大气污染防治的进程与产业结构调整、生产方式改进等经济发展问题相关;另一方面与大气污染防治的进程与公众的生活就业也密切相关。对于制度适用经济性问题的关注不仅包含着制度产生阶段所花费的社会成本,也包含着制度实施阶段的社会成本、执行成本,以及制度适用所可能产生的社会经济效益的评估等。为何要如此关注于制度适用的经济性?理论上并不难理解,所有综合性大气污染防治制度的实施,不只关乎制度实施中管理者与被管理者,更多地还会涉及"能源与产业结构的变化""经济发展方式转变和经济结构升级"(任保平 等,2014),而这些是涉及整个社会生产生活方式变化的重要诱导性因素,对所有人(不仅只是管理者与被管理者)均会产生影响。但遗憾的是,在大气污染防治进程中,决策者或具体的实施者除了习惯应用经济因素来比较权衡大气污染防治的得失,很难找到其他合适的途径来综合权衡其他影响因素,这无疑又进一步加深了经济性因素考量在大气污染防治对策制定与实施中的比重。

### 1.2.1　不同主体对经济性因素的考量

对于经济性因素的考量,不同主体的表达方式是不相同的。对于地方政府而言,更多地会关注本地区的污染水平与经济社会发展,这一方面与"污染在不同地区间所具有的较为显著的空间依赖性"相关(卢华 等,2015),另一方面也与区域经济能力与环境治理能力的异质性相关,这也表明,若没有外力推动与形成合作的共因存在,地方政府之间很难达成真正意义上的大气污染防治的合作协议。对污染者而言,特别是造成污染的生产企业,更多地会关注自身的利益与效益,"由于污染工厂的管理者会因产量(或产品质量)而不是污染控制而受到奖赏,因此,污染预防的优先权较低"(汤姆·蒂坦伯格,2011)。而对于公众而言,则会更多关注自身的权利或利益能否得到保护,而鲜少关注自身行为所可能产生的污染并对自身的行为予以限制。从这三个不同层面的主体来看,在经济性的衡量或取舍中,更多地带有自利性特征,而自觉地将整体性与利他性等优良品质予以排除了。如此分析下来,区域联防政策的颁布与实施则解决了整体性防治中外力不足的问题。但我们不能忽视了仅靠外力来推动,而缺乏能达成合作协议的内生动因,是很难达成真正意义的联合预防的。

从现有社会发展来看,经济与民生虽然都可作为地方政府间达成合作的内生动因,但在这二者中,经济发展依然是显性且能被测评衡量的,因此,从这个角度来看,经济性因素中经济发展是地方政府在治理污染中重点衡量的必要要件之一。作为理性主体的地方政府间的"环境规制博弈呈现出长期性和动态性"(潘峰 等,2014),在这种长期动态的环境规制博弈过程中,有些地方政府间存在竞相降低环境规制水平以吸引高耗能产业投资的现象,而降低环境规制水平则显著增加了本地区高耗能产业流入(王艳丽 等,2016)。这表明,在环境规制程度与经济发展水平的选择过程中,地方政府的抉择具有显性的经济性特征。虽然有学者认为"随着生态文明建设的发展,建立在地方政府官员'晋升锦标赛'理论之上的'政府谋利论'已经在一定程度上被新的经验事实所'证伪'"(陈海嵩,2016)。但就目前来看,"政府谋利论"视角下的证伪并没有得到有效的数据证实与实践检验。短期内的规制目标是通过加强规制和提高技术水平,在经济总量增长的同时,尽可能降低总污染排放的增速(钟茂初 等,2018)。地方政府间环境规制政策的制定存在明显的地区模仿特征,呈现"逐底竞争"现象(刘涵,2018),环境规制在工业行业层面难以实现环境改善与就业增长的"双重红利"(郭启光 等,2018)。总体上来看,若没有外力予以干预,环境规制过程中存在的"逐底竞争"依然可能会进一步演化出更多的"污染避难所",导致污染累积并加重。

### 1.2.2　制度形成过程中经济性因素分析

在制度确立或形成过程中,制度的设计者往往会将经济性作为重要因素来考虑。然而,除了防治污染所获得的可以被测算的经济价值外,其所涉及的生态、社会及文化的利益与价值并不能完全被现有的经济评估技术所俘获,决策者为了达成有效的决策必须通过其他方式来满足(Rudolf de Groot et al,2010)。这种其他方式在环境污染防治中过于强调了技术的应用与实践。在确立某项制度时,为了达成制度目的,设计者往往会将制度内容的科学性与制度适用过程中的科学测评性与技术依赖性关联起来,这本身是无可厚非的,但这种考虑背后可能会导致制度的前瞻性缺乏与过于依赖技术手段。京津冀区域内的大气污染问题当属典型实例。一方面,大气流动高度的渗透性和不可分割的特点,使得传统以行政区为界限的"碎片化、封闭式"的分割治理方式日显乏力和"捉襟见肘";另一方面,大气环境属于公共产品,大气治理的正外部性和大气污染的负外部性使得地方政府间在合作治污方面缺乏内驱力(崔伟,2016)。这也是最常见和跨界污染防治难以有效的归因方式。这种归因具有典型性,也反映一定的社会事实,但我们忽略了省际合作非长效的最主要因素是经济社会发展制约,这种经济社会发展制约并非单纯意义上的政府政绩问题,更为复杂的是省际经济社会发展战略、决策、规划,以及产业布局、民生选择等诸多因素的制约,这些最终多会源于对经济的重点考量。另外,环境问题的跨期属性让成本收益变得更加复杂,科学不确定性同样困扰着成本收益分析(詹姆斯·萨尔兹曼 等,2016),这些问题也都是大气污染防治制度形成过程中不容忽略的经济性考量因素。

#### 1.2.3　制度实施过程中经济性因素分析

在制度实施过程中,制度的执行者也会将经济性作为重要因素予以衡量。在一些地方政府执行大气污染防治制度时,最终有可能会被简化成在经济上是否可行,即当某一项制度在经济上可行时,这一项制度的实践性、可操作性与有效性也会大大提升。发现污染较重的华北和长三角地区,主要处于富氨状况,发生高浓度硝酸盐时段也呈现明显的富氨状况。北京、上海和广州的夏季大气均呈现明显的区域污染特征,仅针对本地排放控制无法得到有效改善,须建立区域多污染物的联防联控机制(刑佳,2011)。大气污染的区域污染特征的确是区域联防联控的理论基础,但如何实施区域联防联控,依然是困扰现代大气环境治理的一大难题。就行政管理层面而言,我们多会强调现代信息技术的有效应用与现代科技的支撑。但经济发展、科技发展在环境保护中的应用、科技应用所产生的实效等相关要素之间的关联性问题并没有得到合理回应。从我国和发达国家的比较分析来看,在收入较低时,我国的污染高于其他国家的历史水平,但由于我国的污染在人均 GDP 达到 4900 美元以前一直是下降的,所以在 GDP 超过 3000 美元以后,污染又低于其他国家(张昭利,2012)。另外,近几年我国污染加重的根本原因是能源消耗和污染排放持续增加,能源消耗与污染排放增加在一定程度上反映出我们的经济发展对策在某种程度上是与环保的低质化相关。

### 1.3　制度适用的技术性——碎片化的路径依赖

#### 1.3.1　大气污染防治立法中的科技依赖性

从大气污染防治立法进程来看,我们发现科技发展及其应用在其中有关键作用。首先,从大气污染防治立法的产生机制溯源,因为其与《环境保护法》具有从属关系,我们自然会将《环境保护法》的基本特征之一——科技性的重要性应用于其中。和传统法律部门建立在人际交往的习惯基础之上不同,《环境保护法》的法律行为规范基本上是从技术标准的角度上发展起来的(王树义 等,2012)。由于大气环境作为典型的“公众共用物”(蔡守秋,2012),具有明显的“整体有用性”,这种特性要求对大气应该从整体视角来进行保护,然而,我们的环境科技的应用却往往是分散性的,从根本上讲,目前我们不可能找到一项能对区域性或整体性大气环境进行保护或治理的技术支持。这一现状又和现有的环境保护制度的产生存在极大的偏差或不同。其次,在我国的《环境保护法》理论和实践中,存在着将《环境保护法》所面对的环境问题简单地认定为自然科学意义上的环境问题的倾向,这种倾向会进一步导致立法者忽视对于环境问题的社会建构性、法律辨识性的认识、理解和把握,造成了环境法与环境科学技术、环境伦理道德、环境公共政策的界限不分,进而混淆和夸大了《环境保护法》的社会功能和作用(柯坚,2014)。最后,在大气污染防治立法的具体制度的选择过程中,无论是大气环境质量的达标规划、重点污染物排放总量控制,还是不同尺度空气污染物排放清单的编制、具体不同行业减排目标的确立,决策主体与执行主体无不都更重视技术的实用性,而忽略了科学的解释功能(戈华清,2018)。

### 1.3.2　大气污染防治实践中明显的技术依赖性倾向

在大气污染防治或环境保护制度的实施中,技术依赖性更明显。这种技术依赖性源于此类制度的伦理制约性较弱。理论上,所有的环境保护制度相比于其他诸如《民法》《刑法》等中的法律制度而言,伦理制约性要相对低一些。尤其是作为的"公众共用物"的大气,其使用具有明显的非竞争性、非排他性,置身于其中的人很少会自觉地基于道德或伦理制约地减少其消耗性或破坏性行为。人类在减少大气污染物的行为过程中,大多是受到社会规范的制约,这多是一种基于整体社会理性需求的"理性"控制,而非基于自身伦理或道德制约的感性约束。因此,相关制度在社会实践被激活的可能性会降低。环境个人规范激活水平低对环境友好行为的实施是非常不利的,说明即使个人会去实施一些环境友好行为,也并不是出于一种遵守个人规范的自觉行为,而是出于外在的经济利益的考虑或者规避法律的制裁(张福德,2016)。这表明,该类制度的持久性与稳定性可能会受到多重因素影响而导致难以为断。另外,这种技术依赖性源于此类制度的人为规定性,且这种规定性并非简单来自于人际关系,而是来自于复杂的经济-生态环境-社会系统。这种规定性源于人类依据自身有限的生态环境认知与科学技术,出于目的性需求,而对环境所采取的积极性的介入或干预。无论人类出于何种价值选择来做出反应都是人类的视角、人类的发展与人类的选择。人类在对环境行为进行选择时包含"理性变量和感性变量"(史海霞,2017),这两个变量直接影响着环境保护过程中"法治"和"德治"的有效结合。从根本上讲,环境保护行为并非单纯的法治可以解决,人类生产生活中的许多环境行为总与人的环境心理相关且很难上升到法律层面。为了解决实践中存在这种因"人"的主动性介入不足可能导致的问题,我们往往会选择通过技术化的方式或手段来解决环境问题,如执法实践中对环境标准的应用、对环保设施设备的依赖等。但我们不能忽视的事实是:人性意味着科学不能是真正绝对客观的(Chris et al,2009),而技术则更具有人类选择性。

从实践上看,这种技术依赖性在我国大气环境保护标准(图 1)体系中的呈现十分明显。虽说从体系上讲我国现有的大气环境保护标准包括大气环境质量标准、污染物排放标准、方法标准、样品标准与基础标准五类,但这五类标准中,以排污者、大气污染物产生范围等更易于确立的固定源污染物排放标准最多。如此众多标准的制定、发布与实施都会牵涉到大量的技术性手段的应用。无论这些标准能否得到有效应用,我们均不能忽视这些标准背后所具有的技术依赖性。总体上,环境标准是"环境法律法规授权国家有关部门和省级政府统一制定的独立于环境法律法规和规章的具有法律效力的环境保护技术要求和检验方法"(常纪文,2010)。标准毕竟不由立法机关制定,标准的制定权也不专属于公权,标准只是关于产品、过程和服务的技术要求,须以科学、技术和经验为基础,依赖于具有科学、技术能力的标准化技术委员会,由标准化机构发布(柳经纬,2018)。这也在一定程度说明,现阶段我国的大气污染防治对于技术依赖程度正在逐渐提升。

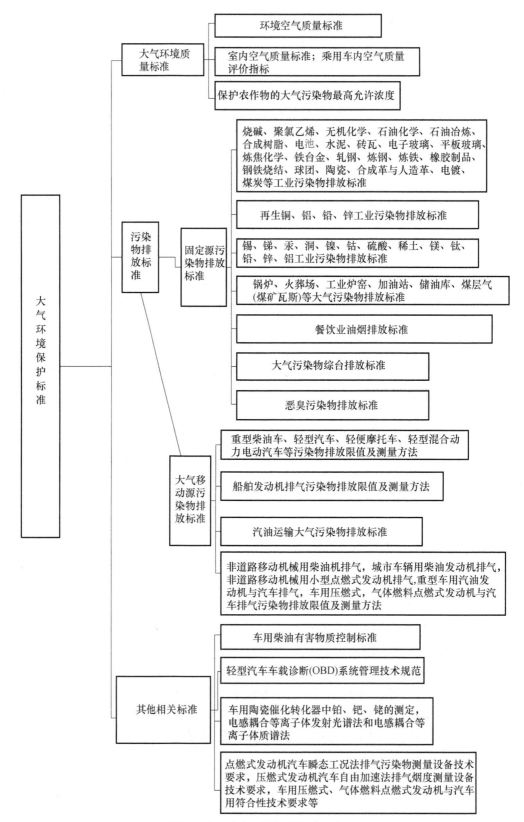

图 1　我国大气环境保护标准示意图

### 1.3.3 防治后果的不确定性与高风险性进一步加深了科技依赖

无论是大气污染防治前期的对策选择、具体措施的实施过程,还是最终防治效果的评估等都会伴随大量的不确定性,尤其是清洁空气所承载的生态功能,作为一种典型的公共物品,在清洁空气的产权问题不能很好解决的前提下,它不属于任何人,也没有任何人可以出售或阻止他人呼吸清洁新鲜的空气。但如何确定流动的清洁空气的产权并做出有效分割,几乎是不可能的事情。从这个意义上讲,若要想彻底消除被污染空气的流动、扩散所带来的跨界环境问题,也几乎不可能。虽然我国有评估结果表明,现行污染减排政策有效地控制了我国近50%~80%的$SO_2$、$NO_x$、$PM_{2.5}$源排放,抑制了近50%的$PM_{2.5}$污染(师定华 等,2014),这一结果只能表明现有对策在一定程度上遏制了我国大气环境质量的恶化,而并不能说明跨区域大气污染问题,特别是在不同区域间不同种类的污染物转移中,输入地与输出地间的损益情况。另外,由于大多空气污染物不仅在大气环境会不断扩散、转化,还会在大气中均有一定的滞留时间(蒋维楣,2004),这给大气污染物的评估带来了更大困难。因此,从某种程度上讲,无论科技发展到何种程度,要准确测评、衡量、估算大气污染物的输入与输出间的关系都是十分困难的。当然,这也间接表明:只要人类的生产或生活行为存在污染物的排放行为,不确定性与风险在跨区域大气污染防治过程中是始终存在的。

人类社会发展过程中,在碰到不确定性时,往往会求助科学技术的发展来消除或减少这种不确定性。从经济学角度来看,清洁空气不仅具有稀缺性,更是一种人类共享的环境福利,但遗憾的是我们既难对这种稀缺予以定价,也不能对这种环境福利设置合理的社会属性,这种特质决定了清洁空气的保护往往落入无休止的技术保护导向之中。就目前制约全球许多国家的全球性或区域性污染物排放与监管而言,移动污染源、复合型污染、区域大气污染等一直是大气污染防治的难点。

## 2. 区域联防在化解大气污染防治的碎片化中的利弊

在本文第一部分以功利主义科技观为视角,分析了大气污染防治中碎片化出现及存在的原因,通过这种分析,不难发现:大气污染防治碎片化的出现与存在并不是单纯管制机制上的问题,而是机制、理念与目的等方面的综合性问题,仅从机制出发并不能有效解决碎片化现象。尽管关于大气污染防治中跨行政区域的联合防治研究颇多,但现有研究多从区域联合防治的机制入手,而区域联防机制设置的根本目的是为了解决"大气污染的区域属性与大气污染属地管理体制存在冲突、大气污染复合属性与部门管理体制的抵牾(王清军,2016)"这两大问题,而这些问题并非仅靠管理机制的完善便可解决。在大气污染的区域属性与复合属性这两个问题而言,科技的发展与应用、科学的认知与解释最关键。为了应对大气污染防治的碎片化问题,特别是区域合作不畅通、不持续的问题,我国自2005年起探索出了地方性的区域联防联治机制来应对日益严重的区域性大气污染,如成立具有一定行政管理职权的区域性组织管理机构、设立相对松散的区域联合防治机制或常设执行部门等。从这些内容来看,无不是围绕联合防治的机制来展开的。2016年新修订的《大气污染防治法》第五章所规定的内容也恰好正面回馈了这种需求,明确了区域联合防治的主要内容。但区域联防能否化解大气污染防治中的碎片化问题呢?我们将从区域联防的优势与存在的不足来分析。

## 2.1 区域联防在联合管理中的优势

关于区域联防的优势,在早期的研究中,即有学者阐明了其在三个方面的作用:能综合控制污染、统筹规划产业布局、优化产业结构(周成虎 等,2008)。显然这些均是对区域联防在管控中的综合性与整体性的认可。但从现有区域联防的实践来看,联防机制与相应的管理机构的设立已经跟进了,但长效、稳定的综合污染防治机制、区域间联合的产业规划布局等仍有待进一步拓展。就大气污染防治而言,区域联防存在的价值在于通过区域合作的方式预防和治理大气污染所带来的负外部性,通过地域功能的合理配置与分工合作,促使区域大气环境得到整体改善、大气污染得到根本治理。区域联合防治不仅是协调区际大气环境利益冲突的重要手段,也是充分发挥核心城市重要功能的需要(楚道文,2015)。

### 2.1.1 区域联防能更理性地综合考量区域环境特征与环境利益

联合防治重点在于综合考量不同区域主体的利益,充分发挥地方的主动性与积极性。我们可从相关实施计划的制订依据中看出:联防不仅体现了法律对地方政府执法能动性的支持,也表明了在压力型体制下,地方政府的政治压力会大大减少,地方政府的选择性会增加。在条件成熟、污染边界清晰、污染责任主体确定、地方经济社会能力对等的条件下能够保障环境问题得到较合理的解决。在经济建设领域,"经过多年分权让利的改革,地方政府释放出巨大的能量并取得了惊人的成就"(张玉军 等,2007)。因而在某些环境污染防治领域也取得了一定成效,如 2008 年奥运会中北京及周边区域环境问题的成功应对便是一例。从这个角度来看,联合防治是对现有属地管理局限性的一种弥补,在一定程度上能有效整合相应的管理资源,并在短期内发挥最大效用。当然我们不能忽视这种区域联防既非针对大气污染防治中的整体性与片面性问题,亦非针对具体的大气污染防治制度本身;既不能否认这种管理成效是在政府行为高压的一种应急反应的后果,也不能作为常态化的管理机制予以应用。就区域大气污染联合防治而言,我们目前亟待明晰区域污染的属性与基本特征,以及区域性污染物的排放、扩散、分布、沉降等基本特征,并在此基础上明确区域性大气污染物的彻底清除,这进一步表明,传统认知中两种基本的大气污染物清除机制——干沉降或湿沉降(蒋维楣,2004),在大气污染防治中应该重新认知,因为两种机制只是确保了污染物在空气中清除,并不代表污染被彻底消除。

在区域联防背景下,污染物区域性累积的特征与污染物区域性输入是其科学基础。就目前中国的大气污染整体形势而言,城市污染相比农村地区要严重一些,并具有"显著的空间非均衡及地理集聚特征"(刘华军 等,2016),这表明某些跨行政区域的大气污染防治应以较大的区域范围为基础展开。伴随着公众对大气污染关注度的日渐提升,我国现阶段对空气污染区域性特征的研究得到了相对快速的发展,特别是京津冀、长三角与珠三角地区。下面以京津冀地区的大气污染为例说明之。京津冀地区的大气污染主要以雾霾为主(蔺丰奇,2017)。就北京、天津、石家庄雾霾污染源头而言,2014 年数据表明,约 30% 来源于域外传输。其中,北京市 $PM_{2.5}$ 来源中区域传输贡献率占 28%～36%;天津市 $PM_{2.5}$ 来源中,区域外传输贡献率占 22%～34%;石家庄市 $PM_{2.5}$ 来源中,区域外传输贡献率占 23%～30%(蔺丰奇,2017)。通过对京津冀城市群的(北京、天津、石家庄)API(air pollution index,空气污染指数)变化轨迹的分析表明,年均和各季节 API 有趋于同步的特征,年均 API 值在 80 左右,一方面表明各地治理大气污染力度的加强,另一方面也说明大气污染有"区域化"的发展趋势(师定华 等,2014)。这表明:京津冀地区的雾霾污染是区域内的整体性问题,区域内的任何城市都无法"独善其身"。单个城市仅靠对自身内部雾霾污染排放的治理,无法避免外源性雾霾污染物的输入,因而仍会受到雾霾污染的侵害。这就说明,京津冀区域内的雾霾污染需要区域内所有城市共同努力进行治理,才能达到理想的效果(蔺丰奇,2017)。

### 2.1.2　相对有效调动地方政府的环境治理能力与行政执法能力

大气污染跨行政区域间联合防治核心在于政府之间的联合预防与治理,这种机制能有效调动地方政府行政执法能力。这种协商或联合防治机制体现了法律对地方政府的尊重,本质上是一种自愿原则的体现。这种处理原则在一定程度上也体现了中央对地方环境管理权的下放。在联防中,权力下放是合作管理中最核心的内容,Pomeroy 和 Berkes 将权力下放界定为"将中央政府的责任、权力、权威系统合理地下放给更低一级或地方政府机构"(Ryan et al,2004)。我国在跨区域污染纠纷的解决主张协商或联合防治解决,事实上肯定了地方政府在区域环境管理中的主动性与能动性。从这个角度来看,区域联防所追求的以相对灵活的形式实现"利益协调谋求合作共赢,推动政府间友好协作"(郑军,2017)。

大气污染防治区域联防的实质就是跨区域合作下的大气污染物的排放控制与共同监管。这种跨区域合作的"根本动因是化解地方政府碎片化给集体行动带来的困境",这种合作"最关键的行动在于地方政府的横向整合"与责任分配(姜玲 等,2016)。而横向整合与责任配置过程中,地方政府间的资源与环境治理能力会被重新评估分配,并在理论上尽可能将这些资源与能力充分利用。从这个层面上讲,这种整合与分配是对环境治理能力与执法能力的一次凝练与提升。因此,在有效沟通与充分平衡的前提下,地方政府是能够就某些事项形成协力共同合作防治空气污染局面。在有效协作的影响下,也将会相对有效地调动地方政府的环境治理能力与行政执法能力。当然,如若不能进行有效沟通与充分平衡,则在一定的政治高压与公众需求的联合作用下,也可能会在短期内通过减限禁控等强制措施取得一定效果。

### 2.1.3　更易于实现监管的联动性与灵活性

环境本身是一个整体概念,环境介质之间是可以相互转换、相互影响的,这种影响并不局限于实施区域,它往往会通过环境介质的作用(河流、洋流、风力等)、经济贸易、信息系统和人员往来等途径扩散到下游、下风向或其他地区,即便是各个地区的污染物排放和资源开发都达到了各自有关的排放标准或规定的要求,但它们的累积作用仍可能引起新的污染(张志耀 等,2001)。这种状况要求环境行政监管一方面要不断地与现实环境条件相结合,另一方面也要给地方环境行政监管提供必要的空间。区域联防是一种灵活解决问题的手段,能够在实践中充分地依据各区域环境条件的差异,做出合理抉择。在某种意义上,区域联防作为一种外来的约束机制,在充分考虑地方环境治理特色与环境需求的前提下,"可以引导地方政府的环境规制决策向'帕累托改进'方向演化,通过降低环境规制成本、加大中央政府对地方政府的处罚力度以及提高政绩考核体系中环境质量指标的权重系数,可以促进地方政府环境规制的高效执行"(潘峰 等,2014)。这样一来,区域联防的设立既从机制上提供地方政府参与跨区域大气污染防治的约束性保障,也充分尊重了地方政府环境治理现状与能力的差异性。

## 2.2　区域联防对整体性、综合性管理的不足

虽然有研究表明,对我国而言,城市化的经济和人口发展模式(或人类活动强度模式)对城市空气质量产生了较为显著的影响,城市用地规模增大与人口增加都会显著增加污染排放负担,进而对城市及其周边产生严重的影响(韩立建,2018)。但就跨区域污染而言,则没有解释城市与邻近农村地区、不同城市之间等污染物排放影响,也没有对下述问题做出有科学依据的阐释。在社会发展的不同阶段与不同区域,空气中的不同污染物是如何发展演变的,其主要驱动机制如何? 在长期的空气污染进程中,某一区域的人类生产活动所排放的污染物在何种程度上对其他区域产生何种影响,这种影响的范围与程度如何? 其他因素还如气象条件、大尺度条件下的气候变化、不同区域的地理因素与自然生态条件等在大气污染防治中的比率是什么,如何做出有效的评测等在目前均没有展开有效的研究。从这个意义上讲,我们目前的区域性大气污染防治并没有系统、完善且明确的科学依据与技术支撑。因此,某种程度上,现有的跨区域大气污染防治实践的合作更多只是在管理体制上的变革或改良。而这种管理体制上的变化具有明显的临时性与应急性特征。综观近些年联合防治的实践,区域联防并不能解决整体性与综合性污染防治中所要面临的相关问题,在相关对策的制定或实施中存在着以下弊端。

### 2.2.1　地方经济发展或社会利益需求对整体性预防或保护的抑制

诚如上述第一部分中所提及的,在环境规制的过程中的"逐底竞争"现象依然较明显。"人均 GDP 对产业升级的直接效应显著为正,而溢出效应却显著为负,表明虽然经济发展水平的提升能够对当地产业升级起到促进作用,但邻近区域经济的发展却会在一定程度上抑制地区的产业升级,这是由于地理上的相近使得各种资源流动成本较低,而资源总是趋于向更为发达的地区流动,且由于各地均存在一定程度的地方保护主义,以致对周边区域经济发展带动能力有限"(钟茂初 等,2018)。本质上,《大气污染防治法》中区域联防难以抑制地方政府对上负责的压力型体制的制约。我国的大气污染防治是一种典型的自上而下的行政主导的管理体制,虽具有高效快速的特性,但其长久性与稳定性会受到诸多影响。第一,受区域经济社会利益与压力型体制的影响,有些地方政府可能刻意回避跨界环境监管与共同合作,尤其是行政区域交界处的环境治理;第二,以属地管理为主,环境监管会导致一些刻意规避污染的企业选择在行政区域交界处办厂,污染企业或行业在不同区域之间的这种"游击战术",造成了某一属地政府难以实现有效监管;第三,在区域环境治理中,受政治压力的影响,许多地方政府往往会集中选择最具效应或显性的面子工程,跨区域环境问题往往会成为被忽视的对象,因为跨界或跨区域污染大多不仅难以根治且难以有效规范;第四,属地环境管理中的政府间横向竞争关系不利于实现跨区域环境监管。就大气污染的联合防治而言,政府的任务并不是保护每一个相互冲突的利益不受任何的负面影响,而是保障在相互冲突的利益之间取得平衡,在这种平衡过程中妥协自然是不可避免的(Gerry,2016)。但这种妥协与平衡必然会对地方政府的利益产生影响,这种影响在何种程度上能被地方政府所接纳仍需要中央政府进一步来协调或地方政府间通过长久的谈判来解决。

联合防治可视为一种广义上的政府共同管理,而共同管理的核心是权力分配与资源配置。从我国《环境资源法》发展趋势看,我国对于自然资源管理相比环境污染、环境损害防治的成效要好许多,这主要是因为从科学角度来看"在自然资源共同管理的多维模型是很容易具体辨别

的(Ryan et al,2004)。"而环境管理(特别是污染防治)具有更多的交叉性、非单一性、重叠性、不可计量性等特征,这不仅导致不同政府间很难在现有的联合防治机制下真正达成一致,为了计量或考评的便利性也可能使原本整合的措施被分解成不同的措施。因此,区域联合防治即便解决了"立法层级较低、统一规划缺失、大气污染信息共享机制不完善等"(楚道文,2015),也不能有效化解大气污染防治中的碎片化问题。尤其是大气污染防治中所涉及的风险预防。依据《大气污染防治法》规定,环境风险行政规制是一种主要的风险管理手段,这一手段具有明显的"断裂特征"。这一"断裂特征"会导致"社会将基于资源的有限,只能主动选择部分风险进行规制,进而忽视风险的整体性,影响到环境风险规制的整体效果"(刘超,2013)。就现有的区域联防而言,受任期制约束的政府官员在实践依然偏好"末端治理"方式(刘伟明,2014)。而这种末端治理方式的偏好中最典型的就是对各种技术性手段与各类环境标准的倚重。

### 2.2.2　地方政府的"搭便车"或消极懈怠可能阻滞污染防治的整体性

地方政府既代表着地区利益,也具有"理性经济人"特性,可以被看作"公共利益"和"私人利益"的集合体。这种公私兼具的特征,会使地方政府的环境规制选择变得更理性,在经济利益、政府利益与环境公共利益发生冲突时,地方政府往往会在跨区域环境监管中选择"搭便车"的行为,因为"在低排他成本情况下,个人努力(出价或成本负担)与获得物品之间的联系是很清楚的。而在高排他成本下,一个人可以使用自己没有做出过贡献的产品,这种联系就不清楚了"(A.爱伦·斯密德,2006)。虽然现有研究中,对跨区域污染防治成本问题的研究不多,但从总体上看,跨区域污染防治由于其利益交织、主体广泛、防治后果不确定等因素的影响,相对属地管理而言,执法与监管的成本均具有明显的外溢性与滞后性。在各种执法或管理的高排他成本下,大多政府总希望其他政府支付成本让自己搭便车,结果在这样的期望与偏好下,就某类公共利益保护为目的的谈判与协商会很难成功。策略性谈判和政府间的不信任也会使政府之间很难达成实质性具有可行性的协议。这是典型的跨区域环境管理中的高排他成本所造成的相互依赖的两难困境。目前,我国京津冀地区大气污染在特定时间范围内高发、频发无不与此相关。京津冀地区环境合作网络密度的比较结果表明:京津冀与长三角的城市群环境合作网络密度差距竟有2.18倍,这明显的差距表明社会经济发展实力较低的京津冀城市群更愿意采取集体行动的方式来进行跨域环境治理,在均分协作成本的同时分散了治理的不确定性风险(李佳芸,2017)。京津冀地区倾向于采取集体行动的方式来进行跨区域污染防治,虽然与经济发展程度相关,但与京津冀所处的地理位置、政治因素、产业分布等因素也不无关联。而就长三角城市群而言,由于该区域具有较高的经济能力和社会发展程度,这使得跨域环境更多是城市自组织行为,一方面地方政府会将环境方面的合作建立在之前与其他地方政府有联系、交往、沟通之上,另一方面则会根据环境污染的地缘联系来一起治理(李佳芸,2017)。相比于京津冀地区而言,长三角区域的政治因素、地理位置、产业分布、气象条件等均有所不同,因而,其跨区域的环境合作方式也会相对更理性一些。虽然现有研究在一定程度上证明了地方政府在跨区域环境治理方式、对策等选择中受经济社会发展影响明显,但就中国而言,区域大气污染防治中,政治因素依然是不可忽视的。

除地方政府的"理性经济人"特征的确会成为阻滞区域性联合措施有效实施的重要因素外,"环境法律未成为规范行政权力的权威依据"(陈海嵩,2016)、地方政府环境执法中的隐性阻碍或显性不作为依然是我国大气污染防治中区域联防难以有效实施的要因。在地方政府环境保护合作过程中,环境法律的软法性特征十分明显,往往只有在一定政治高压下才能得以有效落实,这也是许多区域联合性大气污染防治的短暂性与时效性突出的要因。在没有政治高压的背景下,地方政府的环境治理合作往往会显得过于软弱,不执行或隐性阻碍甚至会成为合作常态。在地方政府的环境保护实践中,竞合博弈是地方政府的行为常态,但在博弈过程中,地方政府受到利益协调机制、公共产品供给、行政分割、法律监督等方面的影响,很容易陷入"囚徒困境"(杨金玲,2018),困境的广泛存在不仅使法律失去应有的强制性,更会导致法律制度整体性实效的丧失。从合作的视角来看,地方政府对利益的追逐始终是地方政府间竞争与合作关系的催化剂,其中经济利益依然是最核心、最重要的因素(彭忠益,2018)。这表明,在面对跨区域的大气污染问题时,跨区域污染物排放的削减与限制并不会自然成为地方政府主动干预的范围与对象,若要想有效对此问题进行规范,必须设计相应的顶层机制来解决。理论上,尽管《大气污染防治法》中的区域联防是为此目的而设计,但从实践效果来看,现有的区域联防合作成功的案例多为临时性的应急性合作,长效性的区域联防仍有待进一步研究。本质上,区域联防的核心应是区域性特征污染物排放的综合监管与有效减少,这必然会涉及地方政府行政监管权、资源配置权与行政管理权等多种权力设置与分配的一项制度,而其在实践中的效果与作用会因多种权力设置与分配的不均衡或不及时而大打折扣。

### 2.2.3　区域联防的模糊性导致联合防治的不确定性

就我国大气污染区域联防的实践而言,除了奥运会、世博会、亚运会等短期的跨区域空气质量保障联合行动取得较明显的实效外,区域性重污染天气防控也是重要实践之一,相比于前者,后者(即区域重污染天气防控)的实践效果要远弱于前者。总体上,从现有区域联防的方案来看,除了短期内以空气质量保障联合行动具有相对明确的要求外,大多联合防治的内容并不具体,虽然也规定了牵头政府,但牵头政府在其中的作用与实际权限并没有明确。这导致区域联防的长效性与稳定性是缺乏的。事实上,大气污染防治的主要方法是控制排放源,"短期效应通过减排、限排的应急措施得以实现,而长期效应则通过产业结构、能源结构、重污染布局的优化来实现(黄顺祥,2018)"。区域联防不只是无关痛痒的形式上的联合、短期内的配合与遇到紧急事件后的联动,本质上要求"能源结构、产业结构与产业布局革命,以及制度政策与生活方式的革命"(常纪文,2016),而这些要发生根本性转变的背后是利益的重新调整与分配。虽然部分区域在污染排放的强力管控作用下有显著的改善(如京津冀城市群2017—2018年度取暖季的污染改善),但这种管控对地方社会与经济的稳定发展可能会带来一定程度的滞后性的损害(韩立建,2018)。其中不可忽视的事实是,这种强制性的管控所产生的社会影响与法律实施中存在的问题仍需要进一步研究。

重污染天气的长效性防控最能反映出区域联防的功能。实践中,对于大气污染防治中的区域联防特别是从京津冀、长三角地区关于空气重污染的区域联防实施情况来看,往往将"不利气象条件影响,区域大气扩散条件不利"作为导致空气重污染的重要归因;而将"大气扩散条件好转,大气扩散条件较为有利"作为污染物有效扩散的重要现象来解释。这种归因与解释很明显将技术条件与自然状况的双重支持当作大气污染防治中的客观条件来对待。这种归因一方面是基于客观事实的反馈,另一方面也是大气污染防治长效的整体性机制难以发挥效用的呈现。虽然这种归因与解释具有一定的合理性,但不能忽视这种归因与解释具有明显的客观归因性与科技依赖性特征。而就目前区域联防实践而言,"加强重点时段区域联防联控,强化重大活动主办地及其周边城市、主要输送通道城市大气污染防治协作""在严格落实国家、省区域联动基础上,主动与周边地市开展联防联控"(生态环境部 等,2018)。这种表述从总体上依然特别抽象,特别是没有对如何协作、联合预防与协作等做出有参考价值的规定。这种模糊抽象的规定虽然在一定意义上对于地方政府权益的保障及协作关系的形成具有积极意义,但也可能是造成地方政府懈怠的原因。区域联防具体应该如何落实,需要有政府间的联合防治计划及实施程序来保障,若仅凭一次次临时性、偶发性的临时执法来落实,必然不能反映出此项制度的基本内涵。因而,要在重点区域达成这两项内容(联合防治计划的拟定、计划的实施程序、启动与保障执行)必然会涉及区域内的产业结构、产业政策、区域规划、能源结构等多方面的变革。但我们从目前的制度安排来看,这些方面根本变革的前景依然不明晰。

### 2.2.4 区域联防实践中的技术依赖性导致责任懈怠与不落实

从微观上看联合防治,在具体对策的制定或实施中除了制度适用的便利性、经济性与技术性路径依赖外,我们最不应该忽视的是制度或具体措施最终是不同的"人"来实施的,无论此处的"人"是自然人,还是法人,在实施过程中,没有任何个人或法人能完整地实施所有的大气污染防治措施。在我们将这些措施或制度分拆成不同的组分后,再将其拼接起来的效果能否达成整体性的目标,这一点并没有实证研究予以证明。而在现有研究中论及科技发展对区域大气污染防治的作用时,侧重强调的是科技应用为跨地区大气污染数据共享信息平台,而从根本上忽略了对污染物的区域性特征分析、区域污染物输入输出过程中相互的关系及对社会经济影响的全面综合分析、污染减排背后的区域产业结构调整与整合等问题。

虽然新修订的《大气污染防治法》第五章通过专章规定了大气污染防治重点区域联合防治的一些基本措施,如联防的管理机制、联防计划制订及实施程序、重点区域内大气环境质量保护要求、建设项目环境影响评价的要求及联合执法的形式等。但这种区域联防机制中牵头政府的具体角色与地位、具体权责与牵头方式,联防计划的拟定与实施程序,重点区域与非重点区域的界限及相关区域内政府的职能等都不明确。虽然有学者建议在立法思路方面围绕空气质量目标管理和实际大气环境容量、实时排放流量控制相结合的模式进行立法,如总量控制指标的分配按年分配,没有考虑大气环境的实时质量、实时容量和大气污染物的实时排放流量。考虑建立动态的、细化符合大气环境实时管理的排污许可证管理制度。为了实现这一点,应当建立动态的大气污染信息共享机制、质量预警机制、区域协作机制和污染应急机制(常纪文,2015)。而新修订的《大气污染防治法》并未满足此要求。

## 3. 区域联防能否化解大气污染防治碎片化

从功利主义科技观对大气污染防治制度的产生及其实践影响来看,在大气污染防治进程中,碎片化作为一种现象的存在既有合理性与必然性,也具有值得我们通过相关制度的完善来进一步改善的地方,而区域联防即为一种在理论与实践上被看好的化解碎片化问题的有效制度。就碎片化而言,整体性治理是最有效的应对之策,这种整体性治理"主张通过有效的协调和整合,实现各种治理主体之间政策目标和手段的一致性和政策执行的连贯性,减少执行资源的浪费,满足公民的需求,达到透明化、整合化的无缝隙治理行动"(韩兆柱 等,2017)。理论上讲,这种整体性治理似乎是应对大气污染防治中碎片化问题的正解,但事实并非如此。整体性治理虽然一直在强调协调、信任与整合的核心地位,但如何在具体实践中保障被治理对象在合分合过程中信息传递的完整性、分解机制与整合机制的融合性、不同执行主体的融合度等问题,就现有环境监管体制与环境治理而言,依然十分困难。

### 3.1　区域联防不能等同于整体性治理

在大气污染防治中,撇开联合防治中的行政区域与属地管理的限制不谈,单从区域联防制定与实施的科学性来看,其只是弥补监管体制不足的一种对策,既不能从根本上解决人类在应对环境问题中的自利性、短视性及工具依赖性的偏好,也不能从根本上解决人类环境治理工具选择中的逃避责任的取向。特别是许多地方政府将联合防治的不能或不足在实践中被"升华"为"技术问题"时,在自利性与工具依赖性会被放大的同时,责任意识与行动力都会主动削弱。这也解释了为何区域联防"在重大活动空气质量保障中取得了明显的成效,但项目性、应急性、短期性、指令性特点突出"(徐骏,2017)。对于区域联防,我们不得不认可:在重大活动中短期内空气质量保障取得的明显成效是一种政治主动介入与民意被动支持的结果,具有典型的应急性与临时性。而这种典型的应急性与临时性,多是基于有相对明确的技术支持与科学认知的前提下所采取的消极应对性措施,从整体上讲,目前的这种联防并不能达成长效而稳定的大气污染联合防治目的,更不能对大气污染实行有效的整体性预防与治理。

我们不得不承认,在大气污染防治过程中,因防治主体在"价值观念、组织结构和权力资源配置的'碎片化'造成的'失效性'"(丁生忠,2014)现象,并非单纯的区域一体化或区域联合防治就能解决的。而就现代社会管理而言,精确的体系化的分治在一定程度上是科技成熟与发展应用的体现。就防治机制构建或完善而言,价值观念、组织结构和权力资源配置的'碎片化'是内生于我们的管理习惯、政治体制、思维结构、传统治理方式之中,我们不可能用单一机制的变革来改善这些。

在我们谈到消除碎片化时,往往会强调以整体性为价值理念、以公民需求为导向,通过协调、整合和合作为治理机制,弥补传统官僚制和新公共管理理论的缺陷,提供全方位、合作化、无缝隙的服务供给,构建整体性政府体制(王余生 等,2016;韩兆柱 等,2017)。但任何一项整体性措施在形成与实施过程中,都会经历"碎片化的整合形成整体性措施或制度——将整体性措施或制度分解成不同的部分予以实施——通过汇集各部分实施来达成整体性要求"这一完整进程。这一进程表明,整体性污染防治措施虽然在理论上很美好,但这种过于理想化的设想能否被落实还有待商榷。而事实上,我们在执行区域联防的一些具体措施时,往往不仅会被分割到不同的地方政府并通过属地管理的方式来实现,还可能会被分割给不同的管理部门来落实,这也从另一个方面表明,区域联防的落实最终依然还是依靠不同地方政府与不同政府部门的执行来实现的,而并不是理想化的纸面上的整体性管理。

### 3.2　区域联防不能完全化解碎片化问题

首先,在区域联防计划、防治主体、联合的程序与责任等制定过程中,不仅有来自于不同价值选择的利益主体的分化与游说,还会有受制于信息不全、科技应用不足等所导致的整体性与区域性问题认识的不充分或不具体,这也说明我们不可能制定出绝对有效的区域联防对策,这些对策亦不能衔接起区域污染防治中的所有管理碎片。尽管理论上,整体性治理"是将专业化的分工进行有效的协调和整合,以减少单一的分工而造成的碎片化。"(周志忍 等,2009)但若整体性治理的计划或导向都未必正确,如何保障其合理性与有效性呢?国家干预活动不断增加及科学研究与技术之间相互依赖关系的密切,社会系统的发展似乎由科技进步的逻辑来决定,科学技术进步的内在规律性似乎导致了事物发展的必然规律性,服从于功能性需要的政治则必须遵循事物发展的必然规律性,即服从于科学技术的进步(哈贝马斯,1999)。从区域污染物空间聚集的特征而言,正是由于空间集聚特征的存在,雾霾防治需要加强区域联防联控(卢华 等,2015)。这种特征虽然为区域联防的产生奠定了科学认知基础,但究竟如何划分区域,却并没有理论上研究的那么简单。虽然在理念上,可依据污染物的扩散情况划分为"全球大气化学模式、多尺度空气质量模式系统、微小尺度(街区尺度)污染物扩散模式"(张美根 等,2008),但除了全球大气化学模式外,其他多种尺度下区域界限的划分不仅需要气象条件认知、地理条件确认,更要考虑不同的国家界限、国家范围内的行政区域、一定地域范围内的人文地理特征等综合条件。从这个意义上讲,并不存在纯粹意义上绝对的整体性治理。整体性的规划或措施最终依然会在实践被划分或拆解,且这种划分与拆解才能确定具体的执行范围、实施主体与责任主体。

其次,区域联防具体措施的实施依然由现有的体制、主体与制度来保障。其实施的本底值与背景值并没有发生改变,也许我们连碎片是什么都无从知晓,谈何消除碎片。在执行主体、执行机制与实施背景都保持原样的情景下,空谈整体性毫无意义。而在区域联防措施实施的过程中,尽管《大气污染防治法》明确了联合执法的形式与方式,但若没有统一的标准、严格的监管,等"要求"出台后的统一联动的意义究竟有多大,不得而知。统一或整合的基础不存在,这种统一或整合也只能是某种压力下的被动行为。虽然区域联合防治的确在一定程度上弥合了"执法缝隙"并打破了"部门壁垒"(王余生 等,2016),但这种单纯行政意义上的解决并不能全面缓解大气污染防治中的碎片化问题。

最后,区域联防措施的制定与实施具有内生的不完整性与外来的碎片化因素。这种内生的不完整性是由联防措施制定与实施的特征所决定的。一方面,此类措施的制定须经历不同区域应对措施"合—分—合"的循环,而在此循环过程中自然信息与社会信息的流失难以避免。信息的流失不仅导致措施的非科学性与非全面性,还可能导致"缝隙"更大、"壁垒"更多。另一方面,为了满足一定区域范围内联防的目标,许多措施在实践中会被拆分给不同的主体去落实,在拆分与执行的过程,难免会发生的信息的流失与利益的分化,这种流失与分化很明显也可能会造成碎片化。这种外来的碎片化因素主要来自于执行机制的问题。特别是在地方政府执行联防措施的过程中,由于"漏斗效应"和职责同构的共同作用,大量碎片化的矛盾问题自上而下层层叠加累积,直至在基层达到峰值,形成基层治理的碎片化困局(范敏汉,2016)。当某一区域在产业结构规划、产业类型选择等方面没有充分考虑环境需求时,仅靠行政手段去"减限禁控"依然是难以杜绝污染物累积的。因此,污染物排放的减少不能单纯地依赖于技术的发展,更不能以技术设备或设施的缺陷来回避制度执行不到位的问题(戈华清,2017)。

从重点关注某几类污染物拓展至复合空气污染、开展精细尺度的重点污染区域与其周边(或被影响)地区空气污染的相互作用机制研究、将科技创新、体制改革和行为诱导作为基本途径,调节城市发展与空气质量的权衡关系,实现资源高效利用,人与自然和谐发展(韩立建,2018)。

　　虽然我们认可"整体性思维是矫正传统生态治理模式偏颇的利器"(方世南,2016)也是有效化解碎片化的利器之一,但我们不得不说,若这种整体性思维仅停留于理论上以应急管理为基础的区域联防,诸如所谓的"伞形""多层治理"(Anthony,2016)理念一样无不都仅仅限于一种概念上的假设,而没有实效。对于此过程中的无心碎片化(是一种非预期的碎片化)或有意碎片化(曾凡军,2013),我们都只是在炒作概念而已。大气污染防治的主要方法是控制排放源,长期效应通过产业结构、能源结构、重污染布局的优化来实现,短期效应通过减排、限排的应急措施得以实现(黄顺祥,2018)。

(本报告撰写人:戈华清)

**作者简介:** 戈华清,南京信息工程大学副教授。近年主要研究方向为海洋陆源污染防治与大气污染防治立法研究。

　　本文系国家社科基金"基于生态系统的海洋陆源污染防治立法研究(14BFX109)"、南京信息工程大学气候变化与公共政策研究院开放课题"功利主义科技观下大气污染防治制度的选择路径(18QHA004)"的成果。

## 参考文献

A.爱伦.斯密德[美],2006.财产、权利和公共选择——对法和经济学的进一步思考[M].黄祖辉 蒋文华,等,译.上海:上海三联书店,上海人民出版社:67.

陈海嵩,2016.绿色发展中的环境法实施问题:基于PX事件的微观分析[J].中国法学(1):69-86.

崔伟京,2016.津冀大气污染治理中政府间协作的碎片化困境及整体性路径选择[J].哈尔滨学院学报(8):19-24.

常纪文,2010.环境标准的法律属性和作用机制[J].环境保护(5):35-37.

常纪文,2015.《大气污染防治法》(修订草案)修改建议[J].环境保护(3):24.

常纪文,2016.区域雾霾治理的革命性思路及措施分析[J].环境保护(1):26-30.

蔡守秋,2012.论公众共用物的法律保护[J].河北法学(4):9-24.

楚道文,2015.大气污染区域联合防治制度建构[J].政法论丛(5):145-152.

丁生忠,2014.从"碎片化"到"整体性":生态治理的机制转向[J].青海师范大学学报(哲学社会科学版)(6):55-59.

方世南,2016.以整体性思维推进生态治理现代化[J].山东社会科学(6):12-17.

范敏汉,2016.整体性治理视域下的大联动机制研究——以上海市X街道为例[D].上海:上海师范大学.

戈华清,2018.功利主义科学观对大气污染防治制度的影响[J].自然辩证法研究(10):111-117.

戈华清,2018.大气污染防治碎片化与区域联防机制[C].2018年环境与资源保护法学年会论文集:319.

戈华清,唐瑭,2017.大气污染防治法律制度的变革与创新—以我国《大气污染防治法》的修订为轴线[M].北京:气象出版社:117.

郭启光,2018.王薇环境规制的治污效应与就业效应:"权衡"还是"双赢"——基于规制内生性视角的分析[J].产经评论(2):116-127.

黄时进,2004.论功利主义科学观对可持续发展的影响[J].科学技术与辩证法(3):44-47.

胡非,洪钟祥,雷孝恩,2003.大气边界层和大气环境研究进展[J].大气科学(27):712-728.

韩立建,2018. 城市化与PM2.5时空格局演变及其影响因素的研究进展[J]. 地球科学进展(8):1011-1021.

黄顺祥,2018. 大气污染与防治的过去、现在及未来[J]. 科学通报,10(63):895-919.

韩兆柱,张丹丹,2017. 整体性治理理论研究—历程、现状及发展趋势[J]. 燕山大学学报（哲学社会科学版）
(1):39-47.

哈贝马斯,1999. 作为"意识形态"的技术与科学[M]. 李黎,郭官义,译. 上海:学林出版社.

蒋维楣,2004. 空气污染气象学[M]. 南京:南京大学出版社:174,169.

姜玲,乔亚丽,2016. 区域大气污染合作治理政府间责任分担机制研究——以京津冀地区为例[J]. 中国行政
管理(6):47-51.

京津冀地区2018—2019年秋冬季大气污染综合治理攻坚行动方案[EO],http://www.mee.gov.cn/gkml/
sthjbgw/sthjbwj/201809/W020180927352408273675.pdf.

柯泽东,1988. 环境法论[M]. 台湾:台湾大学法学丛书编辑委员会出版:30.

柯坚,2014. 事实、规范与价值之间:环境法的问题立场、学科导向与实践指向[J]. 南京工业大学学报（社会
科学版)(3):53-61.

李洁,2018. 被遮蔽的痛苦及其消解:科技进步下的制度改革推进[J]. 四川行政学院学报(3):32-37.

刘涵,2018. 环境规制竞争对产业转移的影响——基于省际空间杜宾模型的分析[D]. 合肥:安徽大学.

吕忠梅,2010. 环境法学研究的转身——以环境与健康法律问题调查为例[J]. 中国地质大学学报(社会科学
版)(4):23-30.

李国强,李华,2007. 论环境公共规制有效性约束体系的完善[J]. 中国人口·资源与环境,17(6):148.

卢华,孙华臣,2015. 雾霾污染的空间特征及其与经济增长的关联效应[J]. 福建论坛·人文社会科学(9):
44-51.

柳经纬,2018. 评标准法律属性论——兼谈区分标准与法律的意义[J]. 现代法学(5):105-116.

刘华军,杜广杰,2016. 中国城市大气污染的空间格局与分布动态演进——基于161个城市AQI及6种分项
污染物的实证[J]. 经济地理(10):33-38.

刘超,2013. 环境风险行政规制的断裂统合[J]. 法学评论(3):75-82.

刘伟明,2014. 环境污染的治理路径与可持续增长—"末端治理"还是"源头控制"[J]? 经济评论(6):41-54.

蔺丰奇,吴卓然,2017. 京津冀生态环境治理:从"碎片化"到整体性[J]. 河北经贸大学学报(3):96-103.

李佳芸,2017. 区域异质性、合作机制与跨省城市群环境府际协议网络[D]. 成都:电子科技大学.

彭忠益,柯雪涛,2018. 中国地方政府间竞争与合作关系演进及其影响机制[J],行政论坛(5):92-98.

潘峰,西宝,王琳,2014. 地方政府间环境规制策略的演化博弈分析[J],中国人口·资源与环境(6):97-102.

任保平,宋文月,2014. 我国城市雾霾天气形成与治理的经济机制探讨[J],西北大学学报（哲学社会科学版）
(2):77-82.

史海霞,2017. 我国城市居民PM2.5减排行为影响因素及政策干预研究[D]. 合肥:中国科学技术大学.

师定华,等,2014. 空气污染对气候变化的影响及反馈研究[M]. 北京:中国环境出版社.

生态环境部等,2018. 长三角地区2018—2019年秋冬季大气污染综合治理攻坚行动方案[EO]. http://www.
mee.gov.cn/xxgk2018/xxgk/xxgk03/201811/W020181112374953651473.pdf;

汤姆.蒂坦伯格(Tom Tietenberg)琳恩.刘易斯(Lynme Lewis),2011. 环境与自然资源经济学[M]. 王晓霞,
杨鹏,石磊,等,译. 北京:中国人民大学出版社:61.

王东明,2004. 从科学与技术的关系看科学的功利主义[J]. 理论月刊(9):54-56.

王艳丽,钟奥,2016. 地方政府竞争、环境规制与高耗能产业转移—基于"逐底竞争"和"污染避难所"假说的联
合检验[J]. 山西财经大学学报(8):46-54.

王树义,吴宇,2010. 论环境法律文化的同质性[J]. 法学评论(2):61-67.

王清军,2016. 区域大气污染治理体制——变革与发展[J]. 武汉大学学报（哲学社会科学版),69(1):

112-121.

王君,2017.利益博弈与公共政策执行道德风险规避思路[J].领导科学(32):47-49.

王余生,陈越,2016.碎片化与整体性:综合行政执法改革路径创新研究[J].天津行政学院学报(6):22-30.

刑佳,2011.大气污染排放与环境效应的非线性响应关系研究[D].北京:清华大学.

徐骏,2017.雾霾跨域治理法治化的困境及其出路——以 G20 峰会空气质量保障协作为例[J].理论与改革
    (1):38-43.

詹姆斯.萨尔兹曼,巴顿.汤普森,2016.美国环境法[M].徐卓然,胡慕云,译.北京:北京大学出版社:30.

杨金玲,2018.区域经济一体化进程中地方政府利益博弈与角色重构[J].领导科学(6):10-12.

钟茂初,姜楠,2017.政府环境规制内生性的再检验[J].中国人口·资源与环境(12):70-78.

张昭利,2012.中国二氧化硫污染的经济分析—基于环境库兹涅兹曲线和贸易的角度[D].上海:上海交通
    大学.

张福德,2016.环境治理的社会规范路径[J].人口资源与环境(11):10-18.

周成虎,刘海江,欧阳,2008.中国环境污染的区域联防方案[J].地球信息科学(4):431-437.

张玉军,侯根然,2007.浅析我国的区域环境管理体制[J],环境保护(5)45.

郑军,2017.欧洲跨地区大气污染防治合作长效机制对我国的启示[J],环境保护(5):75-77.

张志耀,贾劭,2001.跨行政区环境污染产生的原因及防治对策[J].中国人口·资源与环境(11):22-23.

周志忍,2009.中国政府跨部门协同机制探析——一个叙事与诊断框架公共行政评论[J].公共行政评论(1):
    91-117.

张美根,胡非,邹捍等,2008.大气边界层物理与大气环境过程研究进展[J].大气科学,32(4):923-934.

曾凡军,2013.政府组织功能碎片化与整体性治理[J].武汉理工大学学报(社会科学版)(2):235-230.

Anthony R Zito,2015. Multi-level Governance, EU Public Policy and the Evasive Dependent Variable, Multi-
    Level Governance:The Missing Linkages Critical Perspectives on International Public Sector Management
    [M],Emerald Group Publishing Limited.

Chris Dickman, Mathew Crowthen,2009. Science and the Environment[M]. Mike Calver, Alan Lymbery,Jan
    McComb,et al,Environmental Ecology[M]. Cambridge University Press.

Gerry Bates, 2009. Environmental Law in Australia (9th edition)[M]. Lexis Nexis Butterworths.

Rudolf de Groot,Brendan Fisher,Mike Christie,2010. Integrating the Ecological and Economic Dimensions in
    Biodiversity and Ecosystem Service Valuation[C]. Pushpam Kumar, The Economics of Ecosystems and
    Biodiversity-Ecological and Economic Foundations [M]. Earthscan(London).

Ryan Plummer, John Fitz Gibbon,2004. Some observations on the terminology in co-operative environmental
    management[J]. Journal of Environmental Management(70):63-72.

Xue Yifeng,Tian Hezhong,Yan Jing,et al,2016. Temporal trends and spatial variation characteristics of prima-
    ry air pollutants emissions from coal-fired industrial boilers in Beijing,China[J]. Environmental Pollution,
    213(6):717-726.

# 信息、参考水平对 REDD＋项目绩效影响

摘　要：在 REDD＋实施过程中，碳排放量的准确监测以及 REDD 参考水平的设置是至关重要的，这直接关系到一国从 REDD＋项目所获得的实际收益。本文通过建立一个多任务委托—代理模型来研究代理人行为是如何与政策制定者目标发生冲突并由于信息不对称而导致扭曲。在此基础上，利用 75 个发展中国家的面板数据实证研究了信息不对称程度以及 REDD 参考水平对于实际毁林和退化所致排放量的影响。研究结果表明，MRV 系统可使代理人实际毁林量和努力程度达到社会最优水平。代理人拥有的森林面积以及 REDD 参考水平的增加，将会导致代理人实际毁林量的增加。而全球数据的实证结果也证实了这一观点，在非洲、拉丁美洲和加勒比地区、亚洲和大洋洲这一假说同样是成立的。此外，本文还采用零和博弈思想的数据包络分析方法（Zero-Sum-Gains DEA），将投入与产出统筹考虑估计各国的 REDD 参考水平，将农业劳动力数量、农地面积作为投入变量，将农业总产值和毁林碳排放量作为产出变量，采用 ZSG-DEA 方法对 89 个毁林国家的 REDD 参考水平进行了计算并分类。研究结果表明，ZSG-DEA 方法可以对 REDD 参考水平进行效率分配，分配后所有毁林国都处于 ZSG-DEA 前沿面上，实现整体的帕累托最优。实证结果也表明，如采用 ZSG-DEA 方法估计 REDD 参考水平，那么拉美和加勒比地区获益最大，而非洲地区、亚洲和大洋洲地区的毁林国却很难从 REDD 中收益。而最终的 REDD 参考水平估计应同时兼顾效率与公平两方面，选取合适的公平—效率权重系数。

关键词：REDD　毁林　信息不对称　参考水平　ZSG-DEA 模型

# Effects of Information and Reference Emission Levels on the Performance of REDD＋ Project

**Abstract**：It is particularly important in Reducing Emissions from Deforestation and Degradation（REDD＋）implementation that carbon emission monitoring and reference emission levels are tied to the revenues a country receives from a REDD program. This paper considers the confliction between various agent behaviors and the goals of policymakers as well as the distortion caused by the existence of asymmetric information and constructs a multi-task principal-agent model to analyze the effects on emissions. The empirical study makes use of a panel data for 75 developing countries. The results show that a Monitoring, Reporting and Verification（MRV）system can help achieve the social optimum level for emissions and efforts put forth by agents.

An increase in the forest areas of owned by agents and in REDD reference emission levels will lead to an increase in emissions. The empirical results also confirm this point in a global scale, as well as regionally in Africa, Latin America & the Caribbean, and Asia & Oceania. The combination of inputs and outputs is also considered to measure the baseline carbon emissions from deforestation though the Zero-Sum-Gains Data Envelopment Analysis in this paper. The agricultural labor force and agricultural land as input variables, the gross agricultural production and carbon emissions from deforestation as output variables, the baseline carbon emissions from deforestation of 89 countries are calculated and classified though the Zero-Sum-Gains DEA model. The results show that the baseline carbon emissions from deforestation are distributed efficiently though the Zero-Sum-Gains DEA model, and all deforestation countries are in the Zero-Sum-Gains DEA frontier, indicting the overall Pareto optimal has achieved. The empirical results also indicate that the use of Zero-Sum-Gains DEA model is more conducive in Latin American and the Caribbean, while the deforestation countries are difficult in revenue from REDD in Africa, Asia and Oceania. Therefore, the final baseline carbon emissions from deforestation should also consider both efficiency and fairness by selecting the appropriate fairness-efficiency weighting factor.

**Key words**: REDD; deforestation; asymmetric information; reference levels; Zero-Sum-Gains DEA model

# 1. 引言

国际社会对毁林问题的关注已久,由砍伐和森林退化所致的温室气体排放已成为全球变暖的第二大主因,其总量已占到由人为因素温室气体碳排放总量的 15%(van der Werf et al, 2009)。在热带森林国家,森林面积以每年 1300 万公顷的速度在不断减少(FAO,2010)。基于此,联合国气候变化框架公约(UNFCCC)提出了"减少砍伐和退化所致排放"机制(REDD+)。将森林保护、森林的可持续经营以及增加森林碳汇纳入了 REDD+ 的范畴(Forest Carbon Partnership Facility,2011)。

REDD+ 的存在可以帮助愿意且能够减少因砍伐造成的排放的国家获得财政补偿(Scholz, and Schmidt,2008),因而越来越多的发展中国家加入到 REDD+ 框架中。而发展中国家要在国家层面实施 REDD+ 一般需要经过三个步骤:①准备;②示范活动及政策实施;③进行必要的技术准备和机构能力建设,从而实现以结果为行为导向的正向激励。REDD+ 准备阶段是实施全面 REDD+ 的必备阶段,这一准备过程包含了国家 REDD+ 战略及其法律和制度实施框架、设定国家森林碳排放基线参考水平以及国家森林监测系统,即 MRV 系统(Maniatis et al,2013)。

## 1.1 REDD+ 中的信息与参考水平

而在 REDD+ 实施过程中,对于碳排放量的准确监测与度量以及碳排放量参考水平显得尤为重要,这直接关系到一国从 REDD+ 项目所获得的实际收益。因此,一个可靠的碳排放监测、报告和核证系统(MRV)是在后京都议定书时代确保 REDD+ 得到有效实施的关键所在,以此有效地反映毁林和森林退化的变化情况(UNFCCC,2011)。目前,对于 REDD+ 的监测、报告和核查方法都进行了大量的研究(Grassi et al,2008;Bell et al,2012;Knoke,2013),而对于碳排放量监测的不确定性却是个无法回避的问题,受到多种因素的影响,如数据来源、现场评估方法、模型的设定、抽样密度、分层规则、更新时间间隔以及误差量化方法的影响(Plugge et al,2013)。因此,完美无缺的 MRV 系统在现实中并不存在,这就会使得部分毁林或森林退化的人类行为有可能未被监测到。尤其是涉及森林退化碳储量的测算相对于毁林而言要更复杂,因为前者只涉及森林结构的改变而非土地利用变化,因此并不总是能通过遥感监测到(GOFC-GOLD,2010)。

因此可以发现,对于毁林和退化所致实际排放量在某种意义上和机会成本一样属于一种私人信息。在 REDD＋实施过程中,政策制定者和森林所有者对于毁林和退化所致实际排放量信息的了解程度可能会有所不同。这两者在目标上也具有明显区别,作为委托人的政策制定者往往希望能有效地实施 REDD＋,控制毁林和退化所致排放量水平。而另一方面作为代理人的各利益相关者则是希望实现利益最大化,这里的代理人包括了农户、伐木公司等。他们的收益一部分来源于伐木的收益以及土地利用改变所获收益,另一部分来源于因减少毁林和退化所致排放量而从 REDD＋机制中获得的收益。由于 MRV 系统无法准确地监测森林碳排放量的变化,因此这些代理人相比于政策制定者而言对于毁林和退化所致实际排放量拥有更多的信息,因而双方存在着信息不对称。一方面,政策制定者作为委托人无法准确地监测到代理人的实际排放量,但却希望减少毁林和退化所致排放量以及森林保护、森林的可持续经营和增加森林碳汇的目标;另一方面,代理人总是希望利益最大化,一旦毁林的行为不容易被监测到,就意味着漏报毁林量的存在,这就会导致实际的碳排放量高于报告的碳排放量。

## 1.2 REDD＋中参考水平的设置

在 REDD＋项目的实施过程中,激励措施是与实施效果相对应的(UNFCCC,2011),因此需要对 REDD＋实施效果进行合理的评估,以此制定有效合理的激励机制。而对于 REDD＋效果的评估目前主要有两类方法:一种是基于产出的方法,即如果一国减少砍伐和退化所致的碳排放量低于参考时期的 REDD＋参考水平,则可以根据市场机制获取经济收益,其收益等于避免的碳排放量乘以碳价(Mollicone et al,2007;Santilli et al,2005;Virah-Sawmy et al,2015)。这是根据该国因实施 REDD＋而放弃的收益进行补偿,是一种补偿减排法(CR)。另一种是基于投入的方法,即根据一国实施减少砍伐和退化所致排放量政策的"成功努力程度"提供资金资助,Motel 等(2008)据此提出了成功努力补偿法(CSE)。他认为毁林的发生是由超出一国控制的结构性因素所导致的,发展中国家应按照该国政策成功实施的程度而获取相应的补偿。

上述两种方法分别从减少砍伐和退化所致排放量的投入与产出视角分析了发展中国家实施 REDD＋的效果,然而这两种方法都存在有一定的局限性。减排补偿法对于 REDD＋政策效果的评估是建立在估计毁林(排放)实际水平与 REDD＋参考水平间差值的基础上。随着技术的进步,对实际排放水平的测量在未来将变得更加切实可行(DeFries et al,2007)。而真正的难点在于毁林排放基线水平的预测上,目前对于主要的预测方法主要有三种:基于随机模型的预测、基于调节因子或非调节因子历史趋势的预测以及基于实施初期现有碳汇的预测(Pirard et al,2009)。前两种方法往往由于不可预知因素或毁林驱动力的复杂性,而使得预测值的可靠性较低;而第三种方法往往会受谈判过程中政治因素干扰而使预测值失真。而成功努力补偿法虽然避免了对于 REDD＋参考水平的设定,但其所采用的人口、经济等结构变量存在有较大的不确定性,目前人们仍然缺少对于如何确定影响 REDD+政策效果结构变量的认识。与此同时,成功努力补偿法也没有明确说明如何分配发展中国家的经济收益。

正是由于基于投入的补偿减排法和基于成功努力补偿法各自都存在有相应的优缺点,可以将投入与产出统筹考虑估计的 REDD+参考水平。从投入的角度而言,导致森林砍伐的最主要因素是发展中国家农业的扩张和森林产品价格的上涨(Culas,2012),在这当中农业的发展显得尤为重要,这里的农业包括了种植业和畜牧业。Culas(2009)就发现在拉丁美洲大量的森林被砍伐变成了牧场,而在亚洲和非洲林地转变为了种植园。因此,就投入的层面而言,农业生产要素的投入是导致发展中国家毁林发生的最重要原因之一,大量的林地被转变为了农地。而从产出的角度而言,农业的扩张一方面带来了农业经济的增长,另一方面也导致了森林砍伐和退化所致排放量的增加。

毁林国家将砍伐森林所得到的土地主要用于农业生产,然而其从事农业生产所获得的收益相比于毁林造成的排放而言并非是有效率的,有的国家大规模的森林砍伐并未获得更多的农业产出(Marchand,2012),因而其毁林所进行的农业生产是非效率活动。因此,一国在砍伐森林用于农业生产之前应考虑技术效率问题,权衡投入与产出。如果相比于投入而言产出技术非效率,其理性行为就应该减少森林砍伐;而已达到较高的技术效率的国家,如果其毁林碳排放量低于在该技术效率下应有的毁林碳排放量,那么该国就可以将多余的碳排放量转化为碳信用,通过在国际市场上交易获取收益或者从附件一国家[*]获取资金资助。

基于上述原因,本文通过建立一个多任务委托—代理模型来研究代理人(农户和伐木公司)行为是如何与政策制定者目标发生冲突并由于信息不对称而导致扭曲。在此基础上,利用全球各个国家的相关数据去实证研究信息不对称程度以及 REDD+参考水平对于实际毁林和退化所致排放量的影响。最后,在假定某年全球毁林碳排放总量不变的条件下,各个毁林国家的毁林碳排放量具有显著的竞争性,因而可以采用零和博弈数据包络分析法(Zero-Sum-Gains DEA)来估计各国的 REDD+参考水平。本文的内容体系如下:第二节建立了一个多任务委托—代理模型,从理论上解释了信息不对称对于实际毁林和退化所致排放量的影响。接着,利用全球75个发展中国家1990—2010年的有关面板数据进行了实证研究,分析了毁林和退化所致碳排放量的变化率是如何受到信息不对称所致的漏报毁林量、REDD+参考水平以及各种市场变量的影响。第三节引入零和博弈数据包络分析法以及相关议题,之后将采用2010年89个发展中国家的投入产出数据来估计各国的 REDD+参考水平。最后,对于理论研究和实证研究的结果进行了讨论和总结。

## 2. 信息不对称、参考水平对碳排放量的影响

### 2.1　信息不对称下代理人的行为决策

本节将利用多任务委托—代理模型来分析各代理人的毁林行为以及森林碳储量的变化根源。在本节中,我们将分析和比较在不同的信息和管制结构状态下,代理人最优行为如何影响

---

[*]　附件一国家主要是指《联合国气候变化框架公约》中的工业化国家缔约方和正在朝市场经济过渡的缔约方。

森林碳储量的变化和代理人努力投入的变化。在分析代理人收益前,我们首先假设各国的排放参考水平已通过谈判而被设定,这一参考水平即 BAU(Business-As-Usual)毁林基线情景。因而,我们将关注于毁林和退化所致排放量信息对代理人收益的影响。

### 2.1.1　毁林的成本与收益

基于 Leplay 等(2011)和 Delacote(2014)的研究,我们假设作为委托人的政策制定者的目标是要使包括全部代理人收益和环境生态效益在内的社会福利函数最大化,而代理人的目标是期望收益的最大化。

作为代理人的农户和伐木公司可选择的行为包括为提高经营效率而投入的努力程度 $\beta$ 以及实际毁林的数量 $x_{act}$。代理人通过毁林可以出售林产品获益,也可以通过土地利用变化(LUCC)而从事农业生产获益。为了简化分析,代理人投入的生产要素只有两种,即代理人的努力程度 $\beta$ 以及实际毁林的数量 $x_{act}$,因此假设代理人毁林的收益为 $D(x_{act},\beta)$。与此同时代理人提高努力程度会增加其成本,假设代理人的成本函数为 $C(\beta)$。森林的砍伐或退化会使得森林作为一种资产失去其未来可实现价值以及森林生长所致资产增值,因此假设毁林而引起的资产价值损失为 $K(x_{act})$。同时,森林砍伐还会带来全社会生态和环境效益的损失 $E(x_{act})$,这是代理人毁林行为所引起的外部成本,这一成本不会被代理人所考虑,但却会造成全社会福利的损失。

当实施 REDD＋后,代理人可以因减少森林砍伐和退化所致排放量而从 REDD＋机制中获益,其收益的大小与其 BAU 情景下的 REDD＋参考水平 $x_{BAU}$ 以及所报告森林砍伐量 $x_{rep}$ 的差额密切相关。两者的差值决定了代理人从 REDD＋机制中的收益水平,假设代理人 REDD＋的收益为 $R(x_{BAU}-x_{rep})$。由于 MRV 系统误差以及不完备性,有可能使得部分毁林或森林退化的人类行为未被发现,这会使得代理人报告的毁林数量 $x_{rep}$ 与实际毁林数量 $x_{act}$ 不相符。因此,只有代理人自己知道报告的和实际的毁林数量是否相符,而政策制定者是不知道的,这就意味着两者存在关于毁林数量信息的不对称。这里我们假设报告毁林数量 $x_{rep}$ 小于等于实际毁林数量 $x_{act}(x_{rep}\leqslant x_{act})$,这是因为代理人作为理性的经济人,其报告毁林数量是不可能大于实际毁林量的,否则会导致代理人收益的减少。同时,我们假设政策制定者发现代理人漏报毁林数量的概率分布函数为 $P(obs(x_{act}>x_{rep}),A),0\leqslant P(obs(x_{act}>x_{rep}),A)\leqslant 1$,这里 $A$ 为代理人所拥有的森林面积。随着代理人拥有的森林面积的增大,政策制定者发现代理人漏报毁林数量的难度也将增大,而代理人被发现漏报毁林数量的概率也会随之下降,因而 $P(obs(x_{act}>x_{rep}),A)$ 会随着代理人所拥有的森林面积 $A$ 的增加而减小。与此同时,我们假设政策制定者一旦发现两者不符,将根据代理人漏报的毁林数量实施惩罚,惩罚策略函数为 $T(x_{act}-x_{rep})$,显然,随着漏报毁林数量的增加,代理人受到的惩罚也将增加,因此 $T(x_{act}-x_{rep})$ 为漏报毁林数量的增函数。

### 2.1.2　成本与收益函数的假设

为了便于求解模型,我们对代理人的成本与收益函数做了些基本假设。代理人毁林的收益函数为 $D(x_{act},\beta)$,它是代理人努力程度 $\beta$ 和实际毁林的数量 $x_{act}$ 的递增函数和凹函数,这表明随着代理人经营努力程度和实际毁林数量的上升,其总收益在上升,但边际收益在递减。毁林收益函数的凹性保证了最优解存在时的唯一性和一阶条件的充分性。与此同时,收益函数

的交叉导数 $D_{x_{act},\beta}''(x_{act},\beta)<0$，表明代理人在努力程度和实际毁林数量两种行为之间存在一定的替代性，实际毁林数量（或努力程度）的边际收益会随着努力程度（或实际毁林数量）增加而减小。基于上述假设，我们可以得到 $D_{x_{act}}'(x_{act},\beta)>0$，$D_{\beta}'(x_{act},\beta)>0$，$D_{x_{act}}''(x_{act},\beta)<0$，$D_{\beta}'(x_{act},\beta)<0$。

由于 BAU 情景下的 REDD＋参考水平 $x_{BAU}$ 是外生的，因而代理人 REDD＋的收益函数 $R(x_{BAU}-x_{rep})$ 为报告毁林数量 $x_{rep}$ 的递减函数和凹函数，表明随着报告毁林数量的减少，代理人从 REDD＋机制中所获得的总收益在增加，但边际收益在递减。这里 REDD＋收益函数的凹性同样是为了保证最优解存在时的唯一性和一阶条件的充分性。由此可得，$R_{x_{rep}}'(x_{BAU}-x_{rep})<0$，$R_{x_{rep}}''(x_{BAU}-x_{rep})<0$。同时，由于毁林而导致的森林资产价值损失函数 $K(x_{act})$ 以及生态与环境效益损失函数 $E(x_{act})$ 是实际毁林数量的递增函数和凸函数，这表明随着实际毁林数量的增加，社会生态和环境效益的边际成本在不断增加。基于 Hartman(1976)的研究，因而这里假定森林资源给社会所产生的生态和环境福利是森林资源的凸函数。由此可知，$K'(x_{act})>0$，$K''(x_{act})>0$，$E'(x_{act})>0$，$E''(x_{act})>0$。与此同时，基于惩罚策略函数的假设我们认为代理人漏报毁林量数量越多，表明代理人漏报的主观恶意越大，因而应予以更多的惩罚，因此惩罚策略函数是漏报毁林量递增函数和凸函数。由此可知，$T_{x_{act}}'(x_{act}-x_{rep})>0$，$T_{x_{rep}}'(x_{act}-x_{rep})<0$，$T_{x_{act}}''(x_{act}-x_{rep})>0$，$T_{x_{rep}}''(x_{act}-x_{rep})<0$，其中 $x_{rep}\leqslant x_{act}$。而惩罚策略函数的交叉导数 $T_{x_{act},x_{rep}}''(x_{act}-x_{rep})>0$，表明实际毁林量和报告毁林量之间存在互补性，即实际毁林量（报告毁林量）的边际惩罚会随着报告毁林量（实际毁林量）的增加而增加。而由上述对于概率分布函数的假设可知，$P_A'(obs(x_{act}>x_{rep}),A)<0$。

### 2.1.3　不同情景下的代理人决策

#### 2.1.3.1　BAU 情景下社会最优决策

政策制定者的目标是要使包括全部代理人收益和环境生态效益在内的利润函数 $\pi(x_{act},\beta)$ 最大化，因此他将按照社会成本和效益来进行核算，即不仅需要考虑代理人实际毁林量和努力带来的利润 $D(x_{act},\beta)-C(\beta)$，还需要考虑由于毁林而导致的森林资产价值损失 $K(x_{act})$ 以及生态和环境的外部损失 $E(x_{act})$，此时可得到的社会最优的实际毁林量和努力程度。因而，社会最优的决策行为可以用下面的模型来反映：

$$\text{Max}\pi(x_{act},\beta)=D(x_{act},\beta)-C(\beta)-K(x_{act})-E(x_{act}) \tag{1}$$

政策制定者利润函数 $\pi(x_{act},\beta)$ 最大时的一阶条件为：

$$\begin{cases} \dfrac{\partial\pi(x_{act},\beta)}{\partial\beta}=D_{\beta}'(x_{act},\beta)-C_{\beta}'(\beta)=0 \\[2mm] \dfrac{\partial\pi(x_{act},\beta)}{\partial x_{act}}=D_{x_{act}}'(x_{act},\beta)-K_{x_{act}}'(x_{act})-E_{x_{act}}'(x_{act})=0 \end{cases} \tag{2}$$

#### 2.1.3.2　BAU 情景下代理人的决策

而作为代理人的农户和伐木公司，其目标是期望收益的最大化。在 BAU 情景下，由于没有 REDD＋机制对于减少毁林和退化的外部激励，因此代理人只会考虑砍伐带来的利润和自己所拥有森林资产的长期损耗，而不会考虑毁林所导致的环境和生态成本。因此可以用式(3)来描述 BAU 情景下的代理人的决策。

$$\text{Max}\pi(x_{act},\beta)=D(x_{act},\beta)-C(\beta)-K(x_{act}) \tag{3}$$

式(3)最优化的一阶条件为:

$$
\begin{cases}
\dfrac{\partial \pi(x_{act}, \beta)}{\partial \beta} = D_{\beta}{}'(x_{act}, \beta) - C_{\beta}{}'(\beta) = 0 \\[3mm]
\dfrac{\partial \pi(x_{act}, \beta)}{\partial x_{act}} = D_{x_{act}}{}'(x_{act}, \beta) - K_{x_{act}}{}'(x_{act}) = 0
\end{cases}
\tag{4}
$$

### 2.1.3.3 REDD+情景下无 MRV 系统的代理人决策

在 REDD+情景下,由于存在经济激励,代理人可以通过减少毁林和退化所致排放量而获得收益,因此代理人不仅需要考虑砍伐带来的利润和自己所拥有森林资产的长期损耗,还需要考虑其从 REDD+机制中可以获得的收益。此时由于没有 MRV 系统,由于政策制定者无法对代理人的毁林或退化所致的排放量进行监测,只能依照代理人报告的毁林量 $x_{rep}$ 来支付补偿,此时代理人的决策行为如下:

$$
\mathrm{Max}\pi(x_{act}, x_{rep}, \beta) = D(x_{act}, \beta) + R(x_{BAU} - x_{rep}) - C(\beta) - K(x_{act})
\tag{5}
$$

其一阶条件为:

$$
\begin{cases}
\dfrac{\partial \pi(x_{act}, x_{rep}, \beta)}{\partial \beta} = D_{\beta}{}'(x_{act}, \beta) - C_{\beta}{}'(\beta) = 0 \\[3mm]
\dfrac{\partial \pi(x_{act}, x_{rep}, \beta)}{\partial x_{act}} = D_{x_{act}}{}'(x_{act}, \beta) - K_{x_{act}}{}'(x_{act}) = 0 \\[3mm]
\dfrac{\partial \pi(x_{act}, x_{rep}, \beta)}{\partial x_{rep}} = -R'(x_{BAU} - x_{rep}) \rightarrow 0
\end{cases}
\tag{6}
$$

### 2.1.3.4 REDD+情景下有 MRV 系统的代理人决策

一种更加接近于现实的情况是存在有 MRV 系统,政策制定者可以对代理人的减少毁林或退化所致的排放量进行监测。但是由于 MRV 系统的不完备性和误差的存在,当代理人报告的毁林量小于实际毁林量时,此时由于信息不对称,政策制定者并不能清楚地知道这一信息。此时,政策制定者利用奖惩两种手段来激励和促使代理人减少毁林和退化所致的排放量,并对森林资源进行可持续经营。式(7)中 $R(x_{BAU} - x_{rep})$ 为代理人通过 REDD+机制所获得的收益,而与此同时 $P(obs(x_{act} > x_{rep}), A) \cdot T(x_{act} - x_{rep})$ 为报告毁林量小于实际毁林量时所产生的期望惩罚,此时漏报毁林量被发现的概率会随代理人拥有的森林面积的增加而减小。

$$
\begin{aligned}
\mathrm{Max}\pi(x_{act}, x_{rep}, \beta) = & D(x_{act}, \beta) + R(x_{BAU} - x_{rep}) - P(obs(x_{act} > x_{rep}), A) \cdot \\
& T(x_{act} - x_{rep}) - C(\beta) - K(x_{act})
\end{aligned}
\tag{7}
$$

其一阶条件为:

$$
\begin{cases}
\dfrac{\partial \pi(x_{act}, x_{rep}, \beta)}{\partial \beta} = D_{\beta}{}'(x_{act}, \beta) - C_{\beta}{}'(\beta) = 0 \\[3mm]
\dfrac{\partial \pi(x_{act}, x_{rep}, \beta)}{\partial x_{act}} = D_{x_{act}}{}'(x_{act}, \beta) - P(obs(x_{act} > x_{rep}), A) \cdot \\
\qquad\qquad T_{x_{act}}{}'(x_{act} - x_{rep}) - K_{x_{act}}{}'(x_{act}) = 0 \\[3mm]
\dfrac{\partial \pi(x_{act}, x_{rep}, \beta)}{\partial x_{rep}} = -R'(x_{BAU} - x_{rep}) + P(obs(x_{act} > x_{rep}), A) \cdot T_{x_{rep}}{}'(x_{act} - x_{rep}) = 0
\end{cases}
\tag{8}
$$

### 2.1.4 决策结果的比较

为了对上述模型进行进一步分析,下面将对 BAU 情景下社会最优、BAU 情景下代理人最优、REDD＋情景下无 MRV 系统和有 MRV 系统这四种不同情况下均衡结果进行比较。

通过比较发现:①在缺少 MRV 系统情况下,REDD＋情景下代理人的实际毁林量与 BAU 情景下是完全相同的,而 BAU 情景下的社会最优实际毁林量均小于上述两种安排下的实际毁林量,这表明如果缺少 MRV 系统,那么必将导致 REDD＋机制无法发挥作用;在非对称信息条件下,当有 MRV 系统并对代理人漏报毁林量进行惩罚时,代理人的实际毁林量将小于无 MRV 系统以及 BAU 情景下的实际毁林量。②在缺少 MRV 系统情况下,REDD＋情景下代理人的经营努力程度与 BAU 情景下是完全相同的,而这两种制度安排下的代理人努力程度均低于 BAU 情景下社会最优努力程度。当政策制定者试图在非对称信息下利用 MRV 系统监督和惩罚代理人的漏报行为时,代理人的努力程度将比无 MRV 系统情况下有所提高。③由式(2)和式(8)可知,当 $P(obs(x_{act} > x_{rep}),A) \cdot T_{x_{act}}{'}(x_{act} - x_{rep}) = E_{x_{act}}{'}(x_{act})$ 时,存在 MRV 系统可使代理人实际毁林量和努力程度达到社会最优水平。④在缺少 MRV 系统情况下,由于政策制定者无法核实代理人的实际毁林量,因此报告毁林量将会尽可能小而使得 REDD＋机制失效。而存在 MRV 系统情况下,代理人拥有的森林面积 $A$ 增大带来的信息不对称程度上升,使得漏报毁林量被发现的概率 $P(obs(x_{act} > x_{rep}),A)$ 越接近于 0,则报告毁林量越接近于无 MRV 系统下的报告毁林量,此时代理人的实际毁林量会上升而努力程度会下降;而相反,代理人拥有的森林面积 $A$ 减小使得概率 $P(obs(x_{act} > x_{rep}),A)$ 越接近于 1,则报告毁林量越接近于实际毁林量,此时实际毁林量也会下降而努力程度会上升。⑤REDD＋参考水平 $x_{BAU}$ 对于报告毁林量的影响不确定,但是 REDD＋参考水平 $x_{BAU}$ 的增加也会导致代理人实际毁林量的增加和努力程度的下降。

通过比较我们发现在 BAU 情景的社会最优情况中,毁林对环境和生态的损失(外部性)和森林资产价值损失(动态性)的影响被同时考虑。由于毁林的边际外部成本为正,当内部化了边际外部成本后,社会最优实际毁林量要小于代理人的最优实际毁林量,因此这实际上是公共产品私人供给不足问题在森林资源问题上的一种表现。而 REDD＋机制一旦缺少了 MRV 系统,必将导致代理人的最优实际毁林量等同于 BAU 情景的最优实际毁林量,从而偏离了社会最优。而当监督者试图通过 MRV 系统来惩罚和纠正代理人的漏报行为时,将提高代理人的努力程度并减少实际毁林量。

而代理人拥有的森林面积大小变化引起了信息不对称程度的变化。由于代理人拥有的森林面积增大,代理人被发现漏报毁林量的概率会出现下降,因此降低了惩罚漏报毁林而带来的边际成本。而这将使代理人有动机利用信息优势增加实际毁林量来获取更多的利润。伴随着实际毁林量的增加,代理人相应的努力动机也在不断降低,努力程度随着信息不对称程度的上升而出现下降。这表明随信息不对称增加,代理人将以减少努力程度和增加毁林量为代价来获取最大利益。由此我们得到一个假说,代理人拥有的森林面积增加将导致毁林量的增加,当然这需要我们通过实证研究来检验这一假说。

## 2.2 数据来源与模型设定

### 2.2.1 数据的来源

基于上一节的分析可知,在 REDD＋机制中代理人的毁林行为决策受到诸多因素的影响,代理人所拥有的森林面积、REDD＋参考水平的设定等因素都会导致代理人的实际毁林量发生变化。为了验证这些假说,我们选择了 75 个发展中国家 1990—2010 年的数据。这些国家提供了一个可比较的跨地理区域经济和环境集合。这些国家包括了 37 个非洲国家、17 个亚洲和大洋洲国家、21 个拉丁美洲和加勒比地区国家,具体如表 1 所示。

表 1　国家名单

| 非洲（37） | | | 拉丁美洲和加勒比地区(21) | | 亚洲和大洋洲(17) | |
|---|---|---|---|---|---|---|
| 阿尔及利亚 | 几内亚 | 塞内加尔 | 阿根廷 | 墨西哥 | 孟加拉国 | 斯里兰卡 |
| 安哥拉 | 肯尼亚 | 塞拉利昂 | 伯利兹 | 巴拿马 | 不丹 | 泰国 |
| 贝宁 | 莱索托 | 南非 | 玻利维亚 | 秘鲁 | 文莱 | 阿拉伯联合酋长国 |
| 博茨瓦纳 | 利比里亚 | 苏丹 | 巴西 | 波多黎各 | 中国 | 越南 |
| 布基纳法索 | 马拉维 | 斯威士兰 | 智利 | 圣文森特和格林纳丁斯 | 斐济 | |
| 布隆迪 | 马里 | 坦桑尼亚 | 哥伦比亚 | 特立尼达和多巴哥 | 印度 | |
| 佛得角 | 毛里塔尼亚 | 多哥 | 哥斯达黎加 | 乌拉圭 | 印度尼西亚 | |
| 中非共和国 | 摩洛哥 | 突尼斯 | 古巴 | 委内瑞拉 | 韩国 | |
| 乍得 | 莫桑比克 | 乌干达 | 多米尼加 | | 老挝 | |
| 刚果共和国 | 纳米比亚 | 赞比亚 | 厄瓜多尔 | | 马来西亚 | |
| 埃及 | 尼日尔 | 津巴布韦 | 萨尔瓦多 | | 蒙古 | |
| 冈比亚 | 尼日利亚 | 洪都拉斯 | | | 巴基斯坦 | |
| 加纳 | 卢旺达 | | 基里巴斯 | | 菲律宾 | |

选择这些国家是由于这些国家的数据不存在缺失值,而存在缺失值的国家被剔除掉。具体的变量描述如表 2 所示。

表 2　变量说明和数据来源

| 变量 | 说明 | 单位 | 来源 |
|---|---|---|---|
| 被解释变量 | | | |
| RCD | 森林碳排放率 | ％ | 联合国粮农组织 |
| 解释变量 | | | |
| PUP | 城市人口所占比例 | ％ | 世界银行 |
| PNG | 非农 GDP 所占比例 | ％ | 世界银行 |
| API | 农业生产指数 | | 世界银行 |
| RPD | 农业人口密度 | 人/km² | 世界银行 |
| FCS | 森林碳储量 | Mg C | 联合国粮农组织 |
| RFA | 农业人均森林面积 | 公顷 | 世界银行 |

森林碳排放率 RCD 作为被解释变量,是一国该年森林排放量与当年该国的总森林碳储量之比。该数据可以从联合国粮农组织(FAO)的数据库中获得。森林碳排放率是一国代理人毁林行为决策的最终结果,可以较好地反映在 REDD＋机制下该国代理人毁林行为变化所导致的最终结果。而具体的解释变量选择将在下面的部分进行阐述说明。

2.2.2　信息不对称的度量

在前面的分析中,我们使用概率分布函数 $P(obs(x_{act}>x_{rep}),A)$ 来反映政策制定者和代理人对于实际毁林量的信息不对称程度,其中 $A$ 为代理人所拥有的森林面积。由于 MRV 系统的不完备性,代理人所拥有的森林面积 $A$ 越大,在隐瞒实际毁林量方面就越有优势(Xu et al, 2001),其被 MRV 系统发现的可能性就越低,也就越有可能漏报毁林量。我们假设随着代理人拥有的森林面积 $A$ 的增大会导致信息不对称程度上升,使得漏报毁林量被发现的概率 $P(obs(x_{act} > x_{rep}), A)$ 出现下降,最终使得代理人的实际毁林量上升而努力程度下降。因此代理人拥有的森林面积 $A$ 是反映信息不对称程度的重要度量,在模型中我们选择使用农业人均森林面积 $RFA$ 的滞后值来反映代理人所拥有森林面积的情况,并预期这一变量对森林碳排放率 $RCD$ 的影响为正值,即如果上一年该国农业人均森林面积 $RFA$ 越大,那么当年代理人漏报毁林量的可能性就越大,那么当年森林碳排放率 $RCD$ 就越大。这里农业人均森林面积 $RFA$ 是一国森林面积与农业人口数之比。

### 2.2.3　参考水平的度量

根据前面的假设分析可知,随着 REDD＋参考水平 $x_{BAU}$ 的增加,代理人实际毁林量也会增加,而努力程度会出现下降,为验证这一假设我们需要在模型中考虑 REDD＋参考水平。因此,这是一个影响实际毁林行为的重要政策性变量,使得我们能看出在设定 REDD＋参考水平后信息不对称对实际毁林量的影响。各国 REDD＋参考水平通常是基于该国历史排放水平而设定的(Geist et al,2002;Santilli et al,2005),根据其低于历史排放水平的累积减排量而获得收益。因此,在模型中我们使用森林碳排放率 $RCD$ 的滞后项和森林碳储量存量 $FCS$ 来反映 REDD＋参考水平,即根据一国历史森林排放率和森林碳储量来设定该国当年的 REDD＋参考水平。由于存在内生性问题,我们取这些变量的滞后值。我们预期森林碳排放率 $RCD$ 的滞后项和森林碳储量存量 $FCS$ 对森林碳排放率 $RCD$ 的影响为正值,即随着该国历史排放率和森林碳储量的增加,会使得 REDD＋参考水平 $x_{BAU}$ 增加,由此导致森林碳排放率 $RCD$ 上升。

### 2.2.4　控制变量的选择

森林碳排放率 $RCD$ 不仅会受到信息不对称、参考水平等变量的影响,还会受到一些外生的市场经济变量影响。这些变量由长期趋势和外因所决定,受政策制定者短期政策的影响较小,是一种外生性变量。这些控制变量包括农业部门变量、人口变量和宏观经济变量。

#### 2.2.4.1　农业部门变量

农业部门变量反映了一国农业生产的特点,而一国农业的发展也往往会导致大量的林地转变为农业用地,导致实际毁林率的上升(Culas,2012;Pirard et al,2012)。林地转变为农业用地主要是由两种不同的农业活动所引起的:一种是一些人迁移到森林地区进行开垦以获得生活所需的耕种行为,另一种是商业农场主将林地转变为经济作物以用于出口(Angelsen et al, 1999)。与此同时,农业技术的进步导致农业生产效率的提高,使得单位面积土地的农业产量提高,又会在另一方面减缓实际毁林的发生(Choi et al,2011)。因此,在模型中使用农业生产指数 $API$ 作为控制变量来反映农业发展所带来的农地数量变化对于实际毁林率的影响。农业生产指数 $API$ 反映的是各国每年的农业产量,包括除饲料作物以外的所有作物。

#### 2.2.4.2　人口变量

人口数量的增加也会导致对于林产品需求的增加,大量的林木被砍伐用于薪材,导致实际毁林量的上升。同时人口数量的增加带来人口密度的上升,导致对于土地承载力的需求随之增长,许多林地被转变为农业用地(Achard et al,2002)。而人口增长所带来的对食品和燃料需求的增加,往往会导致掠夺式的森林砍伐,使得森林面积急剧减少,原始森林遭到破坏,也削弱了森林资源的可再生能力和基础,森林退化更加严重(Vieilledent et al,2013)。但另一方面,人口的增长有时也会带来农业和林业领域的创新、技术进步以及制度演变,从而有助于减少毁林率(Templeton et al,1999)。因此,在模型中将采用农业人口密度 $RPD$ 作为控制变量,用以验证人口增长是否会导致实际毁林量的变化。

### 2.2.4.3　宏观经济变量

最后,宏观经济变量也有可能对实际毁林量产生影响(Motel et al,2009)。经济发展水平与毁林之间的关系较为复杂:一方面,经济发展水平的提高会刺激对于农产品和林产品的需求,从而造成实际毁林量的上升;另一方面,经济发展水平的提高也会带来对于森林保护需求的增加,从而减轻对于森林的压力(Ewers,2006)。对于发达国家而言,收入水平的提高使得对于森林环境服务的需求增加,从而降低了毁林率;对于发展中国家而言,收入水平的提高创造了更多的非农就业机会,促使人口从农村向城市迁移,从而降低对于森林的压力,同时人们对于能源的需求也从传统的薪柴转变为其他能源方式(Rudel,1998)。因此,在模型中将采用城市化率 $PUP$ 和非农 GDP 占比比例 $PNG$ 作为控制变量,用以验证经济发展水平对实际毁林量的影响。

### 2.2.5　模型的设定

基于上述的分析,我们将实证模型设定为:

$$RCD_{it} = \beta_1 POP_{it} + \beta_2 PNG_{it} + \beta_3 API_{it} + \beta_4 \ln RPD_{it} + \beta_5 RCD_{i,t-1} + \beta_6 \ln FCS_{it}$$
$$+ \beta_7 \ln RFA_{i,t-1} + u_{it} \tag{9}$$

式中,$i$ $(i=1,2,\cdots,76)$ 表示国家,$t$ $(t=1,2,\cdots,21)$ 表示时间,$\beta_j$ $(j=1,2,\cdots,7)$ 是待估参数的系数,$u_{it}$ 是随着地区和时间变化的随机扰动。由于数据为面板数据,因此可分解成为观测到的特定国家效应 $\nu_i$ 和可观测的特定误差 $\varepsilon_{it}$。农业人口密度 $RPD$、森林碳储量 $FCS$ 以及农业人均森林面积 $RFA$ 由于数值较大,我们分别取其对数对变量进行平滑处理,从而使得分析结果受奇异值的影响较小。

## 2.3　结果与讨论

### 2.3.1　结果

由于模型中右边解释变量包含了被解释变量的滞后项,使得解释变量与随机扰动项存在相关性,会产生内生性问题,因此采用标准的随机效应或固定效应估计方法将会导致参数估计的非一致性(Greene,2011)。Arellano 等( 1991 )提出广义矩估计方法(Generalized Method of Moments,GMM)来解决这一问题,这一方法包括了差分 GMM 和系统 GMM。Anderson 等(1981)提出了 AH 法,这种方法从理论上给出了系数的一致估计,但非有效;Arellano 等(1991)在 AH 法的基础上改进得到差分广义矩估计法(DIF GMM),从而得到一致且更为有效的估计结果。但是差分 GMM 估计量使用的弱工具变量易导致估计时出现偏误,Arellano 等(1995)和 Blundell 等(1998)给出了另外一种克服上述问题的估计方法——系统广义矩法,该方法比差分 GMM 估计的偏差更小,有效性更高。因此,我们采用两步系统 GMM 估计方法进行参数估计。本文采用 Stata 13.0 软件以及 Roodman (2006)编写的 xtabond2 程序对模型进行求解,非洲、拉丁美洲和加勒比地区、亚洲和大洋洲以及全球的估计结果如表 3 所示。

表 3　模型估计结果

| 解释变量 | 非洲 | 拉丁美洲和加勒比地区 | 亚洲和大洋洲 | 全球 |
|---|---|---|---|---|
| PUP | $-00006***$ (0.0000)[a] | $-0.0175***$ (0.0042) | $0.0010*$ (0.0005) | $-0.00188***$ (0.0003)[a] |
| PNG | $-0.0026***$ (0.0001) | $-0.0410***$ (0.0138) | $-0.0007$ (0.0018) | $-0.0020***$ (0.0003) |
| API | $0.0027***$ (0.0002) | $-0.0265*$ (0.0132) | $-0.0002$ (0.0006) | $-0.0005***$ (0.0002) |
| RPD | $0.2650***$ (0.0221) | $-3.0431**$ (1.3852) | $-0.0083$ (0.0640) | $-0.2565***$ (0.0166) |
| L. REF | $0.5275***$ (0.0008) | $0.6011***$ (0.0346) | $0.9833***$ (0.0394) | $0.8434***$ (0.0002) |
| FCS | $0.2279***$ (0.0196) | $3.0324**$ (1.3096) | $0.0923$ (0.0657) | $0.2452***$ (0.0161) |
| L. RFA | $0.0146***$ (0.0034) | $0.9445**$ (0.0796) | $0.0264***$ (0.0012) | $0.0294**$ (0.0026) |
| AR (1) (Chi$^2$ $p$-value) | 0.244 | 0.309 | 0.304 | 0.182 |
| AR (2) (Chi$^2$ $p$-value) | 0.352 | 0.338 | 0.341 | 0.240 |
| Hensen test (Chi$^2$ $p$-value) | 0.452 | 1.000 | 1.000 | 0.094 |
| Obs | 740 | 420 | 323 | 1500 |

注：＊＊＊为 0.01 的显著性水平；＊＊为 0.05 的显著性水平；＊为 0.10 的显著性水平；a 括号内为标准差。

实证结果表明,各区域模型中大部分的解释变量基本都通过了 0.1 的显著性检验。应用 Hensen 值检验,$p$ 值没有拒绝过度识别约束,AR(2)检验结果也表明残差并不存在明显的二阶自相关,可以认为,SYS GMM 使用的工具变量有效解决了解释变量的内生性问题。各模型的解释力度相对很好,效果较显著。

### 2.3.2　讨论

从全球结果来看,除城市人口所占比例外,非农 GDP 比例、农业生产指数、农业人口密度、上一期森林碳排放率、森林碳储量以及上一期的农业人均森林面积对森林碳排放率的影响都在 0.05 以上水平显著。这也与之前的预期相符:①上一期的森林碳排放率和森林碳储量对于当期森林碳排放率具有正效应,这表明上一期森林碳排放率和森林碳储量越大,就会导致 REDD＋参考水平越高,由此使得当年的实际毁林量增加,森林碳排放率上升,这一结论与我们理论模型所得出的结果是相一致的。②上一期的农业人均森林面积对森林碳排放率的影响也为正值,这意味着农业人均森林面积的增加也会导致森林碳排放率的上升。在理论模型的分析中,我们认为在 REDD＋机制存在 MRV 系统的情况下,代理人拥有的森林面积增大将导致政策制定者和代理人之间信息不对称程度的上升,使得漏报毁林量被发现的概率 $P(obs(x_{act} > x_{rep}), A)$ 减小,由此代理人漏报毁林量的动机会增强,使得其报告毁林量更加接近于无 MRV 系统下的报告毁林量,此时代理人的实际毁林量会出现上升,而实证的结果也证实了这一观点。

从控制变量的角度我们可以发现:①农业生产指数与森林碳排放率具有负效应,不过其值很小,只有－0.0048,这表明农业的发展在一定程度上抑制了毁林行为的发生,不过起作用相对较小。基于我们前面的分析可知,农业发展一方面可能会导致毁林的发生,一方面也可能会抑制毁林的发生,关键在于何种效应更强烈。②农村人口密度对森林碳排放率具有负效应,表明农村人口密度的上升减缓了毁林碳排放量。这可能是由于农村人口密度上升提高了农业生产效率,减少了毁林行为的发生。③城市人口的比例和非农 GDP 比例对于森林碳排放率的影响为负,城市化率和非农 GDP 比例的上升意味着经济发展水平的提高,这表明在发展中国家随着经济发展水平的提高,人们森林保护意识增强,从而造成实际毁林排放量的减少,这与倒 U 型毁林环境库兹涅茨曲线(EKC)的假说相符合(Culas,2007;Bhattarai et al,2004)。

从区域的角度来看,在非洲、拉丁美洲和加勒比地区以及亚洲和大洋洲,上一期森林碳排放率、森林碳储量以及上一期的农业人均森林面积对森林碳排放率的影响都与全球数据几乎一致,除了亚洲和大洋洲的 $FCS$。这表明 REDD＋参考水平的上升在各区域的确会导致实际毁林量的增加。而代理人所拥有森林面积的增加导致信息不对称程度上升,由此导致实际毁林量上升以及报告毁林量的下降。虽然亚洲和大洋洲的 $FCS$ 为负值,但 $RCD$ 滞后值的绝对值远大于 $FCS$,因此 REDD＋参考水平对 $RCD$ 仍具有正效应。这表明在全球各区域,信息不对称程度和 REDD＋参考水平的上升确实会造成实际排放量的增加。

而控制变量的结果表明,在非洲、亚洲和大洋洲,农业生产指数和农村人口密度对森林碳排放率具有正效应,表明该区域农业的发展导致了更多的森林转变为农田,使得毁林增加。而农村人口密度的增大导致对于土地承载力需求的增长,促使森林转变为耕地或牧场,加剧了毁林的发生。但在拉丁美洲和加勒比地区,农业生产指数和农村人口密度对森林碳排放率的效应为负,表明这些区域农业的发展和农村人口密度增加并未导致毁林增加,这可能是这些区域已经处于倒 U 型毁林库兹涅茨曲线的右端,而非洲以及亚洲和大洋洲仍处于该曲线的左端。

另一方面,在非洲、拉丁美洲和加勒比地区,城市人口比例和非农 GDP 比例对森林排放率具有负效应,表明城市化进程的发展减少了农业活动对森林的压力,从而抑制了毁林行为的发生。而在亚洲和大洋洲,非农 GDP 对森林排放率具有负效应,而城市人口比例具有正效应,这可能是由于经济发展一方面会刺激对于农产品和林产品的需求,从而造成实际毁林量的上升,同时城市化进程又导致更多的森林转变为建设用地。

当然,在不同国家或不同的区域内,各解释变量对于森林排放率的影响也存在着一定的差异(Scrieciu,2007)。同时,模型中设定的解释变量也可能与其他因素相关,从而使这两者间的相互作用对毁林产生间接的影响(Barbier,2004;Ferreira,2004)。因而,对此需要进行更多的研究。然而,本文的研究却发现并证实了 REDD＋参考水平以及信息不对称的确会对代理人的实际毁林量产生影响,因而 MRV 系统的准确性对于 REDD＋机制的成功实施具有至关重要的作用。

## 3. REDD＋参考水平的设置

### 3.1　研究方法

#### 3.1.1　原始 ZSG-DEA 方法

DEA 方法最早是由 Charnes 等(1978)所提出的一种系统工程方法,主要是通过构建一个非参数线性前沿面,从而实现对多投入、多产出的决策单元(DMU)进行有效性评价。DEA 方法丰富了经济学中的生产函数理论及其应用技术,同时可以避免主观因素的干扰,具有简化算法、减少误差等优点,被广泛地应用于管理科学、系统工程和决策分析、评价技术等领域。

在经典的 DEA 模型中,投入和产出变量具有完全的自由度,而当 DEA 方法应用于分配领域时,会受到某一投入(或产出)变量总量不变的约束条件。在这里我们以某一年度各个毁林国毁林碳排放量的最优分配作为研究目标,以此作为各国的 REDD+参考水平。当一国的毁林碳排放水平低于最优额度时,可获取相应的经济收益,反之则不能。其中,最优分配额度受到全部毁林国该年度毁林碳排放额度实际数据的不变性的约束,因而毁林碳排放量作为一种非期望产出指标在分配时具有竞争性,某个毁林国(DMU)的毁林碳排放量的增加意味着其他毁林国毁林碳排放量的减少,这样体现非期望产出总额的不变性,即零和博弈思想(Zero-Sum-Gains)。体现零和博弈思想的 DEA 模型被称为零和博弈的 DEA 方法(Zero-Sum-Gains DEA,即 ZSG-DEA 方法)。

在 ZSG-DEA 方法中,那些本来在经典 DEA 下技术无效的决策单元通过投入或产出变量进行重新分配后,都位于一个新的前沿面(ZSG-DEA 前沿面)上。在这个前沿面上的所有决策单元效率值都为 1,而该变量的总额将保持不变。在图 1 中,原本在经典 DEA 下技术无效的 $M$、$N$ 点经过 ZSG-DEA 分配后效率值都变为 1(即 $M'$、$N'$ 点),此时期望产出变量 $y$ 没有发生变化,而只有非期望产出变量 $u$ 发生了改变。$M$ 点获得了更多的毁林碳排放量变成了 $M'$,而 $N$ 点则需要减少毁林碳排放量到 $N'$。

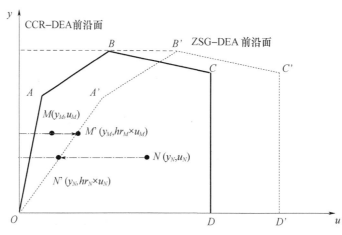

图 1　产出导向的 ZSG-DEA 原理示意

在 ZSG-DEA 方法中,对于变量的分配可以采用平均分配和比例分配两种方式,其中后者更加常用。按比例分配虽然是非线性规划,但经过推演后可以将非线性问题转化为线性问题。该方法最早由 Lins 等(2003)在对悉尼奥运会获奖国家的投入产出评价中所提出,之后 Hu 等(2010)采用 ZSG-DEA 的产出导向模型应用于中国台湾地区的券商市场占有率效率评估之中。

### 3.1.2　ZSG-DEA 效率分配模型

在传统的能源、经济与环境的"3E"研究中,通常将人口数量、资本存量和能源消耗量作为投入变量,将国内生产总值和碳排放量作为期望产出变量和非期望产出变量。而本节研究的是如何估计各个毁林国 REDD＋参考水平,而其中农业的发展是发展中国家毁林发生的最重要因素,因此将农业劳动力数量、农地面积作为投入变量,以农业总产值和毁林碳排放量作为产出变量,采用 ZSG-DEA 方法将毁林碳排放量进行非径向的最优分配(其他变量保持不变),从而得到各个毁林国 REDD＋参考水平。经过 ZSG-DEA 方法进行分配后,所有毁林国都处于 ZSG-DEA 前沿面上(即所有毁林国的技术效率均为 1),此时各个毁林国经济与环境的整体实现帕累托最优。

在 ZSG-DEA 模型中,假定存在 $n$ 个毁林国,其中农业劳动力数量 $L$、农地面积 $K$ 是投入量,而农业生产总值 $Y$ 和毁林碳排放量 $C$ 为期望产出和非期望产出变量,$K_p$ 和 $L_p$ 为第 $p$ 个国家的农地面积和农业劳动力数量,$Y_p$ 和 $C_p$ 为第 $p$ 个国家的农业生产总值和毁林碳排放量,由所有投入—产出向量可以构成生产技术集 $T$:

$$T = \{(K, L, Y, C) : K, L \text{ can produce } Y, C\} \tag{10}$$

基于上述生产技术集对毁林碳排放量这一非期望产出进行非径向扩张,扩张后各毁林国的毁林碳排放量均处于 ZSG-DEA 前沿面上。根据非期望产出 $CO_2$ 的弱可处置性,可对式(10)进行 DEA 规划求解,其中 $\lambda_i$ 为规划系数,目标函数为 $h_p$。目标函数的最小化意味着该毁林国的 ZSG 收缩系数的最小化,与此相应的技术效率为 $h_p$ 的倒数。

$$\text{Min } h_p$$

$$\sum_{i=1}^{n} \lambda_i K_i \leqslant K_p$$

$$\sum_{i=1}^{n} \lambda_i L_i \leqslant L_p$$

$$\sum_{i=1}^{n} \lambda_i Y_i \geqslant Y_p \tag{11}$$

$$\sum_{i=1}^{n} \lambda_i C_i = h_p C_p$$

$$\lambda_i \geqslant 0, i = 1, 2, \cdots, n$$

在式(11)的基础上,采用 Gomes(2008)的研究,可以建立产出导向的 ZSG-DEA 模型:

$$\text{Min } h_{rp}$$

$$h_{rp} C_p = \sum_{i=1}^{n} \lambda_i C_i \left| 1 - \frac{C_p(h_{rp} - 1)}{\sum_{i \neq p} C_i} \right|$$

$$\sum_{i=1}^{n} \lambda_i K_i \leqslant K_p$$

$$\sum_{i=1}^{n} \lambda_i L_i \leqslant L_p \tag{12}$$

$$\sum_{i=1}^{n} \lambda_i Y_i \geqslant Y_p$$

$$\lambda_i \geqslant 0, i = 1, 2, \cdots, n$$

式中,$\sum_p C_i$ 为所有毁林国当年毁林碳排放总量,是 ZSG-DEA 方法的约束条件。第 $p$ 个国家增加 $C_p(h_{rp} - 1)$ 的产出,按照比例分配原则就意味着其他 $(n-1)$ 个国家按照各自所占的全部毁林碳排放量的份额等比例减少。其他国家在全部毁林碳排放量中的所占份额越大,其相应减少量就越多,其毁林碳排放的减少量为:$\dfrac{C_i C_p (h_{rp} - 1)}{\sum\limits_{i \neq p} C_i}$。

式(12)为非线性规划,Lins(2003)和 Gomes(2008)的研究表明,在 ZSG 前提下 $h_{rp}$ 与 $h_p$ 具有线性关系:

$$h_{rp} = h_p \left[ 1 + \frac{\sum\limits_{j \in W} C_{jp} (\theta_{st} h_{rp} - 1)}{\sum\limits_{j \in W} C_{jp}} \right] \tag{13}$$

其中,由式(11)得到的收缩系数不为 1 的毁林国可构建一个合作集 $W$;$\theta_{nm}$ 为第 $n$ 国家与第 $m$ 国家的收缩系数比,即 $\theta_{nm} = h_n / h_m$。由式(13)可较为简便地计算出各毁林国达到新的 ZSG 前沿面时的收缩系数 $h_{rp}$。可以先通过式(11)求解出毁林碳排放量的收缩系数 $h_p$,之后再利用式(13)求得 $h_{rp}$,从而进一步计算出各毁林国该年的 REDD+参考水平。

### 3.1.3　数据来源及说明

本章采用 ZSG-DEA 模型来测算各毁林国的技术效率 $h_r$,以此估计各毁林国 REDD+参考水平。基于已有的 ZSG-DEA 方法成果(Zhou et al,2008)的思路,选择各毁林国的农地面积和农业劳动力数量作为投入变量,将农业总产值和毁林碳排放量作为产出变量。本节选取了 89 个非附件一国家,这些国家在 2010 年均为毁林国,即森林面积减少的国家。其中非洲国家 38 个,亚洲和大洋洲国家 24 个,拉丁美洲和加勒比地区国家 26 个,其他地区国家 1 个(详见表 4 和表 5)。从联合国粮农组织统计数据库(FAOSTAT)中选取这 89 个国家 2010 年的相关数据。

**表 4　89 个毁林国家(地区)名单**

| 非洲(38 个) | | | 亚洲和大洋洲(24 个) | | 拉丁美洲和加勒比地区(26 个) | | 其他地区(1 个) |
|---|---|---|---|---|---|---|---|
| 阿尔及利亚 | 赤道几内亚 | 纳米比亚 | 亚美尼亚 | 缅甸 | 阿根廷 | 牙买加 | 阿尔巴尼亚 |
| 安哥拉 | 厄立特里亚 | 尼日尔 | 孟加拉国 | 蒙古 | 巴巴多斯 | 基里巴斯 | |
| 贝宁 | 埃塞俄比亚 | 尼日利亚 | 文莱 | 巴勒斯坦 | 伯利兹 | 墨西哥 | |
| 博茨瓦纳 | 加纳 | 塞内加尔 | 柬埔寨 | 巴基斯坦 | 玻利维亚 | 荷属安的列斯群岛 | |
| 布基纳法索 | 几内亚比绍 | 塞拉利昂 | 塞浦路斯 | 巴布亚新几内亚 | 巴西 | 尼加拉瓜 | |
| 布隆迪 | 几内亚 | 索马里 | 朝鲜 | 韩国 | 哥伦比亚 | 巴拿马 | |
| 喀麦隆 | 肯尼亚 | 苏丹 | 格鲁吉亚 | 新加坡 | 厄瓜多尔 | 巴拉圭 | |
| 中非共和国 | 利比里亚 | 多哥 | 印度尼西亚 | 所罗门群岛 | 萨尔瓦多 | 秘鲁 | |
| 乍得 | 马达加斯加 | 乌干达 | 以色列 | 斯里兰卡 | 法属圭亚那 | 苏里南 | |
| 科摩罗 | 马拉维 | 坦桑尼亚 | 哈萨克斯坦 | 东帝汶 | 瓜德罗普岛 | 特立尼达和多巴哥 | |
| 刚果(布) | 马里 | 赞比亚 | 老挝 | 乌兹别克斯坦 | 危地马拉 | 特克斯和凯科斯群岛 | |
| 科特迪瓦 | 毛里塔尼亚 | 津巴布韦 | 马来西亚 | | 海地 | 美属维尔京群岛 | |
| 刚果(金) | 莫桑比克 | | 密克罗尼西亚 | | 洪都拉斯 | 委内瑞拉 | |

**表 5    投入产出变量汇总**

| 变量 | 描述 | 单位 | 观测值 | 均值 | 标准差 |
|---|---|---|---|---|---|
| 产出变量 | | | | | |
| $Y$ | 农业生产总值 | 1000 美元 | 89 | 7070316.93 | 17539534.24 |
| $C$ | 毁林碳排放量 | 1000 吨 | 89 | 36154.41 | 111748.66 |
| 投入变量 | | | | | |
| $L$ | 农地面积 | 1000 公顷 | 89 | 4342.57 | 7930.69 |
| $N$ | 农业劳动力数量 | 1000 | 89 | 24737.12 | 44117.92 |

## 3.2    结果

### 3.2.1    毁林碳排放 ZSG 收缩系数

本节采用 DEAP 软件和 Excel 软件进行规划求解,对表 4 对应的各毁林国的毁林碳排放量的 ZSG 收缩系数 $h_p$ 进行测算,由此得到的 2010 年各毁林国毁林碳排放量的收缩系数 $h_p$,具体结果如图 2 所示。

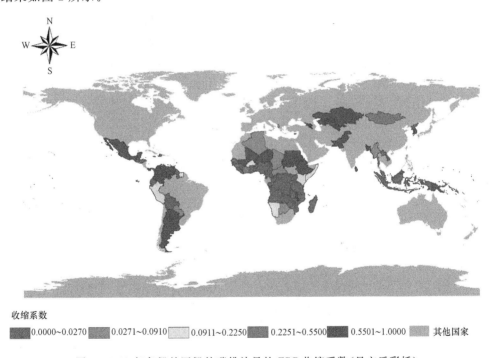

收缩系数    0.0000~0.0270    0.0271~0.0910    0.0911~0.2250    0.2251~0.5500    0.5501~1.0000    其他国家

图 2    2010 年各毁林国毁林碳排放量的 ZSG 收缩系数(见文后彩插)

ZSG 收缩系数 $h_p$ 介于 0 与 1 之间,越接近于 1 表明技术效率越高,越接近于 0 表明技术效率越低。从 2010 年 89 个毁林国的 ZSG 收缩系数值可以看出,在 89 个毁林国中阿根廷、孟加拉国等 29 个国家的 ZSG 收缩系数等于 1。ZSG 收缩系数为 1 意味着这 29 个国家的毁林碳排放量处于 89 个毁林国家数据包络构成的共同前沿面上。这表明这些国家比其他国家更具有技术效率。而其余的 60 个国家相比于投入其产出具有技术非效率,这意味着这些国家将大量森林砍伐用作农业生产,造成了较多的毁林碳排放量,但其所获得的农业总产值远远小于毁林碳排放量所带来的损失。亚洲和大洋洲地区的毁林国其农业生产技术效率较高,该区域 24 个国家中有 54.17% 的国家收缩系数 $h_p$ 为 1;其次为拉丁美洲和加勒比地区的国家,26 个国家中收缩系数 $h_p$ 达到 1 的有 34.61%;而非洲地区最低,38 个国家中收缩系数 $h_p$ 达到 1 的国家只有 18.42%。这表明亚洲和大洋洲地区的国家技术效率较高,其毁林而从事农业生产具有一定的技术效率,而非洲地区最低,表明该地区将大量森林砍伐用于无效率的农业生产,同时造成了较多的排放量。

### 3.2.2　REDD＋参考水平

经过迭代求解(13)式,可以得到 2010 年各毁林国的 ZSG 收缩系数 $h_{rp}$(简称 ZSG-$h_{rp}$)以及全部毁林国处于 ZSG 前沿面时的 REDD＋参考水平 $C^{ZSG}$(即 ZSG 排放量),并与实际毁林碳排放量 $C^{act}$ 进行比较,结果如图 3～5 所示。

经过计算分析,如果 ZSG 收缩系数 $h_{rp}$ 大于 1,则表明该国理论上允许增加毁林碳排放量;而如果该数值小于 1,则表明该国相比于其投入而言其碳排放量过高,因而具有较大的减排空间,该国需要首先减少森林砍伐至 $h_{rp}$ 大于 1 时才能够获取碳信用。经过 ZSG-DEA 模型计算并分配后,各国理论上的毁林碳排放量有增有减,但是,保持全部毁林国的毁林碳排放总量是不变的,仍为 $3217.74\times10^{12}$ 吨;分配后各国全部投入和产出变量数值都位于 ZSG-DEA 前沿面,实现整体效率最大化的资源配置,这意味着经过 ZSG 分配后,各国的农业生产总值、毁林碳排放量与农业劳动力数量、农地数量的水平相匹配,从而实现了整体的帕累托最优。

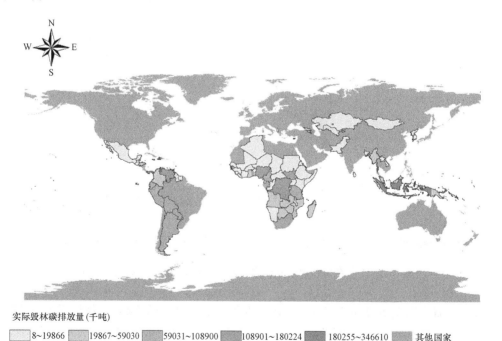

实际毁林碳排放量(千吨)

| 8~19866 | 19867~59030 | 59031~108900 | 108901~180224 | 180255~346610 | 其他国家 |

图 3　2010 年各毁林国实际毁林碳排放量(见文后彩插)

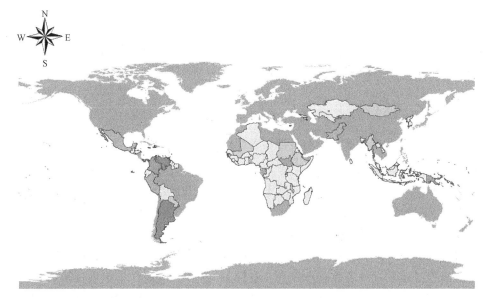

REDD+参考水平 (千吨)

☐ 4~9427　☐ 9473~37718　☐ 37719~80634　☐ 80635~169304　☐ 169305~505921　☐ 其他国家

图 4　REDD＋参考水平（见文后彩插）

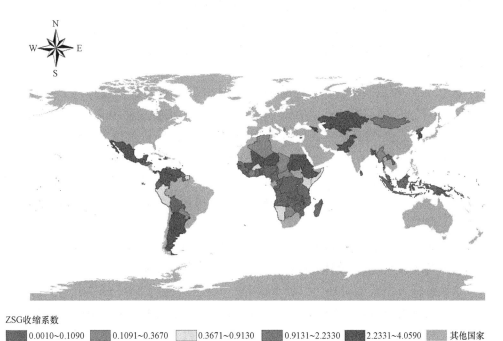

ZSG收缩系数

☐ 0.0010~0.1090　☐ 0.1091~0.3670　☐ 0.3671~0.9130　☐ 0.9131~2.2330　☐ 2.2331~4.0590　☐ 其他国家

图 5　ZSG 收缩系数分布（见文后彩插）

从地域来看，除科特迪瓦、埃塞俄比亚、厄立特里亚等 8 个国家外，其余的 30 个非洲地区国家的实际毁林碳排放量远大于 REDD＋参考水平，这意味着大部分非洲地区国家毁林进行农业生产的效率较低，并造成了较多的毁林碳排放量，因此具有较大的减排空间，需要首先减排直至小于 REDD＋参考水平时才能够获得碳信用。而亚洲和大洋洲地区的国家中，只有 10 个国家的 $C^{act}$ 大于 $C^{ZSG}$，其余 14 国家的 $C^{act}$ 均小于 $C^{ZSG}$，这意味着这些国家理论上允许增加毁林碳排放量，因而可以获得碳信用，其额度等于 $C^{ZSG}$ 和 $C^{act}$ 的差值。而拉丁美洲和加勒比地区的毁林碳排放水平介于前两者之间。

## 3.3　讨论

### 3.3.1　基于效率原则 REDD＋参考水平估计

通过采用 ZSG-DEA 方法对 2010 年 89 个毁林的非附件一国家进行了毁林碳排放量分配，可以以此作为各国的 REDD＋参考水平。事实上，基于 ZSG-DEA 模型的 REDD＋参考水平估计是一种基于效率原则的分配，即具有较高农业技术效率的毁林国，可以分配到较多的毁林碳排放量，而农业技术效率较低的国家往往只能分配到较小的毁林碳排放量。这主要是因为在通过毁林将林地转变为农地的过程中，农业技术效率高的毁林国与农业技术效率低的国家相比，二者在造成同样的毁林碳排放量的条件下，前者的农业产值远高于后者。因此，如果全球每年的总毁林碳排放量是一定的时候，我们倾向于将毁林碳排放量的配额更多地分配给具有较高技术效率的国家，因为在同样的毁林排放量下这些国家的产出要更高一些。如果一国的实际毁林排放量低于 REDD＋参考水平时就可以将这一差额转化为碳信用，而高于基线水平的毁林国则无法获得碳信用，这意味着这些国家无法从 REDD＋中获益。采用 ZGS 方法估计各毁林国的 REDD＋参考水平可以控制每年的森林砍伐总量，因此就可以设定一个较少的年毁林量目标，然后再将这一目标通过 ZGS 方法进行分配，从而实现减少森林砍伐和退化所致排放量的目标。

从区域上来看，拉美和加勒比地区的 26 个毁林国中 ZSG 收缩系数超过 1 的国家超过了 12 个，而且包含了如巴西、阿根廷、墨西哥、哥伦比亚、委内瑞拉这些主要拉美毁林国，这就意味着这 12 个国家的实际毁林碳排放量小于 REDD＋参考水平，这些国家因此能够获得碳信用并从中获益，而其余的 14 个国家还有很大的减排潜力。从整个地区来看 2010 年该区域 26 个国家的毁林碳排放总额为 $1664.57 \times 10^{12}$ 吨，而 REDD＋参考水平为 $2705.65 \times 10^{12}$ 吨，因此该区域总体而言可以获得 $1041.08 \times 10^{12}$ 吨的碳信用，可以通过国际碳交易市场转让获取相应的收益。

而非洲地区则恰恰相反，该区域 38 个毁林国中 ZSG 收缩系数超过 1 的国家仅有 8 个，表明该区域技术效率较低，相同毁林排放量条件下产出较小。该区域 2010 年该区域 38 个国家的毁林碳排放总额为 $952.31 \times 10^{12}$ 吨，而 REDD＋参考水平仅为 $164.43 \times 10^{12}$ 吨，绝大部分国家的实际毁林碳排放量远大于 REDD＋参考水平，因而无法从 REDD＋中受益。亚洲和大洋洲地区的 24 个毁林国中 ZSG 收缩系数超过 1 的国家超过了 14 个，但是该区域的主要毁林国如印尼、缅甸、马来西亚等国的技术效率都较低，因此该区域的毁林碳排放量（$600.53 \times 10^{12}$ 吨）大于 REDD＋参考水平（$347.59 \times 10^{12}$ 吨），该区域总体也无法从 REDD＋中受益。

ZSG-DEA 方法在对 REDD＋参考水平分配上更有利于技术效率较高的拉美地区。这可能是由于畜牧业的产值往往高于种植业，拉美地区主要是将林地转变为了牧场，而亚洲和大洋洲地区以及非洲地区的毁林主要是将林地用于种植业（Culas,2009）。

### 3.3.2　效率原则与公平原则的比较

采用 ZGS 方法所估计的 REDD＋参考水平是一种基于效率原则的分配,这种方法将更有利于技术效率高的国家,而非低技术效率国家,因此这种分配方案未必公平,但一定是最有效率的,可以在一定毁林排放量条件下实现产出的最大化,有利于社会总福利的提升。然而在 REDD＋机制设计中有两个重要的原则,即有效性(Effectiveness)和合理性(Legitimacy)(Börner et al,2010)。ZGS 方法是一种基于效率原则的分配方法,其所估计的 REDD＋参考水平与公平原则下的 REDD＋参考水平有着显著差异。在公平原则下,按照 Wei(2011)的研究思路,将人均毁林碳排放量作为公平性指标,因此第 $i$ 个国家按人口数量计算的毁林碳排放量应该为:

$$C_i^{equ} = \frac{P_i}{\sum\limits_{i=1}^{n} P_i} \times \sum\limits_{i=1}^{n} C_i^{act} \tag{14}$$

式中,$P_i$ 为第 $i$ 个国家的人口,$C_i^{act}$ 为该国的实际毁林碳排量。按照基于效率原则的 ZSG-DEA 方法和按照公平原则的人均毁林碳排放量两种方法,分别估计各国的 REDD＋参考水平,具体如图 6、图 7 所示。

由图 6、图 7 可知,效率原则和公平原则所估计的 REDD＋参考水平有着较大的差异,非洲地区除博茨瓦纳、马里、纳米比亚等国家外的大部分毁林国两种方法的差额为负值,这表明在效率原则下该区域国家所估计的 REDD＋参考水平要小于公平原则所估计的水平,这主要是由于这些国家技术效率较低所导致的。同样的情况也出现在亚洲和大洋洲地区,在该区域的 24 个国家中只有文莱、蒙古和巴布亚新几内亚三个国家的差额为正值。而拉丁美洲和加勒比地区有较多国家的差额为正值,这表明该区域毁林国的技术效率较高,因而按照效率原则所估计 REDD＋参考水平也较高。因此,通过效率原则和公平原则的比较可以发现,公平原则更有利于非洲、亚洲和大洋洲地区,而效率原则更有利于拉丁美洲和加勒比地区。

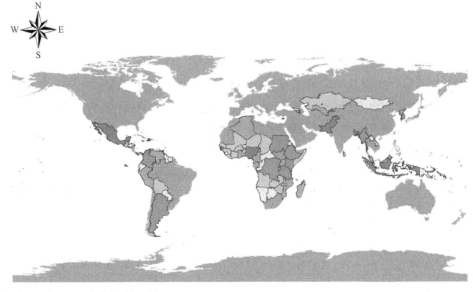

基于公平原则的REDD+参考水平(千吨)

| □ 142~11054 | 11055~28355 | 28356~53758 | 53759~126328 | 126329~349090 | 其他国家 |

图 6　基于公平原则的 REDD＋参考水平(见文后彩插)

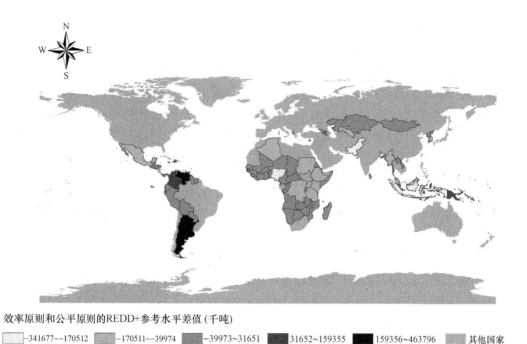

效率原则和公平原则的REDD+参考水平差值(千吨)

| □ -341677~-170512 | ▨ -170511~-39974 | ▨ -39973~31651 | ▨ 31652~159355 | ■ 159356~463796 | ▨ 其他国家 |

图7　效率原则和公平原则的 REDD+参考水平差值(见文后彩插)

　　事实上,公平和效率都是 REDD+机制在设计过程中应考虑的两方面,而在实际的操作过程中很少会遇到绝对的公平或者绝对的效率,更常见的往往是两者的结合,即第 $i$ 个国家 REDD+参考水平为:

$$C_i^{bas} = \delta \cdot C_i^{equ} + (1-\delta) \cdot C_i^{ZSG} \qquad (15)$$

式中,$\delta \in [0,1]$ 为公平—效率权重系数,$\delta$ 越接近于 1 表明 REDD+参考水平估计更加侧重于公平性,反之,$\delta$ 越接近于 0 表明更加偏重效率性。而 $\delta$ 的估计将直接决定了一国 REDD+参考水平大小,因此在估计时应考虑各国的实际做出合理的选择。

### 3.3.3　公平—效率权重系数的阈值

　　不同公平—效率权重系数的选择会对最终的 REDD+参考水平产生一定影响。根据式(15),可以计算出非洲、亚洲和大洋洲以及拉丁美洲和加勒比地区公平—效率权重系数 $\delta$ 的阈值,即当 $C_i^{bas} = C_i^{act}$ 时的 $\delta$ 值。该阈值可以衡量 REDD+参考水平在效率与公平两种原则之间的取舍,具体如表 6 所示。

表6　2010 年分区域公平—效率权重系数临界值表

| 区域 | 实际碳排放总量 $\Sigma C^{act}$<br>(千吨) | 效率原则分配碳排放<br>总量 $\Sigma C^{ZSG}$(千吨) | 公平原则分配碳排放<br>总量 $\Sigma C^{equ}$(千吨) | 公平—效率权重<br>系数临界值 $\delta*$ |
|---|---|---|---|---|
| 非洲 | 952,310.99 | 164,433.77 | 1,206,165.49 | 0.7563 |
| 亚洲和大洋洲 | 600,528.89 | 347,591.96 | 1,218,343.53 | 0.2905 |
| 拉丁美洲和加勒比地区 | 1,664,570.16 | 2,705,650.61 | 788,660.06 | 0.5431 |
| 其他地区 | 332.64 | 61.69 | 4,568.94 | 0.0601 |

　　由表 6 可以发现,拉丁美洲和加勒比地区只要公平—效率权重系数不大于 0.5431,该区域的 REDD＋参考水平都会大于实际碳排放量,因此若选择效率原则分配所得的 REDD＋参考水平对该区域更加有利。而相反,非洲、亚洲和大洋洲以及其他地区的公平—效率权重系数只有分别大于各自的阈值 0.7563、0.2905 和 0.0601 时,所得到 REDD＋参考水平才会大于实际碳排放量。这表明这些区域将更加偏好于公平原则来估计 REDD＋参考水平,此时这些区域才能从 REDD＋中获益。这个结论也和上述研究的结果相一致,即拉丁美洲和加勒比地区更偏好于效率原则来估计 REDD＋参考水平,而非洲、亚洲和大洋洲以及其他地区则更加偏好于公平原则。

## 4. 结论

　　在 REDD＋实施过程中,对于碳排放量的准确监测与度量以及参考水平的设置是至关重要的,这直接关系到一国从 REDD＋项目所获得的实际收益。因此,一个可靠的 MRV 系统以及合理的参考水平设置是在后京都议定书时代确保 REDD＋得到有效实施的关键所在。然而 MRV 系统误差的存在以及不完备性,使得在 REDD＋实施过程中,政策制定者和森林所有者对于毁林和退化所致实际毁林排放量的信息不对称。因此,本文通过建立一个多任务委托—代理模型来研究代理人行为是如何与政策制定者目标发生冲突并由于信息不对称而导致扭曲。在此基础上,利用全球 75 个发展中国家 1990—2010 年的有关面板数据实证研究了信息不对称程度以及 REDD＋参考水平对于实际毁林和退化所致排放量的影响。研究结果表明：MRV 系统对于 REDD＋机制的成功实施至关重要,MRV 系统可使代理人实际毁林量和努力程度达到社会最优水平。而当监督者试图通过 MRV 系统来惩罚和纠正代理人的漏报行为时,将提高代理人的努力程度并减少实际毁林量。而代理人拥有的森林面积大小变化引起了信息不对称程度的变化。代理人拥有的森林面积增加将导致毁林量的增加以及 REDD＋参考水平的增加。而全球数据的实证结果也证实了这一观点,在非洲、拉丁美洲和加勒比地区、亚洲和大洋洲,这一假说同样是成立的。

　　在 REDD＋机制中对于 REDD＋参考水平的估计将直接影响一国的收益,而目前对于 REDD＋参考水平的估计主要有基于产出导向的补偿减排法(CR)和基于投入导向的成功努力补偿法(CSE),这两种方法都各自具有相应的优缺点,可以考虑将投入与产出结合起来估计 REDD＋机制中的碳排放水平。为了解决这一问题,我们提出采用零和博弈数据包络分析法(Zero-Sum-Gains DEA)来估计各国的 REDD＋参考水平。我们假定某年全球毁林碳排放总量不变,因此各个毁林国家的毁林碳排放量具有显著的竞争性。由于农业发展是导致毁林的最重要因素,因此我们将农业劳动力数量、农地面积作为投入变量,以农业总产值和毁林碳排放量作为产出变量,采用 ZSG-DEA 方法对 89 个毁林国家的毁林碳排放量进行非径向的最优分配,从而得到各国的 REDD＋参考水平。研究结果表明：经 ZSG-DEA 模型计算,可以对 REDD＋参考水平进行效率分配,此时全部毁林国都处于 ZSG-DEA 前沿面上,实现了整体的帕累托最优。但大部分国家的 ZSG 收缩系数都小于 1,这表明这些国家的技术效率较低,当各国农业总产值相同时这些国家的毁林碳排放量较多。而从区域分配的角度来看,拉美和加勒比地区的毁林碳排放总额小于 REDD＋参考水平,因此该区域总体而言可以获得较多的碳信用,并可以通过国际碳交易市场转让获取相应的收益。而非洲地区、亚洲和大洋洲地区的毁林碳排放总额小于 REDD＋参考水平,这些区域的绝大部分国家无法从 REDD＋机制中受益。同时通过效率原则和公平原则所估计的 REDD＋参考水平的比较发现,公平原则更有利于非洲、亚洲和大洋洲地区,而效率原则更有利于拉丁美洲和加勒比地区。因此,一国最终的 REDD＋参考水平估计应同时兼顾效率与公平两方面,即取决于公平—效率权重系数 $\delta$ 值的大小。

因此,基于效率原则的 ZSG-DEA 模型可以较好地将投入与产出两方面结合起来,实现对于各毁林国家毁林碳排放量的最优 REDD＋参考水平分配。然而,在 REDD＋机制设计中往往不仅需要考虑效率原则,公平性也同样是必须所考虑的重要因素。而本文缺少对于这方面的研究,今后可考虑从人均毁林碳排放量的角度采用 ZSG-DEA 模型对各国的 REDD＋参考水平进行重新估计。

（本报告撰写人：盛济川）

**作者简介**：盛济川,南京信息工程大学副教授。近年主要研究方向为环境与生态管理。

本文系国家自然科学基金"人类世时代基于异质性生态服务付费的森林碳减排激励模式优化研究(71774088)"、南京信息工程大学气候变化与公共政策研究院开放课题"基于异质性生态服务付费的森林碳减排激励模式优化研究(18QHA013)"的成果。

## 参考文献

Achard F,Eva H D,Stibig H, et al,2002. Determination of deforestation rates of the world's humid tropical forests[J]. Science,New Series,297 (5583):999-1002.

Anderson T W,Hsiao C,1981. Estimation of dynamic models with error components[J]. Journal of the American Statistical Association,76 (375):598-606.

Angelsen A,Shitindi E F K,Aarrestad J,1999. Why do farmers expand their land into forests? Theories and evidence from Tanzania[J]. Environment and Development Economics,4 (3):313-331.

Arellano M,Bond S,1991. Some tests of specification for panel data:Monte Carlo evidence and an application to employment equations[J]. The Review of Economic Studies,58 (2):277-297.

Arellano M,Bover O,1995. Another look at the instrumental variables estimation of error component models [J]. Journal of Econometrics,68(1):29-51.

Barbier E B,2004. Explaining agricultural land expansion and deforestation in developing countries[J]. American Journal of Agricultural Economics,86 (5):1347-1353.

Bell A R,Riolo R L,Doremus J M,2012. Fragmenting forests:The double edge of effective forest monitoring [J]. Environmental Science & Policy,16,20-30.

Bhattarai M,Hammig M,2004. Governance, economic policy, and the environmental Kuznets curve for natural tropical forests[J]. Environment and Development Economics,9 (3):367-382.

Blundell R,Bond S,1998. Initial conditions and moment restrictions in dynamic panel data models[J]. Journal of Econometrics,87(1):115-143.

Bonan G B,2008. Forests and climate change:Forcings,feedbacks,and the climate benefits of forests[J]. Science,320 (5882):1444.

Börner J,Wunder S,Wertz-Kanounnikoff S,et al,2010. Direct conservation payments in the Brazilian Amazon: Scope and equity implications[J]. Ecological Economics,69 (6):1272-1282.

Busch J. et al. ,2009. Comparing climate and cost impacts of reference levels for reducing emissions from deforestation[J]. Environmental Research Letters,4 (4):044006.

Cattaneo A,2011. Robust design of multiscale programs to reduce deforestation[J]. Environment and Development Economics,16 (4):455-478.

Charnes A,Cooper W,Rhodes E,1978. Measuring the efficiency of decision making units[J]. European Journal of Operational Research,2 (6):429-444.

Choi S,Sohngen B,Rose S,Hertel T. Golub A,2011. Total factor productivity change in agriculture and Emissions from deforestation[J]. American Journal of Agricultural Economics,93 (2):349-355.

Culas R J,2007. Deforestation and the environmental Kuznets curve:An institutional perspective[J]. Ecological Economics,61 (2-3):429-437.

Culas R J,2012. REDD and forest transition:Tunneling through the environmental Kuznets curve[J]. Ecological Economics,79 (1):44-51.

DeFries R,Achard F,Brown S,et al,2007. Earth observations for estimating greenhouse gas emissions from deforestation in developing countries[J]. Environmental Science and Policy,10 (4):385-394.

Delacote P,Palmer C,Bakkegaard R K,et al,2014. Unveiling information on opportunity costs in REDD:Who obtains the surplus when policy objectives differ[J]? Resource and Energy Economic,36 (2):508-527.

Ewers R M,2006. Interaction effects between economic development and forest cover determine deforestation rates[J]. Global Environmental Change,16 (2):161-169.

Ferreira S,2004. Deforestation,property rights,and international trade[J]. Land Economics,80 (2):174-193.

Food and Agriculture Organization of the United Nations,2010. Key Findings of Global Forest Resources Assessment 2010[R]. Forest Resources Assessment,Rome.

Forest Carbon Partnership Facility,2011. Annual Report 2011:Demonstrating activities that reduce emissions from deforestation and forest degradation[R]. Forest Carbon Partnership Facility.

Geist H J,Lambin E F,2002. Proximate causes and underlying driving forces of tropical deforestation[J]. BioScience,52 (2):143-150.

Ghazoul J,Butler R A,Mateo-Vega J. et al,2010. REDD:A reckoning of environment and development implications[J]. Trends in Ecology & Evolution,25(7):396-402.

GOFC-GOLD,2010. A sourcebook of methods and procedures for monitoring and reporting anthropogenic greenhouse gas emissions and removals caused by deforestation,gains and losses of carbon stocks in forest remaining forests, and forestation [R]. GOFC-GOLD Report version COP16-1 (available at www. gofcgold. uni-jena. de/redd/).

Gomes E G,Lins M P E,2008. Modeling undesirable outputs with zero gains DEA models[J]. Journal of the Operational Research Society,59 (5):616-623.

Grassi G,Monni S,Federici S. Achard F,Mollicone D,2008. Applying the conservativeness principle to REDD to deal with the uncertainties of the estimates[J]. Environmental Research Letters,3:035005.

Greene W H, 2011. Econometrics Analysis (7th edition) [M]. Prentice Hall, Upper Saddle River, New Jersey,U. S. A.

Hartman R,1976. The Harvesting decision when a standing forest has value[J]. Economic Inquiry,14(1):52-58.

Houghton R A, 2008. Carbon Flux to the Atmosphere from Land-use Changes: 1850-2005[R]. Carbon Dioxide Information Analysis Center, Oak Ridge National Laboratory, U. S. Department of Energy, Oak Ridge, TN, USA.

Hu J L, Fang C Y, 2010. Do market share and efficiency matter for each other? An application of the zero-sum gains data envelopment analysis[J]. Journal of the Operational Research Society, 61: 647-657.

Knoke T, 2013. Uncertainties and REDD+: Implications of applying the conservativeness principle to carbon stock estimates[J]. Climatic Change, 119 (2): 261-267.

Leplay S, Busch J, Delacote P, Thoyer S, 2011. Implementation of national and international REDD mechanism under alter-native payments for environmental services: theory and illustration from Sumatra[R]. Working papers. LAMETA, University of Montpellier.

Lins M P E, Gomes E G, et al, 2003. Olympic ranking based on a zero sum gains DEA mode[J]. European Journal of Operational Research, 148 (2): 312-322.

Maniatis D, Gaugris J, Mollicone D, et al, 2013. Financing and current capacity for REDD+ readiness and monitoring, measurement, reporting and verification in the Congo Basin[J]. Philosophical Transactions of the Royal Society B, 368 (1625): 20120310.

Mollicone D, Achard F, Federici S, et al, 2007. An incentive mechanism for reducing emissions from conversion of intact and non-intact forests[J]. Climatic Change, 83 (4): 477-493.

Motel P C, Pirard R, Combes J L, 2009. A methodology to estimate impacts of domestic policies on deforestation: Compensated Successful Efforts for "avoided deforestation" (REDD)[J]. Ecological Economics, 68 (3): 680 691.

Olander P, Gibbs H K, Steininger M. et al, 2008. Reference scenarios for deforestation and forest degradation insupport of REDD: A review of data and methods[J]. Environmental Research Letters, 3: 025011.

Pirard R, Belna K, 2012. Agriculture and deforestation: Is REDD+ rooted in evidence[J]? Forest Policy and Economics, 21: 62-70.

Plugge D, Baldauf T, Köhl M, 2013. The global climate change mitigation strategy REDD: Monitoring costs and uncertainties jeopardize economic benefits[J]. Climatic Change, 119 (2): 247-259.

Roodman D, 2006. How to do xtabond2: An introduction to "Difference" and "System" GMM in Stata[R]. Center for Global Development, Working Paper Number 103.

Rosendal G K, Andresen S. , 2011. Institutional design for improved forest governance through REDD: Lessons from theglobal environment facility[J]. Ecological Economics, 70(11): 1908-1915.

Rudel T K, 1998. Is there a forest transition? Deforestation, reforestation, and development[J]. Rural Sociology, 63 (4): 533-552.

Sala O E. et al, 2000. Global biodiversity scenarios for the year 2100[J]. Science, 287: 1770-1774.

Santilli M, Moutinho P, Schwartzman S, et al. Tropical deforestation and the Kyoto Protocol[J]. Climatic Change, 71 (3): 267-276.

Scholz, I. , Schmidt, L. , 2008 Reducing emissions from deforestation and forest degradation in developing countries: Meeting the main challenges ahead[R]. Deutsches Institut für Entwicklungspolitik.

Scrieciu S S, 2007. Can economic causes of tropical deforestation be identified at a global level[J]? Ecological Economics, 62(3-4): 603-612.

Templeton S R, Scerr S J, 1999. Effects of demographic and related microeconomic change on land quality in hills and mountains of developing countries[J]. World Development, 27 (6): 903-918.

Tacconi L, 2009. Compensated successful efforts for avoided deforestation vs compensated reductions[J]. Ecological Economics,68(8-9):2469-2472.

UNFCCC,2011. Report of the Conference of the Parties on its sixteenth session,held in Cancun from 29 November to 10 December 2010. Part Two:Action taken by the Conference of the Parties at its sixteenth session. Decisions adopted by the Conference of the Parties[R]. FCCC/CP/2010/7/Add. 1 §73. UNFCCC, Bonn,Germany.

van der Werf G R,Morton D C,DeFries RS,et al,2009. $CO_2$ emissions from forest loss[J]. Nature Geoscience, 2 (11):737-738.

Vieilledent G,Grinand C,Vaudry R,2013. Forecasting deforestation and carbon emissions in tropical developing countries facing demographic expansion:A case study in Madagascar[J]. Ecology and Evolution,3 (6):1702-1716.

Wei C,Ni J,Du L,2012. Regional allocation of carbon dioxide abatement in China[J]. China Economic Review, 23(3):552-565.

Xu J,Katsigrisand E,White T A,2001. Implementing the Natural Forest Protection Program and the Sloping Land Conversion Program[M]. China Forestry Publishing House,Beijing.

Zhou P,Ang B W,2008. Linear programming models for measuring economy-wide energy efficiency performance[J]. Energy Policy,36 (8):2911-2916.

收缩系数

| | 0.0000~0.0270 | | 0.0271~0.0910 | | 0.0911~0.2250 | | 0.2251~0.5500 | | 0.5501~1.0000 | | 其他国家 |

图 2　2010 年各毁林国毁林碳排放量的 ZSG 收缩系数

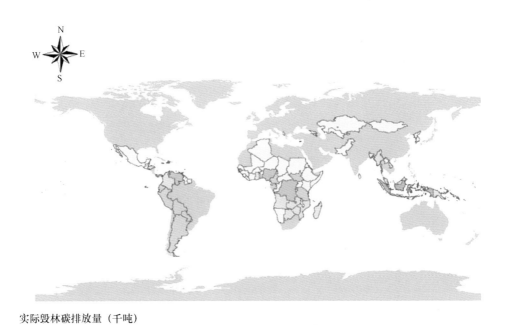

实际毁林碳排放量（千吨）

| | 8~19866 | | 19867~59030 | | 59031~108900 | | 108901~180224 | | 180255~346610 | | 其他国家 |

图 3　2010 年各毁林国实际毁林碳排放量

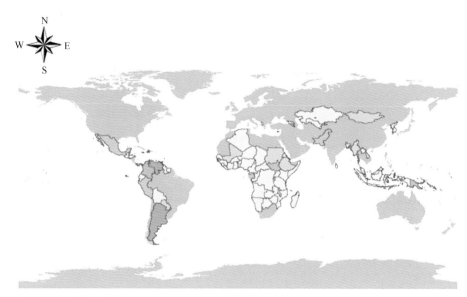

REDD+参考水平（千吨）

□ 4~9427　□ 9473~37718　□ 37719~80634　■ 80635~169304　■ 169305~505921　■ 其他国家

图 4　REDD＋参考水平

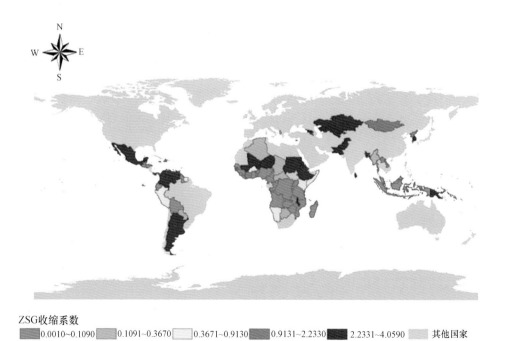

ZSG收缩系数

■ 0.0010~0.1090　■ 0.1091~0.3670　□ 0.3671~0.9130　■ 0.9131~2.2330　■ 2.2331~4.0590　■ 其他国家

图 5　ZSG 收缩系数分布

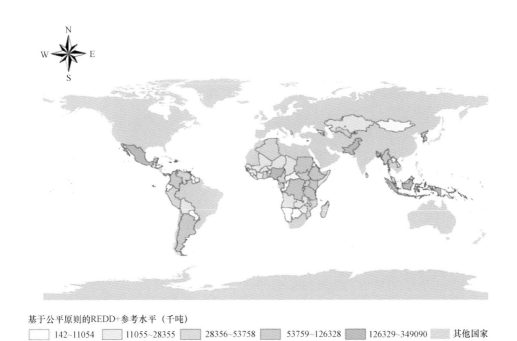

基于公平原则的REDD+参考水平（千吨）

☐ 142~11054　☐ 11055~28355　▨ 28356~53758　▨ 53759~126328　▨ 126329~349090　☐ 其他国家

图 6　基于公平原则的 REDD＋参考水平

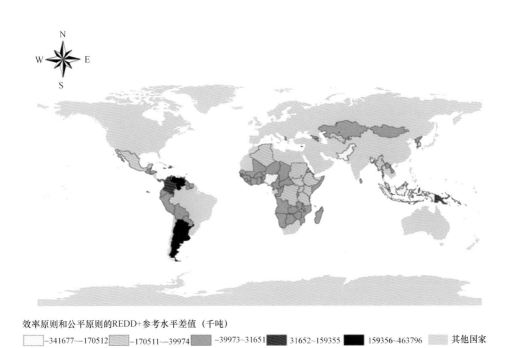

效率原则和公平原则的REDD+参考水平差值（千吨）

☐ −341677~−170512　☐ −170511~−39974　▨ −39973~31651　▨ 31652~159355　■ 159356~463796　☐ 其他国家

图 7　效率原则和公平原则的 REDD＋参考水平差值